数学建模研究与应用

闫 岩 夏 英 杨秀桃 著

北京工业大学出版社

图书在版编目（CIP）数据

数学建模研究与应用 / 闫岩，夏英，杨秀桃著 . — 北京：北京工业大学出版社，2018.12（2021.5 重印）

ISBN 978-7-5639-6541-0

I. ①数… II. ①闫… ②夏… ③杨… III. ①数学模型－研究 IV. ① O141.4

中国版本图书馆 CIP 数据核字 (2019) 第 023074 号

数学建模研究与应用

著　　者：闫　岩　夏　英　杨秀桃
责任编辑：刘子阳
封面设计：晟　熙
出版发行：北京工业大学出版社
（北京市朝阳区平乐园 100 号　邮编：100124）
010-67391722（传真）　bgdcbs@sina.com
出 版 人：郝　勇
经销单位：全国各地新华书店
承印单位：三河市明华印务有限公司
开　　本：787 毫米 ×1092 毫米　1/16
印　　张：10
字　　数：220 千字
版　　次：2018 年 12 月第 1 版
印　　次：2021 年 5 月第 2 次印刷
标准书号：ISBN 978-7-5639-6541-0
定　　价：48.00 元

前言

新课程改革的不断深入，使得教材编写内容需要充分考虑现实生活以及社会实践的特点，实现理论知识与现实生活的有机结合，提升学生对数学知识的应用能力以及数学应用意识。在大学数学教学过程中，教师需要结合学生实际背景，让学生了解基础性数量关系以及数量变化规律，并根据实际问题建立数学模型，进行数学估计、数学求解、数学验证等，来提升数学建模的合理性以及正确性。作为一种先进文化，数学对人类文明发展与人类进步具有十分重要的作用。通过计算机技术与数学思想之间的有效结合形成一种可实现技术，可以让人们认识到数学概念的抽象性以及明确性，从而建立完整的体系，实现大学数学教学的广泛性。作为数学知识与现实问题之间的重要桥梁，教师可以鼓励学生利用数学建模方式来解决实际问题，注重理论与现实的结合。创新是民族进步的灵魂，对大学教学具有十分重要的作用，教师可以借助建模思想来培养学生的创新思维能力。从目前高校数学教学来看，普遍存在着教学内容较多而实践课时却非常少的问题。由此可见教师更加注重理论知识教学，而没有重视提高学生的知识运用能力，也就是利用数学建模思想来提升学生的思维能力和实际应用能力。作为数学理论知识运用到实际问题中的创造性实践活动，数学建模能够提升学生的数学理论应用能力，提升学生的社会实践意识。考虑到数学建模存在不确定性以及灵活性的特点，教师应该考虑到从不同角度建设的数学模型存在着巨大差别，从而需要教师在不同方向与角度的教学中逐步提升学生的想象能力、观察能力以及创造能力。

本书共6章，内容涉及数学建模概论、MATLAB及其应用、微分方程及差分方程理论、规划论模型、回归分析法、预测与决策分析等建模常用的方法，并在第一章数学建模概论中介绍了建模竞赛论文的写作方法。第二至第六章每章先结合实例讲解建模方法的理论，之后结合软件介绍模型的求解方法，以避免在解决问题中做烦琐的数学推导和计算。教师在实际教学中，需要运用多样化教学对策，将建模思想渗透到大学数学教学中，提升学生数学素养，鼓励学生将数学概念、定理与现实生活相关联，提升学生的建模能力和数学综合素养。

由于时间仓促，加之水平有限，书中难免出现不妥和疏漏之处，敬请广大读者批评指正。

著　者

目 录

第一章　数学建模概论

数学的概念、原理、方法和理论体系都可称为数学模型，把模型所源于其中的原始数学事实和现实材料称为这一模型的“原型”。数学新课程强调，要“从学生已有的生活经验出发，让他们亲身经历将实际问题抽象成数学模型并进行解释与应用的过程，进而使学生在获得对数学理解的同时，在思维能力、情感态度与价值观等多方面得到进步和发展”。众多教学实践也证明，在数学教学中，借助数学原型，构建数学模型，可以大大促进学生对数学的理解。

第一节　数学建模与数学模型

随着数学建模在各个领域的应用越来越广泛，以及社会对数学建模教育的普及，越来越多的人已经认识到数学建模的重要性。但并不是所有的人都了解到底什么是数学建模，它又是怎么产生的。

一、数学建模的概念

1. 数学模型

数学模型是对于现实世界的一个特定对象和特定目的，根据特有的内在规律，做出一些必要的假设，并运用适当的数学工具，得到一个数学结构。简单地说，就是系统的某种特征的、本质的数学表达式（或是用数学术语对部分现实世界的描述），即用数学式子（如函数、图形、代数方程、微分方程、积分方程、差分方程等）来描述（表述、模拟）所研究的客观对象或系统在某一方面的存在规律。

随着社会的发展，各学科、各行业都涌现出了大量的实际课题，急待人们去研究、去解决。但是，社会对数学的需求并不只是数学家和专门从事数学研究的人才，而是在各部门中从事实际工作的人能够善于运用数学知识及数学的思维方法来解决他们每天面临的大量实际问题，从而取得经济效益和社会效益。人们不是为了应用数学知识而寻找实际问题（就像在学校里做数学应用题），而是为了解决实际问题而需要用到数学。而且不止用到数学，很可能还要用到别的学科领域的知识，要用到工作经验和常识。特别是在现代社会，要真正解决任何一个实际问题几乎都离不开计算机。可以这样说，在实际工作中遇到的问题，只用现成的数学知识就能解决的问题几乎是没有的。人们所能遇到的都是数学和其他东西混杂在一起的问题，不是“干净的”数学，而是“脏”的数学。其中的数学奥妙不是明摆在那里等着人们去解决，而是暗藏在深处等着人们去发现。也就是说，人们要对复杂的实际问题进行分析，发现其中可以用数学语言来描述的关系或规律，把这个实际问题转化成一个数学问题，这就被称为数学模型。

数学模型具有两个特征。一是高度的抽象性。通过数学模型能够将形象思维转化为抽象思维，从而可以突破实际系统的约束，运用已有的数学研究成果对研究对象进行深入的研究。二是经济性。用数学模型进行研究不需要过多的专用设备和工具，这样可以节省大量的设备运行和维护费用，也可以大大加快研究工作的进度，缩短研究周期，特别是在电子计算机得到广泛应用的今天，这个优越性更为突出。但是，数学模型具有局限性，在简化和抽象过程中必然会造成某些失真。所谓“模型就是模型”（而不是原型），就是指该性质。

2. 数学建模

数学建模是利用数学方法解决实际问题的一种实践，即通过抽象、简化、假设、引进变量等处理过程后，将实际问题用数学方式表达，建立起数学模型，然后运用先进的数学方法及计算机技术进行求解。简而言之，建立数学模型的这个过程就称为数学建模。

模型是客观实体有关属性的模拟。陈列在橱窗中的飞机模型外形应当像真正的飞机，至于它是否能起飞则无关紧要；然而参加航模比赛的飞机模型全然不同，如果飞行性能不佳，那么即使外形再像飞机，也不能算是一个好的模型。模型不一定是对实体的一种仿照，也可以是对实体的某些基本属性的抽象。例如，一张地质图并不需要用实物来模拟，它可以用抽象的符号、文字和数字来反映该地区的地质结构。数学模型也是一种模拟，是用数学符号、数学式子、程序、图形等对实际课题本质属性的抽象而又简洁的刻画，它或能解释某些客观现象，或能预测未来的发展规律，或能为控制某一现象的发展提供某种意义下的最优策略或较好策略。数学模型并非一般现实问题的直接翻版，它的建立常常既需要人们对现实问题进行深入细致的观察和分析，又需要人们灵活巧妙地运用各种数学知识。这种将应用知识从实际课题中抽象提炼出数学模型的过程就称为数学建模。实际问题中有许多因素，在建立数学模型时不可能也没有必要把它们毫无遗漏地全部加以考虑，所以只能考虑其中最主要的因素，舍弃次要因素。这样，数学模型建立起来了，实际问题化成了数学问题，然后就可以用数学工具、数学方法去解答这个实际问题。如果有现成的数学工具当然好，如果没有，就促使数学家们寻找和发展出新的数学工具去解决它，这又推动了数学本身的发展。例如，开普勒由行星运行的观测数据总结出了开普勒三定律，牛顿试图用自己发现的力学定律去解释它，但当时已有的数学工具是不够用的，这就促使了微积分的发明。求解数学模型，除了用到数学推理以外，通常还要处理大量数据，进行大量计算，这在电子计算机发明之前是很难实现的。因此，很多数学模型尽管从数学理论上解决了，但由于计算量太大而无法得到有用的结果，还是只有束之高阁。而电子计算机的出现和迅速发展，给用数学模型解决实际问题打开了广阔的道路。现在，要真正解决一个实际问题，离了计算机几乎是不行的。然而数学模型建立起来了，也用数学方法或数值方法求出了解答，是不是就万事大吉了呢？不是。数学模型只能近似地反映实际问题中的关系和规律，实际结果如何则还需要接受检验，如果数学模型建立得不好，没有正确描述所给的实际问题，就算数学解答再正确也是没有用的。因此，在得出数学解答之后还要让所得的结论接受实际的检验，看它是否合理，是否可行。如果不符合实际，还应设法找出原因，修改原来的模型，重新求解和检验，直到比较合理可行，才能算是得到了一个解答，也才可以付诸实施。但是，十全十美的答案是没有的，已得到的解答仍有改进的余地，可以根据实际情况，或者继续研究和改进，或者暂时告一段落，待将来有新的情况和要求后再做改进。

应用数学知识去研究和解决实际问题，遇到的第一项工作就是建立恰当的数学模型。从这一意义上讲，数学建模是一切科学研究的基础。没有一个较好的数学模型就不可能得到较好的研究结果。所以，建立一个较好的数学模型乃是解决实际问题的关键之一。数学建模将各种知识综合应用于解决实际问题中，是培养和提高学生应用所学知识分析问题、解决问题的能力的必备手段之一。

3. 数学建模产生的背景

随着社会的发展，数学在社会各领域中的应用越来越广泛，作用越来越大，不但运用于自然科学各领域、各学科，而且渗透到经济、军事、管理以至于社会科学和社会活动的各个领域。

二、数学建模的基本方法与步骤

伴随当今社会科学技术的飞速发展，数学已经渗透到各个领域，数学建模也显得尤为重要。数学建模在人们生活中扮演着重要的角色，而且随着计算机技术的发展，数学建模更是在人类的活动中起着重要作用，也在更好地为人类服务。

1. 数学建模的基本方法

建立数学模型的方法并没有一定的模式，但一个理想的模型应能反映系统的全部重要特征，即模型的可靠性和使用性。建模的一般方法如下：

（1）机理分析

机理分析就是根据对现实对象特性的认识，分析其因果关系，找出反映内部机理的规律，这样建立的模型常有明确的物理或现实意义。

①比例分析法——建立变量之间函数关系的最基本、最常用的方法。

②代数方法——求解离散问题（离散的数据、符号、图形）的主要方法。

③逻辑方法——数学理论研究的重要方法，解决在社会学和经济学等领域的实际问题，并在决策、对策等学科中得到广泛应用。

④常微分方程——解决两个变量之间的变化规律,关键是建立“瞬时变化率”的表达式。

⑤偏微分方程——解决因变量与两个以上自变量之间的变化规律。

（2）测试分析方法

测试分析方法就是将研究对象视为一个“黑箱”系统，内部机理无法直接寻求，通过测量系统的输入、输出数据，并以此为基础运用统计分析方法，按照事先确定的准则在某一类模型中选出一个数据拟合得最好的模型。

①回归分析法——用于对函数 $f(x)$ 的一组观测值（x_i，f_i）（i=1，2，…，n），确定函数的表达式，由于处理的是静态的独立数据，故称为数理统计方法。

②时序分析法——处理的是动态的相关数据，又称为过程统计方法。

将这两种方法结合起来使用，即用机理分析方法建立模型的结构，用系统测试方法来确定模型的参数，也是常用的建模方法，在实际过程中用哪一种方法建模主要是根据我们对研究对象的了解程度和建模目的来决定。

（3）仿真和其他方法

①计算机仿真（模拟）——实质上是统计估计方法，等效于抽样试验。

②离散系统仿真——有一组状态变量。

③连续系统仿真——有解析表达式或系统结构图。

④因子试验法——在系统上做局部试验，再根据试验结果进行不断分析修改，求得所需的模型结构。

⑤人工现实法——基于对系统过去行为的了解和对未来希望达到的目标，并考虑到系统有关因素的可能变化，人为地组成一个系统。

2. 数学建模的步骤

数学建模一般分为以下几步：

（1）模型准备

首先要了解问题的实际背景，明确题目的要求，搜集各种必要的信息。

（2）模型假设

在明确建模目的，掌握必要资料的基础上，通过对资料的分析计算，找出起主要作用的因素，经必要的精炼、简化，提出若干符合客观实际的假设，使问题的主要特征凸现出来，忽略问题的次要方面。一般地说，一个实际问题不经过简化假设很难被翻译成数学问题，即使可能，也很难求解。不同的简化假设会得到不同的模型。如果做的假设不合理或过分简单，就会导致模型失败或部分失败，这时就应该修改和补充假设；如果做的假设过分详细，试图把复杂对象的各方面因素都考虑进去，可能会很难甚至无法继续下一步的工作。

通常，做假设的依据，一是出于对问题内在规律的认识，二是来自对数据或现象的分析，也可以是二者的综合。做假设时既要运用与问题相关的物理、化学、生物、经济等方面的知识，又要充分发挥想象力、洞察力和判断力，善于辨别问题的主次，果断地抓住主要因素，舍弃次要因素，尽量将问题线性化、均匀化。经验在这里也常起重要作用。写出假设时，语言要精确，就像做习题时写出已知条件那样。

（3）模型构成

根据所做的假设以及事物之间的联系，利用适当的数学工具去刻画各变量之间的关系，建立相应的数学结构，即建立数学模型，把问题化为数学问题。要注意尽量采取简单的数学模型，因为简单的数学模型往往更能反映事物的本质，而且也容易使更多人掌握和使用。

（4）模型求解

利用已知的数学方法来求解上一步所得到的数学问题，这时往往还要做出进一步的简化或假设。在难以得出解析时，也应当借助计算机求出数值解。

（5）模型分析

对模型解答进行数学上的分析，有时要根据问题的性质分析变量间的依赖关系或稳定状况；有时是根据所得结果给出数学上的预报；有时则可能要给出数学上的最优决策或控制，无论哪种情况，还常常需要进行误差分析、模型对数据的稳定性或灵敏性分析等。

（6）模型检验

分析所得结果的实际意义，与实际情况进行比较，看是否符合实际。如果结果不够理想，应该补充假设或重新建模，有些模型需要经过几次反复才能不断完善。

（7）模型应用

所建立的模型必须在实际中应用才能产生效益，才能在应用中不断改进和完善。应用的方式自然取决于问题的性质和建模的目的。

三、数学模型的分类与应用

1. 数学模型的分类

数学模型可以按照不同的方式分类，下面介绍常用的几种。

（1）按照模型的应用领域（或所属学科）分类

如人口模型、交通模型、环境模型、生态模型、城镇规划模型、水资源模型、再生资源利用模型、污染模型等。范围更大一些则形成许多边缘学科如生物数学、医学数学、地质数学、数量经济学、数学社会学等。

（2）按照建立模型的数学方法（或所属数学分支）分类

如初等数学模型、几何模型、微分方程模型、图论模型、马氏链模型、规划论模型等。在按初等数学模型分类的数学模型教科书中，其着重于某一专门领域中用不同方法建立模型，而在按几何模型分类的书中，其是用属于不同领域的、现成的数学模型来解释某种数学技巧的应用。在本书中我们把重点放在如何应用读者已具备的基本数学知识在各个不同领域中来建模。

（3）按照模型的表现特性分类

①确定性模型和随机性模型：取决于是否考虑随机因素的影响。近年来随着数学的发展，又有所谓突变性模型和模糊性模型。

②静态模型和动态模型：取决于是否考虑时间因素引起的变化。线性模型和非线性模型取决于模型的基本关系，如微分方程是否是线性的。

③离散模型和连续模型：指模型中的变量（主要是时间变量）取为离散还是连续的。虽然从本质上讲大多数实际问题是随机性的、动态的、非线性的，但是由于确定性、静态、线性模型容易处理，并且往往可以作为初步的近似来解决问题，所以建模时常先考虑确定性、静态、线性模型。连续模型便于利用微积分方法求解，做理论分析；而离散模型便于在计算机上做数值计算，所以用哪种模型要看具体问题而定。在具体的建模过程中将连续模型离散化，将离散变量视作连续也是常采用的方法。

（4）按照建模目的分类

如描述模型、分析模型、预报模型、优化模型、决策模型、控制模型等。

（5）按照对模型结构的了解程度分类

如所谓的白箱模型、灰箱模型、黑箱模型。这是把研究对象比喻成一只箱子里的机关，要通过建模来揭示它的奥妙。白箱主要包括用力学、热学、电学等一些机理相当清楚的学科描述的现象，以及相应的工程技术问题，这方面的模型大多已经基本确定，还需深入研究的主要是优化设计和控制等问题了。灰箱主要指生态、气象、经济、交通等领域中机理尚不十分清楚的现象，在建立和改善模型方面都还不同程度地有许多工作要做。至于黑箱则主要指生命科学和社会科学等领域中一些机理（数量关系方面）很不清楚的现象。有些工程技术问题虽然主要基于物理、化学原理，但由于因素众多、关系复杂和观测困难等原因也常作为灰箱或黑箱模型处理。当然，白、灰、黑之间并没有明显的界限，而且随着科学技术的发展，箱子的“颜色”必然是逐渐由暗变亮的。

2. 数学建模的应用

也许人们会说数学都是很抽象的东西，数学建模更是看不到、摸不着，离我们的生活很遥远，但其实数学和数学建模就在我们身边。数学建模作为一门研究现实世界数量关系和空间形式的科学，在它产生和发展的历史长河中，一直是和人们生活的实际需要密切相关的。

当你准备分期贷款购买一所新居时，面对五花八门的还款方式（期限、利率不同，按月或按年偿还，哪一种最有利？），用浅显的数学知识就能准确回答这个问题。

录像机计数器数字的跳动有什么规律吗？若找到规律，就可以根据计数器的读数算出录像带已经走过了多长时间，也就知道未转过的那段带子能否录下一定时间的一个节目。照片不是反映人的容貌的模型吗？地图不是用特定的符号表示山川、道路的模型吗？数学模型当然更抽象些，它是由数字、字母和数学符号组成的，描述研究对象数量规律的公式、图表或者程序。要想解决分期贷款和计数器读数这两个问题，就要建立数学模型。

一般地说，当人们设计产品参数、规划交通网络、制订生产计划、控制工艺过程、预报经济增长、确定投资方案时，都需要将研究对象的内在规律用数学的语言和方法表述出来，并将求解得到的数量结果返回到实际对象的问题中去，这种解决问题的全过程就称为建立数学模型，简称数学建模。在决策科学化、定量化呼声日渐高涨的今天，数学建模几乎是无处不在的。

数学建模的重要性在于它是解决实际问题的桥梁，通过这种手段解决实际问题可以获得更高的经济效益和社会效益，为人类的进步和繁荣做出巨大贡献。一些应用数学建模解决实际问题的实例，如如何救森林失火才能最大程度地减小损失，如何使发电厂的水污染最小，汽车减震器的建模，自由竞争的市场供求模型，国民收入的稳定问题，军备竞赛模型，机械零件的可靠性设计，企业生产管理问题的动态规划模型，风险决策问题，人口的预测和控制模型，不破坏资源的持续捕鱼方案，受到液力加压的储油层中石油流动的改进。

进入 20 世纪，随着数学以空前的广度和深度向一切领域渗透，以及电子计算机的出现与飞速发展，数学建模越来越受到人们的重视，可以从以下几方面来看数学建模在现实世界中的重要意义。

①在一般工程技术领域，数学建模大有用武之地。

在以声、光、热、力、电这些物理学为基础的，诸如机械、电机、土木、水利等工程技术领域中，数学建模的普遍性和重要性不言而喻。新技术、新工艺的不断涌现，出现了许多需要用数学方法解决的新问题；高速、大型计算机的飞速发展，使得过去即便有了数学模型也无法求解的课题（如大型水坝的应力计算、中长期天气预报等）也迎刃而解；建立在数学模型和计算机模拟基础上的 CAD 技术，以其快速、经济、方便等优势，大量替代了传统工程设计中的现场实验、物理模拟等手段。

②在高新技术领域，数学建模几乎是必不可少的工具。

国际上一位学者提出了“高新技术本质上是一种数学技术”的观点。无论是发展通信、航天、微电子、自动化等高新技术本身，还是将高新技术用于传统工业去创造新工艺、开发新产品，计算机技术支持下的建模和模拟都是经常使用的有效手段。数学建模、数值计算和计算机图形学等相结合形成的计算机软件，已经被固化于产品中，在许多高新技术领域起着核心作用，被认为是高新技术的特征之一。在这个意义上，数学不再仅仅作为一门科学，它是许多技术的基础，而且直接走向了技术的前沿。

③数学迅速进入一些新领域，为数学建模开拓了许多处女地。

随着数学向诸如经济、人口、生态、地质等所谓非物理领域的渗透，一些交叉学科如计量经济学、人口控制论、数学生态学、数学地质学等应运而生。一般地说，不存在作为支配关系的物理定律，但是当用数学方法研究这些领域中的定量关系时，数学建模就成为首要的、关键的步骤和这些学科发展与应用的基础。在这些领域中建立不同类型、不同方法、不同深浅程度模型的空间相当大，为数学建模提供了广阔的天地。马克思说过，一门科学只有成功地运用数学时，才算达到了完善的地步。展望21世纪，数学必将大踏步地进入所有学科，数学建模将迎来蓬勃发展的新时期。

四、高校开设数学建模课程的要求及意义

正是由于数学建模与实际生活的密切联系，以及利用数学建模可以解决现实生活中的许多问题，并且在社会各领域中的应用越来越广泛，作用越来越大，因而培养数学建模人才也越来越成为当今社会的需求。

1. 社会的要求

进入知识经济时代，人们发现数学的重要性比以前任何时候都更加突出了。当高新技术成为社会财富迅速增长的主要因素时，人们注意到每一项高新技术实质上都包含着数学技术，而掌握高新技术的人必须具备较高的数学素质。不仅如此，数学在各个领域应用的空前广泛性已经使数学成了一种文化。当“降水概率”出现在每天的天气预报中时，当物价的增幅牵动着千家万户的切身利益时，当每天的股市行情诱使着股民买进卖出时，当住房改革、医疗改革、养老保险改革等各项方案陆续出台时，人们终于意识到当今社会，“数学盲”应该和“文盲”相提并论了。于是乎，数学建模教学在大学掀起，继而各高校也掀起了一股数学建模热，数学建模教学进入了高校课堂。

2. 新课程改革的要求

近年来，随着新课程的不断推进，人们开始明确地将数学建模纳入教学体系。在最近几届的国际数学教育大会上都专门设立了“问题解决、模型化和应用”的专题。随着数学建模教育的扩展，其能够增强学生的创新意识和实践能力已成为大家的共识。1993年，国家教育委员会（现教育部）决定在全国大学生中开展数学建模竞赛，作为大学生课外科技活动的重要内容之一。国内各高校普遍重视这项活动，把它作为发展数学建模的有利契机。大学数学建模的蓬勃发展已深刻地影响到中学数学的教育改革，在中学，如何强调问题解决和数学建模已是当前数学教育改革的方向和素质教育的有效突破口。

3. 数学建模对培养社会人才的意义

国家之所以要通过数学建模来培养人才，是因为数学建模是一种培养综合素质的有效手段，在实践中树立建模的思想对学生综合素质发展有很大的帮助。通过对数学建模过程进行分析，应用数学求解实际问题，可以培养我们的各方面能力，具体如下：

（1）提高综合应用能力

学生能够应用已学到的数学方法和思想进行综合应用和分析，并能学习一些新的数学知识，理解合理的抽象和简化，从而在数学建模过程中灵活应用、发展使用这个工具。打个比喻，过去学过的数学知识就好比是手中已有的武器，但并不意味着大家自动地使用它，更谈不上灵活、创造性地使用它。所以要求我们必须多练、多琢磨，这样才能充分灵活地应用所学的知识。

（2）提高洞察力

通俗地讲，洞察力就是一眼就能抓住要点的能力。为什么要发展这种能力？因为实际问题的数学建模过程的参与者，特别是在一开始，往往是不是很懂数学的人，他们提出的问题更不是数学化的，这就需要建模工作者从实际问题提供的原形中提炼出数学本质。研究实际问题的人一般很愿意与洞察力较强的数学工作者打交道。

（3）提高对当代科技最新成果的使用能力

目前很多课题研究主要是计算机及相应的各种软件包的使用，这将帮助人们节省大量的时间，还能得到直观形象的结果，这对养成自觉应用最新科技成果的良好习惯大有裨益。

（4）培养双重翻译能力

数学建模不但能把经过一定抽象和简化的实际问题用数学语言表达出来，形成数学模型，而且能将经过数学方法推演或计算得到的结果还原成通俗易懂的现实世界的语言。

4. 数学建模对社会进步的推动作用

数学建模在各个领域都有着不可取代的地位，对社会各个方面也都有着深刻的影响。社会以人为本，而人重视的就是教育，下面从学生教育方面来谈谈数学建模的作用。

（1）推动了教育改革

学习和掌握数学建模的思想和方法已经成为培养 21 世纪富有竞争力的人才不可或缺的组成部分。进入知识经济时代，人们发现数学的重要性比以前任何时候都更加突出了。当高新技术成为社会财富迅速增长的主要因素时，人们注意到，每一项高新技术实质上都包含着数学技术，而掌握高新技术的人必须具备较高的数学素质，因而培养人才要从教育抓起。所以近年来，数学建模教学进入课堂是各学校教育改革的大势所趋。在数学建模教学活动和竞赛的推动下，许多学校相继开设了数学建模课程以及与此密切相关的数学实验课程，将数学建模的思想和方法融入数学主干课程的研究和实验中，促进了数学课程体系和教学内容的改革，为数学建模奠定了坚实的基础。数学建模教学的开展培养了学生的数学素质，提高了学生的综合素质，增强了学生的创新意识、协作意识和奉献意识。数学建模走进课堂是数学教学体系和内容改革的一个成功尝试。

（2）提高了学生综合素质

在数学建模活动中，学生明确了数学是怎样应用于解决这些实际问题的，并能利用有关方法进行数学建模，从而解决了这些实际问题，体现出数学的实际应用价值和数学社会功能。在这一过程中激发了学生学习数学的积极性，使学生学会了团结协作，提高了建立良好人际关系、相互合作的工作能力，同时也培养了学生的动手能力和创新精神。通过建模过程中思维方向的多向性，丰富了学生的思维，激发了学生的创新精神。学生也正是在这种不断修改不断完善的过程中，不断反省自己、充实自己，形成了独立思考的习惯和良好的自我评价能力，从而为其成为具有 21 世纪特点的人才奠定了基础。

数学建模是各学科与实际应用联系的桥梁，与人们的实际生活和各科学领域密切相关，已成为社会科学中不可或缺的一部分。这就要求我们有效地掌握数学建模的相关知识，合理地应用它。总之，用数学建模知识来推动社会各个领域的发展与进步。

第二节　数学建模与能力的培养

数学建模竞赛是对大学生应用数学能力和计算机能力的综合检验，因此数学建模的课程与培训也随之成为高校高等数学课程教学改革的一个重要方向。在实际的竞赛组织与培训过程中，通过社团活动、主题报告、奖励等措施激发学生的学习兴趣，并结合系统教学与竞赛训练，使学生在竞赛过程中有所学、有所得。

一、数学建模竞赛

1. 大学生数学建模竞赛的背景

数学建模竞赛最早是由美国工业与应用数学学会在 1985 年发起的一项大学生竞赛活动，我国大学生数学建模竞赛是由教育部高等教育司和中国工业与应用数学学会主办，面向全国高等院校，每年一届的通信竞赛。竞赛的宗旨是创新意识、团队精神、重在参与、公平竞争。自 1992 年在我国创办以来，呈现出迅速发展的势头，目前已成为全国高校规模最大的基础性学科竞赛，也是世界上规模最大的数学建模竞赛。2011 年，来自全国 33 个省（市、自治区、特别行政区）以及新加坡、美国的 1 251 所院校、19 490 个队（其中本科组 16 008 队、专科组 3 482 队），58 000 多名大学生报名参加了本项竞赛。可以说，数学建模竞赛已经成为全国高校规模最大的课外科技活动。参加数学竞赛的大学生，按照规定以队为单位参赛，每队 3 人，专业不限。竞赛期间，参赛队员可以使用各种图书资料、计算机和软件，在国际互联网上浏览，但不得与队外任何人讨论。参加过建模竞赛的学生都表示受益匪浅，可见数学建模活动对培养学生的创造性思维意识和能力、提高学生的综合素质具有重要作用，所以应该鼓励更多的人参与到数学建模竞赛中来。

2. 我国大学生数学建模竞赛概况

我国自 1989 年首次参加美国大学生数学建模竞赛以来，历届均取得了优异的成绩。我国数次参加美国赛也表明中国大学生在数学建模方面是有竞争力和创新联想能力的。为使这一赛事更广泛地展开，1990 年中国工业与应用数学学会和国家教委先后联合主办了全国大学生数学建模竞赛（CMCM），该项赛事于每年 9 月进行。

（1）数学建模竞赛题的类型及出题的指导思想

大部分的数学建模竞赛题都是源于生产实际或者科学研究的过程中的。例如，1995 年的一道题是空中飞行管理的问题；1998 年 A 题是“投资的收益与风险”，B 题是“实情巡视路线”。关于“公交车的高度”一题，题目给出我国某城市的一条交通线路，有上、下行驶方向各 14 个站，从早上 6 时开始至晚上 12 时，每站、每小时上车人数的统计资料已绘出，每站之间的距离、公交车行驶速度也绘出。汽车偏差可载客 100 人，最大载承量为 120 人，要求在人流高峰期乘客候车时间不超过 5 分钟，客流低峰期候车时间不超过 15 分钟，客车空载率不低于 50%。问：①此线路应当配备多少辆车？②如何设计发车时间表？此类问题与传统的数学竞赛一般都偏重理论知识，考查内容单一，数据简单明确，不允许用计算器完成。数学建模竞赛题是一个“课题”，是一个综合性的问题，数据庞大，需要用计算机来完成。赛题的答案往往不是唯一的（数学模型是实际的模拟，是实际问题的近似表达，它的完成是在某种合理的假设下，因此其只能是较优的，而不是唯一的），呈报的成果是一篇论文。由此可见，数学建模竞赛偏重于应用，它是以数学知识为引导，计算机运用能力及文章的写作能力为辅的综合能力的竞赛。

（2）全国大学生数学建模竞赛的形式

全国大学生数学建模竞赛目前已成为全国高校规模最大的基础性学科竞赛，也是世界上规模最大的数学建模竞赛。2012 年，来自全国 33 个省（市、自治区、特别行政区），以及新加坡的 1 284 所院校、21 219 个队（其中本科组 17 741 队、专科组 3 478 队）、63 600 多名大学生报名参加本项竞赛。全国大学生数学建模竞赛的宗旨是“创新意识、团队精神、重在参与、公平竞争”，口号是“一次参赛，终身受益”。竞赛题目一般来自管理科学和工程技术等方面经过适当简化而来的实际问题，近年来也有来自大学教师的科研课题。竞赛题目一般没有事先设定的标准答案，不要求参赛学生预先掌握深入的专门知识，只需要学过普通高校的数学课程，如高等数学、线性代数、概率统计等。题目一般具有较大的灵活性，供参赛学生发挥其聪明才智和创造能力。竞赛形式组委会规定三名大学生组成一队，参赛学生根据题目要求可以自由收集、查阅资料，调查研究，使用计算机、互联网和任何软件，在三天时间内分工合作完成一篇包括模型假设、模型建立、模型求解，计算方法的设计和计算机实现，结果的检验和评价，模型的改进等方面的论文（即答卷）。竞赛评奖的主要标准为假设的合理性、建模的创造性、结果的正确性和文字表述的清晰程度。

（3）赛前学习内容

①建模基础知识、常用工具软件的使用。首先，掌握数学建模必备的基础知识（如线性代数、高等数学、概率统计等），还有数学建模竞赛中常用的但尚未学过的方法（如灰色预测、回归分析、曲线拟合等常用预测方法，以及运筹学中的若干优化算法）；其次，针对数学建模特点，结合典型的问题，重点学习几种常用数学软件（MATLAB、Lindo、Lingo、SPSS）的使用，并且具备一般性开发能力，尤其应注意同一数学模型有时可以使用多个软件进行求解。

②常见数学建模的过程及方法。数学建模竞赛是一项非常具有挑战性和创造性的活动，不一定用一些条条框框规定各种实际问题的模型具体如何建立。但一般来说，数学建模主要涉及两个方面：一是将实际问题转化为理论数学模型；二是对理论数学模型进行分析和计算。简而言之，就是建立数学模型来解决各种实际问题的过程。

③数学建模常用算法的设计。建模与计算是数学模型的两大核心。当数学模型建立后，完成相关数学模型的计算就成为解决问题的关键，而所采用算法的好坏将直接影响运算速度的快慢，以及答案的优劣。结合近年来竞赛题型特点及以往参赛获奖学生的心得体会，建议参赛者多用数学软件如 MATLAB、Lindo、Lingo、SPSS 等来设计求解的算法。

（4）数学建模竞赛中经常出现的问题

在国家数学建模竞赛中常见如下问题：数学模型最好明确、合理、简洁，但是有些论文不给出明确的模型，只是根据赛题的情况用“凑”的方法给出结果，虽然结果大致是对的，但是没有一般性，不是数学建模的正确思路；有的论文写作过于简单，该交代的内容省略了，难以看懂；有的论文罗列一系列假设或模型，又不做比较、评价，希望碰上“参考答案”或“评阅思路”，反而弄巧成拙；有的论文参考文献不全，或引用他人成果不做交代。另外，吃透题意方面不足，没有抓住和解决主要问题；就事论事，形成数学模型的意识和能力欠缺；对所用方法一知半解，不管具体条件，套用现成方法，导致得出错误结果；对结果的分析不够，怎样符合实际考虑不周；队员之间合作精神差，孤军奋战；依赖心理重，甚至违纪。以上情况都需要各参赛队引起注意，有则改之，无则加勉。

（5）竞赛中应重视的问题

①团队合作是能否获奖的关键。通常在数学建模竞赛时，三个队员的分工要明确，其中一人作为组长，主要是负责构建整个问题的框架，并提出有创意的想法，当然其他部分如论文写作、程序设计、计算等也要能参加；第二位是算手，主要进行算法设计及编程计算；最后一位是写手，主要工作在于论文的写作和润色上。好的论文要让评委一眼就能明了其中的意思，因此写手的工作也需要一定的技巧。当然，要想竞赛时达到这样的标准，就需要三个队员在平时训练时多加练习。

②合理安排竞赛过程中的时间。在数学建模竞赛中，时间分配很重要，分配不好有可能完不成竞赛论文。有的参赛队把问题解答完了，但是发现没有时间进行写作，或者写得很差劲而不能获奖，因此要大致做好安排。一般前两天不要熬得太晚，晚上 10：00 前要

休息，最后一夜必须熬通宵。以往有些队伍，前两天劲头很足，晚上做到很晚才休息，但是到了第三天晚上就没有精力了，这样一般很难获奖。

③摘要的撰写很重要。论文的摘要是整篇论文的门面。摘要需先强调所研究问题的重要性和意义，但不要写废话，也不要完全照抄题目中的内容，而应该直奔主题，主要写明怎样分析问题，用什么方法解决问题，最重要的结论是什么。在中国的竞赛中，结论很重要，评委肯定会将其与标准答案进行比较。如果结论正确一般就能得奖，如果不正确，评委可能会继续往下看，也可能会扔在一边，但不写结论就一定不会得奖，这一点和美国竞赛不同。因此要认真把重要结论写在摘要上，如果结论的数据太多，也可只写几个代表性的数据，但也要注明其他数据见论文中何处。

④论文写作也要规范。数学建模竞赛的论文有一个比较固定的模式，大致按照如下形式来写：摘要、问题重述、模型假设和符号说明、问题分析（建立、分析、求解模型）、模型检验、模型的优缺点评价、参考文献、附录等。另外，在正文中也可以加入一些图和表，附录也可以放入一些算法流程图或比较大的结果或图表等，近年来为了防止舞弊，组委会要求必须把算法的源程序也放在附录中。

全国大学生数学建模竞赛对于大学生而言，是一个富有挑战的竞赛。它不但能培养大学生解决实际问题的能力，还能培养其创造力、团队合作的能力，而这些能力都将成为参赛学生以后成功就业的重要推动力。可以说，一次参赛，终身受益。

二、数学建模与大学生创新能力的培养

创新能力的培养对开发新型应用人才具有重要的作用。以知识经济为主导的经济全球化浪潮，不仅要求个体综合素质的全面提高，还要求个体具备开拓创新的意识和精神，这决定了只有具有创新意识的人，才能成为经济持续增长和社会持续发展的内在依托，这是建设创新型国家的关键所在。创新能力的培养同时对缓解大学生就业压力具有重要作用。帮助大学生培养创新能力，激发他们潜在的创新意识，变被动的求职者为能够主动进行创新的就业者，这显然是缓解大学生就业压力，实现大学生就业范围持续扩大，增强就业拉动能力的重要途径。

1. 数学建模对大学生创新能力培养的理论依据

（1）知识结构的全面化

数学建模并不是单纯地根据数学知识来解决实际问题，它是由数学知识延伸出来的，不断地扩充到各个学科的综合解题技能。因此，数学建模是没有界限的。对于各个专业的学生来说，他们都是从同一个起跑点开始，都拥有平等的机会去学习数学建模。由于数学建模涉及多学科知识，对于大学生来讲最重要的是能够找到需要的理论知识作为支撑。数学建模是要求大学生解决一个从未见过的问题，因此学生必须围绕着问题的核心，运用各种方法找到与问题相关联的学科资料，从中筛选出所需要的理论知识。这将有效地提高学

生查阅相关资料的能力，同时也能拓展大学生的视野，以便其掌握更多方面的学科知识，加强其对广阔自然科学的理解，同时对大学生知识结构的扩充也起着决定性的作用。

（2）计算机的应用化

在当今这个信息化的时代，计算机已经被广泛地使用。因此掌握并精通计算机对大学生创新能力的培养具有一定的促进作用。例如，在各种选址中的最优化问题，以及配送问题都考验了学生如何巧妙地利用编程的能力，数学建模恰恰有利于培养和提高学生的计算机应用能力，鼓励学生去探索更加简洁、新颖的方法。模型的求解都要通过计算机来实现。因此精通一些软件与面向对象的语言是非常必要的，如C、C++、SPSS、MATLAB、Lingo等。

2. 大学生创新能力在数学建模中的实际体现

（1）从多个角度去解决问题

数学建模通过对实际问题进行合理的抽象，建立变量、参数之间的数学模型，并求解模型，最后用所求结果去解释、检验以及指导实际问题的过程。数学建模竞赛题目来源于具有实际背景的生产、管理、社会、经济等领域的实际问题，这类问题一般都未做人工处理。例如，在2008年的竞赛中，对高等教育学费标准的研究，需要考生通过各种综合因素来评价，如政治因素、传统历史文化因素、思想观念因素、国际因素、经济因素等。除此之外，参赛者还得考虑各方面的承受能力、高等教育个人收益率以及地区差异等。所以对于这种实际的问题，参赛的学生不仅要认真查阅相关资料，还需用所学的数学和计算机知识，建立数学模型来解决。正因为竞赛题目的开放性和多样性，评阅老师就会更看重于那些有闪光点的论文，而闪光点就在于竞赛论文中是否出现了创新性思维。

（2）借助团队合作培养创新意识

在当今这个充满激烈竞争的社会环境中，团队合作精神对一个大学的发展具有主导作用。然而在数学建模的过程中，团队合作精神就有很好的体现，它不仅体现出了合作精神，而且对大学生创新能力的培养起着重要的作用。由于竞赛时间有限，所以要求学生在有限的时间内，从各种知识的熔炉里提取出有用的信息，通过自学加以消化、理解并准确地表达和应用在数学模型中。因为在比赛的过程中，学生们多人一组，相互讨论，每个人的观点意见都不一样，他们之间难免会出现冲突、矛盾、争执，但正是因为他们的各抒己见使得思维的火花相互碰撞，才会产生出更新颖、更有效、更全面的解决方案。因此，在此过程中不仅培养了学生的团队合作精神，使大学生体会到了相互协助的重要性，而且增强了团队创新意识，更有利于大学生今后的社会创新发展。总而言之，数学建模有利于培养学生的包括团队协调能力和创新能力在内的综合能力。

3. 通过数学建模培养大学生创新能力

数学建模是培养大学生创新能力的一条重要渠道。因为在数学建模的过程中，通过数学建模竞赛活动可以培养学生的创新精神和实践能力。为了更好地培养学生的创新能力，高等院校更应该注重以下两点。

（1）引导大学生自主思考，增强创新意识

在数学建模中，学校要积极为学生构建独立思考的环境，为学生提供自由想象和实践的空间，鼓励学生提出解决问题的不同方法。例如，教师应该给学生提供不同的问题，给予一定的方法指导，让他们独立地解决问题，从而使学生善于发现并探索新的解决问题的方法，培养学生的发散思维，这样才能更好地将抽象问题具体化，进一步提高大学生的创新思维和能力。

（2）加强高等院校建模课程的开设

在参与数学建模竞赛前的学习准备工作中，大学数学建模课程的开设显得尤为重要。目前，很多院校在参与数学建模竞赛以前就已开设了系统性的数学建模培训课程，争取对不同专业、不同基础的参赛选手给予数学建模指导。实践证明，在数学建模培训课程中使得很多学生的数学建模水平都有了很大的提高，同时有些院校也开展了一系列的相关活动来加强本校大学生的数学建模相关理论知识和实际操作水平，从而促进了本校大学生创新思维能力的培养。因此，更多的高等院校应该加强对建模课程的重视和开设。

目前，随着高校数学建模课程的开设，通过教师的讲解与指导，以及学生们对各种方法、各种模型的努力学习掌握，并且通过对一些实际问题的解决，他们能更好地体会到只有不断探索、创新，才能提高自己解决问题的能力，进而培养自己的创新意识和创新能力。以数学建模为平台，学生可以通过学习与实践相结合的手段，增强创新意识，提高创新能力，由此更好地解决生活中的问题。因此，数学建模对培养大学生的创新能力起着非常重要的作用，也对推动社会的发展有着一定的促进作用。

三、高校数学建模存在的问题及改革方向

全国大学生数学建模竞赛是我国规模最大、层次最高、影响力最广的大学生课外科技活动之一，旨在激发大学生的学习活力，培养大学生的团队意识和协作精神，提高大学生的创新能力。就拿 2014 年重庆赛区来讲，共有 35 个学校的 827 支本科队伍参加竞赛。数学建模竞赛题目大多来自工程实际问题，具有重大应用价值，数据也是真实的，甚至是某些学科的前沿课题。这对于各学科的大学生而言都是一次难得的机遇与挑战。

1. 高校数学建模存在的问题

（1）突击式教学

国内外的建模竞赛引发了高校数学建模的迅速发展，大量学校在数学建模教育没有得到全面普及的情况下开办了建模培训班，以期在最短时间内培养学生的建模思维。这就导致了大量功底不扎实（建模需要学生具备专业数学的基本知识与计算机编程能力）的学生因备战而进行时间短、任务重的突击式学习。此外，学校为使学生在最短时间内掌握全面

的知识，每天都更换教学内容，学生的头脑一直处于被动的填充状态，很难吸收融汇所学知识并进行个人创新。

（2）理论式教学

高校数学以“高等数学、线性代数、概率统计”为基础数学理论课程，教学过程中主要讲解“定义、定理、性质、计算”四大块，属于一个较为完善的理论教学体系。数学建模属于新型教学课程，是凌驾于基础理论之上的“简化、抽象”，具有自身独特的思考方式，是能解决实际问题的数学手段。而目前高校数学建模课程被定位为“数值计算方法 + 方法简单应用”课程，数学建模教学大多依据基础数学理论式教学模式进行教学安排，对学生进行学习与训练。但是以载入书籍的定论进行教学极容易让学生形成默认与接受式学习，而建模教学是培养“数学思维、数学思想”，开拓创新的数学精神，并非学习理论会写公式就能解决问题的，理论式教学不仅导致学生只能被动地学习与训练，也扼杀了建模本身的灵魂，导致建模本身再无创新。

（3）两开式教学

目前高校数学建模往往采用理论课与上机课分开的两开式教学，教授理论的教师有着清晰的思维、完备的理论、得体的教学。但对于学生所问及的复杂计算求解过程，教师往往会安排在上机课时为其演示解答。但理论教师与计算机教师并非一人担任，对于教授理论的教师所遗留的问题，计算机教师并不了解，这就导致了学生的学习过程被分化为“纯理论 + 纯计算”的两开式学习，这就会导致在进行数学建模时，往往模型很好，学生却不知如何去解这样问题的发生。

2. 高校数学建模改革方向

（1）数学建模活动应该成为素质教育探索和实践的平台

随着我国大学教育的迅速发展，传统的教育模式已经逐渐凸显出许多弊端，引起了教育界人士的广泛重视。在传统的教育模式下，教师们更多地强调“传道、解惑”是一种以教师为中心的知识灌输模式，学生处于被动接受的状态，没有体现学生的主体地位，因而学生缺乏实际动手能力和创新能力。近年来，素质教育成了教育改革的热门话题。素质教育是指依据人的发展和社会发展的实际需要，以全面提高全体学生的基本素质为根本目的，以尊重学生主体性和主动精神，注重开发人的智慧潜能，注重形成人的健全个性为根本特征的教育。随着我国大学生数学建模竞赛的开展，越来越多的学生参与其中。在这个过程中，他们自己动手，独立思考，极大地激发和提高了学生的创新能力、动手能力。不难发现，大学生在建模活动中综合能力得到了充分的锻炼，而这也正是素质教育所追求的。因此，数学建模活动为素质教育提供了一个实际可行的教育模式，通过这一活动，理论知识、培养能力和提高素质三者被有效地结合起来。由此可见，教育改革应该借鉴数学建模活动，不断探索新的教育方法，改进传统教育模式的不足，稳步推进我国素质教育事业的发展。

（2）数学建模活动为数学与其他学科交叉融合、解决实际问题的平台

在当前的教育状况下，数学知识的学习越来越受到重视，高等数学或工科数学已经成为绝大多数大学专业的必修课程。但是，学生主要限于理论知识的学习，很少有机会将数学和其他学科联系起来。这就不可避免地将数学的理论知识和它的应用价值隔离开来，这一方面，是教师主要注重传授理论知识的结果；另一方面，学生也很少有机会通过解决实际问题将理论和应用联系起来。而实际上，当今的数学早已不再局限于纯理论的数学研究，它已经渗透到了自然科学和社会科学的各个领域，成为解决实际问题的有力工具。如何让学生有效地将数学知识和自己的专业知识结合起来，并将其运用于解决实际问题是教育界一直在思考的问题。随着数学建模的引入并逐渐广泛开展，人们发现数学建模活动为促进这一问题的解决提供了有力的工具。数学建模是指把现实世界中的实际问题加以简化，抽象为数学模型，求出模型的解，验证模型的合理性，并用该数学模型所提供的解答来解释现实问题的过程。它要求学生要通过调查、收集数据资料，观察和研究实际对象的本质特征和统计规律，并建立起反映实际问题的数量关系，然后利用数学的理论和方法去分析和解决问题。这就需要学生具有深厚扎实的数学基础、敏锐的洞察力和想象力，以及广泛的知识面。因此，数学建模是联系数学与实际问题的桥梁，是数学在各个领域广泛应用的媒介，是将学生的数学知识转化为解决实际问题能力的有效途径。学生在建模过程中，将数学知识融入自己已有的认知结构，使自己的创新能力和实际动手能力得到充分发挥。因此，我们应该借助数学建模这一平台，让更多的学生参与到其中来，享受应用数学工具解决实际问题所带来的乐趣，并使学生的综合能力在这一过程中得到充分锻炼。

（3）竞赛的评阅

竞赛的评阅工作不能仅凭一纸参考答案来一刀切地决定建模成绩，而应该采取更灵活的评价方式。

首先，一刀切的评价方法完全抹杀了参赛学生的创造性。正如数学家、全国大学生数学建模竞赛组委会主任李大潜院士在数学建模骨干教师培训班上所指出的："……在评奖过程中，固然要有一个供参考的'标准答案'，但不宜夸大'标准答案'的作用，更不能以此为准来判定一切。要特别重视并注意发现同学的创新精神、意识及能力，并且充分保护并肯定同学在这方面的表现，哪怕是创造性思维的火花。数学建模竞赛重视的是让同学参与创造和发现的过程，而创新和发明是没有边界的，是不应该被什么框框死死框住的，是不应该受'标准答案'的束缚的……"从李院士的讲话可以看到，数学建模的一个重要目的就是培养学生的创新精神和创新能力，对于学生所提供的解题方法，不应该是用教条的东西和传统的方法去固化学生的思维，而应该去发现学生的创新性思想。如果在评卷工作中用参考答案这样一刀切地去评判，势必会导致建模竞赛和数学建模的宗旨越走越远，这样培养出来的也只能是平庸的、思想僵化的学生。而且，这种做法的弊端在近年已经有所体现。这些年来，许多学生不是把精力放到思考和探索解题方法上面，而是把它放在分析以往的考题及参考答案上，猜测参考答案所提供的方法，然后依葫芦画瓢，完全照搬过

来。更为严重的是，一些指导教师在竞赛过程中以种种方式介入，帮助学生了解参考答案可能提供的解题方法，从而为自己谋利。这种现象的出现使得数学建模竞赛完全变味，其带来的后果是令人担心的。

其次，一刀切的做法是和当前科学技术发展的现状极不相符的。在当前社会，科学技术的发展越来越呈现出相互渗透的趋势，一些重大问题的解决，牵涉到多个领域知识的综合应用。而且，解决一个实际问题，要从不同角度、不同专业来看问题，才会有不同的分析和解决问题的办法，数学建模竞赛同样面临这样一个状况。由于数学建模竞赛采用的大多是开放性试题，一般不存在标准答案，也不存在某一种方法能完美地解决这类问题。况且，在当前知识大爆炸的社会，每一个人所掌握的知识都只是沧海一粟，其认识的深度也是有限的。因此，简单地将建模竞赛的参考答案划定为某种方法是非常不合理的。

数学建模具有“内容的高度抽象概括性、需求知识和能力的综合性、解决问题的广泛应用性”等优势，作为一种重要的实验教学方式，数学建模不仅促进了数学与其他学科的有效融合，更是提升了学生运用理论知识解决实际问题的能力。高校数学建模实施后，大量的传统教学思想与方法面临着严峻的挑战，现行的教育理念、方法等已无法适应数学建模的要求，教学改革已势在必行。

数学知识的应用是数学教学的重点内容之一，数学习题就是考查学生应用数学知识解决简单实际问题能力的基本方式，它是最简单的一类数学建模问题。在习题中注重培养学生的数学应用意识和创新能力，使学生能够体会到应用数学知识解决实际问题的乐趣，摆脱数学乏味的思想，并自觉地应用数学知识，由知识型向去观察和解决生活、生产、科技问题的能力型转化。可以在作业中适当布置一些与其他学科相联系或从实际生活中采集来的开放型应用题，通过抽象、简化、假设、建立和求解数学模型解决实际问题，给学生以更大的思维空间，使学生感受到数学应用之所在。

四、案例应用：购房中的数学建模分析

1. 案例背景

小王结婚了，工资还不见长，不过小王省吃俭用，已有存款 6 万元。有了家庭的小王急需一套房子。某日，他来到一个房屋交易市场。经过一番调查，他搜集了一些住房信息，确定了两套预选方案。方案一：买商品房，一套面积为 80 m² 的商品房，售价为每平方米 1 500 元；方案二：买二手房，一套面积为 110 m² 左右的二手房，售价为 14.2 万元，要求首付 4 万元。

2. 案例分析

小王向一家银行申请购房贷款，于是评估员向他提出了以下建议：

申请商业贷款，贷款期限为 15 年比较合适，年利率为 5.04%，购房的首期付款应不

低于实际购房总额的 20%，贷款额应不高于实际总额的 80%。还款方式为等额本金还款，如果按季还款，每季还款可以分成本金部分和利息部分，其计算公式如下：

本金部分 = 贷款本金 / 贷款期季数

利息部分 =（贷款本金 − 已归还贷款本金累计额）× 本季利率

分析：

请同学们利用数列知识帮小王算一算这笔经济账，你认为以上两种方案哪个是他的最佳选择？

学生 1：方案 1 首付 2.4 万元，贷款 9.6 万元；方案 2 首付 4 万元，贷款 10.2 万元。小王已有积蓄 6 万元，根据小王目前的收入完全可以支付得起利息，因此从实用方面考虑小王可以买面积大点的房子。

教师：你帮他算过每月要支付的利息了吗？为了让他在以后不要出现经济上的困难，我们还是小心起见，帮他算一算吧！

学生 2：根据评估员的建议，以后的利息将越交越少，他能否支付得起利息只要计算他在最初是否能支付就可以了。

学生 3：季利息是 1.26%，方案一：他第一次交的本息和为 6 400 元，方案二：他第一次交的本息和为 1.84 万元。

因此根据小王目前的收入均能支付。

教师：小王认为要留 2~3 万元以备急用，那他该选择哪一种方案呢？

学生 4：买新房还要装修，我看他还是选择方案二吧！

教师：经济学家认为，偿还购房贷款的金额占家庭的总收入的 20%~30% 为宜，那小王这两种方案中，用于购房的总额在 15 年内有没有超过总收入的 20%~30%？

过了几分钟，学生给出了以下两种运算：

学生 5：第一个 1 600 放了一个季度的利息，最后一个 1 600 放了 60 个季度的利息，因此：

$1\,600\times(1+0.0126)\times 60+1\,600\times(1+0.0126)\times 59+\cdots+1\,600\times(1+0.0126)$

教师：哪个同学的计算结果是正确的？

学生 6：上一种计算是正确的，因为按评估员的说明，这种利息不是按复利计算的，也就是利息不再算利息了，而后一种利息还要算利息。

教师：很好，那么以上的两种方案在 15 年内用于购房的总额有没有超过总收入的 20%~30%？

学生 7：第一方案的总和是 132 892.8 元，第二方案的总和是 141 198.6 元，而在 15 年内总收入是 54 万元，它的 30% 为 16.2 万元，均没超过，但从经济实力来看，我认为小王还是选择第二方案好。

教师：我们用数列的知识研究了现实生活中的很多问题。事实上，在生活中有很多东西与数列有关，这需要大家在生活中不断去发现、探索。

3. 案例启示

抽象与具体之间的对话是数学能力的体现，同时也是数学所具有的一种独特魅力。因此从这一角度来说，如果我们对于现实生活中的问题能从数学模型的角度去分析问题，那么我们就已经站在了一定的高度认识了数学。这样学生完成作业就不再是以“练”为主，而通过“做”来体验数学、认识数学、掌握数学建模的思想方法。

第二章　MATLAB 及其应用

数学建模是指根据实际需要，对现实问题构建数学模型，然后对模型进行分析求解，并最终将模型翻译为决策方案，应用于实际的一个由诸多环节组成的完整过程。数学模型课程学习过程中会涉及模型的求解和计算，一般地，利用传统的计算工具并不能求解，必须借助计算机以及相关数学软件来计算。运用 MATLAB 软件进行的培训，将数学、计算机有机地结合起来，学生可以大大提高对模型的求解效率，这样就为解决实际问题提供了可依赖的结论。

第一节　MATLAB 基础知识简介

一、MATLAB 的概念与特征

1. MATLAB 的概念

MATLAB 是矩阵实验室（Matrix Laboratory）之意，其由 Matrix 和 Laboratory 两词的前三个字母组合而成。1984 年美国的迈斯沃克公司推出了 MATLAB，迄今为止，它已发展成为国际上最优秀的科技应用软件之一。MATLAB 是高层次的矩阵数组语言，具有条件控制、函数调用、数据结构、输入输出、面向对象等程序语言功能。利用 MATLAB 既可以进行小规模编程，完成算法设计和算法实验的基本任务，也可以进行大规模编程，开发复杂的应用程序，从而使得 MATLAB 在多学科领域中成为计算机辅助设计与分析、算法研究和应用开发的基本工具和首选平台。MATLAB 的基本数据单位是矩阵。其开放性使得 MATLAB 广受用户欢迎，除内部函数外，所有 MATLAB 主工具包文件和各种工具包都是可读可修改的，用户可以通过对源程序的修改或加入自己编写的程序构造新的专用工具包。MATLAB 大家庭有许多成员，包括应用程序开发工具、工具箱、数据存取工具、学生产品、状态流成图、模块集和代码生成工具等。

2. MATLAB 的特点

（1）编程效率高

用 MATLAB 编写程序犹如在演算纸上排列出公式来求解问题，MATLAB 语言也可通俗地称为演算纸式科学算法语言。由于它编写简单，易学易懂，所以编程效率高。

（2）用户使用方便

MATLAB 语言把编辑、编译、连接和执行融为一体，调试程序方式丰富，调试速度快，需要学习时间少。它能在同一画面上进行灵活操作，快速排除输入程序中的书写错误、语法错误以至语意错误，从而加快用户编写、修改和调试程序的速度，可以说在编程和调试过程中它是一种比 VB 还要简单的语言。

（3）扩充能力强

高版本的 MATLAB 语言有丰富的库函数，在进行复杂的数学运算时可以直接调用，而且 MATLAB 的库函数同用户文件在形式上一样，所以用户文件也可作为 MATLAB 的库函数来调用。因而，用户可以根据自己的需要方便地建立和扩充新的库函数，以便提高 MATLAB 使用效率和扩充它的功能。

（4）语句简单、内涵丰富

MATLAB 语言中最基本最重要的成分是函数，其一般形式为（a，b，c，…）=fun（d，e，f，…），即一个函数由函数名、输入变量 d，e，f，…和输出变量 a，b，c，…组成，同一函数名 F，不同数目的输入变量（包括无输入量）及不同数目的输出变量，代表着不同的含义（有点像面向对象中的多态性）。这不仅使 MATLAB 的库函数功能更丰富，大大减少了其需要的磁盘空间，而且还使得 MATLAB 编写的 m 文件简单、短小而有效。

（5）高效方便的矩阵和数组运算

MATLAB 语言像 Basic 和 C 语言一样规定了矩阵的一系列运算符，它需定义数组的维数，并给出矩阵函数、特殊矩阵专门的库函数，使之在求解诸如信号处理、建模、系统识别、控制、优化等领域的问题时，显得大为简捷、高效、方便，这是其他高级语言所不能比拟的。

（6）方便的绘图功能

MATLAB 的绘图是十分方便的，它有一系列绘图函数（命令），使用时只需调用不同的绘图函数（命令），在图上标出图题、X 轴和 Y 轴即可，格（栅）绘制也只需调用相应的命令，简单易行。另外，在调用绘图函数时调整自变量可绘出不同颜色的点、线、复线或多重线。

二、MATLAB 的界面操作

MATLAB 启动后界面主要包括当前目录浏览器（Current Directory）窗口、工作空间（Workspace）浏览器窗口、历史命令（Command History）窗口和命令（Command）窗口四个操作窗口，如图 2-1 所示。

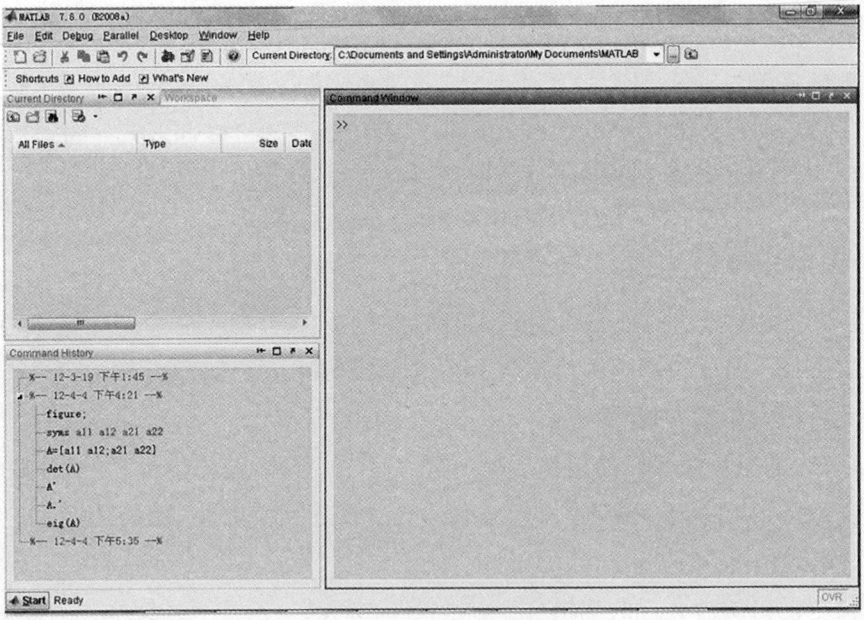

图 2-1　MATLAB 的界面操作

1. 当前目录浏览器窗口

该窗口主要显示当前路径下包含的所有文件，当前路径需在菜单栏底端处进行选择、设置。

（1）打开 m 文件

在该窗口中双击已有 m 文件即可在“Editor”窗口中打开对应的函数文件。

（2）创建新 m 文件

Blank M-File 或 Function M-File 即可在当前路径下创建新的 m 文件。在该窗口中通过右击选择“New”，然后单击 MATLAB 界面上的图标，或者单击菜单“File”，然后单击“New”，再单击“M-file”，即可打开空白的 m 文件编辑器。填写 m 文件后保存即可在当前路径下生成新的 m 文件。

2. 工作空间浏览器窗口

工作空间浏览器窗口用于显示所有 MATLAB 工作空间中的变量名、数据结构、类型、大小和字节数，可以对变量进行观察、编辑、提取和保存。

（1）新建变量

在该窗口中右击选择“New”或者单击变量即可进行编辑。

（2）导入变量

MATLAB 中可以导入 Mat、Excel、Text 等文件。在该窗口中选择按钮，按照提示即可导入相应的数据集，导入之后可以双击变量名观察数据集。

（3）保存变量

选中若干变量右击，选择“Save As”菜单，则可把所选变量保存为 Mat 数据文件。

（4）删除变量

选中一个或多个变量右击，选择“Delete”菜单，弹出“Confirm Delete”对话框，单击“Yes”按钮，或者选择工作空间浏览器窗口的菜单“Edit”再单击“Delete”。

3. 历史命令窗口

在该窗口中主要显示以往输入过的命令，它的主要功能是在命令窗口中可输入各种 MATLAB 的命令、函数和表达式，并显示除图形之外的所有运算结果。

（1）命令行的显示方式

命令窗口中的每个命令行前会出现提示符“>>”。命令窗口内显示的字符和数值采用不同的颜色，在默认情况下，输入的命令、表达式以及计算结果等采用黑色字体；“if”“for”等关键词采用蓝色。

（2）命令窗口中命令行的编辑

MATLAB 命令窗口不仅可以对输入的命令进行编辑和运行，而且可以对已输入的命令进行回调、编辑和重运行。

4. 命令窗口中行编辑的常用操作键

（1）命令窗口中的标点符号

MATLAB 的符号一定要在英文状态下输入，因为 MATLAB 不能识别中文标点符号。

（2）命令窗口的常用控制命令

① clc：用于清空命令窗口中的显示内容。

② more：在命令窗口中控制其后每页的显示内容行数。

三、MATLAB 的功能与应用

1. MATLAB 的命令窗口

MATLAB 的命令窗口是用户使用 MATLAB 进行工作的窗口，同时也是实现 MATLAB 各种功能的窗口。用户可以直接在 MATLAB 命令窗口内输入命令，实现其相应功能。MATLAB 命令窗口除了能够直接输入命令和文本，还包括菜单命令和工具栏。MATLAB 的菜单命令由“File”“Edit”“View”“Window”“Help”五组菜单命令组成，如图 2-2。

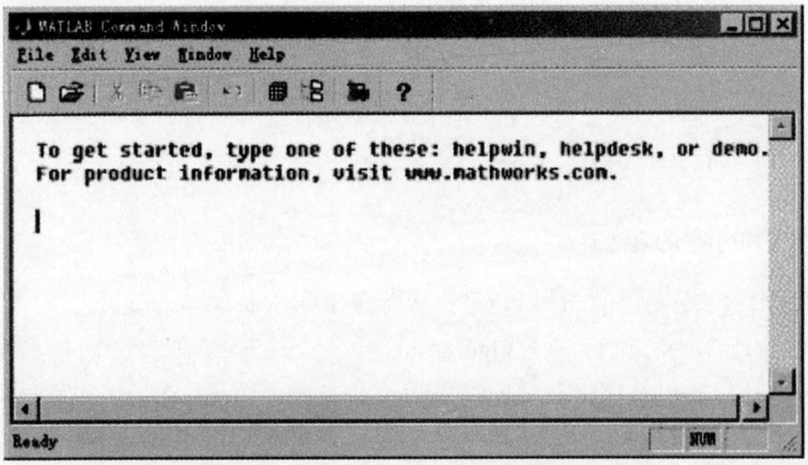

图 2-2 MATLAB 的命令窗口

（1）文件（File）菜单

“New”命令：打开“File”菜单“New”的子菜单，有三个选项。选择“M-file”选项表示新建一个 M 文件，该命令将打开 MATLAB 的 M 文件编辑 / 调试器。通过 M 文件编辑 / 调试器，用户可以创建自己的 M 文件，也可以编辑已有的 M 文件并可以调试 MATLAB 程序。“Figure”选项表示新建一个图形窗口，即详细参看图形窗口。“Model”选项表示新建一个 SIMULINK 模型。用户也可以在 Library Simulink 窗口中直接拖放一个模型到无标题窗口。通过这种简便方法，用户便能建立需要的系统模型。

“Open”命令：执行“File”菜单的“Open”命令，将弹出“Open”对话框。

“OpenSelection”命令：用户可以在 MATLAB 命令窗口中直接选中需要编辑的 M 文件，然后使用“File”菜单的“OpenSelection”命令，方便地打开该文件。

“RunScript”命令：该编辑命令用来运行脚本文件，用户可以在弹出的“RunScript”对话框中直接输入脚本文件名，然后单击“OK”按钮运行脚本文件。

“Load Workspace”命令：它为用户提供了加载和保存命令。

“SaveWorkspaceAs”命令：用来保存 MATLAB 文件。

“ShowWorkspace”命令：该命令将打开 MATLAB 工作空间浏览器。

“ShowGraphicsPropertyEditor”命令：显示图形属性编辑器。

“Show GUI Layout Tool”命令：显示图形用户接口设计向导。

“Set Path”命令：该命令将打开路径浏览器。

“Preference”命令：该命令将弹出参数设置对话框。

（2）编辑（Edit）菜单

该菜单的各命令功能同“Window”编辑菜单的功能相似。

（3）查看（View）菜单

该菜单仅用来控制是否显示工具栏。

（4）窗口（Window）菜单

显示在 MATLAB 中所打开的窗口。

（5）帮助（Help）菜单

该菜单用于查看帮助主题。

2. MATLAB 的图形窗口

在 MATLAB 下建立一个图形窗口（见图 2-3）由命令 Figure 完成（或执行 File→New→Figure 选项），每执行一次 Figure 就产生一个图形窗口，可以同时产生若干个图形窗口，MATLAB 自动把这些窗口的名字添加序号（No.1，No.2，…）作为区别，同时，这些窗口都被自动分配一个句柄，窗口上有菜单和工具条，其中包括通用的文件操作命令、编辑命令，对图形的坐标轴、线型等特性进行设置的专用工具，还可以为图形添加标注。

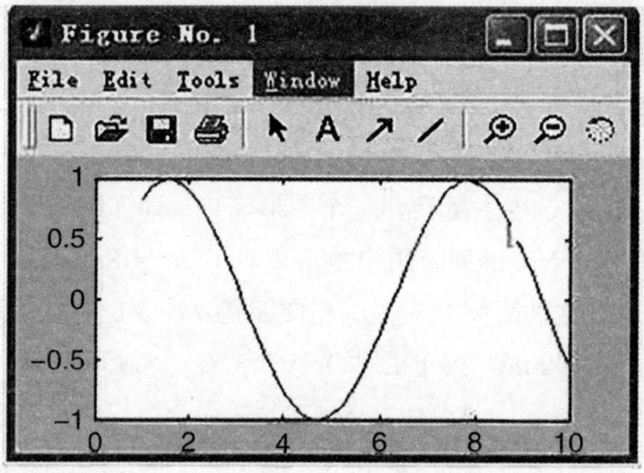

图 2–3　MATLAB 的图形窗口

（1）图形窗口工具条上的几个专用按钮

关闭图形窗口由 Close 命令来完成，每执行一次 Close 命令关闭一个当前的图形窗口，要同时关闭所有窗口，用 Close all 来完成。

（2）基本二维图形

绘制二维图形最常用的是 plot 函数，对于不同的输入参数，该函数有不同的形式。

① plot（y）。当只有一个参数时，plot 以该参数的值为纵坐标，横坐标从 1 开始自动赋值为向量 [1 2 3 …] 或其转置向量，向量的方向和长度与参数 y 相同。例如，命令：

```
y=[0 1 2 1 0]
plot（y）
```

可以绘制曲线，其横坐标为向量 [1 2 3 4 5]。plot（y）函数绘制的曲线如图 2-4 所示。

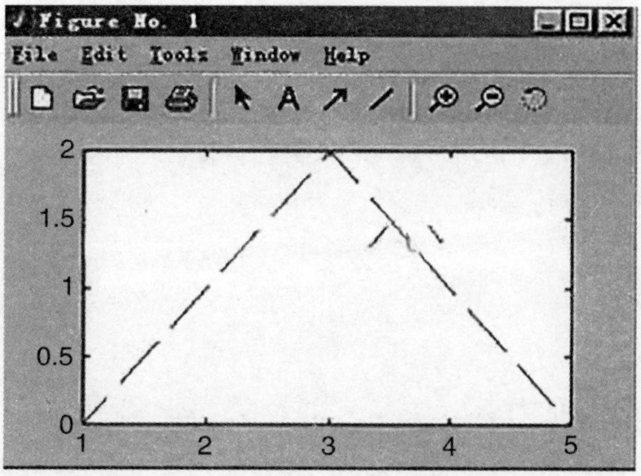

图 2–4 plot（*y*）函数绘制的曲线

②plot（x，y）。这是最常用的形式。x 为横坐标向量，y 为纵坐标向量，例如，命令：

t=1，0，2，10；

y=sin（x）；

plot（x，y）

可以绘出一个周期的正弦曲线。

③对数坐标曲线。三个函数 semilog 、semilogx 和 loglog 可以绘制二维对数坐标曲线，这几个函数的用法和 plot 函数相同。例如：

t=0，1，2*pi；

y=sin（t）；semilog（t，y）

grid on

绘制出的正弦曲线横坐标为对数坐标，并用“grid on”命令为图形窗口添加了网格。

（3）图形窗口的交互操作方式

①编辑坐标轴属性。在坐标轴范围内的空白区域或坐标轴的边框处右击，坐标轴在四个角和四条边的中央会各出现一个黑色的小方块，表示坐标轴已被选中，同时弹出一个菜单（上下文菜单 Contextmenu），弹出菜单中的“Show Legend”选项用于显示缺省的图例。“Unlock Axes Position”用于解锁轴的位置，选中这一项后，可以用鼠标拖动坐标轴来改变其位置，而在缺省情况下坐标轴是锁定的，不能直接移动。选择菜单中的“Properties”选项，将弹出编辑坐标轴属性对话框。这个对话框也可以通过双击坐标轴范围内的空白区域或坐标轴的边框得到，还可以先选中要编辑的坐标轴，然后选择菜单“Tools”下的“AxisProperties”选项。在这个对话框中的各个区域分别可以编辑坐标轴的如下属性：

Label：坐标轴的标注。

Limits：坐标轴的刻度范围。

TickStep：坐标轴的刻度线间隔。

Scale：坐标类型（线性、对数）和坐标轴的方向。

Grid：网格线。

在这里设置坐标轴属性和使用相关命令进行设置的效果是相同的。

②编辑线条属性。在需要编辑的线条上右击，线条的所有数据点都会成为一个黑色的小方块，表示线条已被选中，同时弹出一个菜单，选择“Properties”选项，将弹出编辑线条属性对话框。可对线条进行编辑。

LineWidth：线条宽度。

LineStyle：线型。

Marker：标记符号。

MarkerSize：标记符号的大小。

Color：颜色。

③编辑文本属性。在需要编辑的文本上右击，文本框的四个角和四条边中央会各出现一个黑色方块，表示文本已被选中，同时弹出一个菜单，选择“Properties”选项，将弹出所示的文本的编辑字体属性对话框。这时选中要编辑的文本，然后选择菜单“Tools”下的“TextPropertics”选项。如果双击文本对象，那么字符串将还原为原始字符串的内容，并能够对其中的字符进行编辑，选中文本并拖动鼠标可以任意改变文本的位置。

（4）图形属性编辑器

其启动方式有四种，分别如下：

①从图形窗口的“File”菜单下选择“Property Editor”选项（如前所述）。

②在MATLAB主命令窗口的“File”菜单下选择“Show Graphics Property Editor”选项。

③在MATLAB命令行或M文件中执行命令“Propedit”。

④在图形用户界面（Graphical User Interface，GUI）设计向导控制面板中按下“Property Editor”按钮。

选用其中的哪种方式取决于用户的需要，各种方式之间没有明显的区别。图形属性编辑器功能强大，它可以对所有图形对象的所有属性进行编辑，实现set和get函数的所有功能。图形属性编辑器上的大窗口称为对象浏览器（Object Browser），编辑的复选框“Show Object Browser”控制该窗口是否显示。对象浏览器显示了在当前图中的所有图形对象，其按层次排列，双击左侧有“+”的对象，该对象的下层被展开。单击要编辑的对象，该对象就被选中。同时在图形窗口的显示编辑器下面的大窗口为属性列表（Property List），编辑器下面的复选框“Show Property List”控制该窗口是否显示，在这个窗口中单击来选取需进行编辑的属性。

3. MATLAB的在线帮助功能

（1）用“Help”菜单查看帮助主题

①通过选择“Help”菜单中的选项“Help Window”，显示MATLAB帮助窗口，可以通过单击相应主题，查看有关问题的详细帮助。

②通过选择“Help”菜单中的“Tips”选项，显示 MATLAB 帮助提示，该命令指导用户如何使用 MATLAB 的帮助，用户可以看到，在使用帮助提示命令打开的窗口中显示了用户可以直接在命令窗口中输入命令（help、helpwin、helpdesk）以获得更详细的帮助：

（2）在命令窗口查看帮助主题

①查看帮助主题：在命令窗口内直接输入命令 help。

②查看帮助窗口：在命令窗口内直接输入命令 helpwin。

③在帮助工作台获得更多帮助。帮助工作台是 MATLAB 提供的 HTML 格式的帮助，它为用户提供了比帮助窗口更为详尽的帮助信息。打开帮助工作台方法如下：第一，在“Help”菜单中选择“Helpdesk”选项；第二，在命令窗口内直接输入命令“helpdesk”。

4. 其他帮助信息

①版本信息：选择“Help”菜单的“About MATLAB”选项，可以显示 MATLAB 的版本信息。

②“lookfor”命令：“lookfor”命令允许用户通过关键词来搜索用户希望查询的内容。

③“doc”命令：如果已经知道某个特殊函数的名称，就可以直接通过“doc”命令获取该函数在帮助工作台的帮助文档，如用“doc cosh”命令将打开函数“cosh”的相关帮助页。

第二节 MATLAB 的作图与对建模的作用

一、MATLAB 中的绘图程序

1. MATLAB 二维绘图

（1）基本平面图形绘制命令：plot

该命令的功能是绘制线性二维图。

plot（x', s'）：x 为实向量时，以该向量元素的下标为横坐标，元素值为纵坐标，绘出一条连续曲线。

plot（x，y）：x、y 为同维向量时，绘制以 x、y 元素为横、纵坐标的曲线。

x 为向量，y 为一维或多维矩阵时，绘出多条不同颜色的曲线。

x 为这些曲线共同的横坐标。

plot（y）：y 的维数为 m，则 plot（y）等价于 plot（x，y），其中 x=1：mplot（x_1，y_1，x_2，y_2，…），其中 x_i 与 y_i 成对出现。

plot（x_1，y_1，LineSpec$_1$，x_2，y_2，LineSpec$_2$）将按顺序分别画出，由三参数定义 x_i，y_i，LineSpec$_i$ 的线条。其中参数 LineSpec$_i$ 指明了线条的类型、标记符号和画线用的颜色。

可混合使用三参数和二参数的形式：plot（x_1，y_1，$LineSpec_1$，x_2，y_2，$LineSpec_2$，x_3，y_3，$LineSpec_3$）。

plot（…，'Property Name'，Property Value，…）：对图形对象中指定的属性进行设置。

h = plot（…）：返回 line 图形对象句柄的一列向量，一线条对应一句柄值。

允许用户对线条定义的属性如下：

①线型如表 2-1 所示。

表 2–1　线型

定义符	–	…	–.
线型	实线（缺省值）	点线	点画线

②线条宽度“Line Width”：指定线条的宽度，取值为整数（单位为像素点）。

③颜色如表 2-2 所示。

表 2–2　颜色

定义符	r（red）	g（green）	b（blue）	c（cyan）
颜色	红色	绿色	蓝色	青色
定义符	m（magenta）	y（yellow）	k（black）	w（white）
颜色	品红	黄色	黑色	白色

④标记类型如表 2-3 所示。

表 2–3　标记类型

定义符	+	O	*	.	X
标记类型	加号	字母	星号	实点	交叉号
定义符	d	ˆ	v	>	<
标记类型	菱形	向上三角形	向下三角形	向右三角形	向左三角形
定义符	s	h	p	—	—
标记类型	正方形	正六角星	正五角星	—	—

⑤标记大小“Marker Size”：指定标记符号的大小尺寸，取值为整数（单位为像素）。

⑥标记面填充颜色“Marker Face Color”：指定用于填充标记符面的颜色，取值见表 2-3。

⑦标记周边颜色“Marker Edge Color”：指定标记符颜色或者是标记符（小圆圈、正

方形、菱形、正五角星、正六角星和四个方向的三角形）周边线条的颜色。

a. 坐标轴的设置。创建图形时，用户可以制定坐标的范围、数据间隔及坐标名称。命令“axis”可以控制坐标轴的刻度及形式。

axis[xmin，xmax，ymin，ymax]

直角坐标图形的纵横比在默认的情况下与窗口纵横比相同，用 axis 可以控制图形纵横比的格式如下：

axis square，将纵横坐标轴的长度设置为相等；axis equal，将坐标轴的标记间距设置为相等；axis equal tight，将图形以紧缩的方式显示。例如：

```
t=（pi*（0：1000）/1000）；
y1=sin（t）；y2=sin（10*t）；y12=sin（t）.*sin（10*t）；
plot（t，y1）；axis（[0，pi，0，2]）
```

b. 图形标志。包括图名、坐标轴名、图形注释和图例，常用格式如下：

Title（s），书写图名；Xlable（s），横坐标轴名；Ylable（s），纵坐标轴名；Legend（s_1，s_2，…），绘制曲线所用线型、色彩或数据点形图例；Text（x_t，y_t，s），在图面（x_t，y_t）坐标处书写字符注释。

c. 多子图。MATLAB 允许用户在同一图形框内布置几幅独立的子图。subplot（*m*，*n*，*k*）% 使 $m \times n$ 幅子图中的第 *k* 幅成为当前图。

图形中有 $m \times n$ 幅图，*k* 是子图的编号。子图的序号原则是，左上方为第一幅，向右、向下依次排号。subplot 产生的子图相互独立，所有绘图指令均可以在子图中应用。

d. 参数 LineSpec 的说明。参数 LineSepc 可以定义线条的三个属性：线型、标记符号和颜色。对线条的上述属性的定义用字符串来定义，如 plot（x，y，'-.or'），表示画点画线（-.），在数据点（*x*，*y*）处画出小圆圈（○），线和标记都用红色画出（字符串中的字母、符号可任意组合）。若仅仅指定了标记符，而没有指定线型，则 plot 只在数据点画出标记符，如 plot（x，y，'d'）。

例 2-1：
```
>> t = 0：pi/20：2*pi；
plot（t，t.*cos（t），'-.r*'）
hold on
plot（exp（t/100）.*sin（t-pi/2），'：mo '）
plot（sin（t-pi），'：bs'）
hold off
```

绘制多条曲线：采用 hold on 或者 Y 为多维向量。

例 2-2：
```
>> t=1：0：1：10；
plot（t，sin（2*t），'-mo'，'LineWidth'，2，…
'MarkerEdgeColor'，'k'，...
'MarkerFaceColor'，'y'，…
'MarkerSize'，5
```

（2）一元函数 $y=f(x)$ 的绘图命令：fplot

fplot 采用自适应步长控制来画出函数的示意图，在函数变化激烈的区间，采用小的步长，否则采用大的步长。总之，使计算量与时间最小，图形尽可能精确。

注意：必须是函数，可以是一个 m 文件函数或者是一个包含符号变量的函数，如 'sin（x）*exp（2*x）', '[sin（x），cos（x）]'。

fplot 的格式如下：

fplot（'function', limits）：在指定的范围 limits 内画出一元函数图形。其中 limits 是一个指定 x 轴范围的向量 [xmin xmax] 或者是 x 轴和 y 轴的范围的向量 [xmin xmax ymin ymax]。

fplot（'function', limits, LineSpec）：用指定的线型 LineSpec 画出函数 function。fplot（'function', limits, tol）用相对误差值 tol 画出函数 function，相对误差的缺省值为 2×10^{3}。

fplot（'function', limits, tol, LineSpec）：用指定的相对误差值 tol 和指定的线型 LineSpec 画出函数 function 的图形。

fplot（'function', limits, n）：当 $n\geqslant1$，则至少画出 $n+1$ 个点（即至少把范围 limits 分成 n 个小区间），最大步长不超过（$x_{max}-x_{min}$）$/n$。

fplot（'function', lims, …）：允许可选参数 tol, n 和 LineSpec 以任意组合方式输入。

[x, y] = fplot（'function', limits, …）：返回横坐标与纵坐标的值给变量 x 和 y，此时 fplot 不画出图形。若想画出，可用命令 plot（x, y）。

[…] = plot（'function', limits, tol, n, LineSpec, p_1, p_2, …）：允许用户直接给函数 function 输入参数 p_1, p_2 等，其中函数 function 的定义形式为 y = function（x, p_1, p_2, …）。

若想用缺省的 tol、n 或 LineSpec 值，只需将空矩阵（[ ]）传递给函数即可。

```
>>fplot（'tanh', [-2 2]）
>>subplot（2, 2, 1）; fplot（'humps', [0 1]）
subplot（2, 2, 2）; fplot（'abs（exp（-j*x*（0: 9））*ones（10, 1））', [0 2*pi]）
subplot（2, 1, 2）; fplot（'[tan（x）, sin（x）, cos（x）]', 2*pi*[-1 1 -1 1]）
```

（3）读取与显示二维灰度图像

①读取二维灰度图像。Imread 函数用于读入各种图像文件。常用格式：I=imread（filename, fmt）。默认文件目录为 MATLAB 工作目录。

参数 fmt 制定了图像格式，或者 I=imread（'E: \图像\131.bmp'），图像格式与文件名写在一起。

②显示二维灰度图像函数。

```
Imshow（i, n）
Imshow（i, [low high]）Imshow（BW）…
```

Imshow（i，n）与 Imshow（i，[low high]）用于显示灰度图像，*n* 为灰度级数目，默认值为 256，[low high] 为图像数据的值域。在很多情况下，经过处理的图像数据的值域会发生变化，此时再用前面的实现方法，便得不到正确的结果。如果清楚地知道数据的值域 [low high]，可调用 Imshow（i，[low high]），也可使用空向量参数 Imshow（i，[ ]）。

③其他输出图像函数。

imwrite（ ）image（ ）

2. MATLAB 三维绘图

（1）三维曲线、面填色命令

命令 1：$comet_3$。

其功能如下：

三维空间中的彗星图。彗星图为一个三维的动画图像，彗星头（一个小圆圈）沿着数据指定的轨道前进，彗星体为跟在彗星头后面的一段痕迹，彗星轨道为整个函数所画的实曲线。应该注意的一点是，该彗星轨迹的显示模式为 EraseMode 中的“none”，所以用户不能打印出彗星轨迹（只能得到一个小圆圈），且若用户调整窗口大小，则彗星会消失。

其用法如下：

$comet_3$（z）用向量 z 中的数据显示一个三维彗星。

$comet_3$（x，y，z）显示一个彗星通过数据 x，y，z 确定的三维曲线。

$comet_3$（x，y，z，p）指定彗星体的长度为 p*length（y）。

命令 2：$fill_3$。

其功能如下：

用指定的颜色填充三维多边形。阴影类型为平面型和 Gouraud 型。

其用法如下：

$fill_3$（x，y，z，c）填充由参数 x，y 和 z 确定多边形。若 x，y 或 z 为矩阵，$fill_3$ 生成 *n* 个多边形，其中 *n* 为矩阵的列数。在必要的时候，$fill_3$ 会自动连接最后一个节点和第一个节点，以便能形成封闭的多边形。参数 c 指定颜色，c 为引用当前色图的下标向量或矩阵。若 c 为行向量，则 c 的维数必须等于 x 的列数和 y 的列数，若 c 为列向量，则 c 的维数必须等于矩阵 x 的行数和 y 的行数。

$fill_3$（x，y，z，ColorSpec）：用指定的颜色 ColorSpec 填充由 x，y 和 z 确定的多边形。

$fill_3$（x_1，y_1，z_1，c_1，x_2，y_2，z_2，c_2，…）：对多边形的不同区域用不同的颜色进行填充。

$fill_3$（…，'PropertyName'，PropertyValue）：允许用户对特定的 patch 属性进行设置。

h = $fill_3$（…）：返回 patch 图形对象的句柄向量，每一块（patch）对应一个句柄。

运算规则如下：

a. 若 x，y，z 为同型的矩阵，$fill_3$ 生成 x，y，z 中相同位置的元素确定的顶点，每一列生成一个多边形。

b. 若只有 x，y 或 z 为矩阵，则 $fill_3$ 由列向量参数生成可用的同型矩阵。

c. 若用户对填充的颜色指定为 ColorSpec，则 $fill_3$ 生成阴影类型为 flat-shaded 的多边形，且设置块的属性 FaceColor 为 RGB 颜色形式的矩阵。

d. 若用户用矩阵 c 指定颜色，命令 $fill_3$ 通过坐标轴属性 Clim 来调整 c 中的元素，在引用当前色图之前，用于指定颜色坐标轴的参数比例。

e. 若参数 c 为一行向量，命令 $fill_3$ 生成带平面阴影（flat-shaded）的多边形，同时设置补片对象的面颜色（FaceColor）属性为 flat。向量 c 中的每一元素成为每一补片对象的颜色数据（CData）属性的值。

f. 若参数 c 为一矩阵，命令 $fill_3$ 生成带内插颜色的多边形，同时设置多边形补片对象的 FaceColor 属性为 interp。命令 $fill_3$ 采用对多边形顶点色图的下标指定的颜色，采用线性内插算法，同时多边形的颜色采用对顶点颜色用内插算法得到。矩阵 c 的每一列元素变成对应补片对象的颜色数据属性值。

g. 若参数 c 为一列向量，命令 $fill_3$ 先复制 c 的元素，使之成为所需维数的矩阵，再按上面的规则 f. 进行计算。

（2）三维图形等高线

命令 1：contour。

其功能为曲面的等高线图。

其用法如下：

contour（z）把矩阵 z 中的值作为一个二维函数的值，等高曲线是一个平面的曲线，平面的高度 v 是 MATLAB 自动取的；

contour（x，y，z）：（x，y）是平面上点的坐标矩阵，z 为相应点的高度值矩阵。效果同上；

contour（z，n）：画出 n 条等高线；

contour（x，y，z，n）：画出 n 条等高线；

contour（z，v）：在指定的高度 v 上画出等高线；

contour（x，y，z，v）：在指定的高度 v 上画出等高线；

[c，h] = contour（…）：返回如同 contourc 命令描述的等高矩阵 c 和线句柄或块句柄列向量 h，这些可作为 clabel 命令的输入参量，每条线对应一个句柄，句柄中的 userdata 属性包含每条等高线的高度值；

contour（…，'linespec'）：因为等高线是以当前的色图中的颜色画的，且是作为块对象处理的，即等高线是一般的线条，我们可像画普通线条一样，指定等高线的颜色或者线形。

命令 2：clabel。

其功能如下：

在二维等高线图中添加高度标签。在下列形式中，若有 h 出现，则会对标签进行恰当的旋转，且在恰当的位置显示下一个“+”，否则标签会竖直放置。

其用法如下：

clabel（c，h）把标签旋转到恰当的角度，再插入等高线中。只有等高线之间有足够的空间时才插入，当然这决定于等高线的尺度。

clabel（c，h，v）：在指定的高度 v 上显示标签 h，当然要对标签做恰当的处理。

clabel（c，h，'manual'）：手动设置标签。用户左击或按“Space”键在最接近指定的位置上放置标签，用“Enter”键结束该操作，便会对标签做恰当的处理。

clabel（c）：在从命令 contour 生成的等高线结构 c 的位置上添加标签。此时标签放置的位置是随机的。

clabel（c，v）：在给定的位置 v 上显示标签。

clabel（c，'manual'）：允许用户通过鼠标来给等高线贴标签。

命令 3：contourc。

其功能如下：

contourc 为低级等高线图形计算命令。该命令计算等高线矩阵 c，该矩阵可用于命令 contour，$contour_3$ 和 contourf 等。矩阵 z 中的数值确定平面上的等高线高度值，等高线的计算结果用由矩阵 z 维数决定的间隔的宽度。

其用法如下：

C = contourc（z）：从矩阵 z 中计算等高矩阵，其中 z 的维数至少为 2×2 阶，等高线为矩阵 z 中数值相等的单元。等高线的数目和相应的高度值是自动选择的。

C = contourc（z，n）：在矩阵 z 中计算出 *n* 个高度的等高线。

C = contourc（z，v）：在矩阵 z 中计算出给定高度向量 v 上的等高线，当然向量 *v* 的维数决定了等高线的数目。若只要计算一条高度为 a 的等高线，输入 contourc（z，[a，a]）。

C = contourc（x，y，z）：从矩阵 z 中，参量 x，y 确定的坐标轴范围内计算等高线。

C = contourc（x，y，z，n）：从矩阵 z 中，参量 x 与 y 确定的坐标范围内画出 *n* 条等高线。

C = contourc（x，y，z，v）：从矩阵 z 中，参量 x 与 y 确定的坐标范围内，画在 *v* 指定的高度上指定的等高线。

命令 4：$contour_3$。

其功能如下：

三维空间等高线图。该命令生成一个定义在矩形格栅上曲面的三维等高线图。

其用法如下：

$contour_3$（z）画出三维空间角度观看矩阵 z 的等高线图，其中 z 的元素被认为是距离 *xy* 平面的高度，矩阵 *z* 至少为 2×2 阶的。等高线的条数与高度是自动选择的。若 [m，n]=size（z），则 x 的范围为 [1：n]，y 的范围为 [1：m]。

$contour_3$（z，n）：画出由矩阵 z 确定的 *n* 条等高线的三维图。

$contour_3$（z，v）：在参量 v 指定的高度上画出三维等高线，当然等高线条数与向量 v 的维数相同；若想只画一条高度为 h 的等高线，输入 $contour_3$（z，[h，h]）。

$contour_3$（x，y，z）、$contour_3$（x，y，z，n）、$contour_3$（x，y，z，v）：用 x 与 y 定义 x 轴与 y 轴的范围。若 x 为矩阵，则 *x*（1，：）定义 x 轴的范围；若 y 为矩阵，则 *y*（：，1）定义 y 轴的范围；若 x 与 y 同时为矩阵，则它们必须同型。不论为哪种使用形式，所起的作用与命令 surf 相同。若 x 或 y 有不规则的间距，$contour_3$ 就还是使用规则的间距计算等高线，然后将数据转变给 x 或 y。

$contour_3$（…，LineSpec）：用参量 LineSpec 指定的线型与颜色画等高线。

[c，h] = contour3（…）：画出图形，同时返回与命令 contourc 中相同的等高线矩阵 c，包含所有图形对象的句柄向量 h；除非没有指定 LineSpec 参数，$contour_3$ 将生成块图形对象，且当前的 colormap 属性与 caxis 属性将控制颜色的显示。无论使用何种形式，该命令都会生成 line 图形对象。

命令 5：contourf。

其功能如下：

填充二维等高线图。即先画出不同等高线，然后相邻的等高线之间用同一颜色进行填充，填充用的颜色决定于当前的色图颜色。

其用法如下：

contourf（z）：矩阵 z 的等高线图，其中 z 理解成距平面的高度，z 至少为 2 × 2 阶的。等高线的条数与高度是自动选择的。

contourf（z，n）：画出矩阵 z 的 n 条高度不同的等高线。

contourf（z，v）：画出矩阵 z 的、由 v 指定的高度的等高线图。

contourf（x，y，z）、contourf（x，y，z，n）、contourf（x，y，z，v）：画出矩阵 z 的等高线图，其中 x 与 y 用于指定 x 轴与 y 轴的范围。若 x 与 y 为矩阵，则必须与 z 同型。若 x 或 y 有不规则的间距，$contour_3$ 还是使用规则的间距计算等高线，然后将数据转变给 x 或 y。

[c，h，cf] = contourf(…)：画出图形，同时返回与命令 contourc 中相同的等高线矩阵 c，*c* 也可被命令 clabel 使用；返回包含块图形对象的句柄向量 h；返回用于填充用的矩阵。

命令 6：pie_3。

其功能为：三维饼形图。

其用法如下：

pie_3（x）用 x 中的数据画一个三维饼形图。x 中的每一个元素代表三维饼形图中的一部分。

pie_3（x，explode）：x 中的某一部分可以从三维饼形图中分离出来。explode 是一个

与 *x* 同型的向量或矩阵，explode 中非零的元素对应 x 中从饼形图中分离出来的分量。

h = pie_3（…）：返回一个分量为 patch，surface 和 text 图形句柄对象的向量。即每一块对应一个句柄。注意：命令 pie_3 将 x 的每一个元素在所有元素的总和中所占的比例表达出来。若 x 中的分量和小于 1（则所有元素小于 1），则认为 x 中的值指明三维饼形图的每一部分的大小。

（3）曲面与网格图命令

命令 1：mesh。

其功能如下：

生成由 x，y 和 z 指定的网线面，由 c 指定的颜色的三维网格图。网格图是作为视点由 view（3）设定的 surface 图形对象。曲面的颜色与背景颜色相同（当要动画显示不透明曲面时，这时可用命令 hidden 控制），或者当画一个标准的可透视的网格图时，曲面的颜色就没有（命令 shading 控制渲染模式）。同时当前的色图决定线的颜色。

其用法如下：

mesh（x，y，z）画出颜色由 c 指定的三维网格图，所以和曲面的高度相匹配，

①若 x 与 y 均为向量，length（x）=n，length（y）=m，而 [m，n]=size（z），空间中的点（x（j），y（I），z（I，j））为所画曲面网线的交点，分别地，*x* 对应于 *z* 的列，*y* 对应于 z 的行。

②若 x 与 y 均为矩阵，则空间中的点（x（i，j），y（i，j），z（i，j））为所画曲面的网线的交点。

mesh（z）：由 [n，m] = size（z）得，x=1：n 与 y=1：m，其中 z 为定义在矩形划分区域上的单值函数。

mesh（…，c）：用由矩阵 c 指定的颜色画网格图。MATLAB 对矩阵 c 中的数据进行线性处理，以便从当前色图中获得有用的颜色。

mesh（…，'Property Name'，Property Value，…）：对指定的属性 PropertyName 设置属性值 Property Value，可以在同一语句中对多个属性进行设置。 h = mesh（…）返回 surface 图形对象句柄。运算规则如下：

a. 数据 x，y 和 z 的范围，或者是对当前轴的 xLimMode，yLimMode 和 zLimMode 属性的设置决定坐标轴的范围。命令 aXis 可对这些属性进行设置。

b. 参量 c 的范围，或者是对当前轴的 Clim 和 ClimMode 属性的设置（可用命令 caxis 进行设置），决定颜色的刻度化程度。刻度化颜色值作为引用当前色图的下标。

c. 网格图显示命令生成由于把 z 的数据值用当前色图表现出来的颜色值。MATLAB 会自动用最大值与最小值计算颜色的范围（可用命令 caxis auto 进行设置），最小值用色图中的第一个颜色表现，最大值用色图中的最后一个颜色表现。MATLAB 会对数据的中间值执行一个线性变换，使数据能在当前的范围内显示出来。

命令 2：surf。

其功能如下：

在矩形区域内显示三维带阴影曲面图。

其用法如下：

surf（z）生成一个由矩阵 z 确定的三维带阴影的曲面图，其中 [m，n] = size（z），而 x = 1：n，y = 1：m。高度 z 为定义在一个几何矩形区域内的单值函数，z 同时指定曲面高度数据的颜色，所以颜色对于曲面高度是恰当的。

surf（x，y，z）：数据 z 同时为曲面高度，也是颜色数据。x 和 y 为定义 x 坐标轴和 y 坐标轴的曲面数据。若 x 与 y 均为向量，length（x）=n，length（y）=m，而 [m，n]=size（z），在这种情况下，空间曲面上的节点为（x（i），y（j），z（i，j））。

surf（x，y，z，c）：用指定的颜色 c 画出三维网格图。MATLAB 会自动对矩阵 c 中的数据进行线性变换，以获得当前色图中可用的颜色。

surf（…，'Property Name'，Property Value）：对指定的属性 Property Name 设置为属性值 PropertyValue。

h=surf（…）：返回一个 surface 图形对象句柄给变量 h。

运算规则如下：

①严格地讲，一个参数曲面是由两个独立的变量 i、j 来定义的，它们在一个矩形区域上连续变化。例如，$a \leqslant i \leqslant b$，$c \leqslant j \leqslant d$，三个变量 x，y，z 确定了曲面。曲面颜色由第四参数矩阵 c 确定。

②矩形定义域上的点有如下关系：

$$
\begin{array}{c}
A(i-1,\ j) \\
| \\
B(i,\ j-1) — C(i,\ j) — D(i,\ j+1) \\
| \\
E(i+1,\ j)
\end{array}
$$

这个矩形坐标方格对应于曲面上的有四条边的块，在空间的点的坐标为（x，y，z），每个矩形内部的点根据矩形的下标和相邻的四个点连接；曲面上的点只有相邻的三个点，曲面上四个角上的点只有两个相邻点，如此就定义了一个四边形的网格图。

③曲面颜色可以由两种方法来指定：指定每个节点的颜色或者是每一块的中心点颜色。在这种一般的设置中，曲面不一定为变量 x 和 y 的单值函数，进一步而言，有四边的曲面块不一定为平面的，而可以用极坐标、柱面坐标和球面坐标定义曲面。

④命令 shading 设置阴影模式。若模式为 interp，c 必须与 x，y，z 同型；它指定了每个节点的颜色，曲面块内的颜色由附近几个点的颜色用双线性函数计算出来。

⑤命令 surf 将指定图形视角为 view。

⑥数据 x，y，z 的范围或者通过对坐标轴的属性 XlimMode，YlimMode 和 ZlimMode 的当前设置（可以通过命令 axis 来设置），将决定坐标轴的标签。

⑦参数 c 的范围或者通过对坐标轴的属性 Clim 和 ClimMode 的设置（可以通过命令 caxis 来设置），将决定颜色刻度化。刻度化的颜色值将作为引用当前色图的下标。

命令 3：surfc。

其功能如下：

在矩形区域内显示三维带阴影曲面图，且在曲面下面画出等高线。

其用法如下：

surfc（z）、surfc（x，y，z）、surfc（x，y，z，c）、surfc（…，'Property Name'，Property Value）、surfc（…）、h = surfc（…）。

上面各个使用形式的曲面效果与命令 surf 的相同，只不过是在曲面下面增加了曲面的等高线而已。

命令 4：surfl。

其功能如下：

画带光照模式的三维曲面图。该命令显示一个带阴影的曲面，结合了周围的、散射的和镜面反射的光照模式。想获得较平滑的颜色过度，要使用有线性强度变化的色图（如 gray，copper，bone，pink 等）。参数 x，y，z 确定的点定义了参数曲面的“里面”和“外面”，若用户想让曲面的“里面”有光照模式，只要使用 surfl（x'，y'，z'）即可。

其用法如下：

surfl（z）：以向量 z 的元素生成一个三维的带阴影的曲面，其中阴影模式中的光源的方位、光照系数为缺省值。

surfl（x，y，z）：以矩阵 x，y，z 生成的一个三维的带阴影的曲面，其中阴影模式中的光源的方位、光照系数为缺省值。

surfl（…，'light'）：用一个 matlab 光照对象（light object）生成一个带颜色、带光照的曲面，这与用缺省光照模式产生的效果不同。

surfl（…，'cdata'）：改变曲面颜色数据（color data），使曲面成为可反光的曲面。

surfl（…，s）：指定光源与曲面之间的方位 s，其中 s 为一个二维向量 [azimuth，elevation]，或者三维向量 [sx，sy，sz]。缺省光源方位为从当前视角开始，逆时针 45°。

surfl（x，y，z，s，k）：指定反射常系数 k，其中 k 为一个定义环境光（ambient light）系数（$0 \leqslant ka \leqslant 1$）、漫反射（diffuse reflection）系数（$0 \leqslant kb \leqslant 1$〉、镜面反射（specular reflection）系数（$0 \leqslant ks \leqslant 1$）与镜面反射亮度（以像素为单位）等的四维向量 [ka，kd，ks，shine]，缺省值为 k=[0° 550° 60° 410°]。

h = surfl（…）：返回一个曲面图形句柄向量 h。

二、MATLAB 作图对数学建模的作用

MATLAB 软件是高等数学教学的强大辅助工具。在包括微积分、线性代数、概率统计等的高等数学教学活动中，一直面临两难选择：一方面，面对日常教学和考试，学生需要进行大量的数学技巧训练；另一方面，面对后续课程，学生需要掌握较好的数学思维和基本的计算方法，在有限的学时内实现上述两方面是很困难的。MATLAB 提供了这种可能性，即只需很少的教学时间来掌握 MATLAB，让不过分追求数学技巧的学生从繁杂的计算中解放出来，把数学建模和数学实验的思想引入课程，这既是有益的，也是有效的。目前，在许多高校本科、研究生中均开设有“应用数学软件”类的课程供学生选修。

一是数学建模的必备工具。数学建模是指建立数学模型的全过程，主要包括两个方面：建立数学模型和求解数学模型。于是数学建模求解工具即数学软件就成了必要。MATLAB 以其简洁高效的编程语言和丰富的计算函数成为数学建模工具的首选。近年来，西南财经大学在全国数学建模竞赛、全国研究生竞赛和美国数学建模竞赛中取得优异成绩，MATLAB 功不可没，因为几乎所有参赛队都以 MATLAB 作为首选工具。

二是科学研究的强大工具。MATLAB 工具箱几乎囊括了所有可计算类学科，而科学研究涉及大量数学模型，从而使 MATLAB 成为各类课程教学与研究的基本工具。例如，在经济学科，为了解决现代金融中的计算问题，MathWorks 公司集结了一批优秀的金融研究开发人员，开发了 Financial Toolbox、Financial Derivatives Toolbox、Financial Time Series Toolbox 和 Fixed-Income Toolbox 等系列金融工具箱，几乎涵盖了所有金融问题，其功能目前仍在不断扩大。在欧美，MATLAB 已成为金融工程人员的密切伙伴，世界上 2 000 多家金融机构运用 MATLAB 进行研究分析、风险评估，有效管理公司资产，如国际货币基金组织和摩根史丹利等顶级金融机构都是迈斯沃克公司的注册用户。

数学是在实际应用的需求中产生的，我们把遇到的实际问题进行分析，发现其中的可以用数学语言来描述的关系或规律，把这个实际问题转化成一个数学问题，就建立了数学模型。但数学模型迫切需要一个方便、快捷且功能强大的工具去实现并解决，特别是随着科技的进步，人们在解决问题的时候常常要用到许多比较复杂的数学知识和大量的数据计算，这无疑加大了人们解决问题的难度，也要耗费更长的时间。而 MATLAB 正是在数学计算和大量数据处理方面具备其他软件所不具备的优势，且操作简单，运算速度快，所以应用 MATLAB 进行数学建模也就大大提高了人们的效率。而且 MATLAB 还有很强的绘图功能，这就可以使模型图像化，从而使得研究人员对建模成果的优劣一目了然，容易进行修正与改进。

MATLAB 是一个功能强大的通用数学软件，是数学建模的必备工具。实践表明，MATLAB 对开展教学、培训作用巨大。

第三章　微分方程及差分方程理论

微分方程是许多理工科专业需要开设的基础课程，微分方程与微积分是同时产生的，一开始就成为人类认识世界和改造世界的有力工具，随着生产实践和科学技术的发展，该学科已经演变发展为数学学科理论中理论联系实际的一个重要分支。随着数学建模活动的日益活跃，利用微分方程建立数学模型，成为解决实际问题不可或缺的方法与工具。

第一节　微分方程的理论

一、微分方程的特征

微分方程大致与微积分同时产生。事实上，求 $y'=f(x)$ 的原函数问题便是最简单的微分方程。牛顿本人已经解决了二体问题：在太阳引力作用下，一个单一的行星的运动。他把两个物体都理想化为质点，得到 3 个未知函数的二阶方程组，经简单计算证明，可化为平面问题，即两个未知函数的两个二阶微分方程组，现在叫作“首次积分”的方法，完全解决了它的求解问题。17 世纪就提出了弹性问题，这类问题引出了悬链线方程、振动弦的方程等。总之，力学、天文学、几何学等领域的许多问题都与微分方程有关。在当代，甚至许多社会科学的问题亦会运用微分方程求解，如人口发展模型、交通流模型……因而微分方程的研究是与人类社会密切相关的。当初，数学家们把精力集中放在求微分方程的通解上，后来证明这一般不可能，于是逐步放弃了这一奢望，而转向求定解问题，即初值问题、边值问题、混合问题等。但是，即便是一阶常微分方程，初等解（化为积分形式）也被证明不可能，于是转向定量方法（数值计算）、定性方法，而这首先要解决的是解的存在性、唯一性等理论上的问题。

方程对于学过大学数学的人来说是比较熟悉的，在初等数学中就有各种各样的方程，如线性方程、二次方程、高次方程、指数方程、对数方程和三角方程等。这些方程都是要把研究问题中的已知数和未知数之间的关系找出来，列出包含一个未知数或几个未知数的一个或者多个方程式，然后求方程的解。但是在实际工作中，常常会出现一些完全不同的问题。例如，物质在一定条件下的运动变化，要寻求它的运动、变化的规律；某个物体在重力作用下自由下落，要寻求下落距离随时间变化的规律；火箭在发动机推动下在空间飞行，要寻求它飞行的轨道；等等。

物质运动和它的变化规律在数学上是用函数关系来描述的。因此，这类问题就是要去寻求满足某些条件的一个或者几个未知函数。也就是说，凡是这类问题都不是简单地去求一个或者几个固定不变的数值，而是要求一个或者几个未知的函数。解这类问题的基本思想和初等数学解方程的基本思想很相似，也是要把研究问题中已知函数和未知函数之间的关系找出来，从列出的包含未知函数的一个或几个方程中去求得未知函数的表达式。但是无论在方程的形式还是求解的具体方法、求出解的性质上，都和初等数学中的解方程有许多不同的地方。

在数学上，解这类方程，要用到微分和导数的知识。因此，凡是表示未知函数的导数以及自变量之间关系的方程，都叫作微分方程。微分方程差不多是和微积分同时产生的。苏格兰数学家耐普尔创立对数的时候，就讨论过微分方程的近似解。牛顿在建立微积分的同时，对简单的微分方程用级数来求解。后来瑞士数学家伯努利、欧拉，法国数学家克雷洛、达朗贝尔、拉格朗日等又不断地研究和丰富了微分方程的理论。

常微分方程的形成与发展和力学、天文学、物理学，以及其他科学技术的发展密切相关。数学的其他分支的新发展，如复变函数、李群、组合拓扑学等，都对常微分方程的发展产生了深刻的影响，当前计算机的发展更是为常微分方程的应用及理论研究提供了非常有力的工具。牛顿研究天体力学和机械力学的时候，利用了微分方程这个工具，从理论上得到了行星运动规律。后来，法国天文学家勒维烈和英国天文学家亚当斯使用微分方程各自计算出了当时尚未发现的海王星的位置。这些都使数学家更加深信微分方程在认识自然、改造自然方面的巨大力量。可以这样说，没有微积分的发展，就不会有微分方程的发展。但同时，微分方程的理论又不具有微积分理论那样的高度严密性，其简单易行的计算方法使得它很快被物理化学家们采纳，成为绝大多数应用领域的有力支撑工具，只要列出相应的微分方程，有了解方程的方法，微分方程也就成了最有生命力的数学分支。

微分方程是在应用中不断发展并壮大的学科之一，它不像物理化学那样具有高超的实验功底做支撑。然而，不可否认的是正是由于它的理论的存在，才使一流的物理家们能够高屋建瓴地对实验结果进行精准研究，并且冲破藩篱，从实验出发建立出一套标准化的公式方程。

二、微分方程的原理与应用分类

对于现实世界的变化，人们关注的往往是变量之间的变化率或变化速度、加速度，以及所处的位置随时间的发展规律，其中的规律一般可以写成一个（偏）微分方程或方程组。所以实际问题中，有大批的问题可以用微分方程来建立数学模型，涉及的领域包括物理学、化学、天文学、生物学、力学、经济学、人口学等。

1. 微分方程数学原理解析

在初等数学中，方程有很多种，如线性方程、指数方程、对数方程、三角方程等，然而这些并不能解决所有的实际问题。要研究实际问题就要寻求满足某些条件的一个或几个未知数方程。这类问题的基本思想和初等数学的解方程思想有着许多相似之处，但是在方程的形式、求解的具体方法、求出解的性质等方面依然存在很多不同的地方。为了解决这类问题，就产生了微分方程。微分方程是许多理工科专业需要开设的基础课程，微分方程与微积分是同时产生的，一开始就成了人类认识世界和改造世界的有力工具。随着生产实践和科学技术的发展，该学科已经演变发展为数学学科理论中理论联系实际的一个重要分支。随着数学建模活动的日益活跃，利用微分方程建立数学模型，已经成为解决实际问题不可或缺的方法与工具。而数学模型是对于现实世界的一个特定对象，一个特定目的，根据特有的内在规律，做出一些必要的假设，运用适当的数学工具，得到一个数学结构。简单地说，就是系统的某种特征的本质的数学表达式（或是用数学术语对部分现实世界的描述），即用数学式子（如函数、代数方程、微分方程、积分方程、差分方程等）来描述（表述、模拟）所研究的客观对象或系统在某一方面的存在规律。

2. 微分方程模型应用于实际问题的方法和流程总结

在研究实际问题时，常常会联系到某些变量的变化率或导数，这样所得到变量之间的关系式就是微分方程模型。微分方程模型反映的是变量之间的间接关系，因此，要得到直接关系，就得求微分方程。一般用于求解微分方程的方法或形式有三种，分别是求解析解、求数值解（近似解）和定性理论方法。而建立微分方程模型的方法通常也有三种：一是利用数学、力学、物理、化学等学科中的定理或经过实验验证的规律等来建立微分方程模型；二是利用已知的定理与规律寻找微元之间的关系式，与第一种方法不同的是，对微元而不是直接对函数及其导数应用规律；三是在生物、经济等学科的实际问题中，许多现象的规律性不是很清楚，即使有所了解也是极其复杂的，建模时在不同的假设下去模拟实际的现象，建立能近似反映问题的微分方程，然后从数学上求解或分析所建方程及其解的性质，再去同实际情况对比，检验此模型能否刻画、模拟某些实际现象。在建立数学微分方程的流程上，我们第一步通常是对具体实际问题进行分析，找出问题中的定量和变量关系，接着进行模型假设，将实际问题的元素用数学概念代替，然后进行符号设定，简化计算，从而建立模型，进行求解，最后用求解的结果对之前的问题分析和模型假设进行验证，验证合理后进行模型的应用和评估。

3. 微分方程的应用分类

（1）几何问题

这类问题常用到导数的几何意义，曲线在某点的切线的斜率就是函数在该点的导数。

例 3-1：设曲线通过点（1，2）且在该曲线上任意点 M（x，y）处的切线斜率为 $2x$，求这条曲线的方程。

解：设所求曲线方程为 $y=f$（x），由导数的几何意义有，$\frac{dy}{dx}=2x$，又因曲线经过点（1，2），即所求曲线方程应满足 $y|x=1=2$，对 $\frac{dy}{dx}=2x$ 两边积分，得 $y=\int 2x\mathrm{d}x=x^2+C$ (C 为任意常数)，所以可得 2=12+C，C=1，从而得到所求曲线方程为 $y=x2+1$。

（2）动力学问题

动力学的基本定律是牛顿第二定律 $F=ma$，这是微分方程解决力学问题的基本关系式。它的右端含有加速度 a，而 a 是位移对时间的二阶导数。列出微分方程的关键在于找出外力 F 和位移对时间的导数与速度的关系。同时，求解动力学问题时，要特别注意力学问题中的定解条件，如初值条件等。

例 3-2：设降落伞从跳伞塔下落，所受空气阻力与速度成正比，降落伞离开塔顶（t=0）时的速度为零，求降落伞下落速度与时间 t 的函数关系。

解：设降落伞下落速度为 v（t），它在下落过程中同时受到重力 P 与阻力 R 的作用。重力 $P=mg$，方向与 v 一致，阻力 $R=kv$（$k>0$ 为常数），方向与 v 相反，从而降落伞所受外力的合力为 $F=P-R=mg-kv$，由牛顿第二定律 $F=ma$，即 $v=$（$1-e$）$m=mg-kv$，且有初始条件 v=0。

将方程分离变量，两边积分得 $-\ln(mg-kv)=C$。

整理得 $v=-Ce(c=e)$，将初始条件 v=0 代入，得 $C=-(mg/k)$，故所求速度与时间的函数关系为 $v=(mg-k)(1-e)^{-kt/m}$。

（3）光学问题

这类问题常用到光学反射定律 $\alpha_1=\alpha_2$（入射角 = 反射角），其中 α_1、α_2 分别是入射光线、反射光线与入射法线间的夹角。

例 3-3：有旋转曲面形状的凹镜，假设由旋转轴上一点 O 发出的一切光线经此凹镜反射后都与旋转轴平行，求这旋转曲面的方程。

解：设此凹镜是由 xOy 面上曲线 l：$y=y$（x）（$y>0$）绕 x 轴旋转而成，光源在原点。在 l 上任取一点 M（x，y），作 l 的切线交 x 轴于 A，点 O 发出的光线经点 M 反射后是一条平行于 x 轴的射线。

由光学及几何原理可以证明 $OA=OM$，因为 $OA=AP-OP=PM\cot\alpha-OP=\frac{y}{y'}-x$，而 $OM=\sqrt{x^2+y^2}$，于是得微分方程 $\frac{y}{y'}-x=\sqrt{x^2+y^2}$，整理得 $\frac{dx}{dy}=\frac{x}{y}+\sqrt{1+\left(\frac{x}{y}\right)^2}$，这是一个齐次方程。

问题归结为解齐次方程 $\frac{dx}{dy}=\frac{x}{y}+\sqrt{1+\left(\frac{x}{y}\right)^2}$，令 $\frac{x}{y}=v$，即 $x=yx$，得 $v+y\frac{dv}{dy}=v+\sqrt{v^2+1}$，

即 $y\dfrac{\mathrm{d}v}{\mathrm{d}y}=\sqrt{v^2+1}$，分离变量得 $\dfrac{\mathrm{d}v}{\sqrt{v^2+1}}=\dfrac{\mathrm{d}y}{y}$，两边积分得 $\ln(v+\sqrt{1+v^2})=\ln y-\ln C$，以 $yv=x$ 代入上式，得 $y^2=2C\left(x+\dfrac{C}{2}\right)$。

这是以 x 轴为轴、焦点在原点的抛物线，它绕 x 轴旋转所得旋转曲面的方程为 $y^2+z^2=2C\left(x+\dfrac{C}{2}\right)$，这就是所求的旋转曲面方程。

（4）电学问题

这类问题常用到基尔霍夫定律，在闭合回路中，全部元件的电压降的代数和为 0。

例 3-4：在 RLC 电路中（图 3-1），接有电源 E，交流电动势为 $E\sin\omega t$，不断地供给能量，当开关 K 合上后，电路在电动势作用下，不断产生振荡，试建立描述电路中电振动的微分方程。

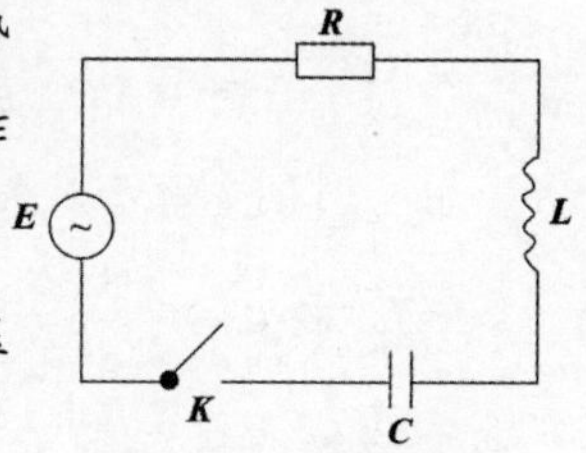

图 3-1　RLC 电路

解：设电容器上电量 $Q=Q(t)$，则电流 $I=\dfrac{\mathrm{d}Q}{\mathrm{d}t}$，由回路电压定律有

$$-L\frac{\mathrm{d}I}{\mathrm{d}t}+E\sin\omega t=IR+\frac{Q}{C}$$

于是得电量 Q 满足的微分方程：

$$L\frac{\mathrm{d}^2Q}{\mathrm{d}t^2}+R\frac{\mathrm{d}Q}{\mathrm{d}t}+\frac{Q}{C}=E\sin\omega t$$

它是一个关于未知函数 $Q(t)$ 的二阶常系数线性非齐次方程，描述了在交流电压的作用下，RLC 电路中的电振荡，这种振荡称为强迫振荡。

（5）经济学问题

新产品的推广模型。设有某种新产品要推向市场，t 时刻的销量为 $x(t)$，由于产品性能良好，每个产品都是一个宣传品，因此 t 时刻产品销售的增长率与 $x(t)$ 成正比。同时，考虑到产品销售存在一定的市场容量 N，统计表明与尚未购买该产品的潜在顾客的数量 $N-x(t)$ 也成正比，于是有

$$\frac{\mathrm{d}x}{\mathrm{d}t}=kx(N-x)$$

其中 k 为比例系数，分离变量积分，可以解得

$$x(t)=\frac{N}{1+C\mathrm{e}^{-kNt}}$$

由

$$\frac{\mathrm{d}x}{\mathrm{d}t}=\frac{CN^2k\mathrm{e}^{-kNt}}{(1+C\mathrm{e}^{-kNt})^2}$$

以及

$$\frac{\mathrm{d}^2x}{\mathrm{d}t^2}=\frac{Ck^2N^3\mathrm{e}^{-kNt}(C\mathrm{e}^{-kNt}-1)}{(1+C\mathrm{e}^{kNt})^3}$$

当 $x(t'')<N$ 时，则有 $\dfrac{\mathrm{d}^2x}{\mathrm{d}t^2}>0$，即销量 $x(t)$ 单调增加；当 $x(t'')=\dfrac{N}{2}$ 时，$\dfrac{\mathrm{d}^2x}{\mathrm{d}t^2}=0$；当 $x(t'')>\dfrac{N}{2}$ 时，$\dfrac{\mathrm{d}^2x}{\mathrm{d}t^2}<0$；当 $x(t'')<\dfrac{N}{2}$ 时，$\dfrac{\mathrm{d}^2x}{\mathrm{d}t^2}>0$。即当销量达到最大需求量 N 的一

半时，产品最为畅销，当销量不足N的一半时，销售速度不断增大，当销量超过一半时，销售速度逐渐减少。

国内外许多经济学家调查表明，许多产品的销售曲线与公式的曲线（逻辑斯谛曲线）十分接近。根据对曲线性状的分析，许多分析家认为，在新产品推出的初期，应采用小批量生产并加强广告宣传；在产品用户达到20%~80%期间，产品应大批量生产；在产品用户超过80%时，应适时转产，从而达到最大的经济效益。

例3-5：某商场的销售成本y和存储费用S均是时间t的函数，随时间t的增长，销售成本的变化率等于存储费用的倒数与常数5的和，而存储费用的变化率为存储费用的$-\frac{1}{3}$倍。若当t=0时，销售成本y=0，存储费用S=0。试求销售成本与时间t的函数关系及存储费用与时间t的函数关系。

解：由已知$\frac{\mathrm{d}y}{\mathrm{d}t}=\frac{1}{S}+5$，$\frac{\mathrm{d}S}{\mathrm{d}t}=-\frac{1}{3}S$，解微分方程得$S=C\mathrm{e}^{-\frac{t}{3}}$，由$S$（0）=10得$C$=10，故存储费用与时间$t$的函数关系为$S=10\mathrm{e}^{-\frac{t}{3}}$。将上式代入微分方程$\frac{\mathrm{d}y}{\mathrm{d}t}=\frac{1}{S}+5$，得$\frac{\mathrm{d}y}{\mathrm{d}t}=\frac{1}{10}\mathrm{e}^{\frac{t}{3}}+5$，从而$y=\frac{3}{10}\mathrm{e}^{\frac{t}{3}}+5t-\frac{3}{10}$，由$y$（0）=0，得$C_1=-\frac{3}{10}$，从而销售成本与时间$t$的函数关系为$y=\frac{3}{10}\mathrm{e}^{\frac{t}{3}}+5t-\frac{3}{10}$。

（6）流体混合问题

例3-6：有高为100 cm的半球形容器（图3-2），水从它的底部小孔流出，小孔横截面面积为1 cm²。开始时容器内盛满了水，求水从小孔流出过程中容器里水面高度h随时间t变化的规律。

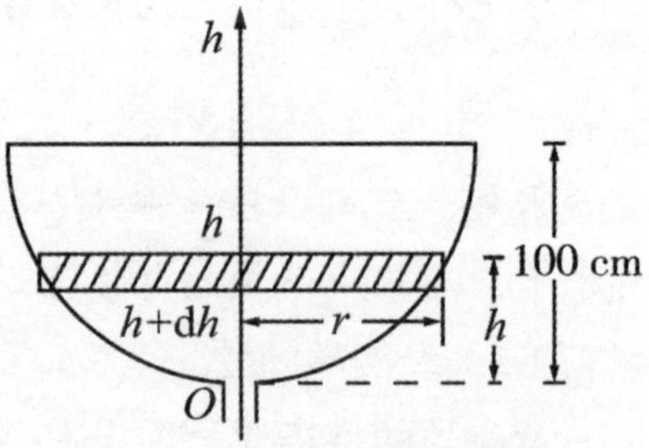

图3-2　半球形容器剖面图

解：由水力学知识知道，水从孔口流出的流量Q可用下列公式计算：$Q=\frac{\mathrm{dV}}{\mathrm{d}t}=0.62S\sqrt{2gh}$，其中0.62为流量系数，$S$为孔口横截面面积，$g$为重力加速度。现在孔口横截面面积$S$=1 cm²，故$\frac{\mathrm{d}V}{\mathrm{d}t}=0.62\sqrt{2gh}$或$\mathrm{d}V=0.62\sqrt{2gh}\mathrm{d}t$。

设在微小时间间隔［t，t+dt］内，水面高度由h降至h+dh（dh＜0），则又可得到$\mathrm{d}V=-\pi r^2\mathrm{d}h$，其中$r$是时刻$t$的水面半径（右端置负号是由于d$h$＜0而d$V$＞0的缘故，又因$r=\sqrt{100^2-(100-h)^2}=\sqrt{200h-h^2}$，所以$\mathrm{d}V=-\pi(200h-h^2)\mathrm{d}h$。

通过比较得到$0.62\sqrt{2gh}\mathrm{d}t=-\pi(200h-h^2)\mathrm{d}h$，这就是未知函数$h$=$h$（$t$）应满足的微分方程。

此外，开始时容器内的水是满的，所以未知函数h=h（t）还应满足下列初始条件：$h|_{t=0}=100$。

将方程$0.62\sqrt{2gh}\mathrm{d}t=-\pi(200h-h^2)\mathrm{d}h$分离变量后得$\mathrm{d}t=-\frac{\pi}{0.62\sqrt{2g}}(200h^{\frac{1}{2}}-h^{\frac{3}{2}})\mathrm{d}h$，两

端积分得 $t=-\dfrac{\pi}{0.62\sqrt{2g}}\left(\dfrac{400}{3}h^{\frac{3}{2}}-\dfrac{2}{5}h^{\frac{5}{2}}\right)+C$，其中 C 是任意常数。由初始条件得 $0=-\dfrac{\pi}{0.62\sqrt{2g}}\left(\dfrac{400}{3}100^{\frac{3}{2}}-\dfrac{2}{5}100^{\frac{5}{2}}\right)+C, C=\dfrac{\pi}{0.62\sqrt{2g}}\left(\dfrac{400\,000}{3}-\dfrac{200\,000}{5}\right)=\dfrac{\pi}{0.62\sqrt{2g}}\times\dfrac{14}{15}\times10^5$，因此 $t=\dfrac{\pi}{4.65\sqrt{2g}}(7\times10^5-10^3h^{\frac{3}{2}}+3h^{\frac{5}{2}})$。

上式表达了水从小孔流出的过程中容器内水面高度 h 与时间 t 之间的函数关系。

三、微分方程在数学建模中的应用与实例分析

随着科学技术的迅速发展，数学正越来越多地影响着我们的现代生活。“高技术本质上是数学技术”的观点已被越来越多的人接受。这其中，数学模型以及数学建模起到了极其重要的作用。数学模型是一种抽象的模拟，它用数学符号、数学公式、程序、图、表等刻画客观事物的本质属性与内在联系，它是对部分现实世界而做的抽象简化的数学结构。创建一个数学模型的全过程称为数学建模。为了解决一个实际问题，建立数学模型是一种十分有效的方法。微分方程是一门独立的数学学科，有完整的数学体系，它不仅使数学与实际联系，还是应用与实际的重要桥梁，更是各个学科进行科学研究的强有力的工具。微分方程在物理学、经济学和管理科学等实际问题中具有广泛的应用，现实世界中的许多实际问题都可以抽象为微分方程的问题，如人口的增长、电磁波的传播、人才的分配、价格的调整等，都可以归结为微分方程的问题，从中我们可以感受到应用数学建模的理论和方法，以及其解决实际问题的魅力。高等数学在很多领域有着成功的应用，因此，通过建立实际应用模型，将高等数学课程中的微分方程理论与实际相结合，可以增加学生学习新知识的兴趣，提高课堂授课效率。

1. 数学建模与微分方程概述

数学建模是用数学方法解决各种实际问题的桥梁，随着计算机的发明和计算机技术的飞速发展，数学的应用日益广泛，数学建模的作用也越来越重要，而且已经渗透到各个领域，毫不夸张地说，数学和数学建模无处不在。经典的数学建模理论认为数学建模一般由下列六个步骤组成。

（1）建模准备

其包括进行调查研究、明确问题、搜集信息、查阅文献资料、初步确定问题属于哪一类模型。

（2）分析与简化

其包括分析问题、分析信息与资料，抓住主要因素，忽略次要因素，简化问题等。

（3）模型建立

用数学语言刻画所研究问题的因果关系，得到问题的数学描述，通常是所研究问题的主要因素的变量之间的一个关系式或其他的数学结构。

（4）模型求解

选择合适的方法求解数学模型。多数情况下很难获得其解析解，而只能得到其数值解，这就需要应用各种数值方法、各种软件系统和计算机。

（5）模型检验与评价

其包括模型是否易于求解，是否能反映和解决实际问题等。

（6）模型应用

模型应用就是把经过改进的模型及其解应用于实际系统，看是否达到预期的目的。若不够满意，则建模任务尚未完成，仍需继续努力。

2. 微分方程模型

（1）微分方程模型概述及常用建模方法

微分方程建模是数学建模的重要方法，因为许多实际问题的数学描述将导致求解微分方程的定解问题。把各种各样的实际问题化成微分方程的定解问题，大体上可以按以下几步：第一，根据实际问题建立相应数学模型——微分方程（组）；第二，求解与分析这一数学模型，其中包括分析解的特征；第三，利用所得结果、解的形式和数值，进行定性分析，解释实际问题，从而预测某些自然现象，甚至社会现象中的特定性质；第四，必要时修改模型，对问题做进一步探讨。列方程常见的方法如下：

①按规律直接列方程。在数学、力学、物理、化学等学科中许多自然现象所满足的规律已为人们所熟悉，并直接由微分方程所描述。我们常利用这些规律对某些实际问题列出微分方程。

②微元分析法与任意区域上取积分的方法。自然界中也有许多现象所满足的规律是通过变量的微元之间的关系式来表达的。对于这类同题，通过微元分析法，利用已知的规律建立一些变量（自变量与未知函数）的微元之间的关系式，然后再通过取极限的方法得到微分方程，或等价地通过任意区域上取积分的方法来建立微分方程。

③模拟近似法。在生物、经济等学科中，许多现象所满足的规律人们并不很清楚而且相当复杂，因而需要根据实际资料或大量的实验数据，提出各种假设。在一定的假设下，给出实际现象所满足的规律，然后利用适当的数学方法列出微分方程。在实际的微分方程建模过程中，也往往是上述方法的综合应用。无论应用哪种方法，通常要根据实际情况，做出一定的假设与简化，并把模型的理论或计算结果与实际情况进行对照验证，以修改模型，使之更准确地描述实际问题进而达到预测预报的目的。

（2）应用微分方程模型的注意事项

①微分方程作为模型的实际问题，必须出现“变化”“改变”“增加”“减少”等问题，这可能与导数有关，根据问题特征考虑是用已知的定律还是用微元导出微分方程。

②问题往往还给出某一特定时刻或特定位置等信息，据此可拟出定解条件，借以确定解中所含的常量，如积分常数、比例系数等。这些条件与方程一起组成一个定解问题。

③在得到方程解以后，还应对解进行分析，观察结果是否与观察问题所得结果相符。在建立微分方程模型的过程中是从简易的角度考虑，从而往往略去了一些与问题有关的次要因素，因此所得模型是近似的，如不符应该修改数学模型。

3. 实例分析

在科学研究和生产实际中，经常要寻求表示客观事物的变量之间的函数关系。而微分方程模型就是描述客观事物的数量关系的一种重要数学模型。下面结合 2007 年高教社杯全国大学生数学建模竞赛 A 题，具体分析微分方程在数学建模中的应用。

（1）问题描述和分析

根据相关数据（参见 2007 年高教社杯全国大学生数学建模竞赛 A 题），建立中国人口增长的数学模型，并由此对中国人口增长的中短期和长期趋势做出预测。模型的建立必须考虑我国近年来人口发展的总趋势。例如，老龄化进程加速、出生人口性别比持续升高、乡村人口城镇化等因素。考虑到涉及人口的增长和变换恰好满足利用微分方程的条件，所以我们可以利用微分方程来建立模型。

（2）基本假设和分析

①基本假设：从人口增长的特点出发，可以提出如下假设作为建立模型的依据：老龄化进程加速、农村育龄妇女的生育率明显高于城镇、出生人口的男女性别比持续升高、农村人口不断城镇化。根据这些假设，区分模型中的状态变量和参数。

②状态变量的设置：根据上述假设和数据分析，可以把城镇人口与农村人口及男女性别区分开来。另外，可以注意到育龄妇女的生育率是决定人口增长的主要因素，从而可以对人口的年龄分布按不同年龄段进行简化，以减少状态变量。

③老龄化的影响：数据分析表明，在每一类人（如城镇妇女）中，老年人在该类总人口中的比例逐年上升。而青壮年和幼年人口比例逐年下降，可以通过对人口矩阵的迭代，或用其他模型方法，找出他们上升或下降的一般规律。

④人口增长有迟滞效应。通过模型的建立和求解，可以得出结果：只需知道初始人口密度、出生婴儿密度和死亡率，即可预报人口数及年龄结构。研究人口问题的主要目的，不仅是能够预测将来的人口，更重要的是能够控制人口的数量，改善人口的年龄结构，为此可以在前面一些模型的基础上提出一些重要的量，如人口指数。接着进一步讨论优化某些指数的控制论模型，就可以达到一定的控制效果，具体的讨论这里我们不再一一赘述。结合中国国情，未来 30 年内中国总和生育率将保持在 1.8 左右，基于此我们给出如表 3-1 所示的人口预测。

表 3-1　人口增长预测表　　单位：万人

时间 / 年	2005	2015	2020	2025	2030	2035	2040	2045
人口增长量	13	13	14	14	15	15	15	15
	14	69	63	89	08	26	37	37
	70	43	97	99	88	03	20	33
	—	—	—	—	—	—	—	3

对比我国的人口发展状况和未来人口发展中远期展望，可以看出，利用微分方程模型建立的人口预测模型还是具有相当的准确性的，具有一定的借鉴意义。

微分方程模型在现代生活的许多方面都有着极其广泛的应用，案例所做的分析只是其众多应用中的一个方面。随着现代科学技术的飞速发展，基于微分方程的数学建模将会有着更加广阔的前景。

第二节　差分方程的理论

一、差分方程的理论知识

1. 差分方程的概念

差分方程反映的是关于离散变量的取值与变化规律，通过建立一个或几个离散变量取值所满足的平衡关系，从而建立差分方程。差分方程就是针对要解决的目标，引入系统或过程中的离散变量，根据实际背景的规律、性质、平衡关系，建立离散变量所满足的平衡关系等式，从而建立差分方程。通过求出和分析方程的解，或者分析得到方程解的特别性质（平衡性、稳定性、渐近性、振动性、周期性等），把握离散变量的变化过程的规律，再进一步结合其他分析，得到原问题的解。

2. 差分方程的应用

差分方程模型有着广泛的应用。实际上，连续变量可以用离散变量来近似和逼近，从而微分方程模型就可以近似于某个差分方程模型。差分方程模型有着非常广泛的实际背景。在经济金融保险领域、生物种群的数量结构规律分析、疾病和病虫害的控制与防治、遗传规律的研究等许多方面都有着非常重要的作用。可以这样讲，只要牵涉到关于变量的规律、性质，就可以适当地用差分方程模型来表现与分析求解。

3. 差分方程建模

在实际建立差分方程模型时，往往要将变化过程进行划分，划分成若干时段，根据要解决问题的目标，对每个时段引入相应的变量或向量，然后通过适当假设，根据事物系统的实际变化规律和数量相互关系，建立每两个相邻时段或几个相邻时段或者相隔某几个时段的量之间的变化规律和运算关系（即用相应设定的变量进行四则运算或基本初等函数运算或取最运算等），从而建立起差分方程；或者对事物系统进行划分，划分成若干子系统，在每个子系统中引入恰当的变量或向量，然后分析建立起子过程间的这种量的关系等式，从而建立起差分方程。在这里，过程时段或子系统的划分方式是非常重要的，应当结合已有的信息和分析条件，从多种可选方式中挑选易于分析、针对性强的划分方式。同时，对划分后的时段或子过程引入哪些变量或向量也都是至关重要的，要仔细分析、选择，尽量扩大对过程或系统的数量感知范围，包括对已有的、已知的若干量进行结合运算、取最运算等处理方式，目的是建立简洁、深刻、易于求解分析的差分方程。在后文所举的实际例子中，这方面的内容应当重点体会。

差分方程模型作为一种重要的数学模型，对它的应用也应当遵从一般的数学建模的理论与方法原则。同时注意与其他数学模型方法结合起来使用，一方面因为建立差分方程模型所用的数量、等式关系的建立都需要其他的数学分析方式来进行；另一方面，由差分方程获得的结果又可以进一步进行优化分析、满意度分析、分类分析和相关分析等。

二、差分方程及其解法

1. 差分方程及其解

（1）基本概念

如果 f 是一个函数，且 x 与 $x+1$ 是在 $f(x)$ 的定义域内，则：$\Delta f(x)=f(x+1)-f(x)$ 被称为 $f(x)$ 在 x 的差分，而 Δ 被称为差分算子。

设数列 $\{x_n\}$，定义差分算子 Δ：$\Delta x_n=x_{n+1}-x_n$ 为 x_n 在 n 处的向前差分，而 $\Delta x_n=x_n-x_{n-1}$ 为 x_n 在 n 处的向后差分。

由此可以得出 Δx_n 是 n 的函数，从而可以进一步定义 Δx_n 的差分：$\Delta(\Delta x_n)=\Delta^2 x_n$，此称之为在 n 处的二阶差分，它反映的是 x_n 的增量的增量。类似可定义在 n 处的 k 阶差分为：$\Delta^k x_n=\Delta(\Delta^{k-1}(x_n))$。

记 $ex_n=x_{n+1}$，$ix_n=x_n$ 称 E 为平移算子，i 为不变算子。

由上述关系可得

$$\Delta^k x_n=(E-I)^k x_n=\sum_{i=0}^{k}(-1)^{k-i}C_k^i E^i x_n=\sum_{i=0}^{k}(-1)^{k-i}C_k^i x_{n+1}$$

这表明 n_x 在 n 处的 k 阶差分由 n_x 在某处的取值所线性决定。

这个关系表明，第 $n+2$ 项可以用前两项以及相邻三项增量的增量来表现和计算。即一个数列的任意一项都可以用其前面的 k 项和包括这项在内的 $k+1$ 项增量的增量的增量……第 k 层增量所构成。由

$$\Delta^k x_n = \sum_{i=0}^{k-1}(-1)^{k-i} C_k^i x_{n+i} + x_{n+k}$$

得

$$x_{n+k} = -\sum_{i=0}^{k-1}(-1)^{k-i} C_k^i x_{n+i} + \Delta^k x_n$$

可以看出，x_{n+k} 可以由 x_n，Δx_n…，$\Delta^k x_n$ 的线性组合表示出来。

（2）差分与差分方程

①差分的概念。设自变量 t 取离散的等间隔整数值：$t=0$，±1，±2，…，y 是 t 的函数，记作 $y_t=f(t)$，显然，y_t 的取值是一个序列。当自变量由 t 改变到 $t+1$ 时相应的函数值之差称为函数 $y_t=f(t)$ 在 t 的一阶差分，记作 Δy_t。

函数 $y_t=f(t)$ 的函数值是一个序列，按一阶差分的定义，差分就是序列的相邻值之差。当函数 $y_t=f(t)$ 的一阶差分为正值时，表明序列是增加的，而且其值越大，表明序列增加得越快；当一阶差分为负值时，表明序列是减少的。

例如，设某公司经营一种商品，第 t 月初的库存量是 $R(t)$，第 t 月调进和销出这种商品的数量分别是 $p(t)$ 和 $Q(t)$，则下月月初，即第 $t+1$ 月月初的库存量 $R(t+1)$ 应是 $R(t+1)=R(t)+p(t)-Q(t)$，如果写成 $R(t+1)-R(t)=p(t)-Q(t)$，那么等式两端就是相邻两月库存量的改变量。若记 $\Delta R(t)=R(t+1)-R(t)$ 并理解为库存量 $R(t)$ 是时间 t 的函数，则称该式为库存量函数 $R(t)$ 在 t 时刻（此处 t 以月为单位）的差分。按一阶差分的定义方式，我们可以定义函数的高阶差分。函数 $y_t=f(t)$ 在 t 的一阶差分的差分为函数在 t 的二阶差分，记作 $\Delta^2 y_t$。按一阶差分的定义方式，我们可以定义函数的高阶差分。可以看出，函数 $y_t=f(t)$ 在 t 的 n 阶差分是该函数的 n 个函数值，是 y_{t+n}，y_{t+n-1}，…，y_t 的线性组合。

②差分方程的基本概念。设 A_0 是初始存款（$t=0$ 时的存款），年利率 r（$0<r<1$），如以复利计息，试确定 t 年末的本利和 A_t。在该问题中，如将时间 t（t 以年为单位）看作自变量，则本利和 A_t 可看作 t 的函数：$y_t=f(t)$，这个函数是要求的未知函数。虽然不能立即写出函数关系 $y_t=f(t)$，但可以写出相邻两个函数值之间的关系式。

A 式：

$$A_{t+1}=A_t+rA_t \ (r=0,\ 1,\ 2,\ \cdots)$$

如写作函数 $y_t=f(t)$ 在 t 的差分 $\Delta A_t=A_{t+1}-A_t$ 的形式，即 B 式：

$$\Delta A_t=rA_t \ (r=0,\ 1,\ 2,\ \cdots)$$

由 A 式可算出 t 年末的本利和，即 C 式：

$$A_t=(1+r)^t A_0 \ (r=0,\ 1,\ 2,\ \cdots)$$

在A式和B式中，因含有未知函数$A_t=f(t)$，所以这是一个函数方程；又由于在A式中含有两个未知函数，B式中含有未知函数的差分A_t和A_{t+1}，像这样的函数方程称为差分方程。在B式中，仅含未知函数的函数值$A_t=f(t)$的一阶差分，在A式中，未知函数的下标最大差值是1，即$(t+1)-t=1$，故A式或B式称为一阶差分方程。C式是A_t与t之间的函数关系式，就是要求的未知函数，它满足差分方程A或B，这个函数称为差分方程的解。

通过例题分析，差分方程的基本概念为：含有自变量、未知函数以及未知函数差分的函数方程，称为差分方程。由于差分方程中必须含有未知函数的差分（自变量、未知函数可以不显含），因此差分方程也可称为含有未知函数差分的函数方程。

（3）差分方程的解与有关概念

①如果x_n使k阶差分方程D对所有的n成立，则称x_n为方程D的解；

②如果$x_n=x$（x为常数）是D式的解，即$x=F(n, x, \cdots, x)$。

则称$x_n=x$为D式的平衡解或叫平衡点，平衡解可能不止一个。

平衡解的基本意义是，设x_n是D式的解，考虑x_n的变化性态，其中之一是极限状况，如果$\lim_{x\to\infty} x_n = x$，则方程D两边取极限（$x$就存在在这里面），应当有$x=F(n, x, \cdots, x)$。

③如果D式的解x_n使得x_n-x既不是最终正的，也不是最终负的，则称x_n为关于平衡解x的振动解。

④如果令$y_n=x_n-x$，则方程D变成$Y_{n+k}=G(n, y_n, \cdots, y_{n+k-1})$，则$Y=0$称为该方程的平衡解。

2. 差分方程的解法

（1）常系数线性差分方程的解

方程F：

$$a_0x_{n+k}+a_1x_{n+k-1}+\cdots+a_kx_n=b(n)$$

其中a_0，a_1为常数，称方程F为常系数线性方程。

又称方程G：

$$a_0x_{n+k}+a_1x_{n+k}+\ldots+a_kx_n=0$$

为方程F对应的齐次方程。

如果G有形如$x_n=\lambda^n$的解，带入可得方程H：

$$a_0\lambda^k+a_1\lambda^{k-1}+\cdots+a_{k-1}\lambda+a_k=0$$

称方程H为方程F和G的特征方程。显然，如果能求出方程H的根，则可以得到方程G的解。基本结果如下：

①若方程H有k个不同的实根，则方程G有通解：

$$X_n=c_1\lambda_1{}^n+c_2\lambda_2{}^n+\cdots+c_k\lambda k^n$$

②若方程H有m重根λ，则通解中有构成项：

$$(c_1+c_2n+\cdots+c_mn^{m-1})\lambda^n$$

③若方程 H 有一对单复根 $\lambda=a\pm \mathrm{i}\beta$，令 $\lambda=\rho \mathrm{e}^{\pm \mathrm{i}}$，则方程 G 的通解中有构成项：

$$c_1\rho^n\cos\varphi+n+c_2\rho\sin\varphi+n$$

④若有 m 重根：$\lambda=\alpha+\mathrm{i}\beta$，$\lambda=\rho \mathrm{e}^{\pm \mathrm{i}\varphi}$ 则方程 G 的通项中有构成项：

$$(c_1+\bar{c}_2n+\cdots+\bar{c}_mn^{m-1})\rho\cos\varphi n+(c_{m+1}+\bar{c}_{m+2}n+\bar{c}_{2m}n^{m-1})\rho^n\sin\varphi n$$

综上所述，由于方程 H 恰有 k 个根，从而构成方程的通解中必有 k 个独立的任意常数，其通解可记为 $\bar{x}_n$。

如果能得到方程 F 的一个特解 x_n^*，则方程 F 必有通解：

$$x_n=\bar{x}_n+x_n^*$$

方程 F 的特解可通过待定系数法来确定。

（2）差分方程的 z 变换解法

关于 x_n 对差分方程两边取 z 变换，利用 x_n 的 z 变换 $f(z)$ 来表示出 x_{n+k} 的 z 变换，然后通过解代数方程求出 $f(z)$，并把 $f(z)$ 在 $z=0$ 的解析圆环域中展开成洛朗级数，其系数就是所要求的 x_n。

（3）二阶线性差分方程组

设

$$z(n)=\begin{pmatrix}x_n\\y_n\end{pmatrix},\quad A=\begin{pmatrix}a & b\\c & d\end{pmatrix}$$

形成向量方程组

$$z(n+1)=Az(n)$$

则有

$$z(n+1)=A^nz(1)$$

后式即为前式的解。

第三节　用 MATLAB 求解微分方程和差分方程

MATLAB 语言起源于矩阵运算，是由美国的克里夫·莫勒尔博士于 1980 年提出并且已经发展成一种高度集成的计算机语言。在数值计算、微分方程与模拟仿真等领域，MATLAB 语言具有其他软件无法替代的优势。在常微分方程教学过程中引进 MATLAB 软件辅助教学，以培养学生使用 MATLAB 直观演示微分方程相关概念的能力增强学生想象力以及激发学习兴趣。兴趣是学习的原动力，有了兴趣，学习才有动力，教学过程才有生机，进而才能达到理论的升华。

一、基于 MATLAB 的常微分方程教学方法

常微分方程课程理论性强，对学生的数学能力要求较高，学生学起来不容易入门。因此在教学改革探索中应该注意如何利用 MATLAB 使理论学习与计算机演示完整地统一起来。课堂是学生学习知识的第一要素，常微分方程课堂学习主要是学习算法和求解方法，加强课堂基础教学，并以此作为实施教学方法改革的重点。首先要让学生了解常微分方程对本专业后续课程的重要性，引起学生对该课程的重视，学生对一门课程的重视程度会直接影响其对该课程学习精力的投入；其次进一步通过介绍微分方程在科学技术的广泛应用，特别是微分方程建模的重要性，进一步提高学生对课程的学习兴趣。学生在学习微分方程的过程中，可以先通过理论方法求出微分方程的解析解，然后利用 MATLAB 软件求出微分方程的数值解并进行比较，从而提高学生自己动手分析、设计算法的能力。所以，在授课过程中，将基本概念和原理给学生讲解透彻的同时，要充分利用 MATLAB 将抽象问题具体化，因此可以在相关章节的理论课结束后就安排对应的上机实验。MATLAB 教学平台的引入，使计算机辅助分析与设计得到简化。例如，为了分析微分方程解曲线，而在黑板上画出该曲线又很困难，采用 MATLAB 语言只需简单指令即可得到微分方程的解曲线，这样学生就可以直观分析该解曲线，达到事半功倍的效果。在以往的教学中，由于受条件所限，一般只能分析简单的二阶系统，而利用 MATLAB 就可以对高阶系统进行分析研究。因而 MATLAB 的引入不但使学生有了应用计算机的条件和兴趣，帮助学生建立了正确的专业思想，而且使学生对常微分方程的解也有了较为感性的认识，更促进了学生学习与独立思考的积极性，同时也激发了学生学习本门课程的热情。由于 MATLAB 语言具有先进性，所以颇受学生的喜爱，更增强了教师在实验设计上的灵活性与实验指导工作中的多样性。

微分方程最初是从物理和几何的问题中引出的，而从物理和几何直观的角度来理解微分方程的解可以使我们对所讨论的问题有一个简单而鲜明的形象描述。很多微分方程的解析解并不能直接表达出来，数值解只是一些离散点处的近似值。如果我们想知道积分曲线的走向和大致形状等，只凭学生的想象力是很难做到的，而通过 MATLAB 将方程的线索场描述出来，积分曲线就可以很直观地看出来了，传统教学模式有很多弊端，往往使学生感到学习困难，教学效果不理想，而MATLAB教学的引入，能够化繁为简，化抽象为具体，加深学生对课程的掌握程度。利用 MATLAB 能让学生对常微分方程进行多方式与多途径求解，从而拓宽学生的解题思路，并为后续课程打下基础，在此基础上进行的教学改革可以提高整体教学质量。身为教师，需要树立终身学习的理念，在知识的创新实践中改革教学方法与教学手段，提升自身的教学魅力，只有这样才能适应时代要求，才能培养学生的创新精神和解决问题的综合能力。

二、用 MATLAB 求解微分方程

微分方程的符号解法主要是函数 dsolve，这个函数用起来很简单，但最重要的是要知道什么时候能用，什么时候不能用，当运行出错的时候，该怎么处理。

1. 微分方程的符号解法

（1）语法

r=dsolve（'eq1，eq2，…'，'cond1，cond2，…'，'v'）

r=dsolve（'eq1'，'eq2'，…，'cond1'，'cond2'，…，'v'）

（2）语法详解

① eq1，eq2，…用来代表看上去能够用高等数学介绍过的手段求解出来的微分方程，如果实在不太熟悉或者忘了，没关系，后面会提供出现错误时的处理措施；v 代表自变量，默认值为时间 t。边界条件 / 初始值用 cond1，cond2，…来表示。

②在 eq1，eq2，…中，用“D”来代表变量的微分，如“•y”用“Dy”表示，而“••y”用“yD_2”表示。

③初始值的边界条件用“ba•y=”或者“baDy=”来表示。如果初始值的个数小于变量的个数，输出的结果中就会出现待定系数。

④如果是一个等式一个输出，那么输出的结果是非线性的符号表达式；如果是多个等式和多个输出，那么将会按照左边输出参数 [y_1，y_2，…] 中的顺序输出相应的符号表达式；如果是多等式，就会单输出，返回一个结构体数组。

出现错误时怎么处理？如果 dsolve 不能找到有限解，它会试图去找方程的隐式解，当找到隐式解时，就会返回警告标志；如果既找不到有限解，也找不到隐式解，就会返回 empty 的错误警告“warning：explicit solution could not be found”。在这两种情况下都只能通过使用数值解法来解决。

2. 微分方程的数值解

由于微分方程的类型很多，所以就会出现很多类型的解法，我们不仅要掌握这些解决方程的函数，更要掌握这些函数应用的条件。函数 odexx 主要用来解决常微分方程一类的微分方程组，这类微分方程组主要是给定初值（自变量为 0 时的初值）的微分方程或者微分方程组，其中 ode45 可以解决大多数的常微分方程问题，ode15s 可以解决微分方程 + 代数方程，ode15i 可以解决隐式微分方程（IDE），而 bvp4c 则可以解决含边界条件的微分方程或者微分方程组。

（1）含边界条件的微分方程（组）解法

① bvp4c 解决问题的类型。

②语法：

sol=bvp4c（odefun，bcfun，solinit）

sol=bvp4c（odefun，bcfun，solinit，options）

sol=bvp4c（odefun，bcfun，solinit，options，p_1，p_2，…）

③语法详解。

a. odefun 描述的是微分方程（组），其标准形式为

dydx=odefun（x，y）

dydx=odefun（x，y，p_1，p_2，…）dydx=odefun（x，y，parameters）

dydx=odefun（x，y，parameters，p_1，p_2，…）

其中，参数 x 是与相应的 x 对应的行向量，参数 y 是与 y 对应的列向量，parameters 是个未知参数的向量，p_1，p_2，…是已知参数，输出 dydx 是一个列向量。

b. bcfun 是用来表示边界条件的，分为单边界条件和多边界条件。

b_1. 单边界条件的 bcfun 具有如下的标准形式：

res=bcfun（ya，yb）

res=bcfun（ya，yb，p_1，p_2，…）res=bcfun（ya，yb，parameters）

res=bcfun（ya，yb，parameters，p_1，p_2，…）

其中 ya 和 yb 是与 ay 和 by 对应的列向量，输出 res 是列向量。要注意的是，a，b 分别是微分方程的积分区间的左边界和右边界，即积分区间是 [a，b]。

b_2. 多边界条件的 bcfun。函数 bcfun 可以解决多边界条件的微分方程（组）。设 $a=a_0 < a_1 < a_2 < \cdots < a_n=b$ 是积分区间 [a，b] 的边界点。此时，函数标准形式为 res=bcfun（y_{left}，y_{right}），其中 y_{left}（：，k）代表 [a_k−1，a_k] 左边界对应的函数值，而 y_{right}（：，k）代表 [a_k−1，a_k] 右边界对应的函数值。例如，给出式子的区间 0＜1＜2，且有 y（0）=4，y（1）=4.5，y（2）=5.5，则 bcfun 就可以写为

functionres=bc（y_{left}，y_{right}）

res=[y_{left}（1）−4y_{right}（1）−4.5y_{left}（2）−5y_{right}（2）−5.5]

b_3. solinit 是包含初始猜测值的结构体，可以通过 solinit=bvpinit（x，yinit，params）来产生 solinit。其中 x 是初始的网格节点，y 是输出的猜测值，如 solinit.y（：，i）是节点 solinit 在 x（i）处的猜测值。

b_4. options 是积分参数，可以通过 bxpset 设定，语法：

options=bvpset（'$name_1$'，$value_1$，'$name_2$'，$value_2$，…）

options=bvpset（oldopts，'$name_1$'，$value_1$，…）

options=bvpset（oldopts，newopts）

就是将“$name_1$”等特性设定为“$value_1$”等值。如果没有任何设定，则取默认值。常见的有“RelTol”——相对误差，默认值是 1×10^3，可以进行设定；“AbsTol”——绝对误差，默认值是 1×10^6。

b_5. p_1，p_2 是已知的参数，传到 odefun 和 bcfun 函数中。

b_6. sol=bvp4c（odefun，bcfun，solinit），求解形如 dy/dx=f（x，y）的普通微分方程，给定方程的区间 [a，b]，满足单边界条件：bc（y（a），y（b））=0，函数 bvp4c 也可以

解决形如 d*y*|d*x*=*f*（*x*，*y*，*p*），bc（*y*（*a*），*y*（*b*），*p*）=0 的未知参数 *p*。

b_7. 利用函数 deval 和输出的 sol 可以估计出区间内任意一点 x 对应的函数值。

sxint=deval（sol，xint）

（2）含初值条件的微分方程（组）解法

① odexx 解决问题的类型。函数 odexx 主要解决含初始条件的微分方程（组），常见的 odexx 有 ode45、ode23、ode113、ode15s、ode23s、ode23t 等，它们的用法大同小异，不同的是它们解决的问题不同。接下来会讲述它们的共同用法，并且举几个特殊的 odexx。

②语法：

[t，Y]=solver（odefun，tspan，y_0）

[t，Y]=solver（odefun，tspan，y_0，options）

[t，Y，TE，YE，IE]=solver（odefun，tspan，y_0，options）sol=solver(odefun，[t_0，t_f]，y_0，…)

其中 solver 就是函数 odexx。

③语法详解。

a. odefun 用来表示微分方程（组）的函数，所有的 odexx 都可以用来解决形如 d*y*/d*t*=*f*（*t*，*y*）或者包含质量矩阵的微分方程（组）。定义的一般形式为

functiondx=odefun（t，x）

b. tspan 是积分区间向量 [t_0，t_f]。odexx 会在 tspan 处赋初值，然后在 tspan（1）到 tspan 区间上进行积分求解。要想得到指定时间点的函数值，只需要使 tspan=［t_0，t_1，…，t_f]。对于形如 [t_0，t_f] 的 tspan，odexx 会返回每个积分步长处的函数值，对于超过两个元素的 tspan，odexx 会给出指定时间点处的函数值。tspan 中元素必须是按递增或者递减的顺序排列的。

c. 语法中的 y_0 是初始向量。

d. 语法中 options 可以改变默认的积分特性。通过 options=odeset（'$name_1$'，$value_1$，'$name_2$'，$value_2$，…）来设定相应的特征。

在 options 中，“RelTol”和“AbsTol”与前边讲述的相同；“Jacobian”对微分方程的可靠性和有效性有很重要的作用，所以可以对它进行设置，其值分别可以是 constant 和 matrix。

odexx 也可以解决形如 *M*（*t*，*y*）d*y*/d*t*=*f*（*t*，*y*）的微分方程，这时就需要对质量矩阵进行设置，如果质量矩阵是常数，则应该使用“Mass”这个特征；如果质量矩阵与状态变量 *y* 无关，只与 *t* 有关，则将“MState Dependence”设置为“none”；如果质量矩阵受 *y* 的影响微弱，将“MState Dependence”设置为“weak”，否则设置为“strong”；如果 *M* 是非奇异的质量矩阵，则是 DAES 问题，可以使用 ode15s，ode23t 来解决。

e. 下面列出了 odexx 的输出参数：

t：时间点控制向量，y：解数组，y 的每列与 t 相对应。

f. [t，y]=solver（odefun，tspan，y_0）在积分区间 tspan=[t_0，t_f] 上，对含有初值向量 y_0，

形如 $dy/dt=f(t, y)$ 的微分方程进行求解。

g. 各种算法的优缺点如表 3-2 所示。

表 3-2　各种算法优点与缺点

特性	odf45	ode23	ode113	ode15s	ode23t	ode23tb	ode23s
RelTol，AbsTol	可以设定	可以设定	可以设定	可以设定	可以设定	可以设定	可以设定
MaxStep，InitialStep	可以设定	可以设定	可以设定	可以设定	可以设定	可以设定	可以设定
Jacobian	—	—	—	可以设定	可以设定	可以设定	可以设定
Mass	可以设定	可以设定	可以设定	可以设定	可以设定	可以设定	可以设定
MStateDependence	可以设定	可以设定	可以设定	可以设定	—	可以设定	—
MvPattern	—	—	—	可以设定	可以设定	可以设定	—
MassSingular	—	—	—	可以设定	可以设定	—	—
从以上的设置特性来看，凡是不能设定的就是不能够参与解决相应类型的微分方程							
问题类型	非刚性	非刚性	非刚性	刚性	刚性	刚性	刚性
准确度	中等	低	低到高	低到中等	低	低	低

第四章　规划论模型

第一节　线性规划方法

一、线性规划问题及其数学模型

1. 线性规划的模型决定于它的定义

线性规划的定义是，求一组变量的值，在满足一组约束条件下，求得目标函数的最优解。根据这个定义，就可以确定线性规划模型的基本结构。

（1）变量

变量又叫未知数，它是实际系统的未知因素，也是决策系统中的可控因素，一般称为决策变量，常引用英文字母加下标来表示，如 X_1，X_2，X_3，…，X_m 等。

（2）目标函数

将实际系统的目标，用数学形式表现出来，就称为目标函数。线性规划的目标函数是求系统目标的数值，即极大值，如产值极大值、利润极大值，或者极小值，如成本极小值、费用极小值、损耗极小值等。

（3）约束条件

约束条件是指实现系统目标的限制因素。它涉及企业内部条件和外部环境的各个方面，如原材料供应、设备能力、计划指标、产品质量要求和市场销售状态等，这些因素都对模型的变量起约束作用，故称其为约束条件。约束条件的数学表示形式为三种，即"≥""="和"≤"。线性规划的变量应为正值，因为变量在实际问题中所代表的均为实物，所以不能为负值。

2. 经济管理中线性规划问题的类型

①投资问题——确定有限投资额的最优分配，使得收益最大或者见效最快。

②计划安排问题——确定生产的品种和数量，使得产值或利润最大，如资源配置问题。

③任务分配问题——分配不同的工作给各个对象（劳动力或机床），使产量最多、效

率最高，如生产安排问题。

④下料问题——如何下料，使得边角料损失最小。

⑤运输问题——在物资调运过程中，确定最经济的调运方案。

⑥库存问题——如何确定最佳库存量，做到既保证生产又节约资金等。

3. 应用线性规划建立数学模型的三步骤

①明确问题，确定问题，列出约束条件。

②收集资料，建立模型。

③模型求解（最优解），进行优化后分析。

其中，最困难的是建立模型，而建立模型的关键是明确问题和确定目标，在建立模型过程中花时间最多和花精力最大的是收集资料。

二、线性规划思想理解求最值问题与模型的建立

1. 线性规划思想理解求最值问题

简单线性规划是高校数学教学的新内容之一，是解决一些在线性约束条件下的线性目标函数的最值（最大值或最小值）问题的方法。它是运筹学的一个重要内容，对于形成最优化思想有着重要的作用，并且在实际生产活动中也有着广泛的应用，它可以实现对资源的最佳利用。简单线性规划虽然只能解决一些二元线性约束条件下的二元函数的最值问题，但它的思想可以延伸到其他的数学最值问题的求解过程中。简单线性规划的基本思想即在一定的约束条件下，通过数形结合求函数的最值。解决问题时主要是借助平面图形，运用线性规划思想能够比较有效地解决一些二元函数的最值问题。

（1）线性约束条件下线性函数的最值问题

线性约束条件下线性函数的最值问题即简单线性规划问题，它的线性约束条件是一个二元一次不等式组，目标函数是一个二元一次函数，可行域就是线性约束条件中不等式所对应的方程所表示的直线所围成的区域，区域内各点的点坐标（x，y）即为简单线性规划的可行解，在可行解中的使得目标函数取得最大值和最小值的点的坐标（x，y）即简单线性规划的最优解。

例 4-1：目标函数：$z=2x+y$，是关于 x，y 的一个二元一次函数。

可行域：是指由直线 $x-4y=-3$，$3x+5y=25$ 和 $x=1$ 所围成的一个三角形区域（包括边界）U；

可行解：所有满足 $(x, y)\in U$（即三角形区域内（包括边界）的点的坐标）都是可行解；

最优解：可行域内一点（x，y）$\in U$，使得一组平行线 $x+y-z=0$（z 为参数）中的 z 取得最大值和最小值时，所对应的点的坐标（x，y）就是线性规划的最优解。

当线性约束条件中的二元一次不等式组中出现一个二元一次方程（或一元一次方程）时，则可行域就转变成一条线段（或一条直线，或一条射线）。

这类问题的解决，关键在于能够正确理解线性约束条件所表示的几何意义，并画出图形，利用简单线性规划求最优解方法求出最优解及目标函数的最大值或最小值。

（2）非线性约束条件下线性函数的最值问题

高校数学中的最值问题很多可以转化为非线性约束条件下线性函数的最值问题。它们的约束条件是一个二元不等式组，目标函数是一个二元一次函数，可行域是直线或曲线所围成的图形（或一条曲线段），区域内的各点的点坐标（x，y）即为可行解，在可行解中的使得目标函数取得最大值或最小值的点的坐标（x，y）即为最优解。

例 4-2：已知 x，y 满足 $x^2+y^2=4$，求 $3x+2y$ 的最大值和最小值。约束条件：$x^2+y^2=4$，其是关于 x, y 的一个二元二次方程；目标函数：$z=3x+2y$ 是关于 x, y 的一个二元一次函数；可行域：圆 $x^2+y^2=4$ 上的圆周 U。

可行解：所有满足（x，y）$\in U$（即圆周上的点的坐标）的实数 x，y 都是可行解；

最优解：可行域内一点（x，y）$\in U$ 使得一组平行线 $3x+2y-z=0$（z 为参数）中的 z 取得最大值或最小值时，所对应的点的坐标（x，y）就是线性规划的最优解。

这类问题的解决，关键在于能够正确理解非线性约束条件所表达的几何意义，并画出图形，利用简单线性规划求最优解方法求出最优解及目标函数的最大值或最小值。

（3）线性约束条件下非线性函数的最值问题

这类问题也是高校数学中常见的问题，它也可以用线性规划的思想来解决。它的约束条件是一个二元一次不等式组，目标函数是一个二元函数，可行域是直线所围成的图形（或一条线段），区域内的各点的点坐标（x，y）即可行解，在可行解中的使得目标函数取得最大值或最小值的点的坐标（x，y）即最优解。

例 4-3：目标函数：$z=x^2+y^2-4x-4y+8$ 是一个关于 x, y 的二元二次函数，可以看作一点（x，y）到点（2，2）的距离的平方；

可行域：由直线 $x+y-1=0$，$x-y+1=0$ 和 $y=-1$ 所围成的一个三角形区域（包括边界）U；

可行解：所有满足（x，y）$\in U$（即三角形区域（包括边界）内的点的坐标）的实数 x，y 都是可行解；

最优解：可行域内一点（x，y）$\in U$，使得它到点（2，2）的距离最小，则其距离的平方也取得最小值，此时所对应的点的坐标（x，y）就是最优解。

这类问题的解决，关键在于能够正确理解非线性目标函数所表示的几何意义，并利用图形及非线性目标函数所表示的几何意义求出最优解及目标函数的最大值或最小值。

（4）非线性约束条件下非线性函数的最值问题

在高校数学中还有一些常见的问题也可以用线性规划的思想来解决，它的约束条件是一个二元不等式组，目标函数也是一个二元函数，可行域是由曲线或直线所围成的图形（或一条曲线段），区域内的各点的点坐标（x，y）即为可行解，在可行解中的使得目标函数取得最大值或最小值的点的坐标（x，y）即为最优解。

例 4-4：约束条件：$y=1-x^2$ 是一个关于 x，y 的二元二次方程；目标函数：$z=yx+2$ 是

一个关于 x，y 的二元二次函数，可以看作经过点（x，y）与点（-2，0）的直线的斜率；

可行域：以原点为圆心，1 为半径的在 x 轴上方的半圆及与 x 轴的交点构成可行域 U；

可行解：所有满足（x，y）$\in U$（即半圆（包括交点）上的点的坐标）的实数 x，y 都是可行解；

最优解：可行域内一点（x，y）$\in U$，使得它与点（-2，0）的斜率取得最大值或最小值，此时所对应的点的坐标（x，y）就是最优解。

这类问题的解决，关键在于能够正确理解非线性约束条件与非线性目标函数所表示的几何意义，然后利用非线性约束条件做出图形并利用非线性目标函数所表示的几何意义求出最优解及目标函数的最大值或最小值。

2. 线性规划模型的建立

（1）建立模型的方法

①根据所要达到的目的因素找到决策变量；

②由决策变量和所要达到的目的之间的函数关系确定目标函数；

③由决策变量受到的限制条件确定决策变量所要满足的约束条件。

若模型满足：目标函数是线性函数，约束条件是线性等式或不等式，则称为线性规划模型。

（2）常用模型

例 4-5：某工厂生产Ⅰ、Ⅱ两种产品需要 A、B 两种原料，问怎样生产获利最大？生产计划见表 4-1。

表 4–1　生产计划

产品类型	Ⅰ	Ⅱ	总量
设备数量 / 台	1	2	8
A/kg	4	0	16
B/kg	0	4	12
单位获利 / 元	2	4	—

①决策变量：设 x_1，x_2 分别表示生产Ⅰ，Ⅱ两种产品的数量；

②目标函数：$2x_1+4x_2$ 获利最大；

③约束条件：$x_1+2x_2 \leqslant 8$（设备约束），$4x_1 \leqslant 16$；$4x_2 \leqslant 12$（原料约束），x_1，$x_2 \geqslant 0$（基本约束）。

则可建立模型如下：

$$\max z = 2x_1 + 4x_2$$

$$\text{s.t.}\begin{cases} x_1 + 2x_2 \le 8 \\ 4x_1 \le 16 \\ 4x_2 \le 12 \\ x_1 \quad x_2 \ge 0 \end{cases}$$

例 4-6：某工厂 A 有生产甲和乙两种产品的能力，且生产一吨甲产品需要 3 个工日和 0.35 t 小麦，生产一吨乙产品需要 4 个工日和 0.25 t 小麦。该厂仅有工人 12 人，一个月只能出 300 个工日，小麦一个月只能进 21 t，并且还知生产一吨甲产品可盈利 80（百元），生产一吨乙产品可盈利 90（百元）。那么，工厂 A 在一月中应如何安排这两种产品的生产，使之获得最大利润？

由以上条件可列表 4-2 如下：

表 4-2　甲、乙两种产品概况

产品	甲	乙	总和
工日	3	4	300
小麦 /t	0.35	0.25	—
盈利 / 百元	80	90	—

设 x_1, x_2 分别表示一月中生产甲、乙两种产品的数量，称之为决策变量。所得利润为 z，问题的目标是使得总利润函数 $z=80x_1+90x_2$ 有最大值。

工日的约束：$3x_1+4x_2 \leqslant 300$，

原料小麦的约束：$0.35x_1+0.25x_2 \leqslant 21$。

于是原问题可归结为求目标函数在约束条件下的最大值问题，显然目标函数和约束条件都是决策变量的线性函数，即可建立以下线性规划模型：

$$\max z = 80x_1 + 90x_2$$

$$\text{s.t.}\begin{cases} 3x_1 + 4x_2 \le 300 \\ 0.35x_1 + 0.25x_2 \le 21 \\ x_1 \quad x_2 \ge 0 \end{cases}$$

（3）线性规划模型的一般形式

$$\max\ (\min) z = \sum_{i=1}^{n} c_i x_i$$

$$\text{s.t.} \sum_{j=1}^{n} a_{ij} x_j \le (\ge\ , =) b_i\text{，}i=1\text{，}2\text{，}\cdots\text{，}m\text{（}m\text{ 个约束）}$$

$$x_j \ge 0\text{，}j=1\text{，}2\text{，}\cdots\text{，}m$$

矩阵形式：

$$\max(\min)z = \boldsymbol{c}^{\mathrm{T}}\boldsymbol{X}$$

$$\text{s.t.}\begin{cases}\boldsymbol{AX} \le (\ge, =)b \\ \boldsymbol{X} \ge 0\end{cases}$$

其中，$\boldsymbol{X}=(x_1, x_2, \cdots, x_n)\mathrm{T}$ 为决策向量；$\boldsymbol{c}=(c_1, c_2, \cdots, c_n)\mathrm{T}$ 为目标函数的系数向量；$\boldsymbol{b}=(b_1, b_2, \cdots, b_m)\mathrm{T}$ 为常数向量；$\boldsymbol{A}=(a_{ij})_{m\times n}$ 为系数矩阵。

（4）线性规划模型的标准形

$$\max z = \boldsymbol{c}^{\mathrm{T}}\boldsymbol{X}$$

$$\text{s.t.}\begin{cases}\boldsymbol{AX} = b \\ \boldsymbol{X} \ge 0\end{cases}$$

对于例 4-6 可取：

$$\boldsymbol{c}^{\mathrm{T}} = (80, 90), \ \boldsymbol{A} = \begin{pmatrix} 3 & 4 \\ 0.35 & 0.25 \end{pmatrix}, \ \boldsymbol{b} = \begin{pmatrix} 300 \\ 21 \end{pmatrix}$$

（5）如何化一般形为标准形

①目标函数的转化。

例 4-7：一个工厂的甲、乙、丙三个车间生产同一种产品，每件产品由 4 个零件 A 和 3 个零件 B 组成。这两种零件耗用两种不同的原材料，而这两种原材料的现有数额分别是 300 kg 和 500 kg。每个生产班的原材料的耗用量和零件产量如表 4-3 所示。问这三个车间应各开多少班数，才能使这种产品的配套数达到最大？

表 4–3　原材料的耗用量和零件产量

车间	每班用料数		每班产量	
	原料 1/kg	原料 2/kg	零件 A/ 个	零件 B/ 个
甲	8	6	7	5
乙	5	9	6	9
丙	3	8	8	4

解：设 x_1、x_2、x_3 分别是甲、乙、丙三个车间所开的生产班数，由原材料的限制条件，得

$$\begin{cases}8x_1 + 5x_2 + 3x_3 \le 300 \\ 6x_1 + 9x_2 + 8x_3 \le 500\end{cases}$$

甲、乙、丙生产 A 零件总数是 $7x_1 + 6x_2 + 8x_3$，生产 B 零件总数是 $5x_1 + 9x_2 + 4x_3$。因为目标函数是要使产品的配套数最大，而每个零件要 4 个 A 零件，3 个 B 零件，所以产品的最大产量为 $\dfrac{7x_1 + 6x_2 + 8x_3}{4}$ 和 $\dfrac{5x_1 + 9x_2 + 4x_3}{3}$ 中较小的一个。设 S 是产品的配套数，则

$$S=\min\left\{\frac{7x_1+6x_2+8x_3}{4},\ \frac{5x_1+9x_2+4x_3}{3}\right\}$$

这个目标函数不是线性函数，但可以通过适当的变换把它化为线性的，设

$$y=\min\left\{\frac{7x_1+6x_2+8x_3}{4},\ \frac{5x_1+9x_2+4x_3}{3}\right\}$$

则该式可以等价于下面两个不等式

$$\frac{7x_1+6x_2+8x_3}{4}\geq y,\ \frac{5x_1+9x_2+4x_3}{3}\geq y$$

故可得如下线性规划模型：

$$\max S=y$$

$$\text{s.t.}\begin{cases}7x_1+6x_2+8x_3-4y\geq 0\\5x_1+9x_2+4x_3-3y\geq 0\\8x_1+5x_2+3x_3\leq 300\\5x_1+9x_2+8x_3\leq 500\\x_1,\ x_2,\ x_3,\ y\geq 0\end{cases}$$

为求最大值，令 $S=-y$ 即可将原问题转化为在相同约束条件下求最小值。

②约束条件的转化。若约束条件中有“≤”和“≥”，则可在“≤”（“≥”）的左端加上（或减去）一个非负变量（称为松弛变量）使其变成“=”约束。若约束条件带有绝对值，或决策变量没有非负限制，则称为自由变量。

三、线性规划教学的现状与教学策略

1. 高校数学“线性规划”学习障碍原因分析

很多高校学生在接触线性规划的知识时，通常会出现信心缺乏和作图困难等问题。

（1）从心理方面分析

部分学生在初中阶段就已对数学产生畏惧感，一旦遇到步骤烦琐或文字叙述长的题目，就被动地应付，坐等教师讲解，而很少积极思考主动探索寻求解决，久而久之养成缺乏主动解决问题的意识。特别是对那些抽象难以理解与接受的线性规划问题，学生在平时学习过程中思路稍微缺乏就立即放弃，加之学习动力的匮乏，以及畏惧和厌烦感，这些在高中线性规划的学习过程中不断加深并形成恶性循环。

同时，正确阅读理解题意是依据线性约束条件画出相应可行区域的基础，而在学习线性规划知识时，部分学生很难理解数学命题和概念，不能完全从冗长的文字表述中理解题目所要表达的意义，致使对目标函数的加工和分析只能是纸上谈兵。此外，线性规划题型解题是按“画”“作”“求”“答”四个步骤进行的，即根据线性约束条件画出可行域，然后分析目标函数所要表达的意义，最后进行求解作答。由于这种解题思路较为固定，死记硬背题型成了学生惯用的一种学习方法，一味死记硬背就容易使学生在思维中形成思维定式，使得学生在面对综合性较强或者含参数等题目时不知所措，难以在线性规划和距离

公式之间建立联系，形成知识之间的正向迁移。值得说明的是，相比其他知识，线性规划与其他章节知识的学习联系不够紧密，学完线性规划后，其他知识的学习又不能起到巩固的作用，这是教学本身的缺陷，这种缺陷的存在也无疑会影响学生学习的积极性和主动性。

（2）从操作障碍成因分析

部分学生在数形结合方面存在着障碍，对于线性约束条件的判断常常出现失误。在坐标轴中表示直线$ax+by+c=0$时，受思维定式的影响，只有将直线的一般式转化为斜截式才能够准确地表示，无法灵活运用代入法迅速画出直线，而且对于画出的直线没有习惯地将直线方程写在直线旁边，一旦遇到多个约束条件时就顾此失彼，无法准确及时地分辨出直线所代表的方程。同时，在判断不等式所表示的平面区域到底在直线的哪一侧时常常出现错误，如果判断错误，则之后的任何计算将毫无意义。同时，在数学建模方面也存在着障碍，不能将题目中的自然语言转化为数学“符号语言”；对于涉及的专业术语缺乏思路，不能正确地抓住题干信息。特别是对于非线性函数，不能理解其目标函数所代表的意义，无法理解其代表的几何意义。

2. 克服大学生“线性规划”学习障碍的教学策略

（1）增强解题信心

首先，克服心理障碍。教师应淡化线性规划题是难题的意识和观念，从心理上树立高中阶段的线性规划问题并不难解，只要在学习中认真思考，就一定能够轻松解决，让学生在良好的氛围中学习。其次，增强学生对线性规划问题的兴趣。在具体教学中，教师应从现实生活中的具体实际问题出发，结合教材中的探究、思考等“旁白内容”，设置一些符合学生认知结构的探究性、思考性问题的情境，引入数学史的相关内容，最大程度地调动学生对线性规划知识发自内心的学习积极性，激发学生学习线性规划问题的兴趣。最后，按照先易后难、由显到隐、难度逐渐加强的原则进行教学。这种教学方式一方面可以有效克服学生心理上的自卑感，在具体解题过程中增强信心，提高心理上的成就感；另一方面也能防止由于题目过于简单而使部分学生丧失好奇心，杜绝学生眼高手低的习惯，培养学生审题的深刻性，确保学生在学习过程中能学习到新的知识。

（2）提高语言转译能力

阅读题目的过程也是数学信息输入的过程，是对题目进行分析、推理、加工和抽象的认知过程。教师应该在掌握学生实际的情况下，通过通俗易懂的语言分析线性规划问题的数学特征，让学生明白题目中的要求和信息是什么，全方位审题，特别是把一些关键性的词语和重要的术语圈出来，确保准确且敏锐地把握问题本质和题目中的所有隐含条件，然后应用数学语言进行表达。

例如，投资生产 A 产品时，每生产 100 t 产品需要场地 200 m^2，需要资金 200 万元，预计获得利润 300 万元；投资生产 B 产品时，每生产 100 t 产品需要场地 100 m^2，需要资金 300 万元，预计获得利润 200 万元。对于像这样文字描述较长的题目，应及时帮助学生理顺数据关系，通过图表的形式展现这些数量关系。

（3）注重思想方法的传授

授之以鱼不如授之以渔，虽然经过机械化的训练和题海战术，学生解答线性规划题目的能力会有所提高，但是学生并没有深刻领会解题过程中所包含的数学思想和数学方法。一旦遇到线性规划综合性较强或者含参数等题目时,不能达到触类旁通与融会贯通的效果。因此，教师应改变线性规划教学过程中轻思想方法重计算结果的教学模式，应做到在讲解基础知识的过程中，注重数学建模、数形结合、转化、运动以及化归等思想方法的传授，达到以不变应万变的线性规划教学效果。

（4）努力克服思维定式

教师过分注重某种题型的解题过程，或者是一味地强调某个知识点的重要性，这势必造成学生的思维定式，教师应注重知识问题间的差异教学，在课堂上帮助学生回忆有关直线方程和不等式等的知识，引导学生将这些知识迁移到线性规划的学习中，引导学生关注线性规划的本质。例如，对可以转化为直线的斜率进行正向迁移，$z=ax+by$可以转化为直线的截距进行正向迁移。

（5）培养严谨的求学态度

以游戏的教学方式无疑会增强学生学习的兴趣，但也面临着“大意失荆州”的尴尬，在线性规划具体过程中，读懂题目要求并清楚解题方法但仍然出现答案错误，公式化简、直线方程转化、不等式求值和目标函数求值会而不对的现象，学生总是以小测验为由解释会而不对的现象。因此，教师在教学时应该首先端正学生的学习态度，其次加强规范化解题的训练和监测，让学生做到认真对待每个解题步骤。同时，在培养学生数学运算能力的基础上重视书写能力的培养，防止因为潦草的书写而误读了解题过程中的数据。总之，线性规划知识在高中数学教学中至关重要。只要教师在学生的学习信心、语言转译能力和求学态度等方面加大研究力度，就一定能够在发展学生数学应用意识的基础上，让学生取得教学线性规划方面的优异成绩。

四、线性规划案例：投资的收益和风险

1. 市场营销应用

（1）媒体选择

在媒体选择中应用线性规划的目的在于帮助市场营销经理将固定的广告预算分配到各种广告媒体上，可能的媒体包括报纸、杂志、电台、电视和直接邮件。在这些媒体中应用线性规划，目的是要使宣传范围、频率和质量最大化。对于应用中的约束条件通常源于对公司政策、合同要求及媒体的可用性。在下面的应用中，我们将介绍如何应用线性规划这一工具来建立模型进而解决媒体选择问题。REL 发展公司正在私人湖边开发一个环湖社区，其湖边地带和住宅的主要对象是距离开发区 100 英里（1 英里 ≈1 609.344 m）以内的

所有中等收入的家庭，REL 发展公司已经聘请 BP&J 来设计宣传活动。

考虑到可能的广告媒体和要覆盖的市场，BP&J 建议将第一个月的广告局限于 5 种媒体。在第一个月末，BP&J 将依据本月的结果再次评估它的广告策略。BP&J 已经收集到了关于受众数量、广告单价和各种媒体一定周期内可用的最大次数，以及评定 5 种媒体各自宣传质量的数据。质量评定是通过宣传质量单位来衡量的。宣传质量单位是一种用于衡量在各个媒体中一次广告的相对价值的标准，它建立于 BP&J 在广告业中的经验，将众多因素考虑在内，如受众层次（年龄、收入和受众受教育的程度）、呈现的形象和广告的质量。表 4-4 列出了收集到的这些信息。

表 4-4 REL 发展公司可选的广告媒体

广告媒体	预计受众 / 人	广告售价 / 美元	每月最多可用时间 / 天	宣传质量单位
白天电视	1 000	1 500	15	65
晚间电视	2 000	3 000	10	90
每日报纸	1 500	400	25	40
周日报纸杂志（半彩色）、周日新闻	2 500	1 000	4	60
电台早 8：00 或晚 5：00 新闻（30 s）	300	100	30	20

REL 发展公司提供给 BP&J 第一个月广告活动的预算是 30 000 美元。而且，REL 发展公司对 BP&J 如何分配这些资金设置了如下限制：至少要使用 10 次电视广告，达到的受众至少要有 50 000 人，并且电视广告的费用不得超过 18 000 美元。那么应当推荐何种广告媒体选择计划呢?

（2）市场调查

公司开展市场营销调查是为了了解消费者个性特点、态度及偏好。专门提供此种信息的市场营销调查公司，经常为客户机构开展实际调查。市场营销调查公司提供的典型服务包括涉及计划、开展市场调查、分析收集数据、提供总结报告和对客户提出意见。在调查设计阶段，应当对调查对象的数量和类型设定目标或限额。市场营销调查公司的目标是以最小的成本满足客户要求。

市场调查公司专门评定消费者对新的产品、服务和广告活动的反映。一个客户公司要求市场调查公司帮助确定消费者对一种近期推出的家具产品的反应。在与客户会面的过程中，市场调查公司统一开展个人入户调查，从有儿童的家庭和无儿童的家庭获得回答。而且市场调查公司还同意同时开展日间和晚间调查，客户的合同要求依据以下限制条款进行 1 000 个访问：

至少访问 400 个有儿童的家庭；至少访问 400 个无儿童的家庭；晚间访问的家庭数量必须不少于日间访问的家庭数量；至少 40% 有儿童的家庭必须在晚间访问；至少 60% 无儿童的家庭必须在晚间访问。

因为访问有儿童的家庭需要额外的访问时间，而且晚间访问者要比日间访问者获得更多收入，所以成本因访问的类型不同而不同。基于以往的调查研究，预计的访问费用如表 4-5 所示。

表 4–5　预计的访问费用

家庭情况	访问费用	
	日间 / 美元	晚间 / 美元
有儿童	20	25
无儿童	18	20

以最小总访问成本满足合同要求的“家庭—时间”访问计划是什么样的呢？

2. 财务应用

（1）投资组合

投资组合选择问题所涉及的情况是财务经理从多种投资选择中选择具体的一些投资，如股票、债券、共有基金、信用合作社和保险公司等，银行经理们经常会遇到这样的麻烦，投资组合选择问题的目标函数通常是使预期收益最大化或使风险最小化。约束条件通常表现为对准许的投资类型、国家法律、公司政策和最大准许风险等方面的限制。对于此类问题，我们可以通过使用各种数学规划方法建立模型进而求解。此节中，我们将把投资组合选择问题作为线性规划问题来求解。

假设现在有一家坐落于纽约的威尔特共有基金公司，公司刚刚完成了工业债券的变现进而获得了 100 000 美元的现金，并正在为这笔资金寻找投资机会。根据威尔特目前的投资情况，公司的上层财务分析专家建议新的投资全部投在石油、钢铁行业和政府债券上。分析专家已经确定了 5 个投资机会，并预计了它们的年收益率。表 4-6 是各种投资及它们的收益率。

表 4–6　投资及收益率

投资	预期收益率 /%
大西洋石油	7.3
太平洋石油	10.3

续表

投资	预期收益率 /%
中西部钢铁	6.4
HUBER 钢铁	7.5
政府债券	4.5

威尔特的管理层已经设置了以下的投资方针：

①在任何行业（石油或钢铁）的投资不得多于 50 000 美元；

②对政府债券的投资至少相当于对钢铁行业投资的 25%；

③对太平洋石油这样高收益但高风险的投资项目，投资额不得多于对整个石油行业投资的 60%。

可使用的 100 000 美元应该以什么样的投资方案（投资项目及数量）来投资呢？以预期收益最大化为目标，并遵循预算和管理层设置的约束条件，我们可以通过建立并解此问题的线性规划模型来回答它。解决方案将为威尔特共有基金公司的管理层提供建议。

（2）财务计划

威尔特共有基金公司建立了一项提前退休计划，作为其公司重组的一部分。在自愿签约期结束前，68 位雇员办理了提前退休手续。因为这些人的提前退休，在未来的 8 年里，公司将承担以下责任，每年年初支付的现金需求如表 4-7 所示。

表 4-7　现金需求

年份(第几年)	1	2	3	4	5	6	7	8
现金需求	430	210	222	231	240	195	225	255

公司的财务人员必须决定现在应将多少数量的钱存放在一边，以便应付 8 年期的负债到期时的支付。该退休计划的财务计划包括政府债券的投资及储蓄。对于政府债券的投资限于 3 种选择，如表 4-8 所示。

表 4-8　政府债券的投资选择

债券	价格 / 美元	利率 /%	到期年数
1	1 150	8.875	5
2	1 000	5.500	6
3	1 350	11.750	7

政府债券的面值是 1 000 美元，这意味着尽管价格不同，但在到期时，也都需要支付 1 000 美元。表 4-8 中所示的利率是基于面值的。为了制订这个计划，财务人员假设所有没投资于债券的资金都将用于储蓄，且每年可获得 4% 的利息。定义决策变量如下：

F= 退休计划所形成的 8 年期债务所需第一年的总金额

B_1= 在第一年年初买入的债券 1 的单位数量

B_2= 在第一年年初买入的债券 2 的单位数量

B_3= 在第一年年初买入的债券 3 的单位数量

S_i= 在第 i 年年初投资于储蓄的金额（i=1，2，…，8）

目标函数用于求出满足退休计划带来的 8 年期债务所需资金的最小值，即 Min（F）。

这类财务计划问题的重要特点是必须为每年计划范围写出约束条件，大体上，每个约束条件都采用下面的形式：

年初可使用资金 - 投资于债券与储蓄的资金 = 该年现金支付责任

3. 生产管理应用

（1）制造或购买决策

我们利用线性规划来决定生产一些零配件时，一个公司每一种分别应该生产多少，又应该从外部购进多少，像这样的决策叫作“制造或购买决策（产或购决策）”。

嘉德思（Janders）公司经营多种商用和工程产品。现在，嘉德思公司正准备推出两款新的计算器，其中一款是用于商用市场的，叫作“财务经理”；另一款用于工程市场，叫作“技术专家”。每款计算器由 3 种零部件组成：一个基座、一个电子管和一个面板即外盖。

两种计算器使用相同的基座，但电子管和面板则不相同。所有的零部件生产都可以由公司自己生产或从外部购买。

嘉德思计算器各零配件的单位成本如表 4-9 所示。

表 4–9　嘉德思计算器各零配件的单位成本

组件	单位成本 / 美元	
	制造（正常时间）	采购
基座	0.50	0.60
“财务经理”电子管	3.75	4.00
“技术专家”电子管	3.30	3.90
“财务经理”面板	0.60	0.65
“技术专家”面板	0.75	0.78

嘉德思的预测师们指出总共需要 3 000 台财务经理和 2 000 台技术专家。但是，因为公司生产能力有限，仅能安排 200 h 的正常工作时间和 50 h 的加班时间用于计算器的生产。加班时间需要每小时多付给员工 9 美元的加班奖金，即额外成本。表 4-10 显示了各零部件所分得的生产时间（以分钟计）。嘉德思公司的问题是决定每种零部件有多少单位自己生产，多少单位从外部购买。

表 4–10　嘉德思计算器各零配件每单位的生产时间

组件	生产时间 /min
基座	1.0
“财务经理”电子管	3.0
“技术专家”电子管	2.5
“财务经理”面板	1.0
“技术专家”面板	1.5

（2）生产计划

线性规划方案最重要的应用是安排多个时期的计划，如生产计划。根据生产计划问题的解，经理能够在一定的时间段（几星期或几个月内）为一个或多个产品制订一个高效率低成本的生产计划，事实上生产计划问题也可以看作未来某个时期的生产调配问题。经理必须决定生产水平，使公司能够满足生产需求，在受到产品生产量、劳动力生产量以及储藏空间上有所限制的同时，还要使生产成本最小。

利用线性规划解决生产计划问题的一个好处是它们是周期性的。一个生产计划必定是为当月制订的，然后下个月又制订一次，再下个月又制订一次，如此周而复始。针对每个月的问题，就可以发现，虽然生产需求已经发生了变化，生产次数、产品生产量和储藏空间等限制大致还是一样的。因此，生产经理基本上可以按以前月份的管理方法解决同样的问题，而生产计划的一个总线性规划模型可能被频繁地使用。一旦这个模型被固定下来，经理只需在特定的生产时期提供当时的需求量和生产量等有关数据就可以了，并且可重复利用此线性规划模型构想出生产计划。

下面介绍鲍兰哲电子（Bollinger Electronics）公司的案例，该公司为一个重要的飞机引擎制造公司生产两种不同的电子组件。飞机引擎制造公司在如表 4-11 所示的 3 个月里每个月都会通知鲍兰哲电子公司的销售办公室，告诉他们每个星期对组件的需求量。每个月对组件的需求量变化可能很大，这要视飞机引擎制造公司正在生产哪种类型的引擎情况而定。

表 4-11　鲍兰哲电子公司 3 个月的组件需求一览表

组件	四月需求 / 个	五月需求 / 个	六月需求 / 个
332A	1 000	3 000	5 000
802B	1 000	500	3 000

接到订单后，需求报告就被送到生产控制部门。生产控制部门则必须制订 3 个月生产组件的计划。为了制订生产计划，生产经理需要弄清楚几点：①总生产成本；②存货成本；③改变生产力水平所需的经费。

下面介绍该公司如何建立公司的生产储存线性规划，以使公司的成本最小。

为了建立模型，我们用 X_{im} 表示 m 月生产产品 i 的单位生产量。在这里 i=1 或 2，m=1、2 或 3。i=1 指的是 332A 组件，i=2 指的是 802B 组件，m=1 指的是四月，m=2 指的是五月，m=3 指的是六月。双重下标的目的是规定一个更具描述性的符号。我们可以简单地用 X_6 来代表三月生产的产品 2 的单位生产量，但是 X_{23} 更具描述性，它直接确定用变量代表的月份和产品。

如果生产一个 332A 组件的成本为 20 美元，生产一个 802B 组件的成本为 10 美元，那么目标函数中总生产成本 $=20X_{11}+20X_{12}+20X_{13}+10X_{21}+10X_{22}+10X_{23}$。

每个月每单位产品的生产成本是一样的，所以我们不需要在目标函数中涵盖生产成本。也就是说，不管选择的生产一览表是什么样的，总生产成本将会保持相同的水平。换句话说，生产成本不是相关成本，无须在制订生产计划时认真考虑。但是，如果每个月单位产品成本是改变的，那么单位产品成本变量就必须包含在目标函数中。对于该电子公司的问题来说，不管这些成本是不是包含在里面，它的解决方案将会是一样的。我们把单位产品成本包括在里面，这样线性规划问题的目标函数将包含所有与产品有关的成本。

为了把相关库存成本合并到模型中，我们用 S_{im} 来表示产品 i 在第 m 月月底的存货水平。该公司已经决定，每月在基本存货上的成本占生产产品成本的 1.5%，也就是说，$0.015\times20=0.30$（美元 /332A 组件），$0.015\times10=0.15$（美元 /802B 组件）。在利用线性规划方法制订生产预期计划时，一个普遍的假设是，每月末的存货近似等于整个月的平均存货水平。通过这种假设，可得目标函数中库存成本 $=0.30S_{11}+0.30S_{12}+0.30S_{13}+0.15S_{21}+0.15S_{22}+0.15S_{23}$。

为了把每个月的生产水平波动所带来的成本融入模型，我们需要定义两个额外的变量，即 I_m 和 D_m。I_m 指在 m 月的时候必要的总生产水平增长，D_m 指在 m 月的时候必要的总生产水平下降。在评估完员工下岗、人员补缺、再分配培训所花的费用以及其他与波动的生产水平相关的费用所产生的影响后，该电子公司估计出每个月生产水平增长一个单位所带来的成本是 0.5 美元，生产水平下降一个单位所带来的成本是 0.2 美元。因此，我们可以写下第三部分的目标函数，即生产水平变化成本 $=0.50I_1+0.50I_2+0.50I_3+0.20D_1+0.20D_2+0.20D_3$。

注意，这里产量波动成本是通过 m 月的产量和 $m-1$ 月的产量计算出来的。在其他的生产安排中，这个波动成本很可能是由机器工作时间或劳动力时间计算出来的。

把所有这些成本加起来，完整的目标函数变为

$$\text{Min}=20X_{11}+20X_{12}+20X_{13}+10X_{21}+10X_{22}+10X_{23}+0.30S_{11}+0.30S_{12}+0.30S_{13}+0.15S_{21}+0.15S_{22}+0.15S_{23}+0.50I_1+0.50I_2+0.50I_3+0.20D_1+0.20D_2+0.20D_3$$

现在来考虑约束条件。首先我们必须保证此生产计划满足顾客的需要，由于已经装好货的产品可能来自当月的生产，也可能来自前几个月的库存，所以此需求变为

前期月份的最后库存 + 现在生产量 - 本月最后库存 = 本月需求

假定此 3 个月预定生产时期刚开始时的存货量是 332A 组件 500 个单位，802B 组件 200 个单位。这两种产品在第一个月（四月）的需求是 1 000 个单位，那么满足第一个月需求的约束条件是：$500+X_{11}-S_{11}=1\,000$，$200+X_{21}-S_{21}=1\,000$。

把常量移到等式右边，得到 $X_{11}-S_{11}=500X_{21}-S_{21}=800$。

同样的，在第二个月和第三个月的时候我们也需要这两种产品需求的约束条件，将其写成以下等式。

第二个月：$S_{11}+X_{12}-S_{12}=3\,000$，$S_{21}+X_{22}-S_{22}=500$。

第三个月：$S_{12}+X_{13}-S_{12}=5\,000$，$S_{22}+X_{23}-S_{23}=3\,000$。

如果公司还对库存量有所规定，即三个月为一个周期的期末库存量最小为 400 个 332A 组件和 200 个 802B 组件，可以再加上两个约束条件：$S_{13}\geqslant 400$，$S_{23}\geqslant 200$。

该公司的机器生产能力、劳动力能力和库存能力如表 4-12 所示。

表 4-12 鲍兰哲电子公司的机器生产能力、劳动力能力和库存能力

时间	机器生产能力 /h	劳动力能力 /h	库存能力 /in²
四月	400	300	10 000
五月	500	300	10 000
六月	600	300	10 000

组件 332A 和 802B 的机器、劳动力和库存要求如表 4-13 所示。

表 4-13 组件 332A 和 802B 的机器生产、劳动力和库存要求

组件	机器生产 /（h/ 单位）	劳动力 /h	库存 /（ft²/ 单位）
332A	0.10	0.05	2
802B	0.08	0.07	3

为了反映这些限制，以下的约束条件很有必要。

机器生产能力如下：

第一个月：$0.10X_{11}+0.08X_{21} \leqslant 400$；

第二个月：$0.10X_{12}+0.08X_{22} \leqslant 500$；

第三个月：$0.10X_{13}+0.08X_{23} \leqslant 600$。

劳动力能力如下：

第一个月：$0.05X_{11}+0.07X_{21} \leqslant 300$；

第二个月：$0.05X_{12}+0.07X_{22} \leqslant 300$；

第三个月：$0.05X_{13}+0.07X_{23} \leqslant 300$。

库存能力如下：

第一个月：$2S_{11}+3S_{21} \leqslant 10\,000$；

第二个月：$2S_{12}+3S_{22} \leqslant 10\,000$；

第三个月：$2S_{13}+3S_{23} \leqslant 10\,000$。

必须加上一组约束条件以保证 I_m 和 D_m 能反映 m 月生产水平的变化。假定三月是新生产周期开始前的一个月，三月的产量为 1 500 个 332A 组件和 1 000 个 802B 组件，总产量是 2 500 个，那么通过以下关系式我们可以得到四月的产量变化，即四月产量 - 三月产量 = 变化量。

利用四月产量变量 X_{11} 和 X_{21}，以及三月 2 500 个单位的产量，我们得到 $(X_{11}+X_{21})-2\,500=$ 变化量。

注意，这个变化值可能是正数也可能是负数。变化值为正数，反映总体生产水平是增长的；反之，变化值为负数，则反映总体生产水平是下降的。我们可以用四月生产增长量 I_1 和生产降低量 D_1 来确定四月总产量变化的约束条件，即 $(X_{11}+X_{21})-2\,500=I_1-D_1$。

我们用同样的方法（始终用当月总生产量减去上个月的总生产量），可以得到预定生产期的第二个月（五月）和第三个月（六月）间的限定条件，即 $(X_{12}+X_{22})-(X_{11}+X_{21})=I_2-D_2$，$(X_{13}+X_{23})-(X_{12}+X_{22})=I_3-D_3$。

把变量放在等式左边，而把常量放在等式的右边，通常得出所指的一组完整的平衡生产约束条件，即

$$X_{11}+X_{21}-I_1+D_1=2\,500-X_{11}-X_{21}+X_{12}+X_{22}-I_2+D_2=0-X_{12}-X_{22}+X_{13}+X_{23}-I_3+D_3=0$$

这个初看起来只有 2 种产品和 3 个月期的生产计划的简单问题现在演变成有 18 个变量，20 个约束条件的线性规划问题了。注意，在这个问题上，我们只考虑一种机器工序，一种人工要求，一种库存区域。实际上， 生产计划问题通常是包含若干个工序、若干劳动力级别和若干库存区域的问题，这就要求使用大规模的线性规划模型。例如，一个包括 12 个月的生产时间和 100 单位生产量的生产计划问题将会有 1 000 多个变量和约束条件。

（3）劳动力分配

当生产经理必须就一个特定的规划时期做出包括员工要求在内的种种决定时，劳动力

分配的问题时有发生。劳动力分配具有一定的弹性，而且至少某些员工会被分配到不止一个部门或工作中心去工作，这就是员工被安排在两个或更多的工作岗位上交叉培训。例如，售货员可以在商店之间互相调职。在下面的应用中，我们将说明如何利用线性规划做出决策，不仅仅是决定最理想的生产调配，而且也决定劳动力的最佳分配。

麦科米克制造公司生产两种产品，每单位产品的利润分别为 10 美元和 9 美元。表 4-14 显示生产每单位产品的劳动力需求和 4 个部门中被分配到每个部门的员工总的有效劳动时间。假设每个部门中的有效劳动时间是固定的，那么该问题的最佳解决方案是什么？

表 4–14　麦科米克制造公司每单位产品的劳动小时数和总体有效生产时间

部门	单位劳动时间 /h		总可用时间 /h
	产品 1	产品 2	
1	0.65	0.95	65 000
2	0.45	0.85	6 000
3	1.00	0.70	7 000
4	0.15	0.30	1 400

4. 混合问题

当一个经理必须决定怎样混合两种以上的资源来生产一种以上的产品时，混合问题就产生了。在这种问题下，资源含有一种以上的必须被混合到最后成品中的基本成分，而且成品将包含一定比例的各种基本成分。在实际应用中，管理层必须决定每种资源的购买量以在成本最低的情况下满足产品的规格和生产该产品的需要。

混合问题经常发生在石油行业（如混合原油以生产辛烷汽油）、化工行业（如混合化学品以生产化肥和除草剂）和食品行业（如混合各种原料生产无酒精饮料和汤）。下面我们将探讨怎样将线性规划模式应用到石油行业中的混合问题中。

大绳石油公司专为美国东南部独立的加油站生产一般规格和特殊规格的石油产品。大绳石油公司精炼厂通过合成 3 种石油成分来生产汽油产品。这些产品卖不同的价钱，而这 3 种石油成分也有不同的成本。公司想通过决定一种混合这 3 种石油成分的方案来获得产品的最大利润。

现存的资料显示，一般的汽油每加仑（1 美制加仑 =3.785 L）卖 1.00 美元而特殊的汽油每加仑则卖 1.08 美元。在目前的生产阶段性计划中，大绳石油公司可以得到的 3 种石油成分每加仑的成本和原料总量见表 4-15。

表 4-15　大绳石油公司混合问题的成本和供给

石油成分	成本（美元 / 加仑）	最大供应量 / 加仑
1	0.50	5 000
2	0.60	10 000
3	0.84	10 000

大绳石油公司混合问题就是要决定一般规格汽油的每种石油成分的用量多少，以及特殊规格汽油的每种石油成分的用量多少。对应表 4-15 中可提供的石油成分总量产生的最佳混合方案应该使公司的利润最大化。产品原料规格见表 4-16，而且至少要生产 10 000 加仑的一般规格汽油。

表 4-16　大绳石油公司混合问题的具体产品要求

产品类型	规格
一般规格汽油	最多 30% 成分 1 最少 40% 成分 2 最多 20% 成分 1
高级规格汽油	最少 25% 成分 1 最多 40% 成分 2 最少 30% 成分 3

第二节　非线性规划方法

非线性规划是具有非线性约束条件或目标函数的数学规划，是运筹学的一个重要分支。非线性规划是 20 世纪 50 年代才开始形成的一门新兴学科，70 年代又得到进一步的发展。非线性规划在工程、管理、经济、科研和军事等方面都有广泛的应用，为最优设计提供了有力工具。

一、非线性规划概述

1. 概念

非线性规划研究一个 n 元实函数在一组等式或不等式的约束条件下的极值问题，且在目标函数和约束条件中至少有一个是未知量的非线性函数。目标函数和约束条件都是线性函数的情形则属于线性规划。

2. 概念的提出

1951 年，库恩和塔克发表的关于最优性条件（后来称为库恩 - 塔克条件）的论文是非线性规划正式诞生的一个重要标志。在 20 世纪 50 年代还得出了可分离规划和二次规划的 n 种解法，它们大都是以丹齐克提出的解线性规划的单纯形法为基础的。20 世纪 50 年代末到 60 年代末出现了许多解非线性规划问题的有效算法，70 年代又得到进一步的发展。20 世纪 80 年代以来，随着计算机技术的快速发展，非线性规划方法取得了长足进步，在信赖域法、稀疏拟牛顿法、并行计算、内点法和有限存储法等领域都取得了丰硕的成果。

二、非线性规划模型的建立

1. 非线性规划模型简介

如果目标函数或约束条件中包含非线性函数，就称这种规划问题为非线性规划问题。一般说来，解非线性规划要比解线性规划问题困难得多。而且，也不像线性规划有单纯形法这一通用方法，非线性规划目前还没有适于各种问题的一般算法，各个方法都有自己特定的适用范围。下面将通过实例归纳出非线性规划数学模型的一般形式，介绍有关非线性规划的基本概念。

2. 非线性规划模型的一般形式

$$\min f(\boldsymbol{x})$$
$$\text{s.t.}\begin{cases} h_j(\boldsymbol{x})\leq\ 0,\ j=1,\ 2,\ \cdots,\ q \\ g_i(\boldsymbol{x})\leq\ 0,\ i=1,\ 2,\ \cdots,\ p \end{cases}$$

其中，$\boldsymbol{x}=\begin{bmatrix}x_1 & x_2 & \cdots & x_n\end{bmatrix}^{\mathrm{T}}$ 称为模型的决策变量，f 称为目标函数，$g_i(\boldsymbol{x})(i=1,\ 2,\ \cdots)$ 和 $h_j(\boldsymbol{x})(j=1,\ 2,\ \cdots,\ q)$ 称为约束函数。另外，$g_i(\boldsymbol{x})=0(i=1,\ 2,\ \cdots,\ p)$ 称为等式约束，$h_j(\boldsymbol{x})\leq\ 0(j=1,\ 2,\ \cdots,\ q)$ 称为不等式约束。

特别地，称 $\min f(\boldsymbol{x})$，$\boldsymbol{x}\in E^n$ 为无约束极值问题。即

$$\min\frac{1}{2}\boldsymbol{x}^{\mathrm{T}}\boldsymbol{H}\boldsymbol{x}+\boldsymbol{f}^{\mathrm{T}}\boldsymbol{x}$$
$$\text{s.t.}\quad \boldsymbol{A}\boldsymbol{x}\leq\ b$$

为二次规划问题。其中目标函数为自变量 $\boldsymbol{x}$ 的二次函数，约束条件则全是线性函数。

三、非线性规划的求解方法与 MATLAB 解法

1. 非线性规划的求解方法

（1）无约束极值问题求解方法

无约束极值问题的求解方法主要有：一维搜索算法、最速下降法、牛顿法和拟牛顿法。

（2）有约束问题求解方法

①近似规划法。近似规划法的基本思想是将非线性规划问题中的目标函数和约束条件近似为线性函数，并限制变量的取值范围，从而得到一个近似线性规划问题。对近似线性规划问题求解可得原问题的一个近似解，从这个近似解出发，重复以上步骤，可以产生一个由线性规划最优解组成的序列。这样的序列往往收敛于非线性规划问题的最优解。

②罚函数法。罚函数法的基本思想是通过构造罚函数将非线性规划问题的求解转化为求解一系列无约束极值问题，这类方法也称为序列无约束最小化方法（Sequential Unconstrained Minimization Technique，SUMT）。该方法主要有两种形式，一种叫外罚函数法，另一种叫内罚函数法。

2. 非线性规划的 MATLAB 解法

（1）有约束问题

MATLAB 中非线性规划的数学模型写成以下形式：

$$\min f(\boldsymbol{x})$$

$$\text{s.t.}\begin{cases}\boldsymbol{Ax}\leq \boldsymbol{B}\\ \text{Aeq}\cdot\boldsymbol{x}=\text{Beq}\\ C(\boldsymbol{x})\leq 0\\ \text{Ceq}(\boldsymbol{x})=0\end{cases}$$

其中 $f(x)$ 是标量函数，Beq，Aeq，$\boldsymbol{B}$，$\boldsymbol{A}$ 是相应维数的矩阵和向量，$C(\boldsymbol{x})\text{Ceq}(\boldsymbol{x})$ 是非线性向量函数。

MATLAB 中的命令如下：

X=FMINCON（FUN，X_0，A，B，Aeq，Beq，LB，UB，NONLCON，OPTIONS）

它的返回值是向量 $\boldsymbol{x}$，其中 FUN 是用 M 文件定义的函数 $f(\boldsymbol{x})$；$\boldsymbol{X}_0$ 是 $\boldsymbol{x}$ 的初始值；$\boldsymbol{A}$，$\boldsymbol{B}$，Aeq，Beq 定义了线性约束 $\boldsymbol{AX}\leqslant\boldsymbol{B}$，Aeq*$\boldsymbol{X}$=Beq，如果没有线性约束，则 $\boldsymbol{A}$=[ ]，$\boldsymbol{B}$=[ ]，Aeq=[ ]，Beq=[ ]；LB 和 UB 是变量 $\boldsymbol{x}$ 的下界和上界，如果上界和下界没有约束，则 LB=[ ]，UB=[ ]，如果 $\boldsymbol{x}$ 无下界，则 LB 的各分量都为“-inf；”，如果 $\boldsymbol{x}$ 无上界，则“UB=inf；”，NONLCON 是用 M 文件定义的非线性向量函数 $C(x)$，$\text{Ceq}(x)$；OPTIONS 定义了优化参数，可以使用 MATLAB 缺省的参数设置。

（2）二次规划

若某非线性规划的目标函数为自变量 $\boldsymbol{x}$ 的二次函数，约束条件又全是线性的，就称这种规划为二次规划。

MATLAB 中二次规划的数学模型可表述如下：

$$\min \ \frac{1}{2}\boldsymbol{x}^{\mathrm{T}}\boldsymbol{H}\boldsymbol{x}+\boldsymbol{f}^{\mathrm{T}}\boldsymbol{x}$$

$$\text{s.t.}\begin{cases}\boldsymbol{A}\boldsymbol{x}\le b\\ Aeq\cdot\boldsymbol{x}=Beq\\ LB\le \boldsymbol{x}\le UB\end{cases}$$

这里 $\boldsymbol{H}$ 是实对称矩阵，UB，LB，Beq，$\boldsymbol{b}$，$\boldsymbol{f}$ 是列向量，Aeq，$\boldsymbol{A}$ 是相应维数的矩阵。

MATLAB 中求解二次规划的命令如下：

[X，FVAL] = QUADPROG（H，f，A，b，Aeq，beq，LB，UB，X_0，OPTIONS）

$\boldsymbol{X}$ 的返回值是向量 $\boldsymbol{x}$，FVAL 的返回值是目标函数在 $\boldsymbol{X}$ 处的值。

四、非线性规划建模实例

1．选址问题

某公司有 6 个建筑工地要开工，每个工地的位置用平面坐标系（a，b）表示，距离（单位：km）及水泥日用量 d（单位：t）由表 4-17 给出。现计划建两个临时料场，日储量各 20 t。假设从料场到工地之间均有直线道路相连。试确定料场的位置，使各料场对各建筑工地的运输量与路程乘积之和为最小。

表 4–17　工地位置（a，b）及水泥日用量 d

工地	1	2	3	4	5	6
距离 a/km	1.25	8.75	0.5	5.75	3	7.25
距离 b/km	1.25	0.75	4.75	5	6.5	7.25
水泥日用量 d/t	3	5	4	7	6	11

（1）模型建立

记工地的位置为（a_i，b_i），水泥的日用量为 d_i，i=1，2，…，6；料场的位置为（x_j，y_j），日储量为 e_j，j=1，2；从料场 j 向工地 i 的运送量为 X_{ij}。在各工地用量必须满足和各料场运送量不超过日储量的条件下，使总的吨千米数最小，这是非线性规划问题，可建立数学模型如下：

$$\min f=\sum_{i-1}^{6}\sum_{j-1}^{2}X_{ij}\sqrt{(x_j-a_i)^2+(y_j-b_i)^2}$$

$$\text{s.t.}\begin{cases}\sum_{j-1}^{2}X_{ij}=d_i,\ i=1,\ 2,\ \cdots,\ 6\\ \sum_{i-1}^{6}X_{ij}\leq\ e_j,\ j=1,\ 2\\ X_{ij}\geq\ 0\end{cases}$$

（2）模型求解

利用MATLAB编程求解，得两个料场的坐标分别为：（6.3875，4.3943），（5.7511，7.1867），总的吨千米数最小为105.4626。由料场A，B向6个工地运料方案见表4-18。

表4-18　运粮方案

工地	1	2	3	4	5	6
料场A	—	5	0.0707	7	0	0.9293
料场B	—	0	3.9293	0	6	10.0707
合计	—	5	4	7	6	11

2. 飞行管理问题

在约10000m高空的某边长为160km的正方形区域内，经常有若干架飞机做水平飞行。区域内每架飞机的位置和速度向量均由计算机记录其数据，以便进行飞行管理。当一架欲进入该区域的飞机到达区域边缘时，记录数据后，要立即计算并判断此架飞机是否会与区域内的飞机发生碰撞。如果会碰撞，则应计算如何调整各架（包括新进入的）飞机飞行的方向角，以避免碰撞。

（1）假定条件

①不碰撞的标准为任意两架飞机的距离大于8km；

②飞机飞行方向角（指飞行方向与x轴正向的夹角）调整的幅度不应超过30°；

③所有飞机飞行速度均为800km/h；

④进入该区域的飞机在到达区域边缘时，与区域内飞机的距离应在60km以上；

⑤最多需考虑6架飞机；

⑥不必考虑飞机离开此区域后的状况。

方向角误差不超过0.01°，要求飞机飞行方向角调整的幅度尽量小。设该区域4个顶点的坐标为（0，0），（160，0），（160，160），（0，160）。记录数据如表4-19所示。

表 4-19　记录数据

飞机编号	横坐标 x/m	纵坐标 y/m	方向角 /°
1	150	140	243
2	85	85	236
3	150	155	220.5
4	145	50	159
5	130	150	230
新进入	0	0	52

（2）模型建立

记第 i 架飞机的初始方向角为 θ_i° ，调整后的方向角为 $\theta_i=\theta_i^\circ+\Delta\theta_i$，其中 $\Delta\theta_i$ 为调整角度，则目标函数为总的调整量 $f=\sum_{i=1}^{N}\Delta\theta_i$ 。结合前面的不碰撞条件可得下述非线性规划模型：

$$\min f=\sum_{i-1}^{N}\Delta\theta_i$$

$$\text{s.t.}\begin{cases} r^2(t)>64,\ t<t_{ij},\ i,\ j=1,\ 2,\ \cdots,\ N,\ i\neq 1 \\ |\Delta\theta_i|\leq \dfrac{\pi}{6},\ i,\ j=1,\ 2,\ \cdots,\ N \end{cases}$$

（3）模型求解

首先将目标函数改为 $f=\sum_{i=1}^{N}\Delta\theta_i^2$ ，其次考虑到区域对角线的长度为 $\sqrt{2}D$ ，从而任一架飞机在区域内停留的时间不会超过 $t_m=\sqrt{2}D/v$ ，所以约束条件可修改为 $t<t_m$。

下面是求解飞行管理问题的 MATLAB 程序，先写两个函数文件如下：

```
function f=air1（x）% 目标函数
f=x*x';
function [c ceq]=air2（x） % 分线性约束函数
x0=[150 85 150 145 130 0];
y0=[140 85 155 59 159 0];
alpha0=[243 236 220.5 159 230 52]*pi/180;
v=800;
D=160;
co=cos（alpha0+x）； si=sin（alpha0+x）； tm=sqrt（2）*D/v； for i=2：6
```

```
for j=1: i-1
a(i, j)=v^2*((co(i)-co(j))^2+(si(i)-si(j))^2; b(i, j)=2*v*(x0(i)-x0(j))*(co(i)-co(j))+(y0(i)-y0(j))*(si(i)-si(j));
r(i, j)=(x0(i)-x0(j))^2+(y0(i)-y0(j))^2; t(i, j)=-b(i, j)/(2*(a(i, j))); if t(i, j)<0|t(i, j)>tmd(i, j)=1000; else
d(i, j)=a(i, j)*t(i, j)^2+b(i, j)*t(i, j)+r(i, j);     end   end end
c=64-[d(2, 1), d(3, 1: 2), d(4, 1: 3), d(5, 1: 4), d(6, 1: 5)]; ceq=[];
```

然后在 MATLAB 命令窗口中输入：

```
x0=[0 0 0 0 0 0];
[x, fval]=fmincon('air1', x0, [], [], [], [], vlb, vub, 'air2') x =
-0.0000   -0.0000   0.0195   -0.0000   0.0247   0.0438
fval=0.0029
```

由于非线性规划通常只能找到局部最优解，我们可以尝试不同的初值求解，再通过比较找到较优的解。

第三节　整数规划方法

一、整数规划的数学模型及解的特点

在许多规划问题中，要求一部分或全部决策变量必须取整数。例如，所求的解是机器的台数、人数、车辆船只数等，这样的规划问题称为整数规划（Integer Programming，IP）。松弛问题（Slack Problem），即不考虑整数条件，由余下的目标函数和约束条件构成的规划问题。

1. 整数线性规划数学模型的一般形式

整数线性规划问题可以分为以下几种类型：

①纯整数线性规划（Pure Integer Linear Programming）：指全部决策变量都必须取整数值的整数线性规划。有时，也称为全整数规划。

②混合整数线性规划（Mixed Integer Liner Programming）：指决策变量中有一部分必须取整数值，另一部分可以不取整数值的整数线性规划。

③ 0-1 型整数线性规划（Zero-One Integer Liner Programming）：指决策变量只能取 0 或 1 的整数线性规划。

2. 整数规划的解的特点

相对于松弛问题而言，整数规划问题与其松弛问题既有联系，又有本质的区别。

①整数规划问题的可行域是其松弛问题的一个子集；

②整数规划问题的可行解一定是其松弛问题的可行解；

③一般情况下，松弛问题的最优解不会刚好满足变量的整数约束条件，因而不是整数规划的可行解，更不是最优解；

④对松弛问题的最优解中非整数变量简单的取整，所得到的解不一定是整数规划问题的最优解，甚至也不一定是整数规划问题的可行解；

⑤求解还是要先求松弛问题的最优解，然后用分支定界法（Branch and Bound Method）或割平面法进行求解。

二、整数规划模型建立的方法

如果一个数学规划的某些决策变量或全部决策变量要求必须取整数，则这样的问题称为整数规划问题，其模型称为整数规划模型。如果整数规划的目标函数和约束条件都是线性的，则称此问题为整数线性规划问题。在这里我们只就整数线性规划问题进行讨论，对于实际中的某些整数规划问题，有时候可以先略去整数约束的条件。一个线性规划问题，利用单纯形法求解，然后对其最优解进行取整处理。实际上，这样得到的解未必是原整数规划问题的最优解，因此，这种方法是不可取的，但可借鉴这种思想。

1. 整数规划的分支定界法

（1）分支定界法的基本思想

求解整数规划时，如果可行域是有界的，容易想到的方法就是穷举变量所有可行的整数组合，对于变量数较小的情况，这种方法是可行的，也是有效的。对于大型问题，可行的整数组合数是很大的，穷举法是不可取的。我们一般仅检查可行的整数组合的一部分，就能定出最优的整数解。分支定界法就是其中一种。分支定界法，在 20 世纪 60 年代有学者提出可用于解纯整数或混合的整数规划问题。由于这种方法灵活且便于计算机求解，所以现在它已是解整数规划的重要方法。设有最大化的整数规划问题 A，与它相应的线性规划为问题 B，从解问题 B 开始，若其最优解不符合 A 的整数条件，那么 B 的最优目标函数必是 A 的最优目标函数 z^* 的上界 $\bar{Z}$；而 A 的任意可行解的目标函数值将是 z^* 的一个下界 $\underline{Z}$。分支定界法就是将 B 的可行域分成子区域（称为分支）的方法，逐步减小 $\bar{Z}$ 和增大 $\underline{Z}$，最终求到 z^*。

（2）分支定界法的一般步骤

第一步：计算原问题目标函数值的初始上界；

第二步：计算原问题目标函数值的初始下界；

第三步：增加约束条件将原问题分支；

第四步：分别求解一对分支；

第五步：修改上、下界；

第六步：比较上、下界大小，如有上界 = 下界，停止计算，找到最优解。

2. 整数规划的割平面法

（1）割平面法的基本思想

用割平面法求解整数规划的基本思路是，先不考虑整数约束条件，求松弛问题的最优解，如果获得整数最优解，即为所求，停止运算。如果所得到最优解不满足整数约束条件，则在此非整数解的基础上增加新的约束条件重新求解。这个新增加的约束条件的作用就 是去切割相应松弛问题的可行域，即割去松弛问题的部分非整数解（包括原已得到的非整数最优解），而把所有的整数解都保留下来，故称新增加的约束条件为割平面。当经过多次切割后，就会使被切割后保留下来的可行域上有一个坐标均为整数的顶点，它恰好就是所求问题的整数最优解。即切割后所对应的松弛问题，与原整数规划问题具有相同的最优解。

（2）割平面法的计算步骤

第一步：用单纯形法解松弛问题，得到最优单纯形表；

第二步：求一个割平面方程，加到最优单纯形表中，用对偶单纯形法继续求解；

第三步：若没有得到整数最优解，则继续做割平面方程，转第二步。

3. 指派问题的匈牙利方法

匈牙利方法最早是由匈牙利数学家康尼格（Konig）用来求矩阵中 0 元素的个数的一种方法，由此他证明了“矩阵中独立 0 元素的最多个数等于能覆盖所有 0 元素的最少直线数”。1955 年由库恩（Kuhn）在求解著名的指派问题时，引用了这一结论，并对具体算法做了改进，但仍然称为匈牙利方法。

（1）匈牙利方法的基本思想

效率矩阵：将指派问题中的效率系数 c_{ij} 排成一个 $n \times n$ 矩阵，称为效率矩阵。

定理 4-1　设指派问题的效率矩阵为 $\boldsymbol{C}$，若将该矩阵的某一行（或列）的各个元素都减去同一常数 t（t 可正可负），得到新的矩阵 $\boldsymbol{C}'$，则以 $\boldsymbol{C}'$ 为效率矩阵的新指派问题与原指派问题的最优解相同，但其最优值减少 t。

推论 4-1　若指派问题效率矩阵每一行及每一列分别减去各行及各列的最小元素，则得到的新指派问题与原指派问题有相同的最优解。

定义 4-1　在效率矩阵 $\boldsymbol{C}$ 中，有一组处在不同行不同列的零元素，称为独立零元素组，此时其中每个零元素称为独立零元素。

定理 4-2　效率矩阵 $\boldsymbol{C}$ 中独立零元素的最多个数等于能覆盖所有零元素的最小直线数。

（2）匈牙利方法的基本步骤

根据指派问题的最优性，“若从效益矩阵 [ ] 的一行（一列）各元素分别减去该行（列）的最小元素，得到新矩阵 $\boldsymbol{D}=(d_{ij})_{n\times n}$，那么以 $\boldsymbol{D}$ 为效益矩阵所对应问题的最优解与原问题的最优解相同”。此时求最优解的问题可转化为求效益矩阵的最大 1 元素组的问题。匈牙利方法的计算步骤：

第 1 步：对效益矩阵进行变换，使每行每列都出现有 0 元素。

①从效益矩阵 $\boldsymbol{C}$ 中每一行减去该行的最小元素；

②再在所得矩阵中每一列减去该列的最小元素，所得矩阵记为 $\boldsymbol{D}=(d_{ij})_{n\times n}$。

第 2 步：将矩阵 $\boldsymbol{D}$ 中 0 元素置为 1 元素，非零元置为 0 元素，记此矩阵为 $\boldsymbol{E}$。

第 3 步：确定独立 1 元素组。

①在矩阵 $\boldsymbol{E}$ 含有 1 元素的各行中选择 1 元素最少的行，比较该行中各 1 元素所在的列中 1 元素的个数，选择 1 元素的个数最少的一列的那个 1 元素；

②将所选的 1 元素所在的行和列清 0；

③重复第 2 步和第 3 步，直到没有 1 元素为止，即得到一个独立 1 元素组。

第 4 步：判断是否为最大独立 1 元素组 。

①如果所得独立 1 元素组是原效益矩阵的最大独立 1 元素组（即 1 元素的个数等于矩阵的阶数），则已得到最优解，停止计算；

②如果所得独立 1 元素组还不是原效益矩阵的最大独立 1 元素组，那么利用寻找可扩路方法对其进行扩张，进行下一步。

第 5 步：利用寻找可扩路方法确定最大独立 1 元素组。

①做最少的直线覆盖矩阵 $\boldsymbol{D}$ 的所有 0 元素；

②在没有被直线覆盖的部分找出最小元素，在被直线覆盖的各行减去此最小元素，在被直线覆盖的各列加上此最小元素，得到一个新的矩阵，返回第 2 步。

三、MATLAB 语言在整数规划中的应用

1. MATLAB 语言线性规划函数 linprog 介绍

[x，fval，exitflag，output，lambda]=linprog（ f ，a，b，aeq，beq，lb，ub）

在输入部分，f 是目标函数，它以列向量形式出现；$\boldsymbol{a}$、$\boldsymbol{b}$ 分别是线性规划中不等式约束的技术系数矩阵和资源向量；aeq、beq 分别是线性规划中的技术系数矩阵和资源向量；这其中如有缺省，则以 [ ] 代替；lb 是决策变量下界，ub 是决策变量上界。在输出部分，x 是线性规划最优解，fval 是线性规划最优值；exitflag 是输出标记，当 exitflag=l 时，表示线性规划有解，当 exitflag=-1 时，表示线性规划无解；output 是指算法和递代情况；lambda 是指存储情况。当程序通过时，屏幕上有一段文字：Optimization terminated successfully（最优化成功地结束），它表示程序通过。当程序中有问题时，屏幕上会用红字告知，在某行某列有什么性质的问题。这些都显示出 MATLAB 语言的智能化的优势。

2. 整数规划的枚举法应用

Matlab 语言的线性规划函数 linprog，先取消整数限制求解，因目标函数为线性函数，它具有一致倾斜性， 再求出整数规划的最优解。

四、整数规划模型的高校排课规律

近年来，随着高校学生规模的加大，现在的高校一般都有上万人的学生规模，班级数、课程门数较多，每门课又涉及很多信息，手工排课，不仅工作量大，耗时、耗力，而且准确率较低。已有的研究成果是集中在指派教师讲授各班级特定的课程的前提下研究如何排课才能化繁为简，节约时间，提高工作效率的。这些排课方法容易受班级多、课程多、教师少这样客观因素的制约，不仅忽视了教师的知识特长和兴趣爱好，还制约着教师教学水平的发挥，影响课堂教学效果，降低了高校的教学质量。因此，高校排课的研究不仅要注重排课自身的教务工作效率，更重要的是要考虑如何指派教师讲授各班级特定的课程，并最大程度地提高整体的教学质量。本书尝试用整数规划模型来优化高校排课。相对于人为决策方法，该方法克服了人为布置教学课程优化的局面，避免了同时考虑多种教学目标的复杂性。

1. 整数规划方法的排课规律

（1）模型的建立

设高校的一个教学单位有 n 位上课教师，他们在特定时期内需要完成 m 组课元簇的教学任务，且定义课程的每个授课班级为课元，相同的课元组合为课元簇，则教务管理工作中，至少要完成六项目标：第一，发挥教师的群体潜能，实现整体最优绩效；第二，每组课元簇指派一位教师；第三，确保教师有足够的精力完成下达的教学任务；第四，每位教师教学工作量具有下限限额；第五，每位教师教学工作量具有上限限额；第六，每位教师不超过 3 组课元簇。设决策变量为 x_{ij}（$i=1，2，\cdots，m$；$j=1，2，\cdots，n$），$x_{ij}=1$ 表示指派第 j 位教师完成第 i 组课元簇的教学任务，否则，$x_{ij}=0$。根据第一目标构建决策变量的 $m\times n$ 元一次目标函数。

（2）解的可能情况

综合六项目标并将其联立就可以构建整数规划模型。通常情况下，整数规划模型的解会出现四种情况，包括有唯一最优解、有多个最优解、无可行解、有可行解，但没有使目标函数为有限的最优解。从形式上看，高校排课的上述整数规划模型由于目标函数求极小值，决策变量为有限值。因此，不可能出现无界解，但可能出现前三种情况。依据整数规划模型的最优解，可以在同时实现上述六项目标的前提下，指派教师讲授各班级特定的课程。如果模型有唯一最优解，那么依据模型的最优解，可以尽可能地安排每位教师完成绩效评价系数小、乐教度高或熟练度高的教学任务，从而实现排课系统的最优绩效。如果模型有多个最优解，那么在教学安排中，不仅可以提高教师群体乐教度与熟练度，实现最优绩效，还可以在不影响目标函数最小值的前提下，在多个最优解之间调整授课任务，以达到教师的个性化需要，从而使教学安排更合理、更人性化。如果模型无可行解，则需要修正模型。

（3）模型的修正

从模型的形式与现实意义来看，无可行解由四个因素引起：劳动强度系数（p_j）偏小、绩效评价系数（c_{ij}）偏大、教师人数少、教学课程多。其中，任何一个因素的消除都有可能使模型由无可行解变为有最优解。教学课程由各专业的教学计划与培养目标决定，是事先确定的常量。因此，不可能消除教学课程多这一因素来修正模型，但可以通过调整前三个因素将无可行解转化为有最优解。

劳动强度系数偏小等价于系统中的资源未得到充分利用，即第 j 位教师所能承担的教学任务偏少，这样会使得在设计的劳动强度限度内，不能完成教学目标；绩效评价系数偏大表明教师的教学业务熟练程度不足。从长期看，通过对教师的培养可以提高和保证教师具有足够的教学业务水平，从而降低相应的绩效评价系数，使教师在特定的时期内完成更多的教学任务，实现目标，使模型产生最优解。但高校课程特点决定了排课属于近期教务管理工作。教务管理工作者基本上每学期末安排下学期教学任务，很难在短期内通过提高教师的业务水平来达到提升工作绩效，降低绩效评价系数的目的。此外，伴随扩招政策的实施，高校学生规模取得了长足的发展，课程数量保持稳步增长。近年来，师资队伍的壮大步伐落后于高校课程数量和教学任务的增长速度，使得教师人数相对变少、教学课程相对变多，导致整数规划模型可能无可行解。为了充分利用高校自身的师资力量，并且高校排课受排课周期短以及规模发展前景和教师业务能力提升速度的制约，当整数规划模型无可行解时，需要优先考虑设计的劳动强度是否偏轻，提高劳动强度系数，重新求解；然后考虑逐渐增加授课教师承担教学任务来修正模型，直至模型出现最优解为止。从模型的特点来看，当教师的人数增加到一定程度时，整数规划模型一定能达到最优解。

2. 排课模型的仿真算例

通常情况下，每学期期末教务处组织各部门指派教师讲授本部门各班级特定的课程。因此，选择高校的某一个系的排课作为算例，具有典型的代表意义。

（1）排课模型的构建

某一高校的教务处规定专职教师每学期最少完成 180 学时，最多完成 240 学时，行政人员每学期至少完成 40 学时，最多完成 160 学时；根据 $q_j=h_j/k$，得到专职教师工作量下限系数为 3.6，行政人员为 0.8；根据 $l_j=r_j/k$ 得到专职教师工作量上限系数为 4.8，行政人员为 3.2。该校经济管理系专职教师 10 人，分别用 T_1，T_2，⋯，T_{10} 表示，行政人员 2 人，分别用 T_{11}、T_{12} 表示。按照教学计划的规定，经济管理系将在下一学期开设 16 门课程，共计 50 课元。课元组合为课元簇的基本思想是，课元簇的计划学时合计数不超过专职教师工作量的上限，且尽可能的大，以避免模型运算结果出现同一教师完成相同课程的不同课元簇。按照这一思想可以将 50 课元组合成 21 组课元簇，分别用 B_1，B_2，⋯，B_{21} 表示。将教师对各门课程的乐教度与熟练度分别设为高、中、低三个等级，不同的乐教度与熟练度对应不同的难度系数。难度系数 M 为尽可能大的正数，足以从模型中排除教

师讲授难度系数为 M 的课程。在利用计算机软件解题时，M 可以用一个足够大的正数来代替。

（2）排课结果与分析

运用 lingo.10 软件编写程序，对仿真算例的计算结果是：课元簇 B_1 至 B_{21} 分别由教师 T_9、T_2、T_3、T_{11}、T_9、T_{12}、T_2、T_3、T_4、T_5、T_5、T_1、T_4、T_1、T_8、T_7、T_{11}、T_{10}、T_6、T_{10}、T_2 等授课，目标函数值为 47.85。专职教师平均工作量为 203 学时，最大值为教师 T_1 分配 236 学时，最小值为教师 T_{10} 分配 184 学时；行政人员 T_{11}、T_{12} 分别分配 92、156 学时。比较各行绩效评价系数，有 15 行决策变量为 1 的单元格对应的系数是所在行的最小绩效评价系数，其余 6 行决策变量为 1 的单元格对应的系数是所在行的相对较小的绩效评价系数。因此，本算例表明用整数规划方法排课能够保证绝大部分教师讲授熟练度高或乐教度高的课程，揭示出课程、教师队伍、各项系数同时给定的情况下，排课达到最优状态时的各课元的具体授课教师。

五、整数规划问题实例分析

随着我国经济的持续高速增长，作为基础能源的电力行业也处于高速增长的时期。电网规模不断扩大、输变电设备不断增多，一方面，提高了电网输送能力，增加了供电的可靠性，为经济社会发展提供了支撑；另一方面，设备数量的迅猛增长也使维护难度增大，设备数量不断增多，维护人员数量却不变甚至减少，这使人员不足的矛盾更加凸显。随着电网规模不断扩大，检修工作的数量逐年增多，但专业人员数量基本维持不变，逐年递增的检修工作和稳定不变的检修人员数量必然会增大检修计划的安排难度。

1. 数学建模

（1）检修计划现状分析

检修计划是由供电公司的生产调度主管组织多个部门共同讨论确定的。检修计划的制定受很多因素制约，研究中只选取专业检修人员、仪器仪表、车辆等经常短缺的资源，这些资源一般数量稳定，规律性较强，不考虑电网运行方式、保电任务这类随机性较强，较为不确定的因素，使其更适合数学分析和计算机实现。

（2）数学模型的建立

对实际工作的分析可以看出，检修工作的目的是消除电力设备存在的缺陷，使电力设备安全运行。而电力设备的缺陷是可以根据严重程度划分为不同的紧急程度的，消除了越紧急的缺陷，对电网的帮助越大，所以可以将检修计划制定的目标理解为：执行的检修计划紧急程度之和最大。

2. 整数规划算法简述

（1）完全枚举法

完全枚举法又被称为穷举法，是将所有可能的组合全部列出，逐一进行目标约束条件比较和目标函数比较。算法的时间复杂度很高，达到 $2n$，对于 n 较大的情况不使用，考虑到本研究中的数据规模较小，可以尝试使用完全枚举法进行求解。

（2）分支定界法

分支定界法是一种求解整数规划问题的常用算法。如果将决策变量的范围限定为 $\{0, 1\}$，则可以进行 0-1 规划的计算。

第 1 步：求该问题线性规划的最优解，若最优解为整数，计算结束，否则进行下一步；

第 2 步：选取任意非整数变量 x_{01} 进行分支，分别在松弛问题中加上约束 $x_1 \leqslant x_{01}$ 和 $x_1 \geqslant x_{01}$，组成两个新的松弛问题；

第 3 步：检查所有分支的解和目标值，如果出现某分支的解的目标值大于等于其他分支的目标值并且为整数，则找到最优解，若不存在则继续分支。

（3）隐枚举法

隐枚举法的计算过程与完全枚举法类似，也是将所有的可能解一一验证。不同的是隐枚举法将约束条件逐一进行判断，如果出现一个约束条件不满足资源限量，则当前解的计算结束，开始验证下一个解。隐枚举法在约束条件较多、资源限量较低的情况下，可以有效减少计算时间。

3. 算法性能对比

采用完全枚举法、分支定界法、隐枚举法三种算法，对地市公司四个季节选取的检修计划数据进行计算，通过分析实验数据，讨论每种算法的效率，从而选择适合的算法进行计算。实验采用 MATLAB 作为实验工具，主要利用其统计功能进行数据分析，实验对三种常用的 0-1 规划算法（完全枚举法、分支定界法、隐枚举法）进行比较，主要从计算精度、计算用时两方面进行比较。

参与计算的数据选取四个不同时段的日检修计划进行，代表了电力企业生产的几类典型工作。第一组选取检修工作量较少的冬天，包含 6 项检修工作，用于测试小数据量的算法效率；第二组选取春季，选取预防性实验的检修工作，该工作持续时间较长，包含 13 项检修工作，并且涉及专业较多；第三组选取夏季大负荷时段，该时段危急缺陷较多，存在部分必须处理的缺陷，包含 11 项检修工作；第四组选取秋季，以设备改造为主，共 17 项检修工作。通过实验发现，三种算法均能够正确计算出紧急程度最高的解决方案，但是在面对不同的数据量时，三种算法的计算效率略有不同。

第一组数据的数据量较少，n=6，三种算法计算效率均很高。

第二组数据 n=13，代表了地市供电公司春季最繁忙的工作状态，分支定界法的计算时间稍长，其他两种算法用时相近，总体用时可以接受。

第三组数据 n=11，数据取自地市供电公司夏季大负荷时段较典型的工作内容，其中包括对危急缺陷的处理，三种算法均很好地完成了计算，值得注意的是分支定界法的计算用时很少，主要原因是访问节点数量减少。

第四组数据取自秋季，秋季预防性实验、新建变电站投运、设备大修、技术改造等多方面工作集中进行，n=17，基本代表了一年中工作最繁忙的状态。三种算法对这组数据的计算效率均一般，值得关注的是完全枚举法和隐枚举的计算用时及矩阵计算次数。从矩阵计算次数来看，完全枚举法是隐枚举法的近 10 倍，但计算用时相近，相差 0.09 s，其原因主要是隐枚举法的矩阵计算虽少，但是逻辑跳转语句的调用次数很多，大约为 171 437 × 2=342 874 次，大大降低了程序的效率。

按地市供电公司的数据量进行算法效率实验，三种算法的计算用时可以接受，最严重的情况在 1.8 s 左右，普遍情况在 0.1 s 左右，不会影响用户体验和工作效率。实际应用中，若在服务器上运行，机器性能优于实验使用的 PC，计算时间将进一步缩短。完全枚举法在资源变量一定的情况下，具有性能稳定、判断分支少、易于扩展的优点，较适合地市公司检修计划的计算。鉴于以上分析，完全枚举法可以作为地市级供电公司检修计划调度问题的核心算法，用于解决有限的检修资源分配问题。

第四节　动态规划方法

一、动态规划模型研究现状与优点

1. 国内外涉及问题的研究现状

动态规划发源于 20 世纪 50 年代左右，是目前用来解决多阶段决策过程最优化的一种方法。国内对动态规划的研究起步较晚，国外对此研究起源较早，且研究范围很广。根据一类多阶段决策问题的特点，1951 年，美国数学家理查德 • 贝尔曼提出了解决这类问题的最优化原理。由此，理查德 • 贝尔曼及学者将其应用于很多实际生活问题中，研究并解决实际问题，从而建立了运筹学的一个分支——动态规划。1957 年，在美国普林斯顿大学，理查德 • 贝尔曼发表了第一本正式的著作。随后，理查德 • 贝尔曼与众多学者和科学工作者发表了一系列动态规划应用的著作，包括动态规划在资源理论、最佳控制论、经济学、工业工程、马尔可夫变分法和管理科学过程中的应用。因此在国内外，动态规划的发展始终伴随着它的广泛应用而不断被完善。

2. 动态规划的优点

动态规划的核心思想是美国数学家理查德•贝尔曼提出的最优化原理，该原理产生了分阶段决策的方法。分阶段决策的方法是在整体最优化的基础之上建立的，在探寻某一阶段决策时，既要对局部的利益进行考虑，还应顾及总体的最优。动态规划通过分阶段处理一个N维变量处理的复杂问题，将N维变量问题转化为求解N个单变量问题，将解决过程大大简化，节省了大量的计算量，这是一个典型的求解极值方法无法做到的。目前，动态规划几乎超越了所有的计算方法，特别是大大超越了经典的优化方法，它可以确定绝对（全局）最大或最小，而不是相对（局部）的极值，所以我们不需要再担心局部最大值或最小值的问题。动态规划的另一个特点是泛函方程的“嵌入”特性。动态规划方法不仅能求出整个过程的某一个特定的状态的一个值，同时也为后面子流程的所有可能出现状态的一族解。

二、动态规划算法实现

动态规划算法通常用于求解具有某种最优性质的问题，在这类问题中，可能会有许多可行解，每一个解都对应一个值，我们希望找到具有最优值的解。动态规划是运筹学的一个分支，是求解决策过程最优化的数学方法。动态规划问世以来，在经济管理、生产调度、工程技术和最优控制等方面得到了广泛的应用，如库存管理、资源分配、设备更新、排序、装载等问题。动态规划是一种将复杂的问题分解为更小的、相似的子问题，并存储子问题的解而避免重复计算，以解决最优化问题的算法策略。

1. 基本思想

动态规划算法的基本思想是将待求解问题分解成若干个子问题，先求解子问题，然后从这些子问题的解得到原问题的解。适合于用动态规划算法求解的问题，经分解得到的子问题往往不是相互独立的，可以用一个表来记录所有已解决的子问题的答案，不管该子问题以后是否被用到，只要它被计算过，就将其结果填入表中，而在需要时再找出已求得的答案，这样就可以避免大量的重复计算，从而得到多项式时间算法。

2. 求解问题特征

动态规划算法的有效性依赖于问题本身所具有的两个重要性质：最优子结构性质和子问题重叠性质。

（1）最优子结构

原问题的最优解包含着子问题的最优解，这种性质称为最优子结构性质。在分析问题的最优子结构性质时，所用的方法具有普遍性：首先假设由问题的最优解导出的子问题的解不是最优的，其次再设法说明在这个假设下可构造出比原问题最优解更好的解，最后导致矛盾。利用问题的最优子结构性质，以自底向上的方式递归地从子问题的最优解逐步构造出整个问题的最优解。最优子结构是问题能用动态规划算法求解的前提。

（2）子问题重叠

递归算法求解问题时，每次产生的子问题并不总是新问题，有些子问题被反复计算多次，这种性质称为子问题的重叠性质。动态规划算法对每一个子问题只解一次，而后将其解保存在一个表格中，当再次需要解此子问题时，只是简单地用常数时间查看一下结果。通常不同的子问题个数随问题的大小呈多项式增长。因此用动态规划算法只需要多项式时间，从而获得较高的解题效率。

3. 动态规划算法的求解步骤

动态规划所处理的问题是一个多阶段决策问题，一般由初始状态开始，通过对中间阶段决策的选择，达到结束状态。这些决策形成了一个决策序列，同时确定了完成整个过程的一条活动路线（通常是求最优的活动路线）。动态规划的设计都有着固定的模式，一般要经历以下几个步骤。

（1）划分阶段

按照问题的时间或空间特征，把问题分为若干个阶段。在划分阶段时，注意划分后的阶段一定要是有序的或者是可排序的，否则问题就无法得到答案。

（2）确定状态和状态变量

将问题发展到各个阶段时所处的各种客观状况用不同的状态表示出来。当然，状态的选择要满足无后效性。

（3）确定决策并写出状态转移方程

因为决策和状态转移有着天然的联系，状态转移就是根据上一阶段的状态和决策来导出本阶段的状态，所以如果确定了决策，状态转移方程也就可写出。但事实上常常反过来做，根据相邻两个阶段的状态之间的关系来确定决策方法和状态转移方程的前后顺序。

（4）寻找边界条件

给出的状态转移方程是一个递推式，需要一个递推的终止条件或边界条件。

动态规划算法中每步所做的选择往往依赖于相关子问题的解，因而只有在解出相关子问题后才能做出选择。动态规划算法通常是以自底向上的方式解各子问题的解进而求出原问题的解。动态规划是一种很灵活的算法设计方法，在动态规划算法的设计中，类似的技巧还有很多。要掌握动态规划的技巧，有两条途径：一是要深刻理解动态规划的本质，这也是为什么一开始就探讨它的原因；二是要多实践，不但要多应用，还要学会从应用中探寻规律，总结技巧。运用动态规划算法还可以解决很多现实问题，如背包问题、最长公共子序列问题、凸多边形最优三角剖分问题、电路布线问题等。动态规划算法虽然复杂，但只要掌握它的本质特征并多加练习，就可以灵活运用。若加以扩展，则可提高程序的时效性。

三、动态规划算法策略分析

1. 几种动态规划算法策略分析

（1）配线调度问题

先确定最优解结构，分析问题可知大致分为两种情况：从第一个站出站（j=1）和从第 j 个站出站（$j \geqslant 2$）。

配线调度如图 4-1 所示。

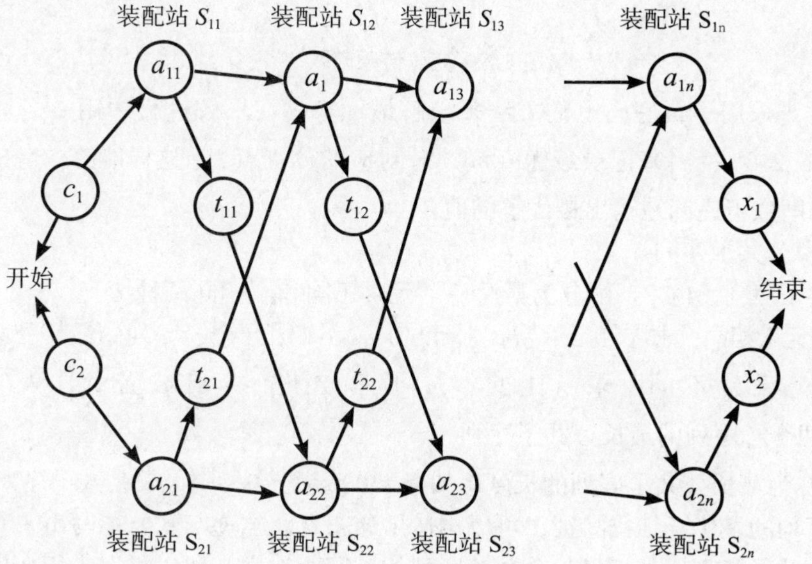

图 4-1　配线调度

当 j=1 时，货物上线后只经过一个站，$f_1[j]=e_1+a_1$，1。

当 $j \geqslant 2$ 时，又可分为不跳线和跳线两种情况：

不跳线：$f_1[j]=f_1[j-1]+a_1$，j；

跳线：当货物从 f_2 跳到 f_1，有一个跳转时间 $t_{2,\ j-1}$，则 $f_1[j]=f_2[j-1]+t_{2,\ j-1}+a_1$，$j$。

由对称关系，$f_2[j]$ 可同理得出，最后得出模型。传输完成后，加上自动下线时间 x_1，x_2，总装配时间 $f^{*}=\min\{f_{1,\ j}+x_1，f_{2,\ j}+x_2\}$。

最后采用自底向上的求解算法递归地输出最优解的值。

（2）矩阵链乘问题

若只有一个矩阵，则无最优解。若大于一个矩阵，对于 A_1，A_2，…，A_n，在和之间加上一个括号使得分开的两个子矩阵链乘积最小，再分别对两个子问题找到最优的划分结果。

设 $m[i，j]$ 为计算矩阵链的乘积所需的最少标量乘法次数。

若 $i=j$，不需任何计算，即 $m[i，j]=0$，否则 $m[i，j]=m_{i,\ k}+m_k+1$，则最终得出公式。

矩阵链乘问题如图 4-2 所示。

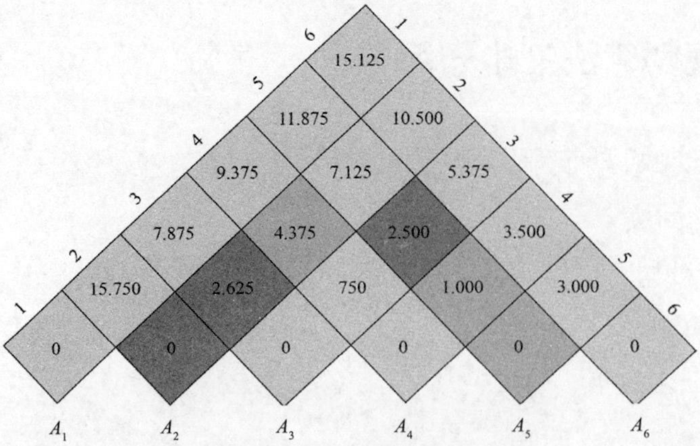

图 4-2　矩阵链乘问题

在计算时，采用了自底向上的方法来求解最优解，在求解过程中用一个辅助的数组 $S[1\ 2\ \cdots\ n-1\ \ 2\ 3\ \cdots\ n]$ 来记录最优值 $m[i,\ j]$ 对应的分割点 K，这样能够构造出最优解。最后，借助辅助数组递归地输出最优解的值。

（3）最长公共子序列

最长公共子序列（LCS）可分为最后一个元素相同和不相同两种情况：

最后一个元素相同：求 $X[1\ 2\ \cdots\ m-1]$ 和 $Y[1\ 2\ \cdots\ n]$ 两个子序列的最长公共子序列。

最后一个元素不同：求 $X[1\ 2\ \cdots\ m-1]$ 和 $Y[1\ 2\ \cdots\ n]$ 或者 $X[1\ 2\ \cdots\ m-1]$ 和 $Y[1\ 2\ \cdots\ n]$ 两个子序列的最长公共子序列。

令 $C[i,\ j]$ 为最长公共子序列的长度，如果 i=0 或者 j=0，则最长公共子序列 =0，根据最长公共子序列的最优子结构特征，可以构造出递归式。据递归式，能写出一个递归算法来计算最长公共子序列，由于最长公共子序列的子问题过多，所以可以采用自底向上的计算，如图 4-3 所示。

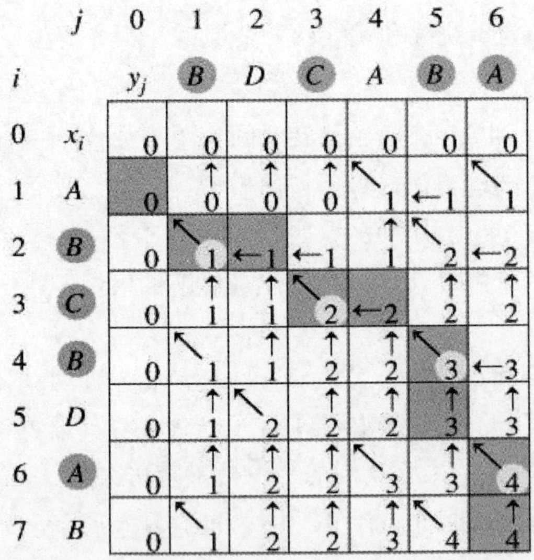

图 4-3　最长公共子序列

在这个过程中，需要借助一个数组 $b[i, j]$ 来记录最优解的构造过程，利用 $b[i, j]$ 所记录的元素来输出最优解。

（4）最大子段和

求给定的 n 个整数 a_1，a_2，…，a_n（可能但不全为负）的 i 与 j，使 a_i 到 a_j 的和最大。我们定义 $b[j]$=max（sum[i：j]），为从 i 到 j 子段的最大子段和。比较 $b[j-1]+a[j]$ 和 $a[j]$ 的大小，如果 $b[j-1]<0$，显然 $b[j-1]$ 不是最大子段，此时 $b[j]=a[j]$。反之，令 $b[j-1]+a[j]=b[j]$，找出最大的子段和，则 $b[j]=\max(b[j-1]+a[j], a[j])$，$1 \leqslant j \leqslant n$。

由上面的递归公式我们可以写出一个自底向上的递归算法，在算法中借助一个变量 sum 来记录过程中的最大子段和，若此时的 $b[j]>$ sum，更新 sum 中的值，反之，继续求解。直到程序进行完毕，输入 sum 中的最大子段和。

（5）0-1 背包问题

分数背包问题可以采用贪心策略解决，但我们在求解 0-1 背包问题时，只能采用动态规划策略。

同样地，首先构造最优子结构。令 $c[i, j]$ 表示利用前 i 个物品装容量为 j 的背包所能获得的最大价值，可分为以下两种情况：

含物品 n：去掉第 n 个物品，用 $W-w_n$ 容量的背包装物品 1，2，…，$n-1$：$c[i, j]=c[i-1, j-w_i]+v_i$；

不含物品 n：用 W 容量背包装物品 1，2，…，$n-1$：$c[i, j]=c[i-1, j]$。

当然，没有物品或没有容量，$c[i, j]=0$。

得出递归式，根据方程，就可写出相应递归算法，但该递归算法复杂度太高，可用 $V[0 \cdots n, 0 \cdots W]$ 来保存子问题（i，j）的最大值。$b[1 \cdots n, 1 \cdots W]$ 用来保存所做出的最优选择，以便构造最优解。在计算最优解的时候，保存所做出的最优决策，便可得到最优解。

2. 两种解决策略及优缺点分析

（1）自底向上策略

一般动态规划问题都是基于此策略的。在用这种方法时一般需要恰当地定义子问题的规模，使得任何子问题都只依赖于更小的子问题的求解。我们可以将问题的规模按照由大到小的顺序依次求解，每个子问题都只求解一次。

（2）自顶向上（备忘录）策略

动态规划有一个性质为子问题重叠性质，就是对子问题在递归过程中不断求解，虽然问题规模很小，但是求解次数非常多，造成程序运行非常慢。在使用自顶向下的求解过程中，我们一般要设计一个备忘录，在递归求解过程中对于已经求解过的问题保存在备忘录中，当下次要使用时直接拿出来，不用再次求解。

两种解决策略的优缺点分析如下：

自顶向下策略只需要求解问题需要的解，不需要对所有子问题都求解，但是它需要额外的递归开销。自底向上策略必须对所有子问题进行求解，但是可有效减少计算时间和计算所需的存储空间。

动态规划算法通常用于求解具有某种最优性质的问题。在这类问题中，可能会有许多可行解，每一个解都对应于一个值。解决动态规划问题的关键在于找到最优子结构并定义出递归式。根据经验，求解时通常会分若干种情况分开讨论，尤其注意容易遗漏的特殊情况（0，1，…）。在求解计算时，如果我们能够保存已解决的子问题的答案，只在需要时找出已求得的答案，就可以避免大量的重复计算。我们可以用一个表来记录所有已解的子问题的答案。不管该子问题以后是否被用到，只要它被计算过，就将其结果填入表中。这就是动态规划法求解问题的基本思路。具体的动态规划算法多种多样，但它们具有相同的填表格式。

第五章 回归分析方法

回归分析是研究变量之间相关关系的统计学方法，它描述的是变量间不完全确定的关系。回归分析通过建立模型来研究变量间的某种关系，既可用于分析和解释变量间的关系，又可用于预测和控制，进而广泛应用于自然科学、工程技术、经济管理等领域。回归分析是一类数学模型，特别地，当因变量和自变量为线性关系时，它是一种特殊的线性模型。

第一节 回归分析概述

一、回归分析概念及分类

1. 回归分析基本概念

（1）变量间的相互关系

无论是自然现象还是社会经济现象，大都存在着不同程度的联系。计量经济学的主要问题就是要探寻各种经济变量之间的相互联系程度、联系方式及其运动规律。各种经济变量间的关系可分为两类：一类是确定的函数关系，另一类是不确定的统计相关关系。确定性现象间的关系常常表现为函数关系，如圆面积 S 与圆半径 r 间的关系，只要半径 r 给定，与之对应的圆面积 S 也就随之确定；非确定性现象间的关系常常表现为统计相关关系，如农作物产量 Y 与施肥量 X 间的关系。其特点是，农作物产量 Y 随着施肥量 X 的变化呈现某种规律性的变化：在适当的范围内，随着 X 的增加，Y 也增加。但与上述函数关系不同的是，给定施肥量 X，与之对应的农作物产量 Y 并不能确定。主要原因在于，除了施肥量，还有诸如阳光、气温、降雨等其他许多因素在影响着农作物的产出量。这时，我们无法确定农作物产量与施肥量间的函数关系，但却能通过统计计量等方法研究它们间的统计相关关系。施肥量 X 作为非确定性变量，也被称为随机变量。当然，变量间的函数关系与相关关系并不是绝对的，在一定条件下二者可相互转化。例如，在对确定性现象的观测中，往往存在测量误差，这时函数关系常会通过相关关系表现出来；反之，如果对非确定性现象的影响因素能够一一辨认出来，并全部纳入变量间的依存关系式中，则变量间的相关关系就会向函数关系转化。

（2）相关分析与回归分析

相关分析（Correlation Analysis）与回归分析主要研究非确定性现象间的统计相关关系。变量间的统计相关关系可以通过相关分析与回归分析来研究，相关分析主要研究随机变量间的相关形式及相关程度。

2. 几点说明

通常情况下，线性回归分析是回归分析法中最基本的方法。当遇到非线性回归分析时，可以借助数学手段将其化为线性回归。即可主要研究线性回归问题，一旦线性回归问题得到解决，非线性回归问题也就迎刃而解了。例如，取对数使得乘法变成加法。当然，有些非线性回归也可以直接进行解决，如多项式回归等。

在社会经济现象中，很难确定自变量和因变量之间的关系，它们大多是随机性的，只有通过大量观察统计才能找出其中的规律。随机分析是利用统计学原理来描述随机变量相关关系的一种方法。

由回归分析法的定义知道，回归分析可以简单地理解为信息分析与预测。信息即统计数据；分析即对信息进行数学处理；预测就是加以外推，也就是适当扩大已有自变量的取值范围，并承认该回归方程在该扩大的定义域内成立，然后就可以在该定义域上取值进行"未来预测"。当然，还可以对回归方程进行有效控制。

相关关系可以分为确定关系和不确定关系。但是无论是确定关系还是不确定关系，只要有相关关系，都可以选择一些适当的数学关系式，用以说明一个或几个变量变动时，另一变量或几个变量平均变动的情况。

3. 回归分析方法分类

根据因变量和自变量的个数来分类，可分为一元回归分析、多元回归分析；根据因变量和自变量的函数表达式来分类，可分为线性回归分析、非线性回归分析。

4. 回归分析主要解决的问题

回归分析主要解决的问题如下：确定变量之间是否存在相关关系，若存在，则找出数学表达式；根据一个或几个变量的值，预测或控制另一个或几个变量的值，且要估计这种控制或预测可以达到何种精确度。

5. 回归模型

回归分析是一类数学模型，特别当因变量和自变量为线性关系时，它是一种特殊的线性模型。最简单的情形是一个自变量和一个因变量，且它们大体上有线性关系，这叫一元线性回归，即模型为 $Y=a+bx+\varepsilon$，这里 X 是自变量，Y 是因变量，ε 是随机误差。一般的情形，有 k 个自变量和一个因变量，因变量的值可以分解为两部分：一部分是受自变量的影响，即表示为自变量的函数，其中函数形式已知，但含一些未知参数；另一部分是受其他未被考虑的因素和随机性的影响，即随机误差。当函数形式为未知参数的线性函数时，称为线性回归分析模型；当函数形式为未知参数的非线性函数时，称为非线性回归分析模型。

相关分析研究的是现象之间是否相关、相关的方向和密切程度，一般不区别自变量和因变量，而回归分析则要分析现象之间相关的具体形式，确定其因果关系，并用数学模型来表现其具体关系。若要研究两个变量之间到底是哪个变量受哪个变量的影响，影响程度如何，则需要通过回归分析方法来确定。一般来说，回归分析是通过规定因变量和自变量来确定变量之间的因果关系，建立回归模型，并根据实测数据来求解模型的各个参数，然后评价回归模型是否能够很好地拟合实测数据。如果能够很好地拟合，则可以根据自变量做进一步预测。

R_2 又称为方程的确定性系数（Coefficient of Determination），表示方程中变量 X 对 Y 的解释程度。R_2 的取值在 0 到 1 之间，越接近 1，表明方程中 X 对 Y 的解释能力越强。通常将 R_2 乘以 100% 来表示回归方程解释 Y 变化的百分比。F 检验是通过方差分析表输出的，通过显著性水平（Significant Level）检验回归方程的线性关系是否显著。一般来说，显著性水平在 0.05 以下，均有意义。

6. 回归分析的有效性和注意事项

（1）有效性

用回归分析法进行预测，先要对各个自变量做出预测。若各个自变量可以由人工控制或易于预测，而且回归方程也较为符合实际，则应用回归预测是有效的，否则就很难应用。

（2）注意事项

为使回归方程能较好地符合实际，首先应尽可能定性判断自变量的可能种类和个数，并在观察事物发展规律的基础上定性判断回归方程的可能类型；其次力求掌握较充分的、高质量的统计数据，再运用统计方法，利用数学工具和相关软件从定量方面进行计算或进行定性判断的改进。

二、回归分析预测法的基本思想

要了解回归分析预测法的基本思想，必须先了解市场现象之间的两类因果关系。

1. 市场现象之间的两类因果关系

客观世界中许多事物、现象、因素彼此关联，它们的发展变化由多种因素决定。市场活动中的许多现象也不例外，都有其产生的原因，都要受一定因素的制约，都是一定原因导致的必然结果。例如，市场是国民经济的综合反映，国民经济的任何变化，诸如国民经济发展速度、积累和消费比例关系的调整、人口增长和劳动就业状况、居民收入变化、消费者购买心理的变化，都会引起市场商品供需关系变化。又如，商品价格的变化、广告的宣传等也会引起消费者消费态度和消费行为的变化。这些市场现象之间就形成了因果关系。

在研究市场现象之间因素关系时，一般将引起某一市场现象变化的各种因素（或原因）称为自变量，将被引起变化的市场现象（即结果）称为因变量。如人口增长是自变量，商品需求量就是因变量。居民收入水平变化是自变量，市场消费需求就是因变量。自变量变了，因变量也随之发生变化。自变量和因变量的依存关系是市场现象之间相互关联的必然反映，是市场现象之间因果关系的体现。

市场现象之间的因果关系可以分为两类：函数关系和相关关系。函数关系是指现象之间确定的数量依存关系，即自变量取一个数值，因变量必然有一个对应的确定数值；自变量发生某种变化，因变量必然会发生相应程度的变化。函数关系是确定性的数量关系，如某企业每销售一件产品，可获利 a 元，那么，产品销售量 x 与总利润 y 之间就有确定性的函数关系，即 $y=ax$。

相关关系是指现象之间确定存在的不确定的数量依存关系，即自变量取一个数值时，因变量必然存在与它对应的数值，但这个对应值是不确定的；自变量发生某种变化时，因变量也必然发生变化，但变化的程度是不确定的，如婴儿出生数和奶粉需求量就属于相关关系。婴儿出生数增加了，奶粉需求量肯定也会增加，但究竟增加多少是无法确定的。对于函数关系的依存关系，用一个函数表达式来描述。对于相关关系的数量依存关系，用相关关系分析和回归方程的方法加以研究，即用统计分析的方法来研究现象之间的数量相关关系，找出其发展变化规律的关系式。

2. 回归分析预测法的含义

回归分析预测法，是在分析市场现象自变量和因变量之间相关关系的基础上，建立变量之间的回归方程，并将回归方程作为预测模型，根据自变量在预测期的数量变化来预测因变量关系，大多表现为相关关系。因此，回归分析预测法是一种重要的市场预测方法，当我们在对市场现象未来发展状况和水平进行预测时，如果能将影响市场预测对象的主要因素找到，并且能够取得其数量资料，就可以采用回归分析预测法进行预测。它是一种具体的、行之有效的、实用价值很高的常用的市场预测方法。

回归分析预测法有多种类型，依据相关关系中自变量的个数不同分类，可分为一元回归分析预测法和多元回归分析预测法。在一元回归分析预测法中，自变量只有一个，而在多元回归分析预测法中，自变量有两个以上。依据自变量和因变量之间的相关关系不同，可分为线性回归预测和非线性回归预测。

3. 回归分析预测法的步骤

（1）根据预测目标确定自变量和因变量

明确预测的具体目标，也就确定了因变量。如预测具体目标是下一年度的销售量，那么销售量 Y 就是因变量。通过市场调查和查阅资料，寻找与预测目标的相关影响因素，即自变量，并从中选出主要的影响因素。

（2）建立回归预测模型

依据自变量和因变量的历史统计资料进行计算，在此基础上建立回归分析方程，即为回归分析预测模型。

（3）进行相关分析

回归分析是对具有因果关系的影响因素（自变量）和预测对象（因变量）所进行的数理统计分析处理。只有当变量与因变量确实存在某种关系时，建立的回归方程才有意义。因此，作为自变量的因素与作为因变量的预测对象是否有关，相关程度如何，以及判断这种相关程度的把握性多大，就成为进行回归分析必须要解决的问题。进行相关分析，一般要求出相关关系，以相关系数的大小来判断自变量和因变量的相关的程度。

（4）检验回归预测模型，计算预测误差

回归预测模型是否可用于实际预测，取决于对回归预测模型的检验结果和对预测误差的计算。回归方程只有通过各种检验，且预测误差较小，才能将回归方程作为预测模型进行预测。

（5）计算并确定预测值

利用回归预测模型计算预测值，并对预测值进行综合分析，确定最终的预测值。

第二节　一元线性回归

一元线性回归分析预测法，是根据自变量 X 和因变量 Y 的相关关系，建立 X 与 Y 的线性回归方程进行预测的方法。由于市场现象一般并不是仅仅受一个因素的影响，因此应用一元线性回归分析预测法，必须对影响市场现象的多种因素做全面分析。只有当诸多的影响因素中，确实存在一个对因变量影响明显大于其他因素的变量，才能将它作为自变量，应用一元相关回归分析市场预测法进行预测。

一、一元线性回归的原理与模型的建立

1. 一元线性回归的基本原理

回归指可以根据之前的数据预测出一个准确的输出值。监督学习中的一元线性回归分析是回归分析中一种预测未来数据、确定两个变量之间关联性统计分析方法。一元线性回归模型可用 h 关于 x 的函数 $h=a+bx$ 来建立，并根据实测数据来求解模型的参数 a，b。进行一元线性回归的目的就是找到最好地拟合因变量关于自变量的散点图的直线。模型参数 a，b 的选择要尽量使函数表示的直线与训练集样本很好地拟合，也就是使预测值与真实值的平方误差达到最小。

2. 模型的建立

①建立回归模型，研究某一经济现象。先根据经济理论，选择具有因果关系的两个变量（Y，X），建立线性回归模型，确定解释变量和被解释变量。 如果不明确两个变量是否为线性关系，可以根据散点图来分析。建立回归模型可以根据经济理论，也可以根据相同或相似经济现象的历史分析经验来建立回归模型。建立模型时，不仅要考虑理论或经验的依据，还要考虑数据的可利用程度。

②收集数据，并经过适当的加工整理，得到适于回归分析的样本数据集。

③估计模型参数。利用样本数据，用普通最小二乘法（Ordinary Least Square，OLS）得到模型参数的估计值。

④检验回归结果是否正确反映经济现象，是否与理论相符。对回归模型和参数估计值进行检验，包括理论检验和统计检验。理论检验：参数的符号、大小是否与理论和实际相符，若不符，寻找原因。统计检验：拟和优度检验、估计量、回归方程的显著性检验。

⑤预测。对于解释变量的特定值，代入回归方程得到因变量的预测值；在给定的置信水平上，得到因变量预测值的置信区间。

假设有两个要素（变量）x 和 y，x 为自变量，y 为因变量。x 可以表示降雨量、蒸发量、土壤中的无机质或有机质含量、地理纬度、地理经度等，y 可以是河川径流量、土壤含水量等。由此可以假定一元线性模型结构为 $y=A+Bx+E$，在该式中，A，B 为待定参数，E 为随机变量。参数 A，B 一般总是未知的，但是可以通过最小二乘法估算。最小二乘估计的性质(高斯-马尔可夫定理)在所有线性无偏估计量中，普通最小二乘法估计量有最小方差，即普通最小二乘法是最佳线性无偏估计（Best Linear Unbiased Estimator，BLUE）。建立一元线性地理回归模型，就是用已有的地理数据来确定 a 和 b 的值。

二、一元线性地理回归模型效果的检验

当我们把一元线性地理回归模型解求出来以后，我们就应该对它的相关问题进行进一步的分析：它的效果怎么样、它所揭示的地理规律强不强、用它来进行地理预测精度如何。一元线性地理回归模型效果的分析步骤如下：

1. 考虑回归模型估计的误差

线性回归模型估计的 $\tilde{y}$ 值常常与实测值 y 不相等，因此反映在散点图上的实测值 y 和由 x 值所估计的 $\tilde{y}$ 值常常不相吻合，经常散布在回归直线的附近，然而这种差异就是由于用线性回归模型由 x 值估计 $\tilde{y}$ 值时所产生的误差。这种误差称为回归方程估计误差。回归方程估计误差的大小以标准差的形式来估计，称为标准估计误差（也称剩余标准差），并记作 S，其计算公式可以表示为 $S=\sqrt{(y-\tilde{y})*(y-\tilde{y})/(n-2)}$ 的求和。

标准估计误差在计量地理学中是一个非常重要的物理量，是由于它的单位和 y 的单位相同，因此在实际地理问题中便于比较和检验，而且我们只用比较 S 和允许范围内的偏差就可以了。所以，它成了检验线性回归效果不可替代的标志，与此同时，它也成了衡量地理预测精度的标准。

2. 对回归模型的显著性进行检验

也就是要进一步来研究、观察值 y 的变化情况。对于 n 次观测值 y_1，y_2，y_3，y_4，…，$y_{\rm n}$ 之间的差异，我们可以用观测值 $y_{\rm i}$ 和它的算术平均值 $\hat{y}$ 的离差平方和来表示，称为总的离差平方和，并且记作 $S_{总}$，其计算公式可以表示为 $S_{总}=\sum(y-\hat{y})\times(y-\hat{y})$ 的求和。

由此制图，可以观测出每一个观测点的离差都可以分解为 $y\hat{y}=(y-\hat{y})+(\tilde{y}-\hat{y})$，然后将式子两边同时平方，再对 n 个点进行求和，可以得到 $(y-\hat{y})\times(y-\hat{y})$ 的求和 $=(y-\hat{y})\times(y-\hat{y})$ 的求和 $+(\tilde{y}-\hat{y})\times(\tilde{y}-\hat{y})$ 的求和。式子中的第二项是回归值 $\hat{y}$ 和均值 $\tilde{y}$ 之差的平方和，因为 $\hat{y}=a+bx$，因此可以把 $(\tilde{y}-\hat{y})$ 看作由 x 的变化而引起 y 值的变化，所以 $(\tilde{y}-\hat{y})$ 的求和反映了在 y 的总变差中由 x 与 y 的线性关系而引起 y 的变化部分，称为回归平方和，记作 U。

前式左边第一项是所有观测点 y_i 离回归直线 $\hat{y}$ 的残差平方和，它表示 x 对 y 的线性影响以外的一切因素对 y 的变异影响，因此称它为剩余平方和，或者是残差平方和，记作 Q。故前式也可以写成 $S_{总}=U+Q$。由这个式子我们可以得到结论：U 和 Q 的大小将决定回归效果的好坏。由此可见，利用相关系数也可以计算回归平方和与剩余平方和，所以可以根据相关系数来判定回归效果的好坏。相关系数的绝对值越大，回归平方和 U 也越大，剩余平方和 Q 就越小，因此回归效果越好。此外，每个平方和都有一个自由度与它相联系。正如总平方和可分解成回归平方和与剩余平方和，总平方和的自由度 $f_{总}$ 也等于回归平方和的自由度 $f_{\rm u}$ 与剩余平方和的自由度 $f_{\rm q}$ 之和，也就是 $f_{总}=f_u+f_q$。在线性回归问题中，$f_{总}=N-1$，而 f_u 则对应于自变量的个数，所以在这里 $f_u=1$，$f_q=N-2$。我们把这种平方和与自由度同时进行分解，并用 F 检验法对整个回归方程进行显著性检验的方法，就称为方差分析。在 F 检验中，将应用各种平方和的公式归纳如下：在具体检验时，可在方差分析表上进行。

3. 模型检验的意义

经济意义检验，也就是检验所建的模型是否符合经济理论，主要是检验模型参数的符号和大小是否与经济理论以及人们的经验一致。统计检验中的拟合优度检验（判定系数）是指对样本回归线与样本观测值之间拟合程度的检验。度量拟合程度的指标是判定系数 R_2。基本思路：因变量 Y 的总变异，能够被 X 的变异解释的比例越大，则说明普通最小二乘法回归线对总体的解释程度越好，反之就越差。

由于一元线性回归方法十分重要，所以应该熟练掌握回归分析的步骤、各相关指数、建立回归模型的步骤；通过探究体会，有些非线性模型通过变换可以转化为线性回归模型，了解在解决实际问题的过程中寻找更好的模型的方法。

三、一元线性回归的实例分析

1. 案例背景

居民消费在社会经济的持续发展中有着重要的作用。居民合理的消费模式和居民适度的消费规模有利于经济持续健康地增长，而且这也是人民生活水平的具体体现。改革开放以来随着中国经济的快速发展，人民生活水平不断提高，居民的消费水平也不断提高。但是在看到这个整体趋势的同时，还应看到全国各地区经济发展速度不同，居民消费水平也有明显差异。例如，2002 年全国城市居民家庭平均每人每年消费支出为 6 029.88 元，最低的黑龙江省仅为人均 4 462.08 元，最高的上海市达人均 10 464 元，上海市是黑龙江省的 2.35 倍。为了研究全国居民消费水平及其变动的原因，需要做具体的分析。影响各地区居民消费支出有明显差异的因素可能很多，如居民的收入水平、就业状况、零售物价指数、利率、居民财产、购物环境等。为了分析什么是影响各地区居民消费支出有明显差异的最主要因素、影响因素与消费水平的数量关系，可以建立相应的计量经济模型。

2. 模型设定

我们研究的对象是各地区居民消费的差异。居民消费可分为城市居民消费和农村居民消费，由于各地区的城市人口与农村人口比例及经济结构有较大差异，最具有直接对比可比性的是城市居民消费。而且，由于各地区人口和经济总量不同，只能用“城市居民每人每年的平均消费支出”来比较，而这正是可从统计年鉴中获得数据的变量。所以模型的被解释变量 Y 被选定为“城市居民每人每年的平均消费支出”。

因为研究的目的是各地区城市居民消费的差异，并不是城市居民消费在不同时间的变动，所以应选择同一时期各地区城市居民的消费支出来建立模型。因此建立的是 2002 年截面数据模型。影响各地区城市居民人均消费支出有明显差异的因素有多种，但从理论和经验上分析，最主要的影响因素应是居民收入，其他因素虽然对居民消费也有影响，但有的不易取得数据，如居民财产和购物环境；有的与居民收入可能高度相关，如就业状况和居民财产；还有的因素是在运用截面数据时在地区间的差异并不大，如零售物价指数和利率。因此这些其他因素可以不列入模型，即便它们对居民消费有某些影响也可归入随即扰动项中。为了与“城市居民每人每年的平均消费支出”相对应，选择在统计年鉴中可以获得的“城市居民每人每年的可支配收入”作为解释变量 X。

2002年全国各地区(不包括港澳台)城市居民人均消费支出和可支配收入如表5-1所示。

表5-1　2002年全国各地区(不包括港澳台)城市居民人均年消费支出和可支配收入

地区	城市居民每人每年的平均消费支出 Y/元	城市居民每人每年的可支配收入 X/元
北京	10 384.60	12 643.92
天津	7 191.96	9 337.56
河北	5 069.28	6 679.68
山西	4 710.96	5 234.35
内蒙古	4 859.88	6 051.06
辽宁	5 342.64	6 524.52
吉林	4 937.88	6 206.16
黑龙江	4 462.08	6 100.56
上海	10 646.00	13 249.80
江苏	6 042.60	8 177.64
浙江	8 713.08	11 715.60
安徽	4 763.52	6 032.40
福建	6 631.68	9 189.64
江西	4 549.32	6 334.64
山东	5 596.32	7 614.36
河南	4 504.68	6 245.40
湖北	5 608.92	6 788.52
湖南	5 574.72	6 958.56
广东	8 988.48	11 137.20
广西	5 413.44	7 315.32
海南	5 459.64	6 822.72

续表

地区	城市居民每人每年的平均消费支出 Y/ 元	城市居民每人每年的可支配收入 X/ 元
新疆	5 636.40	6 899.64
重庆	6 360.24	7 238.04
四川	5 413.08	6 610.80
贵州	4 598.28	5 944.08
云南	5 827.92	7 240.56
西藏	6 952.44	8 079.12
陕西	5 278.04	6 330.84
甘肃	5 064.24	6 151.44
青海	5 042.52	6 170.52
宁夏	6 104.92	6 067.44

作“城市居民每人每年的平均消费支出”（Y）和“城市居民每人每年的可支配收入”（X）的散点图，如图 5-1 所示。

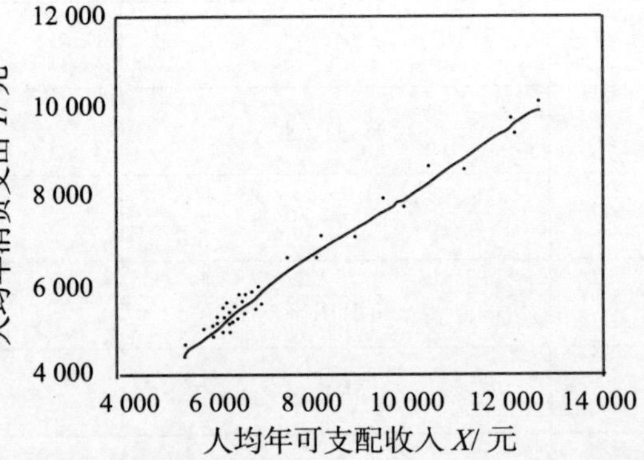

图 5-1　人均年消费支出与人均年可支配收入散点图

从散点图可以看出，“城市居民每人每年的平均消费支出”（Y）和“城市居民每人每年的可支配收入”（X）大体呈线性关系，所以建立的计量经济模型为如下线性模型：

$$Y_i = \beta_1 + \beta_2 X_i + U_i$$

3. 估计参数及其方法

假定所建模型及随机扰动项 U_i 满足古典假定，可以用普通最小二乘法估计其参数。

运用计算机软件 EViews 进行计量经济分析十分方便。

利用 EViews 进行简单线性回归分析的步骤如下：

（1）建立工作文件

双击 EViews 图标，进入 EViews 主页，执行“File/New/Workfile”命令，弹出对话框“Workfile Range”。在“Workfile frequency”中选择数据频率如表 5-2 所示。

表 5-2 选择的数据频率

Annual（年度）	Weekly（周数据）
Quartrly（季度）	Daily（day week）（每周 5 天日数据）
SemiAnnual（半年）	Daily（7 day week）（每周 7 天日数据）
Monthly（月度）	Undated or irreqular（未注明日期或不规则的）

在例中是截面数据的，选择“Undated or irreqular”，并在“Start date”中输入开始时间或顺序号，如“1”在“end date”中输入最后时间或顺序号，如“31”单击“OK”出现“Workfile UNTITLED”工作框，其中已有变量：“c”——截距项，“resid”——剩余项。

在“Objects”菜单中单击“New Objects”，在“New Objects”对话框中选“Group”，并在“Name for Objects”上定义文件名，单击“OK”出现数据编辑窗口。

若要将工作文件存盘，单击窗口上方的“Save”，在“Save As”对话框中给定路径和文件名，再单击“OK”，文件即被保存。

（2）输入数据

在数据编辑窗口中，首先按上行键“↑”，这时对应的“obs”字样的空格会自动上跳，在对应列的第二个“obs”有边框的空格输入变量名，如“Y”，再按下行键“↓”，对应因变量名下的列出现“NA”字样，即可依顺序输入响应的数据，其他变量的数据也可用类似方法输入。

也可以在 EViews 命令框直接输入“data X Y”（一元时）或“data Y x_1 x_2”（多元时），按“Enter”键出现“Group”窗口数据编辑框，在对应的 Y，X 下输入数据。

若要对数据存盘，单击“fire/Save As”，弹出“Save As”对话框，在“Drives”单击所要存的盘，在“Directories”单击存入的路径（文件名），在“Fire Name”对所存文件进行命名，或单击已存的文件名，再单击“OK”。

若要读取已存盘数据，单击“fire/Open”，在对话框的“Drives”单击所存的磁盘名，在“Directories”单击文件路径，在“Fire Name”单击文件名，单击“OK”即可。

估计参数的方法如下：

方法一：在 EViews 主页面单击“Quick”菜单，再单击“Estimate Equation”，弹出“Equation specification”对话框，选普通最小二乘法进行估计，即单击“Least Squares”，输入“Y C X”，单击“OK”或按“Enter”键，即出现如图 5-2 所示的回归结果。

Method: Least Squares
Date: 02/25/05 Time: 03:15
Sample: 1 31
Included observations: 31

Variable	Coefficient	Std. Error	t-Statistic	Prob.
C	282.2434	287.2649	0.982520	0.3340
X	0.758511	0.036928	20.54026	0.0000

R-squared	0.935685	Mean dependent var	5982.476
Adjusted R-squared	0.933467	S.D. dependent var	1601.762
S.E. of regression	413.1593	Akaike info criterion	14.94788
Sum squared resid	4950317.	Schwarz criterion	15.04040
Log likelihood	-229.6922	F-statistic	421.9023
Durbin-Watson stat	1.481439	Prob(F-statistic)	0.000000

图 5–2　回归结果

方法二：在 EViews 命令框中直接输入“LS Y C X”，按“Enter”键，即出现回归结果。若要显示回归结果的图形，在“Equation”框中，单击“Resids”，即出现剩余项（Residual）、实际值（Actual）、拟合值（Fitted）的图形，如图 5-3 所示。

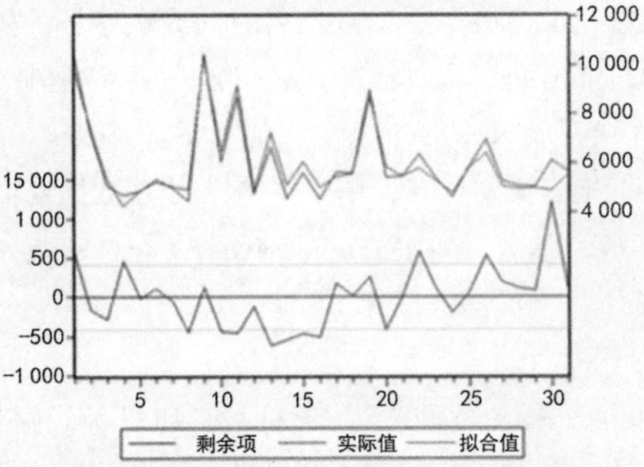

图 5–3　剩余项、实际值、拟合值的图形

4. 模型检验

（1）经济意义检验

所估计的参数 β_2=0.758 511，说明“城市居民每人每年的可支配收入”每相差 1 元，可导致“城市居民每人每年的平均消费支出”相差 0.758 511 元，这与经济学中边际消费倾向的意义相符。

（2）拟合优度和统计检验

用 EViews 得出回归模型参数估计结果的同时，已经给出了用于模型检验的相关数据。拟合优度的度量，由表 5-2 可以看出，例中可决系数为 0.935 685，说明所建模型整体上对样本数据拟合较好，即解释变量“城市居民每人每年的可支配收入”对被解释变量“城市居民每人每年的平均消费支出”的绝大部分差异做出了解释。通过对回归系数的检验，表明“城市居民每人每年的可支配收入”对“城市居民每人每年的平均消费支出”有显著影响。

5. 回归预测

由表 5-1 可看出，2002 年全国西部地区“城市居民每人每年的可支配收入”除了西藏外均在 8 000 元以下，“城市居民每人每年的平均消费支出”也都在 7 000 元以下。在西部大开发的推动下，如果西部地区的“城市居民每人每年的可支配收入”第一步争取达到 1 000 美元（按现有汇率即人民币 8 270 元），第二步争取达到 1 500 美元（即人民币 12 405 元），利用所估计的模型可预测此时城市居民可能达到的人均年消费支出水平。可以注意到，这里的预测是利用截面数据模型对被解释变量在不同空间状况的空间预测。

用 EViews 进行回归预测，首先在“Workfile”窗口单击“Range”，出现“Change Workfile Range”窗口，将“End data”由“31”改为“33”，单击“OK”，将“Workfile”中的“Range”扩展为 1~33。在“Workfile”窗口单击“sampl”，将“sampl”窗口中的“131”改为“1~33”，单击“OK”，将样本区也改为“1~33”。

为了输入 X_{f1}=8 270，X_{f2}=12 405，在 EViews 命令框输入 data X / 回车，在 X 数据表中的“32”位置输入“8270”，在“33”的位置输入“12405”，将数据表最小化，然后在“Equation”框中，单击“Forecast”，弹出对话框。在对话框中的“Forecast name”（预测值序列名）输入“yf”，数据表中的“32”位置出现预测值，按“Enter”键即得到模型估计值及标准误差的图形。双击“Workfile”，窗口中出现“Y_f”，在“Y_f”数据表中的“32”位置出现预测值 Y_{f1}=6 555.132，在“33”位置出现 Y_{f1}=9 691.577，这是当 X_{f1}=8 270 和 X_{f2}=12 405 时人均消费支出的点预测值。

为了做区间预测，在 X 和 Y 的数据表中，单击“View”执行“Descriptive Stats\Cmmon Sample”命令，则得到 X 和 Y 的描述统计结果，见表 5-3。

表 5-3　X 和 Y 的描述统计结果

项目	X	Y
Mean	7515.026	5982.476
Median	6788.520	5459.640
Maximum	5234.350	4462.080
Std.Dev	2042.682	1601.762
Skewness	1.585893	1.629968
Kurtosis	4.458645	4.787999
Jarque-Bera	15.74267	17.85617
Probability	0.000382	0.000133
Observations	31	31

第三节　多元线性回归

在数量分析中，经常会看到变量与变量之间存在着一定的联系。要了解变量之间如何相互影响的，就需要利用相关分析和回归分析。回归分析的主要类型包括：一元线性回归分析、多元线性回归分析、非线性回归分析、曲线估计、时间序列的曲线估计、含虚拟自变量的回归分析以及逻辑回归分析等。这里主要讲解多元线性回归分析。

一、多元线性回归的定义及模型建立

1. 多元线性回归的定义

再讲多元线性回归分析前，首先介绍一下一元回归线性分析。一元线性回归分析是在排除其他影响因素或假定其他影响因素确定的条件下，分析某一个因素（自变量）是如何影响另一事物（因变量）的过程的，所进行的分析是比较理想化的。其实，在现实社会生活中，任何一个事物（因变量）总是受到其他多种事物（多个自变量）的影响。

一元线性回归分析讨论的回归问题只涉及了一个自变量，但在实际问题中，影响因变量的因素往往有多个。例如，商品的需求除了受自身价格的影响外，还要受消费者收入、其他商品的价格、消费者偏好等因素的影响；影响水果产量的外界因素有平均气温、平均日照时数、平均湿度等。因此，在许多情况中，仅仅考虑单个变量是不够的，还需要就一个因变量与多个自变量的联系来进行考察，才能获得比较满意的结果。这就产生了测定多因素之间相关关系的问题。

在线性相关条件下，研究两个或两个以上自变量对一个因变量的数量变化关系，称为多元线性回归分析，表现这一数量关系的数学公式，称为多元线性回归模型。

多元线性回归模型是一元线性回归模型的扩展，其基本原理与一元线性回归模型类似，只是在计算上更为复杂，一般需借助计算机来完成。

2. 多元回归线性分析的运用

具体地说，多元线性回归分析主要解决以下几方面的问题。

①确定几个特定的变量之间是否存在相关关系，如果存在，找出它们之间合适的数学表达式。

②根据一个或几个变量的值，预测或控制另一个变量的取值，并且可以知道这种预测或控制能达到什么样的精确度。

③进行因素分析，如在对于共同影响一个变量的许多变量（因素）之间，找出哪些是重要因素，哪些是次要因素，这些因素之间又有什么关系等。

二、多元回归模型的建立

假定被解释变量 Y 与多个解释变量 X_1，X_2，…，X_k 之间具有线性关系，是解释变量的多元线性函数，即

$$Y = \beta_0 + \beta_1 X_1 + \beta_2 X_2 + \cdots + \beta_k X_k + \mu \tag{5-1}$$

则称其为多元线性回归模型，其中 Y 为被解释变量，X_j（j=1，2，…，k）为 k 个解释变量，β_j（j=0，1，2，…，k）为 k+1 个未知参数，μ 为随机误差项。

被解释变量 Y 的期望值与解释变量 X_1，X_2，…，X_k 的线性方程为

$$E(Y) = \beta_0 + \beta_1 X_1 + \beta_2 X_2 + \cdots + \beta_k X_k$$

则称其为多元总体线性回归方程，简称总体回归方程。

对于 n 组观测值 Y_i，X_{1i}，X_{2i}，…，X_{ki}（i=1，2，…，n），其方程组形式为

$$Y_i = \beta_0 + \beta_1 X_{1i} + \beta_2 X_{2i} + \cdots + \beta_k X_{ki} + \mu_i \quad（i=1，2，…，n）$$

即

$$\begin{cases} Y_i = \beta_0 + \beta_1 X_{11} + \beta_2 X_{21} + \cdots + \beta_k X_{k1} + \mu_1 \\ Y_2 = \beta_0 + \beta_1 X_{12} + \beta_2 X_{22} + \cdots + \beta_k X_{k2} + \mu_1 \\ \cdots\cdots \\ Y_n = \beta_0 + \beta_1 X_{1n} + \beta_2 X_{2n} + \cdots + \beta_k X_{kn} + \mu_n \end{cases}$$

其矩阵形式为

$$\begin{bmatrix} Y_1 \\ Y_2 \\ \vdots \\ Y_n \end{bmatrix} = \begin{bmatrix} 1 & X_{11} & X_{21} & \cdots & X_{k1} \\ 1 & X_{12} & X_{22} & \cdots & X_{k2} \\ \vdots & \vdots & \vdots & \vdots & \vdots \\ 1 & X_{1n} & X_{2n} & \cdots & X_{kn} \end{bmatrix} \begin{bmatrix} \beta_0 \\ \beta_1 \\ \beta_2 \\ \vdots \\ \beta_k \end{bmatrix} + \begin{bmatrix} \mu_1 \\ \mu_2 \\ \vdots \\ \mu_n \end{bmatrix}$$

即

$$\boldsymbol{Y} = \boldsymbol{X\beta} + \boldsymbol{\mu}$$

其中 $\boldsymbol{Y}_{n\times1} = \begin{bmatrix} Y_1 \\ Y_2 \\ \vdots \\ Y_n \end{bmatrix}$ 为被解释变量的观测值向量；$\boldsymbol{Y}_{n\times(k+1)} = \begin{bmatrix} 1 & X_{11} & X_{21} & \cdots & X_{k1} \\ 1 & X_{12} & X_{22} & \cdots & X_{k2} \\ \vdots & \vdots & \vdots & \vdots & \vdots \\ 1 & X_{1n} & X_{2n} & \cdots & X_{kn} \end{bmatrix}$ 为解释变量的观测值矩阵；$\boldsymbol{\beta}_{(k+1)\times1} = \begin{bmatrix} \beta_0 \\ \beta_1 \\ \beta_2 \\ \vdots \\ \beta_k \end{bmatrix}$ 为总体回归参数向量；$\boldsymbol{\mu}_{n\times1} = \begin{bmatrix} \mu_1 \\ \mu_2 \\ \vdots \\ \mu_n \end{bmatrix}$ 为随机误差项向量。

总体回归方程表示为

$$E(\boldsymbol{Y}) = \boldsymbol{X\beta}$$

多元线性回归模型包含多个解释变量，多个解释变量同时对被解释变量 Y 发生作用，若要考察其中一个解释变量对 Y 的影响就必须假设其他解释变量保持不变。因此多元线性回归模型中的回归系数为偏回归系数，即反映了当模型中的其他变量不变时，其中一个解释变量对因变量 Y 的均值的影响。

由于参数 β_0，β_1，β_2，…，β_k 都是未知的，可以利用样本观测值（X_{1i}，X_{2i}，…，X_{ki}，Y_i）对它们进行估计。若计算得到的参数估计值为 $\hat{\beta}_0$，$\hat{\beta}_1$，$\hat{\beta}_2$，…，$\hat{\beta}_k$，用参数估计值替代总体回归函数的未知参数 β_0，β_1，β_2，…，β_k，则得多元线性样本回归方程：

$$\hat{Y}_n = \hat{\beta}_0 + \hat{\beta}_1 X_{1i} + \hat{\beta}_2 X_{2i} + \cdots + \hat{\beta}_k X_{ki}$$

其中 $\hat{\beta}_j$（j=0，1，2，…，k）为参数估计值，$\hat{Y}_i$（i=0，1，2，…，k）为 Y_i 的样本回归值或样本拟合值、样本估计值。

其矩阵表达形式为

$$\hat{\boldsymbol{Y}}=\boldsymbol{X}\hat{\boldsymbol{\beta}}$$

其中 $\hat{\boldsymbol{Y}}_{n\times 1} = \begin{bmatrix} \hat{Y}_1 \\ \hat{Y}_2 \\ \vdots \\ \hat{Y}_n \end{bmatrix}$ 为被解释变量样本观测值向量 $\boldsymbol{Y}$ 的 $n\times 1$ 阶拟合值列向量；

$\boldsymbol{X}_{n\times(k+1)} = \begin{bmatrix} 1 & X_{11} & X_{21} & \cdots & X_{k1} \\ 1 & X_{12} & X_{22} & \cdots & X_{k2} \\ \vdots & \vdots & \vdots & \vdots & \vdots \\ 1 & X_{1n} & X_{2n} & \cdots & X_{kn} \end{bmatrix}$ 为解释变量 $\boldsymbol{X}$ 的 $n\times(k+1)$ 阶样本观测矩阵；

$\hat{\boldsymbol{\beta}}_{(k+1)\times 1} = \begin{bmatrix} \hat{\beta}_0 \\ \hat{\beta}_1 \\ \hat{\beta}_2 \\ \vdots \\ \hat{\beta}_k \end{bmatrix}$ 为未知参数向量 $\boldsymbol{\beta}$ 的 $(k+1)\times 1$ 阶估计值列向量。

样本回归方程得到的被解释变量估计值 $\hat{Y}_i$ 与实际观测值 Y_i 之间的偏差称为残差 e_i。

$$e_i = Y_i - \hat{Y}_i = Y_i - (\hat{\beta}_0 + \beta_1 X_{1i} + \beta_2 X_{2i} + \cdots + \beta_k X_{ki})$$

三、多元线性回归模型的实例分析

1. 模型的初步建立

将山东三大产业设为解释变量，用 x_1，x_2，x_3 表示，将地区人均生产总值设为被解释变量 y。用最小二乘法估计模型，尝试做回归分析。运用 EViews 估计结果模型为

Y=161.388 1+1.759 667x_1+1.118 607x_2+0.764 382x_3

se=（147.012）（0.215）（0.024）（0.027）

t=（1.098）（8.190）（46.122）（28.502）

R_2=0.999 971 2=0.999 966μ=88.509

2. 模型的检验

（1）经济意义的检验

模型初步估计结果显示，地区人均生产总值（y）受地区三大产业值（x_1, x_2, x_3）的影响，与经济意义相符。

（2）统计检验

从估计的结果可以看出，三大产业值的影响是显著的。模型 F 统计量的值为 185 639.7，影响非常显著，这说明回归方程模型显著，模型效果较好。

（3）模型修正

①多重共线性检验。运用逐步回归法，在 EViews 中实现分析后可知，三个变量全部通过检验，且全部保留。

②自相关的检验。DW 检验，样本量为 20，解释变量个数为 1，按照显著性水平 0.05，查询 DW 临界值表可知，dl=0.998，du=1.676，DW=0.646 ≤ dl，显然模型中存在误差项自相关问题。

用 EViews 处理数据，应用广义差分数据，样本容量减少 1 个。查询 DW 统计表可知 dl=1.214，du=1.650，模型中我们用拉格朗日乘数对模型进行检验，拉格朗日乘数检验克服了 DW 检验的缺陷。

运用 EViews 软件分别进行误差项一阶、二阶、三阶、四阶的自相关检验，在给定显著水平 0.05 下，一阶、二阶、三阶检验均 n_{R_2}　$\chi_{2\alpha}$，模型存在自相关性。四阶检验中 n_{R_2}　$\chi_{2\alpha}$，模型不存在自相关性，则确定模型自相关为三阶自相关。运用 EViews 进行广义差分法三次迭代可得方程：

$$Y=873.061\,8+0.884\,7x_1+1.174\,3x_2+0.846\,5x_3$$

③异方差的检验。运用 EViews 对方程进行异方差检验可知，由于 Probability 大于 0.05，同意同方差假设，认为不存在异方差。因此模型的最终确定为

$$Y=873.061\,8+0.884\,7x_1+1.174\,3x_2+0.846\,5x_3$$

对方程进行经济意义的解释如下：

第一产业值每增加 1%，人均地区生产总值提高 0.88%；第二产业值每增加 1%，人均地区生产总值提高 1.17%；第三产业值每增加 1%，人均地区生产总值提高 0.85%。这只是理论上的解释，实际数据可能和理论有出入。

3. 模型的分析

经济预测报告是在对一定时期的客观经济活动过程进行深入调查的基础上，运用科学有效的方法，对掌握了解到的信息进行分析研究后，得到评估、预测以后经济活动发展的情况和变化趋势。

经济预测是一种科学的方法，是经过对多个影响因素进行分析、信息整合后依托客观

经济规律之后得出结果，这些因素有的是某些方法、科学理论、计算方式、各种资料等，最终实现一定程度的准确性。经济预测也被人们称作一门艺术，其结果虽然存在不确定性，但其诱惑力很大，在经济预测中，它包含了统计学基础、哲学基础、经济学基础等，也有通过数学模型假设、分析，得出结果的。为了更准确地与观点、事实吻合，经济预测是对未来时间里的超前科学认知，提前做好准备工作和应对未来出现的经济趋势情况。对于经济预测，不要单纯地理解为是自己经验和自己直觉的预测，而是依据可靠的数据资料、科学周密的计算、科学的理论方法对客观规律进行分析和判断。这种预测遵从一定的分析流程，可以重复连续使用，最终都是为未来的经济决策提供分析判断。要更高效准确地预测，就需要预测者把不确定因素的影响降到最低，在分析的时候更加科学全面，并从多个解决方法中挑选出最优的决策。

由多元回归模型分析可知，山东地区人均地区生产总值与此地区三大产业值有很大关系。其中，对人均地区生产总值影响较大的是第二产业值，第一、第三产业对其影响程度大体一致。要提高人均地区生产总值可以着重于提高第二产业值，第一、第三产业值次之。在提高第二产业值的同时也要兼顾第一、第三产业值，做到三大产业共同发展，使得总产业值提高，人均地区生产总值提高，达到社会发展进步，人民生活富裕、和谐的目的。

经济的发展对一个国家的重要性不言而喻，不管是保证国家主权和领土完整的军事建设，还是提高国民生活水平的一系列政策的实施，都离不开经济。在21世纪这个风起云涌的时代，随着经济的全球化发展，世界经济的逐渐壮大给我国带来了很多挑战，但同时也给我国的崛起带来不少机遇。我国的经济可以通过得到这些挑战得到一定的提升，变得更加稳固，更加全球化，这些机遇可以让我国经济得到多方面的发展。

在中华人民共和国成立前后，中国共产党十分擅长多形式的分析，但是对经济发展预测是这几年才开始的。我国过去不进行预测，主要是由于改革开放前我国实行的计划覆盖经济活动的各个领域和全过程，因此，只存在进行计划和检查计划执行情况，而这个过程并不需要预测，中国共产党原认为预测是资本主义的自我性、盲目性的产物，所以对此加以批判。改革开放以来，我国由单一的所有制和统一决策变为多种所有制并存和决策多元化，经济市场化程度越来越高，经济国际化水平也有了很大提高。我国的各个地区，产业、企业发展不平衡，国内外市场竞争都很激烈，谁能真正地把握住正确的机会，就能得到有效的发展，不然就会被别人赶超并淘汰。因此，无论中央政府还是地方政府，无论是国有企业还是私营企业，企业的领导都逐渐重视经济形势分析和预测的工作，要求有关部门和科研机构及时地提出科学的分析与预测，以供决策参考。总体而言，经济预测与决策对国家经济发展有着重要的作用。

第四节　逐步回归分析

一、逐步回归原理

在一个多元线性回归模型中，并不是所有的自变量都与因变量有显著关系，有时有些自变量的作用可以忽略。这就产生了怎样从大量可能有关的自变量中挑选出对因变量有显著影响的部分自变量的问题。在可能自变量的整个集合中有自变量40~60个，甚至更多的自变量的情况下，使用最优子集算法可能行不通。不过，逐步回归模型需含有的X变量子集的自动搜索方法，可能是有效的。逐步回归方法可能是应用最广泛的自动搜索方法。这是在求适度“好”的自变量子集时，同所有可能回归的方法比较，为节省计算工作量而产生的。从本质上说，这种方法在每一步增加或剔除一个X变量时，产生一系列回归模型。增加或剔除一个X变量的准则，可以等价地用误差平方和缩减量、偏相关系数或F统计量来表示。选择自变量无疑要靠有关专业知识，但是作为起参谋作用的数学工具，往往是不容轻视的。通常在多元线性模型中，我们首先从专业角度选择有关的为数众多的因子，然后用数学方法从中选择适当的子集。本节介绍的逐步回归法就是人们在实际问题中常用的并且行之有效的方法。

逐步回归的基本思想是，将变量一个一个引入，引入变量的条件是偏回归平方和经检验是显著的，同时每引入一个新变量后，对已选入的变量要进行逐个检验，将不显著变量剔除，这样保证最后所得的变量子集中的所有变量都是显著的。这样经若干步以后便得最优变量子集。

逐步回归是这样一种方法，使用它时每一步只有一个单独的回归因子引进或从当前的回归模型中剔除。在有的著作所编的程序中，有两个F水平，记作F_{in}和F_{out}，在每一步中有一个回归因子，如X_i，如果剔除它可能引起RSS的减少不超过残差均方MSE（即ESS/（$N-k-1$））的F_{out}倍，则将其剔除；这就是在当前的回归模型中，用于检验$\beta_i=0$的F比小于或等于F_{out}。

若剔除的变量需要选择，则就选择使RSS减少最少的那一个（或等价地选择F比最小的）。如果没有变量被剔除，则开始引进一个回归因子，如X_j，如果引进它后使RSS增加，至少是残差均方的F_{in}倍，则将其引进。即若在当前模型加X_j项后，为了检验$\beta_i=0$的F比，$F \geqslant F_{in}$时，则引进X_j；若引进的变量需要选择，则选择F比最大的。程序按照上面的步骤开始拟合，当没有回归因子能够引进模型时，该过程停止。

二、变量选择的方法

若在回归方程中增加自变量 X_i，称为引入变量 X_i，将已在回归方程中的自变量 X_j 从回归方程中删除，则称为剔除变量 X_j。无论引入变量还是剔除变量，都要利用 F 检验，将显著的变量引入回归方程，而将不显著的变量从回归方程中剔除。记引入变量 F 检验的临界值为 F_{in}（进），剔除变量 F 检验的临界值为 F_{out}（出），一般取 $F_{in} \geqslant F_{out}$，它的确定原则一般是对 k 个自变量的 m 个（$m \leqslant k$），对显著性水平 $d_{f1}=1$，$d_{f2}=N-m-1$ 的 F 分布表的值，记为 F^*，则取 $F_{in}=F_{out}=F^*$。一般来说，也可以直接取 $F_{in}=F_{out}=2.0$ 或 $F_{in}=F_{out}=2.5$。当然，为了回归方程中还能够多引进一些自变量，甚至值也可以取为 1.0 或 1.5。

1. 变量增加法

首先对 k 个自变量，分别与对应因变量 Y 建立一元回归方程，并分别计算这 k 个一元回归方程的 k 个回归系数 F 检验值，记为 { }，选其最大的记为 max{ }，若有≥ F_{in}，则首先将 X_1 引入回归方程，不失一般性，设 X_i 就是 X_1。其次考虑 X_1 分别与 X_2，X_3，…，X_k 与因变量 Y 组成二元回归方程，对于这 $k-1$ 个回归方程中 X_2，…，X_k 的回归系数进行 F 检验，计算 F 值，并选其最大的 F 值，若 $F \geqslant F_{in}$，则接着就将 X_j 引入回归方程，不失一般性，设 X_j 就是 X_2。

对已经引入回归方程的变量 X_1 和 X_2，如同前面的方法做下去，直至所有未被引入方程的变量的 F 值均小于 F_{in} 时为止。这时的回归方程就是最终选定的回归方程。

显然，这种增加法有一定的缺点，主要是它不能反映后来变化的情况。因为对于某个自变量，它可能开始是显著的，即将其引入回归方程，但是，随着以后其他自变量的引入，它也可能又变为不显著了，但是，并没有将其及时从回归方程中剔除，也就是变量增加法，只考虑引入而不考虑剔除。

2. 变量减少法

与变量增加法相反，变量减少法是首先建立全部自变量 X_1，X_2，…，X_k 对因变量 Y 的回归方程，然后对 k 个回归系数进行 F 检验，记求得的 F 值为 $\{F_1^1, F_2^1, \cdots, F_k^1\}$，选其最小的记为 $F_i^1=\min\{F_1^1, F_2^1, \cdots, F_k^1\}$，若有 $F_i^1 \leqslant F_{out}$，则可以考虑将自变量 X_i 从回归方程中剔除掉，不妨设 X_i 为 X_1。

再对 X_2，X_3，…，X_k 对因变量 Y 建立的回归方程重复上述过程，取最小的 F 值为 F_i^2，若有 $F_i^2 \leqslant F_{out}$，则将 X_j 也从回归方程中剔除掉。不妨设 X_j 就是 X_2。重复前面的做法，直至在回归方程中的自变量 F 检验值均大于 F_{out}，即没有变量可剔除为止。这时的回归方程就是最终的回归方程。

变量减少法也有一个明显的缺点，就是一开始把全部变量都引入回归方程，这样计算量比较大。若对一些不重要的变量，一开始就不引入，这样就可以减少一些计算。

3. 变量增减法

前面的两种方法各有其特点，若自变量 X_1，X_2，…，X_k 完全是独立的，则可结合这两种方法，但是在实际的数据中，自变量 X_1，X_2，…，X_k 之间往往并不是独立的，而是有一定的相关性存在的，随着回归方程中变量的增加和减少，这就会使得某些自变量对回归方程的贡献也会发生变化。因此一种很自然的想法是将前两种方法综合起来，也就是对每一个自变量，随着其对回归方程贡献的变化，它随时可能被引入回归方程或被剔除出去，最终的回归模型是在回归方程中的自变量均为显著，不在回归方程中的自变量均不显著。

三、逐步回归在使用过程中要注意的问题

逐步回归在计算过程中，进入和剔除变量规则的差别在例子中有可能得到说明。例如，可以根据 F_i 统计量中 MSE 的自由度来使用不同的 F_{in} 和 F_{out}。但是，往往并不是使用这种提纯量，而是使用固定的 F 值，因为在搜索过程的重复检验中，并不可能得到精确的概率解释。最低可接受 F_{in} 决不应小于最高可接受 F_{out}，否则就有可能重复进入或剔除一个自变量。

自变量进入模型的顺序并不反映它们的重要程度。例如，第一个进入模型的 X_1，最终可能被剔除。我们使用的逐步回归程序，在每个阶段都打印出偏相关系数。对于筛选变量来说，使用这些相关系数与使用 F_i 值是等价的，事实上，有些程序就是使用偏相关系数来筛选变量的。进入和剔除一个变量的 F 限不必根据近似显著性水平选定，也可以根据误差缩减量来描述性地确定。例如，一个进入变量的 F 限 2.0 可以这样来说明，变量一旦进入模型，进入变量的边际误差缩减量至少应该是剩余误差均方的两倍。逐步回归方法的一个局限是预先假定有单一的最优 X 变量子集，从而进行识别。正如前面已经提到的，常常并没有唯一的最优子集。因此，有统计学家建议，求得逐步回归的解后，拟合所有可能与逐步回归解的自变量个数相同的回归模型，以研究是否存在更好的 X 变量子集。逐步回归方法的另一个缺点是当 X 变量高度相关时，有时会得到不合理的最优子集。也有人提出多种其他寻找最优自变量子集的自动搜索方法。这里介绍其中的两种，但这两种方法都还未被接受为逐步搜索方法。其中之一为向前选元法，这种搜索方法只是逐步回归方法的简化，略去了检验进入模型的变量是否应被剔除这一步。其中之二为向后剔除法，这种搜索方法与向前选元法相反。它从包括所有 X 变量的模型开始，挑出 F^* 值最小的那个变量。例如，假定 X_i 为 F^* 值最小的那个变量，如果最小的值小于预定限，就剔除这个变量，然后拟合剩余的 k-1 个自变量的模型，挑选下一个待剔除元。重复这种过程，直至没有自变量可以被剔除。因为向后剔除法是从最大可能模型开始的，所以它比向前选元法有更大计算量。但是，向后剔除法有一个优点，它可以使使用者明白含有许多变量模型的复杂性。

四、stepwise 回归过程

stepwise 过程对逐步回归提供了九种方法。当有许多自变量且想找出哪些自变量是该选入回归模型的自变量时，stepwise 是有用的。由于 stepwise 可以使用户深入地了解自变量与因变量或相应变量之间的关系，因此，它对考察分析是很有帮助的。但是，stepwise 并不能保证给出最好的模型，甚至具有最大 R^2 的模型也不一定是最好的，并且靠这些均值演变得来的模型没有一个可以保证它精确地描述真实世界的过程。stepwise 与 rsquare 以及其他过程是不同的。rsquare 对所有自变量的组合找出 R^2，所以它可以指出具有最大规模 R^2 的模型。

1. stepwise 过程提供的九种模型

（1）全回归模型（none）

没有对回归变量进行筛选，建立 Y 与全部自变量的全回归模型。

（2）向前选择（forward）

向前选择技术以模型中没有变量开始，对每个自变量，forward 计算反映自变量对模型的贡献的 F 统计量。这些 F 统计量与 model 语句中给出的 slentry= 水平上的值相比较，如果 F 统计量的显著水平没有一个比 slentry= 水平上（如果缺省 slentry= 这个参数，则显著水平假设为 0.50）的值大，则 forward 停止。否则，forward 在模型中加入具有最大 F 统计量的变量，然后 forward 再计算这些变量的 F 统计量直到剩下的变量都在模型的外面，再重复估计过程。变量就这样一个接一个地进入模型直到剩下的变量没有一个可以产生显著的 F 统计量。一旦一个变量进入了模型，它就再也出不去了。

（3）向后淘汰（backward）

向后淘汰技术以计算含有全部自变量的模型的统计量为开始，然后变量一个接一个地从模型中剔除，直到留在模型中的所有变量产生的 F 统计量的显著水平在 slstay= 水平上（如果缺省 slstay= 这个参数，则显著水平假设为 0.10）。在每一步，剔除对模型贡献最小的变量。

（4）逐步回归，向前且向后（stepwise）

逐步方法是向前选择的修正。已在模型中的变量，不一定必须一直在模型中，这点与向前选择法是不同的。stepwise 按照向前选择方法选入变量后，还考察模型中所包含的所有变量并剔除使得 F 统计量的显著水平不在 slstay= 水平上的变量。只有在完成检验和必要的剔除之后，其他变量才可再进入模型。当模型外的变量没有一个使 F 统计量在 slentry= 水平上显著且模型中的每个变量在 slstay= 水平上显著，或加到模型中的变量是刚刚剔除的变量时，逐步处理便结束了。

（5）具有对偶切换的向前选择（maxr）

最大 R^2 改良技术是占优势的逐步技术，它几乎与所有可能的回归一样好。不像上面三种技术，这个方法不是落在单个模型上，而是试着找出最佳一变量模型、最佳二变量模型等，但它不能保证对每个量度都能找到具有最大 R^2 的模型。

maxr 方法先找出一个产生最大 R^2 值的变量，然后再加入另一个次最大 R^2 值的变量，从而形成二变量的模型。形成二变量的模型后，将模型中的变量与模型外的变量相比较，以决定是否移去一个变量而用另一个能生成更大 R^2 值的变量来代替。全部比较结束后，便得到了最佳二变量模型。依次向下，便得到最佳三变量模型等。

（6）具有对偶搜索的向前选择（minr）

最小 R^2 增量法非常类似于 maxr，只是选择准则为产生最小 R^2 增量。对模型中一个已知的变量数，maxr 和 minr 通常产生同样的最佳模型，但是 minr 在每步中考虑较多的模型。

（7）R^2 选择法（rsquare）

按给定样本的 R^2 大小准则选择最优的自变量子集，但不能保证对总体或其他样本而言是最优的。用户可以规定出现在子集中自变量的最大和最小个数，以及被选择的每种子集的个数。R^2 选择法总能够对所考虑变量的每种变量个数找到具有最大 R^2 的模型，但需要很多的计算时间。

（8）修正 R^2 选择法（adjrsq）

该方法类似于 rsquare 法，只是对于选择模型使用的准则为修正 R^2 统计量。

（9）Mallows 的 *CP* 统计量

CP 统计量是由 Mallows 提出的作为选择模型的判别式的变量。*CP* 是一个误差平方总和的量度。其中，*P* 是模型中包括截距项的参数个数，MSE 是满模型时均方误差，ESSP 是具有 *P* 个自变量（包括截距项）回归模型的误差平方和。作 *CP* 与 *P* 的曲线图，Mallows 建议取 *CP* 首次接近 *P* 处的模型。

2. proc stepwise 过程控制语句

stepwise 过程一般由下列语句控制：

```
proc stepwise data= 数据集;
model 因变量 = 自变量 </ 选项列表 >;
weight 变量;
by 变量;
run;
```

stepwise 至少需要一个 model 语句。by 语句和 weight 语句可以放在任何地方。

（1）model 语句的选项列表

stepwise 中可以有任意多个 model 语句。model 语句中的选项如下：

noint——不产生一般在模型中自动生成的截距参数；

none——请求全回归模型。

forward 或 *f*——请求向前选择法；

backward 或 *b*——请求向后淘汰法；

stepwise——请求逐步技术，这个任选项是预置的；

maxr——请求最大 R^2 增量法；

minr——请求最小 R^2 增量法；

rsquare——请求 R^2 最大准则法；

adjrsq——请求修正 R^2 最大准则法；

cp——请求 Mallows 的 *CP* 统计量法。

slentry= 值——指出向前选择和逐步技术中选择变量进入模型的显著水平。如果省略，那么 stepwise 过程便对向前选择技术置 slentry=0.5，对逐步技术置 slentry=0.15。

slstay= 值——指出向后淘汰与逐步技术中变量留在模型里的显著水平。如果省略，则逐步技术用 0.15，向后淘汰技术用 0.10。

include=n——强迫头 *n* 个因变量总是在模型中。选择技术由 model 语句中其他变量来完成。

start=s——以含有 model 语句中头 *s* 个自变量的模型为开始，进行比较、选择过程。理所当然地，没有一个被估计的模型含有不足 *s* 个的变量。此仅应用于 max*r* 或 min*r* 模型。

stop=s——当它找到“最佳” *s* 变量模型之后，stepwise 便停止。其中 *s* 是 stop 的值，此仅应用于 max*r* 或 min*r* 模型。

（2）其他语句

① weight 语句——用于指出含有观察值的权数的变量。分析中仅用具有 weight 变量正值的观察。

② by 语句——指定的变量值来分组处理某数据集。

第五节　非线性回归分析

现实世界中严格的线性模型并不多见，它们或多或少都带有某种程度的近似。在不少情况下，非线性模型可能更加符合实际。由于人们在传统上常把非线性视为畏途，所以非线性回归的应用在国内还不够普及。事实上，在计算机与统计软件十分发达的今天，非线性回归的基本统计分析已经与线性回归一样切实可行。在常见的软件包（诸如 SAS、SPSS 等）中，人们已经可以像线性回归一样，方便地对非线性回归进行统计分析。因此，在国内回归分析方法的应用中，已经到了“更上一层楼”的境况，线性回归与非线性回归并重。

对变量间非线性相关问题的曲线拟合，处理的方法主要有：第一，首先决定非线性模型的函数类型，对于其中可线性化问题则通过变量变换将其线性化，从而归结为前面的多元线性回归问题来解决。第二，若实际问题的曲线类型不易确定，由于任意曲线皆可由多项式来逼近，故常可用多项式回归来拟合曲线。第三，若变量间非线性关系式已知（多数未知），且难以用变量变换法将其线性化，则进行数值迭代的非线性回归分析。

一、非线性回归过程

在很多场合，可以对非线性模型进行线性化处理，尤其是关于变量非线性的模型，以运用普通最小二乘法进行推断。对线性化后的线性模型，可以应用 SAS 的 reg 过程进行计算。多项式模型可以直接应用广义线性模型求解。对于不能线性化的非线性模型，估计时不能直接运用经典的最小二乘法，而需要运用其他估计方法，如直接搜索法、直接最优法与泰勒级数展开法进行线性逼近。此时，可以利用 SAS/STAT 的 nlin 过程实现相应的计算。

1. procnlin 过程

procnlin 采用最小误差平方法（Least Squares Method）及循环推测法（Iterative Estimation Method）来建立一个非线性模型。一般而言，用户必须自定义参数的名字、参数的启动值（Starting Va1ue）、非线性的模型与循环推测法所用的准则。若用户不指明，则 procnlin 程序自动以高斯—牛顿迭代法（Gauss-Newton Iterative Procedure）为估计参数的方法。另外，此程序也备有扫描（Grid Search）的功能来帮助读者选择合适的参数启动值。由于非线性回归分析不易处理，procnlin 程序不保证一定可以算出符合最小误差平方法标准的参数估计值。

procnlin 过程的功能，计算非线性模型参数的最小二乘估计及加权最小二乘估计。与 reg 过程不同的是，模型的参数要命名、赋初值、求偏导数；model 语句与参数名、解释变量的表达式有关；可以使用赋值语句及条件语句。

procnlin 过程一般由下列语句控制：

```
procnlin data= 数据集 </ 选项列表 >;
parameters 参数名 = 数值;
model 因变量 = 表达式 </ 选项列表 >;
bounds 表达式;
der. 参数名 { . 参数名 } = 表达式;
id 变量列表;
outputout= 数据集 </ 选项列表 >;
by 变量列表;
run;
```

其中，parameters 语句和 model 语句是必需的，而其余语句供用户根据需要选择。

2. procnlin 语句中的主要选择项

① outest= 数据集名——指定存放参数估计的每步迭代结果的数据集名。

② best=n——要求过程只输出网格点初始值可能组合中最好的 *n* 组残差平方和。

③ method=gauss | marquardt | newton| gradient| dud |——设定参数估计的迭代方法。缺省时为 gauss，除非没有 der. 语句。

④ eformat——要求所有数值以科学记数法输出。

⑤ nopoint——抑制打印输出。

⑥ noinpoint——抑制迭代结果的输出。

3. parameters（parms）语句

用于对所有参数赋初值，项目之间以空格分隔。例如，parms b_0=0　b_1=1 to 10　b_2=1 to 10 by 2　b_3=1，10，100。

4. model 语句

表达式可以是获得数值结果的任意有效 SAS 表达式。这个表达式包括参数名字、输入数据集中的变量名以及在 procnlin 过程中用程序设计语句创建的新变量。例如：

model y=b_0*（1-exp（-b_1*x））；

5. bounds 语句

用于设定参数的约束，主要是不等式约束，约束间用逗号分隔。例如：

bounds a ≤ 20，b ＞ 30，1 ≤ c ≤ 10;

6. der. 语句

除非在 procnlin 语句中指明所用的迭代法是 dud，使用选择项 method=dud，否则 der. 语句是必需的。der. 语句用于计算模型关于各个参数的偏导数，相应的格式为

一阶偏导数 der．参数名 = 表达式;

二阶偏导数 der．参数名．参数名 = 表达式;

例如，对于 model y=b_0*（1-exp（-b_1*x））；der. 语句的书写格式为

der.b_0=1-exp（-b_1*x）；der.b_1=b_0*x*exp（-b_1*x）；

对于多数算法，都必须对每个被估计的参数给出一阶偏导数表达式。对于牛顿法，必须给出一、二阶偏导数表达式。例如，二阶偏导数表达式为

der.b_0.b_0.=0；der.b_0.b_1=x*exp（-b_1*x）；der.b_1.b_1=-der.b_1*x；

7. output 语句

output 语句用于把一些计算结果输出到指定的数据集中。有关的关键字及其意义如表 5-4 所示。

表 5-4　procnlin 过程中 output 语句的关键字及其意义

关键字	意义	关键字	意义	关键字	意义
predicted | p	预测值	stdp	clm 的标准差	u95	95%cli 上限

续表

关键字	意义	关键字	意义	关键字	意义
residual | r	残差	stdr	残差的标准差	l95	95%cu 下限
parms	参数估计值	l95m	95%clm 下限	student	学生氏残差
sse | ess	残差平方和	u95m	95%clm 上限	h	杠杆点统计量 hi

关于 procnlin 过程的其他选择项及意义，详见 SAS/STAT 的用户手册。

二、实例分析

负指数增长曲线的非线性回归。根据对已有数据 *XY* 散点图的观察和分析，发现 *Y* 随 *X* 的增长趋势是减缓的，并且 *Y* 趋向一个极限值，我们认为用负指数增长曲线作为拟合模型较为合适。程序如下：

```
data  expd  ;
input x y @@;  ;
cards;
020 0.57 030 0.72 040 0.81 050 0.87 060 0.91 070 0.94
080 0.95 090 0.97 100 0.98 110 0.99 120 1.00 130 0.99
140 0.99 150 1.00 160 1.00 170 0.99 180 1.00 190 1.00
200 0.99 210 1.00
;
proc nlin data=expd best=10 method=gauss;
parms b0=0 to 2 by 0.5 b1=0.01 to 0.09 by 0.01;
model y=b0*（1-exp（-b1*x））;
der.b0=1-exp（-b1*x）;
der.b1=b0*x*exp（-b1*x）;
output out=expout p=ygs ;
run;
goptions reset=global gunit=pct cback=white border
htitle=6 htext=3 ftext=swissb colors=（back）;
proc gplot data=expout;
plot y*x ygs*x /haxis=axis1 vaxis=axis2 overlay;
symbol1 i=none v=plus cv=red h=2.5 w=2;
symbol2 i=join v=none l=1 h=2.5 w=2;
axis1 order=20 to 210 by 10;
axis2 order=0.5 to 1.1 by 0.05;
title1 'y=b0*（1-exp（-b1*x）';
title2 'proc nlin method=gauss';
run ;
```

程序说明：由于在procnlin过程中使用选项method=gauss，即指定用高斯—牛顿迭代算法来寻找model语句中非线性表达式。我们知道，参数初始值选取的好坏，对迭代过程是否收敛影响很大。parms语句设置了初始网格值为0，0.5，1，1.5，2，共5个值，0.01，0.02，…，0.09共9个值，所有可能组合为5×9=45，选项best=10要求输出残差平方和最小的前10种组合。高斯—牛顿迭代算法要求给出模型对参数和的一阶偏导数表达式，我们知道：der.语句用以表示上面两个一阶偏导数表达式。output语句输出一个新数据集expout，包括原数据集和非线性回归模型的预测值ygs。gplot过程的主要作用是绘制输出数据集expout中的原始数据的散点图及回归曲线的平滑线。

输出结果分析：首先列表输出了10个最好的迭代初始值组合，按回归模型的残差平方和从小到大排列。因此，最好的迭代初始值为B_0=1.000 000，B_1=0.040 000，此时回归模型的ESS=0.001 404，与其他初始值组合的ESS相比是最小的。紧接着输出迭代过程分析表，从这个最好迭代初始值开始，经过4次迭代，误差平方和的变化就满足收敛准则，停止迭代，例如，经过第1次迭代，B_0值从1修正为0.996 139，B_1值从0.040 000修正为0.041 857，而ESS从0.001 404减小到0.000 580，而从第2次迭代开始，B_0的值只有在小数点四位以后才有变化，B_1的值只有在小数点五位以后才有变化，而ESS值几乎不变了，因此是满足了收敛性标准而停止迭代的。方差分析表给出，回归平方和为17.671 723 189，残差平方和为0.000 576 811，总平方和为17.672 300 000，总偏平方和为0.243 855 000。参数估计表给出了B_0和B_1的渐近估计值。

同时，还给出了B_0和B_1参数估计的渐近有效标准差和渐近95%置信区间。最后，还给出了参数的渐近相关阵。

三、案例应用：SPSS非线性回归在沪铜期货价格预算

随着上海期货交易所（SHFE）在国际金融市场中地位的提高，以及我国经济发展对铜金属的需求增加，对于沪铜期货价格的研究也显得愈发重要。通过SPSS的曲线估计和非线性回归方法，对沪铜连续标准合约年中间价格进行了短期预测，并应用Excel生成折线图功能对几种多项式预测方程进行了对比分析，综合考虑，三次多项式方程较为合理。

1. 铜的介绍

铜是人类最早发现的古老金属之一，早在三千多年前人类就开始使用铜。铜能与锌、锡、铅、锰、钴、镍、铝、铁等金属形成合金，用于机械冶金工业中的各种传动件和固定件。按生产过程，铜可以分为铜精矿（冶炼之前选出的含铜量较高的矿石）、粗铜（铜精矿冶炼后的产品，含铜量在95%~98%）、纯铜（火炼或电解之后含量达到99%以上的铜）。按主要合金成分可以分为黄铜（铜锌合金）、青铜（除锌镍外，加入其他元素的合金）、白铜（铜钴镍合金）。按产品形态可分为铜管、铜棒、铜线、铜板、铜带、铜条、铜箔等。

2. 沪铜期货

上海期货交易所是依照有关法规设立的，履行有关法规规定的职责，受中国证监会集中统一监督管理，并按照其章程实行自律管理的法人。上海期货交易所目前上市交易的有黄金、白银、铜、铝、锌、铅、螺纹钢、线材、燃料油、天然橡胶、沥青 11 种期货合约，并推出了黄金、白银和有色金属的连续交易。上海期货交易所、伦敦期货交易所（LME）、纽约期货交易所（COMEX）一起成为全球三大铜定价中心。上海期货交易所阴极铜标准合约中交割等级描述如下：第一，标准品。标准阴极铜，符合国家标准《阴极铜》（GB/T 467—2010）中的标准阴极铜的规定，其中主成分铜加银含量不小于 99.95%。第二，替代品。①高级阴极铜，符合国家标准《阴极铜》（GB/T 467—2010）中的高级阴极铜的规定，经指定的质检单位检查合格，公告后实行升水；② LME 注册阴极铜，符合 BSEN 1978：1998 标准（阴极铜级别代号 CU-CATH-1）。交割方式为实物交割。

3. 我国铜市概况

我国有色金属消费中铜消费仅次于铝。近年我国固定资产投资、房地产开发投资等活跃度提高，各主要铜消费行业，如电线电缆、家用电器、建筑、汽车等快速发展使得我国铜消费保持快速增长的态势。与此同时，以电视机、电冰箱、空调、洗衣机等为代表的中国家电行业成为铜管的新增需求点（铜管目前已经占据铜消耗量的三分之二），IT 及通信设备的大规模生产也属此类。此外，半导体、精密仪器、手机、PC 及各种相关配套设备的产量大增，铜的需求也水涨船高。世界铜加工重心已逐渐向中国转移。

4. 沪铜期货价格预测对于非线性回归问题

Matlab、Excel、Origin 等软件都可以实现，本书就 SPSS 中如何实现非线性回归进行了讨论。以沪铜连续标准合约年线图上的中间值（年线图上的开盘价和收盘价之和的一半）为历史数据，如表 5-5 所示。数据来源于大智慧炒股软件。

表 5-9　合约年线图上的中间值

年份	1994	1995	1996	1997	1998	1999	2000	2001	2002	2003	2004	2005	2006	2007	2008	2009	2010	2011	2012	2013
t	1	2	3	4	5	6	7	8	9	10	11	12	13	14	15	16	17	18	19	20
中间价	2.39	2.7	2.34	1.86	1.61	1.7	1.86	1.67	1.55	1.92	2.65	3.63	5.13	5.75	4.04	4.24	6.36	6.39	5.72	5.55t

现用 SPSS 19.0 中文版对表 5-5 中的数据进行分析计算。

第一步：根据表 5-5 数据，在 SPSS 中生成散点图和添加趋势线图，分别如图 5-4 和图 5-5 所示。

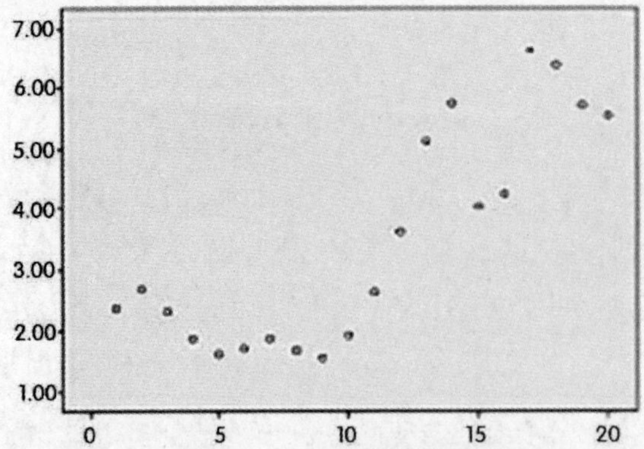

图 5-4　生成的散点图

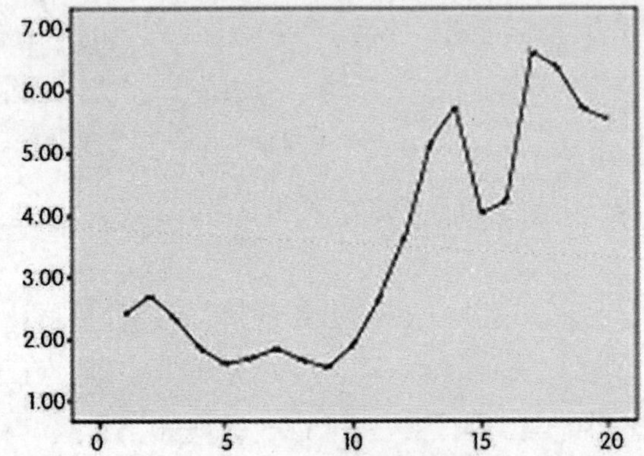

图 5-5　添加的趋势线图

从图 5-4 和图 5-5 可以看出，1994—2013 年，沪铜连续标准合约中间价格呈非线性。所以可以在 SPSS 中建立以时间序列 t 为自变量，沪铜连续标准合约中间价格为因变量的一元非线性回归方程，此方程为多项式。

第二步：依次按分析（A）—回归（R）—曲线估计（C）顺序操作，进行二次项和三次项比较。

二次项计算结果如表 5-6~ 表 5-8 所示。

表 5-6　二次项计算结果（一）

R	R^2	调整 R^2	估计值的标准值
-881	-777	-751	-899

表 5-7　二次项计算结果（二）

	平方和	df		F	sig
回归	47.865	2	23.932	29.594	-0.00
残差	13.748	17	-809		
总计	61.613	19			

表 5-8　二次项计算结果（三）

	未标准化系数	标准化系数	1	sig
	B	标准误	*β*	
1	−0.120	0.147	−0.394	−0.817	0.425
1**2	0.018	0007	1.259	2.612	0.018
（常数）	2.182	0.669		3.261	0.005

从表 5-6~ 表 5-8 可以看出，二次多项式预测方程为 y=2.182−0.120 × t+0.018 × t^2，因为 R^2=0.751，所以预测方程基本满足要求。t 统计量对应的 p 值（sig）都小于 0.05（95% 的置信度），所以，自变量通过了显著性检验。F 统计量为 29.594，对应 p 值为 0.000<0.05，所以预测方程也通过了显著性检验。

从表 5-9~ 表 5-11 可以看出，三次多项式预测方程为 y=4.407−1.071t+0.128t^2−0.004t^3，因为 R_2=0.84，所以预测方程基本满足要求。各系数 t 统计量对应的 p 值（sig）都小于 0.05（95% 的置信度），所以，自变量通过了显著性检验。F 统计量为 34.205，对应 p 值为 0.000，小于 0.05，所以预测方程也通过了显著性检验。

表 5-9　三次项计算结果（一）

R	R^2	调整 R^2	估计值的标准误差
0.930	0.865	0.840	0.721

表 5-10　三次项计算结果（二）

R	R^2	调整 R^2	估计值的标准误差
0.930	0.865	0.840	0.721

表 5-11　三次项计算结果（三）

	未标准化系数		标准化系数	1	sig
	B	标准误差	*β*		
	1.071	0.317			0.004
1**2	0.128	0.035		−3.520	0.002
1**3	−0.004	0.001		9.112	0.005
（常熟）	4.047	0.787		−4.882	0.000

第三步：因为应用曲线估计无法看出三次以上多项式方程中的各个参数，所以只能用非线性回归的方法来做四次多项式非线性回归。现依次按分析（A）—回归（R）—非线性（N）

顺序操作，另外，R_2=0.873。

从表 5-12 可以看出，四次多项式方程为 $y=2.913-0.185t-0.051t^2+0.01t^3+0.000\times t^4$，此时，四次项系数已很接近 0（因为 SPSS 只保留小数点后 3 位，这里 0.000 并不等于 0），此时 R_{42}=0.882。

表 5-12　四次项计算结果（一）

参数	估计	标准误差	95% 置信区间	
			下限	上限
a	2.913	1.084	0.601	5.224
b	−0.185	0.678	−1.629	1.260
c	−0.051	0.127	−0.322	0.219
d	0.010	0.009	−0.010	0.029
e	0.000	0.000	−0.001	0.000

表 5-13　四次项计算结果（二）

a	***b***	***c***	***d***	***e***
1.000	−0.923	0.837	−0.768	0.713
−0.923	1.000	1.000	0.93	0.965
0.837	−0.977	−0.988	−0.988	−0.993
−0.768	0.93	0.96	1.000	1.000
0.713	−0.892		−0.993	

表 5-14　四次项计算结果（三）

源	平方和	df	均方
回归	294.675	5	58.935
残差	7.269	15	0.485
未更正的总计	301.945	20	
已更正的总计	61.612	19	

第四步：把历史数据、二次多项式方程预测数据、三次多项式方程预测数据、四次多项式方程预测数据在 Excel 中做成折线图。可以看出，二次多项式方程和四次多项式方程的预测值都出现“过头”的现象。综合考虑，三次多项式方程在短期预测沪铜连续标准合约中间价格较为合理。

结论应用：SPSS 曲线估计和非线性回归功能可以对沪铜期货中间价格进行短期预测，也可以对回归系数和回归方程进行显著性检验。2014 年的预测值为 5.72 万元 / 吨。但由于曲线估计提供可选的曲线方程有一定的局限性，对一些曲线方程可能无法进行计算，此时可考虑几种软件结合使用来达到目的。另外，非线性回归功能在初始值确定上有一定的难度，也可以考虑用其他软件辅助找到初始值，初始值不同，在迭代运算时迭代次数会不同，运算速度也就不同。

第六章　预测与决策分析

第一节　时间序列预测方法

预测是指对事物的演化预先做出科学的推测。随着科学技术的发展和社会的进步，人类对预测未来的要求越来越高。预测学这门古老而又崭新的交叉学科，充分运用现代科学技术所提供的理论、方法、手段来研究人类社会、政治、经济、军事以及科学技术等各种事物的发展趋势。预测研究过程中对近期影响、中期变化和远景轮廓的描述，为人们制定近期、中期、长期规划以及为进行科学决策提供依据。

一、时间序列法概述

1. 时间序列的概念

时间序列是按照时间次序排列的一系列观测数据。在统计学领域则可认为是指某一统计指标数据按照时间顺序排列起来而形成的统计序列，也称时间数列或动态数列。时间序列主要用于描述现象在具体时间条件下的发展状况和结果；进行各种动态对比分析，研究现象发展变化的方向和程度；分析现象的发展变化趋势及其规律，如长期趋势、季节趋势等；根据对现象发展变化趋势与规律的分析，进行动态预测。目前，在许多领域、行业的数据库中都存储着大量的时间序列数据。传统的时间序列预测技术采用统计、神经网络等方法。统计建模方法要求时间序列具有平稳性、正态性、独立性，不适用于复杂时间序列。

2. 时间序列的步骤

①收集历史资料，加以整理，编成时间序列，并根据时间序列绘成统计图。时间序列分析通常是把各种可能发生作用的因素进行分类，传统的分类方法按各种因素的特点或影响效果分为四大类：第一， 长期趋势；第二，季节变动；第三，循环变动；第四，不规则变动。

②分析时间序列。时间序列中每一时期的数值都是由许许多多不同的因素同时发生作用后的综合结果。

③求时间序列的长期趋势（T）、季节变动（s）和不规则变动（I）的值，并选定近似的数学模式来代表它们。对于数学模式中的诸多未知参数，使用合适的技术方法求出其值。

④利用时间序列资料求出长期趋势、季节变动和不规则变动的数学模型后，就可以利用它来预测未来的长期趋势值 T 和季节变动值 s，在可能的情况下预测不规则变动值 I。然后用以下模式计算出未来的时间序列的预测值 Y：

加法模式：$T+S+I=Y$；

乘法模式：$T\times S\times I=Y$。

如果不规则变动的预测值难以求得，就只求长期趋势和季节变动的预测值，以两者相乘之积或相加之和为时间序列的预测值。如果经济现象本身没有季节变动或不需预测分季分月的数据，则长期趋势的预测值就是时间序列的预测值，即 $T=Y$。但要注意这个预测值只反映现象未来的发展趋势，即使再准确的趋势线在按时间顺序的观察方面所起的作用，本质上也只是一个平均数所起到的作用，实际值将围绕着它上下波动。

3. 时间序列的分类

时间序列预测法可用于短期、中期和长期预测，根据对资料分析方法的不同，其又可分为简单序时平均数法、加权序时平均数法、移动平均法、加权移动平均法、指数平滑法、季节趋势预测法、市场寿命周期预测法等。

简单序时平均数法也称算术平均法，即把若干历史时期的统计数值作为观察值，求出算术平均数作为下期预测值。这种方法基于假设“过去这样，今后也将这样”，把近期和远期数据等同化和平均化，因此只能适用于事物变化不大的趋势预测。如果事物呈现某种上升或下降的趋势，就不宜采用此法。

加权序时平均数法就是把各个时期的历史数据按近期和远期影响程度进行加权，求出平均值，作为下期预测值。

移动平均法就是相继移动计算若干时期的算术平均数作为下期预测值。

加权移动平均法即将简单移动平均数进行加权计算。在确定权数时，近期观察值的权数应该大些，远期观察值的权数应该小些。

这几种方法虽然简便，能迅速求出预测值，但由于没有考虑整个社会经济发展的新动向和其他因素的影响，所以准确性较差，使用该法后应根据新的情况，对预测结果做必要的修正。

指数平滑法即根据历史资料的上期实际数和预测值，用指数加权的方法进行预测。此法实质是由内加权移动平均法演变而来的一种方法，优点是只要有上期实际数和上期预测值，就可计算下期的预测值，这样可以节省很多获取数据和处理数据的时间，减小数据的存储量，方法简便。指数平滑法是国外广泛使用的一种短期预测方法。

季节趋势预测法根据经济事物每年重复出现的周期性季节变动指数，预测其季节性变动趋势。推算季节性指数可采用不同的方法，常用的方法有季（或月）别平均法和移动平均法两种。第一，季（或月）别平均法，就是把各年度的数值分季（或月）加以平均，除以各年季（或月）的总平均数，得出各季（或月）指数。这种方法可以用来分析生产、销售、原材料储备、预计资金周转需要量等方面的经济事物的季节性变动。第二，移动平均法，即应用移动平均数计算比例求典型季节指数。

市场寿命周期预测法就是对产品市场寿命周期的分析研究。例如，对处于成长期的产品预测其销售量，最常用的一种方法就是根据统计资料，按时间序列画成曲线图，再将曲线外延，即得到未来销售发展趋势。最简单的外延方法是直线外延法，适用于对耐用消费品的预测。这种方法简单、直观、易于掌握。

4. 时间序列的未来展望

虽然目前时间序列分析理论的研究已有了一些进展，在分析预测领域也取得了可喜的成绩，但分析预测是一项艰辛和复杂的工作，同时由于目前已有模型的固有缺陷，极大地影响了分析预测的结果。

现在时间序列数据挖掘研究中提出很多的挖掘算法都是具有普适性的算法，算法的适用面广，但算法的预测效果相对较差，如张保稳的时间序列数据挖掘研究中提出的挖掘算法，若能将时序进行分类，然后从每类时序中抽取该类时序的特征并将其引入算法中，形成各类时序的专用挖掘算法可能会提高算法的性能和效果。随着人工智能、机器学习等学科的发展，普通的基于回归模型、聚类模型和统计模型的挖掘技术需要结合人工智能技术的发展而给出更多更有效的数据挖掘技术，从而更好地支持大规模非线性系统的决策。当前对于数据挖掘中不确定性问题的研究正在成为数据挖掘的一个新的方向，如模糊数据挖掘研究，现在这方面大部分的研究都集中在关联规则挖掘上，有关时间序列模糊挖掘方面的研究尚亟待开展。

近几年来，尽管产生了大量的预测方法，但是却没有一种方法在任何情况下都能有最好的表现。复杂的方法虽然有完善的理论支持，在实践中却不一定有令人满意的结果。朴素的方法以其意外的成功证明：朴素并非意味着简陋。理论和实践的结果，都要求我们正确考虑预测的策略。目前，实际应用的预测方法有几百种，但如何正确评价预测方法与预测模型的功效，并依据具体实际选用合适的预测模型与方法，也是广大预测者面临的实际问题。

总之，通过研读众多专家学者的文章，笔者觉得未来时间序列的研究有朝以下两个方向发展的趋势：海量时间序列数据大多是非平稳的，其特征参数和数学分布随着时间的推移而发生变化，模型必须跟踪这种变化才能适应当前的数据，准确预测未来；由于人们要求对实际问题讨论越来越精确，越来越深入，使得在实际预测工作中，采用时变参数模型和自适应预测技术的现代时间序列方法已经成为必然。

二、时间序列建模例题展示

某一城市 1984—1994 年，每年参加体育锻炼的人口数，排列起来共有 11 个数据，构成一个时间序列。我们希望用某个数学模型，根据这 11 个历史数据，来预测 1995 年或以后若干年中每年的体育锻炼人数是多少，以便于该城市领导人制订一个有关体育健身的发展战略或工作计划。

不同的时间序列有不同的特征，如一个人在一年中每天消耗的粮食基本上是相同的，把这 365 个数字排列起来，发现它所构成的时间序列总保持在一定水平，上下相差不太大，我们称它是平稳时间序列。它的取值与具体是哪个时期无关，只与时期的长短有关。一般来说，只有属于平稳过程的时间序列，才是可以被预测的。

1. 预测方法和模型的选择

表 6-1 是扬州市 1980—1999 年农业总产值的有关数据资料，表中产值按 1990 年不变价格计算。根据表 6-1 时间序列的资料，画出时间序列折线。通过观察时间序列图，可以看出此时间序列具有明显的趋势变动。在 1980—1999 年的 20 年间，扬州市农业总产值总体呈明显的上升趋势。农业总产值的变化分为两个时间段：1980—1990 年时间序列呈曲线变化趋势，1991—1999 年时间序列呈线性变化趋势。根据直观的判断，对时间序列采取分段处理的方法，即对 1980—1990 年的时间序列拟合二次曲线趋势模型，对 1991—1999 年的时间序列拟合线性趋势模型。

表 6-1　1980—1999 年扬州市农业总产值　　单位：万元

年份	农业总产值	年份	农业总产值	年份	农业总产值
1980	220.553	1987	345.560	1994	483.960
1981	236.285	1988	357.909	1995	549.807
1982	267.120	1989	357.788	1996	600.986
1983	278.787	1990	357.671	1997	620.281
1984	312.089	1991	305.855	1998	667.542
1985	331.172	1992	362.848	1999	711.741
1986	338.848	1993	414.892	—	—

2. 建立模型

（1）二次曲线趋势模型：$Y^t=a+bt+ct^{\wedge}$

上述方程中的三个未知参数 a、b、c 是根据最小二乘法求得的。即对时间序列拟合一条趋势曲线，使之满足下列条件：各实际值 Y^t 与趋势值〖AKY^t〗的离差平方和为最小，即 $\sum$（Y^t−〖AKY^t〗）^{2}= 最小值，得到标准求解方程：

$$\sum Y=na+b\sum t+c\sum t^2$$

$$\sum tY=a\sum t+b\sum t^2+c\sum t^3$$

$$\sum t^2Y=a\sum t^2+b\sum t^3+c\sum t^4$$

当取时间序列的中间时期数为原点时，有 $\sum t=0$，上式可简化为

$$\sum Y=na+c\sum t^2$$

$$\sum tY=b\sum t^2$$

$$\sum t^2Y=a\sum t^2+c\sum t^4$$

经过计算，得到对扬州市 1980—1990 年农业总产值时间序列拟合的二次曲线模型为

$$Y^t=316\,488.1+14\,584.3t-705.3t^2$$

（2）线性趋势模型：$Y^t=a+bt$

上述方程中的两个未知参数 a、b 也是根据最小二乘法的原理求得的。

$$b=n\sum tY-\sum t\sum Y/n\sum t^2-（\sum t）^2$$

$$a=1/n（\sum Y-b\sum t）$$

同样，为计算方便，取时间序列的中间时期数为原点，此时有 $\sum t=0$，上式可简化为

$$a=1/n\sum Y$$

$$b=\sum tY/\sum t^2$$

经过计算，得到对扬州市 1991—1999 年农业总产值时间序列拟合的线性模型为

$$Y^t=524\,212+51\,090.5t$$

三、基于 MATLAB 的时间序列预测

在自然科学和社会科学各领域中，大量决策问题离不开预测，预测是决策的基础。时间序列利用现有的历史数据构造模型，进而预测未来。

1. 时间序列分析

时间序列分析是根据系统观测得到的时间序列数据，通过曲线拟合和参数估计来建立数学模型的理论和方法。其具有两大特点：第一，事物发展具有持续性，时间序列分析法是根据序列过去的变化趋势预测未来发展变化的，必须是从过去到现在并发展到未来，基本上是不脱离其轨迹能够延续下去的，因此其前提是假定事物发展具有持续性；第二，时间序列数据存在着趋势。时间序列数据由于受到各种因素的影响，其变动趋势不可能完全

一致。一般来说，时间序列数据的趋势主要有以下几个方面：水平变动趋势，时间序列的各个数据呈现出围绕某个稳定值（平均值）的变动形态；长期变动趋势，在一定时期内呈现出持续上升或下降的变动形态；季节变动趋势，以年为周期，按月、季给出的时间数列，呈现出随季节变化且每年反复有规则波动的变动形态；不规则变动趋势，时间序列所呈现的变化趋势没有一定规则，忽升忽降的变动形态。

概括起来，时间序列分析的作用主要有以下几个方面：

①对理论性模型与数据进行适度检验，以讨论模型是否能正确地表示所观测的客观现象；

②描述系统所处的状态及其结构性，从而达到认识和解释系统的目的；

③描述系统的运行规律性；

④预测并控制系统的未来行为，通过调整时间序列模型的输入变量，使系统发展过程保持在目标值上，从而达到预测和利用系统的目的。

2. 时间序列预测模型及实例应用

时间序列预测法主要用于分析影响事物的主要因素比较困难或相关变量资料难以得到的情况，预测时先要进行时间序列的模式分析。时间序列预测法包含指数平滑法、自回归移动平均模型（ARMA）等多种方法与模型，下面详细介绍自回归移动平均模型时间序列预测方法。

（1）基本数据

①预测采用来自《2008 年中国统计年鉴》中我国 1985—2007 年中国人口普查总数的数据。

②对模拟值处理的 m 文件代码：

x = [1985 1986 1987 1988 1989 ... 2007];

y = [105851 107507 109300 111026 ... 131448 132129];

plot（x，y），hold on；plot（x，y，'*'）；title（'中国人口普查总数'，'FontSize'，10）；xlabel（'年份'，'FontSize'，10）；ylabel（'人口总数（万）'，'FontSize'，10）；grid on

③结果。例中采用的数据取值为前 15 个原始数据，对剩下的 8 个原始数据进行预测，最后预测的结果与现有的最后 8 个原始数据进行比较，算得误差，检测模型拟合效果及预测精度。

（2）自回归移动平均模型

自回归移动平均模型序列的数学模型是有限参数线形模型。

①只要确定出有限个参数的值，模型也就完全确定了。用它们来对数据进行拟合，考察数据内在的统计特征以及做最佳预报时数学上的分析处理都比较方便。

② AR（p）、MA（q）和 ARMA（p，q）序列的谱密度都是有理谱密度，而连续谱

密度可以用有理谱密度来逼近，并能达到理想的近似程度，所以利用 AR（p）、MA（q）或 ARMA（p，q）模型作为基本的时间序列模型。

a.matlab 代码：

```
function armademo
Parameter：
nseq = [105851 107507 109300 ...132129]; nseq = nseq'; nseqdata = iddata（nseq（1：15））;
m = armax（nseqdata，[3，3]）; yfilter = predict（m，nseq（16：23））;
x = [2000 2001 2002 2003 2004 2005 2006 2007]; y = nseq（16：23）;
yar = yfilter; plot（x，y，'-b*'，x，yar，'--rs'，'LineWidth'，2，'MarkerEdgeColor'，'k'，'MarkerFaceColor'，'g'，'MarkerSize'，2）;
disp（sprintf（'The result is：%f，\ n'，yar））;
mse = MSE（nseq（16：23），yar）; avmae = mae（nseq（16：23），yar）;
rerr = releaterror（nseq（16：23），yar）;
disp（sprintf（'The mean square error is：%f'，mse））;
disp（sprintf（'The avarage real error is：%f'，avmae））;
disp（sprintf（'平均相对误差 is%f'，rerr））;
title（'中国人口普查总数 ARMA 模型预测'，'FontSize'，10）;
xlabel（'年份'，'FontSize'，10）; ylabel（'人口总数（万）'，'FontSize'，10）;
grid; legend（'actual data'，'arma'）; grid on
```

b. 截图：考虑到多个因素，综合得出的 ARMA（p，q）模型的阶数 p 和移动平均项数 q 的取值分别为 3 和 3。根据 ARMA（3，3）模型的计算公式，得出预测结果和实际值的拟合情况。

c. 误差分析：其平均相对误差 MRE=0.000 174，平均绝对误差 MAE=22.668 096，均方差 MSE=783.483 517。

通过以上分析可以得到，自回归移动平均模型的预测效果还是比较理想的，说明自回归模型在我国人口普查总数的预测中切实可行。

对于时间序列的预测仍将是未来几年的研究热点，由于技术的原因以及作者自身学识的浅薄，本书的研究尚有许多不足之处，现简单总结如下，以为今后的工作、学习和研究提供思路和借鉴：

时间序列预测方法及模型是近年来的热点研究领域，涉及诸多学科，应用领域非常广泛。加强其理论基础知识的学习，增加自身知识的储备，将是作者今后必须不断加强的地方。

第二节　灰色预测方法

一、灰色预测的理论知识

1. 灰色系统预测的概念

灰色预测是就灰色系统所做的预测。所谓灰色系统是介于白色系统和黑箱系统之间的过渡系统，其具体含义是，如果某一系统的全部信息已知为白色系统，全部信息未知为黑箱系统，部分信息已知，部分信息未知，那么这一系统就是灰箱系统。一般地说，社会系统、经济系统、生态系统都是灰色系统。例如，物价系统，导致物价上涨的因素很多，但已知的却不多，因此对物价这一灰色系统的预测可以用灰色预测方法。

灰色系统理论认为，对既含有已知信息又含有未知或非确定信息的系统进行预测，就是对在一定方位内变化的、与时间有关的灰色过程的预测。尽管过程中所显示的现象是随机的、杂乱无章的，但毕竟是有序的、有界的，因此这一数据集合具备潜在的规律，灰色预测就是利用这种规律建立灰色模型对灰色系统进行预测。

2. 预测的类型

灰色预测一般有以下四种类型。

（1）数列预测

对某现象随时间的顺延而发生的变化所做的预测定义为数列预测。例如，对消费物价指数的预测，需要确定两个变量，一个是消费物价指数的水平；另一个是这一水平所发生的时间。

（2）灾变预测

对发生灾害或异常突变时间可能发生的时间预测称为灾变预测，如对地震时间的预测。

（3）系统预测

对系统中众多变量间相互协调关系的发展变化所进行的预测称为系统预测，如市场中替代商品、相互关联商品销售量互相制约的预测。

（4）拓扑预测

将原始数据作曲线，在曲线上按定值寻找该定值发生的所有时点，并以该定值为框架构成时点数列，然后建立模型预测未来该定值所发生的时点。

为了弱化原始时间序列的随机性，在建立灰色预测模型之前，需先对原始时间序列进行数据处理，经过数据处理后的时间序列即称为生成列。灰色系统常用的数据处理方式有累加和累减两种。

二、灰色理论预测模型

1. 灰色理论

通过对原始数据的处理，挖掘系统变动规律，建立相应的微分方程，从而预测事物未来发展状况。

灰色理论的优点是，对于不确定因素的复杂系统预测效果较好，且所需样本数据较小；缺点是基于指数率的预测没有考虑系统的随机性，中长期预测精度较差。

2. 灰色预测模型

在多种因素共同影响且内部因素难以全部划定，因素间关系复杂隐蔽，可利用的数据情况少下可用，一般会加上修正因子使结果更准确。

灰色系统是指部分信息已知，部分信息未知的小样本，贫信息的不确定系统，以灰色模型（G，M）为核心的模型体系。

3. 灰色预测模型建模机理

灰色系统理论是基于关联空间、光滑离散函数等概念，定义灰导数与灰微分方程，进而用离散数据列建立微分方程形式的动态模型。

4. 灰色预测模型实验

以 sin（pi*x/20）函数为例，以单调性为区间检验灰色模型预测的精度，实测值与预测值对比，如图 6-1 所示。

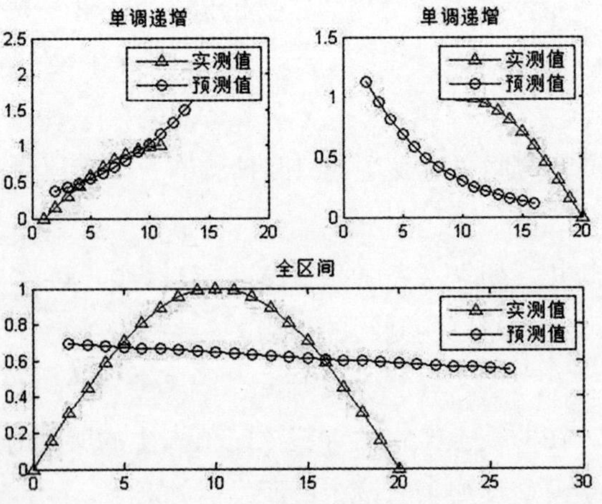

图 6-1　实测值与预测值对比

通过实验可以明显地看出，灰色预测对于单调变化的序列预测精度较高，但是对波动变化明显的序列而言，灰色预测的误差相对比较大。究其原因，灰色预测模型通过 AGO

累加生成序列，在这个过程中会将不规则变动视为干扰，在累加运算中会过滤掉一部分变动，而且由累加生成灰指数律定理可知，当序列足够大时，存在级比为 0.5 的指数律，这就决定了灰色预测对单调变化预测具有很强的惯性，使得波动变化趋势不敏感。

所用测试代码如下：

```
clc
clear all
% 本程序主要用来计算根据灰色理论建立的模型的预测值
% 应用的数学模型是 GM（1，1）
% 原始数据的处理方法是一次累加法
x=[0：1：10];
x1=[10：1：20];
x2=[0：1：20];
y=sin（pi*x/20）；
n=length（y）；
yy=ones（n，1）；
yy（1）=y（1）；
for i=2：n
yy（i）=yy（i-1）+y（i）；
end
B=ones（n-1，2）；
for i=1：（n-1）
B（i，1）=-（yy（i）+yy（i+1））/2;
B（i，2）=1;
end
BT=B';
for j=1：n-1
YN（j）=y（j+1）；
end
YN=YN';
A=inv（BT*B）*BT*YN;
a=A（1）；
u=A（2）；
t=u/a;
t_test=5； % 需要预测个数
i=1：t_test+n;
yys（i+1）=（y（1）-t）.*exp（-a.*i）+t;
yys（1）=y（1）；
for j=n+t_test：-1：2
ys（j）=yys（j）-yys（j-1）；
end
x=1：n;
```

```
xs=2：n+t_test;
yn=ys（2：n+t_test）;
det=0;
for i=2：n
det=det+abs（yn（i）-y（i））;
end
det=det/（n-1）;
subplot（2，2，1），plot（x，y，'^r-'，xs，yn，'b-o'），title（'单调递增'），legend
（'实测值'，'预测值'）;
disp（['百分绝对误差为：'，num2str（det），'%']）;
disp（['预测值为：'，num2str（ys（n+1：n+t_test））]）;
%递减
y1=sin（pi*x1/20）;
n1=length（y1）;
yy1=ones（n1，1）;
yy1（1）=y1（1）;
for i=2：n1
yy1（i）=yy1（i-1）+y1（i）;
end
B1=ones（n1-1，2）;
for i=1：（n1-1）
B1（i，1）=-（yy1（i）+yy1（i+1））/2;
B1（i，2）=1;
end
BT1=B1';
for j=1：n1-1
YN1（j）=y1（j+1）;
end
YN1=YN1';
A1=inv（BT1*B1）*BT1*YN1;
a1=A1（1）;
u1=A1（2）;
t1=u1/a1;
t_test1=5;  %需要预测个数
i=1：t_test1+n1;
yys1（i+1）=（y1（1）-t1）.*exp（-a1.*i）+t1;
yys1（1）=y1（1）;
for j=n1+t_test1：-1：2
ys1（j）=yys1（j）-yys1（j-1）;
end
x21=1：n1;
```

```
xs1=2：n1+t_test1;
yn1=ys1（2：n1+t_test1）；
det1=0;
for i=2：n1
det1=det1+abs（yn1（i）-y1（i））；
end
det1=det1/（n1-1）；
subplot（2，2，2），plot（x1，y1，'^r-'，xs1，yn1，'b-o'），title（'单调递增'），legend
（'实测值'，'预测值'）；
disp（['百分绝对误差为：'，num2str（det1），'%']）；
disp（['预测值为： '，num2str（ys1（n1+1：n1+t_test1））]）；
%整个区间
y2=sin（pi*x2/20）；
n2=length（y2）；
yy2=ones（n2，1）；
yy2（1）=y2（1）；
for i=2：n2
yy2（i）=yy2（i-1）+y2（i）；
end
B2=ones（n2-1，2）；
for i=1：（n2-1）
B2（i，1）=-（yy2（i）+yy2（i+1））/2;
B2（i，2）=1;
end
BT2=B2';
for j=1：n2-1
YN2（j）=y2（j+1）；
end
YN2=YN2';
A2=inv（BT2*B2）*BT2*YN2;
a2=A2（1）；
u2=A2（2）；
t2=u2/a2;
t_test2=5；  %需要预测个数
i=1：t_test2+n2;
yys2（i+1）=（y2（1）-t2）.*exp（-a2.*i）+t2;
yys2（1）=y2（1）；
for j=n2+t_test2：-1：2
ys2（j）=yys2（j）-yys2（j-1）；
end
x22=1：n2;
```

```
xs2=2：n2+t_test2;
yn2=ys2（2：n2+t_test2）;
det2=0;
for i=2：n2
det2=det2+abs（yn2（i）-y2（i））;
end
det2=det2/（n2-1）;
subplot（2，1，2），plot（x2，y2，'^r-'，xs2，yn2，'b-o'），title（'全区间'），legend
（'实测值'，'预测值'）;
disp（['百分绝对误差为：'，num2str（det2），'%']）;
disp（['预测值为：'，num2str（ys2（n2+1：n2+t_test2））]）;
```

三、灰色预测模型 GM（1，1）的 MATLAB 程序

如下是检验级比的函数，调用 cal（x）。

```
function r=cal（x）
s=size（x，2）;
for i=2：s
r（i-1）=x（i-1）/x（i）;
end
```

把 x 数组调用进去，GM_1（x）就可以了，会出现很多值，包括拟合值及预测值。

```
%二次拟合预测 GM（1，1）模型
function gmcal=gm1（x）
sizexd2 = size（x，2）;
%求数组长度
k=0;
for y1=x
k=k+1;
if k>1
x1（k）=x1（k-1）+x（k）;
%累加生成
z1（k-1）=-0.5*（x1（k）+x1（k-1））;
%z1 维数减 1，用于计算 B
yn1（k-1）=x（k）;
else
x1（k）=x（k）;
end
end
%x1，z1，k，yn1
sizez1=size（z1，2）;
%size（yn1）;
z2 = z1';
```

```
z3 = ones（1，sizez1）';
YN = yn1'; % 转置
%YN
B=[z2 z3];
au0=inv（B'*B）*B'*YN;
au = au0';
%B，au0，au
afor = au（1）;
ufor = au（2）;
ua = au（2）/au（1）;
% afor，ufor，ua
% 输出预测的 au 和 u/a 的值
constant1 = x（1）-ua;
afor1 = -afor;
x1t1 = 'x1（t+1）';
estr = 'exp';
tstr = 't';
leftbra = '（';
rightbra = '）';
%constant1，afor1，x1t1，estr，tstr，leftbra，rightbra
strcat（x1t1，'='，num2str（constant1），estr，leftbra，num2str（afor1），tstr，
rightbra，'+'，leftbra，num2str（ua），rightbra）
% 输出时间响应方程
% 二次拟合
k2 = 0;
for y2 = x1
k2 = k2 + 1;
if k2 > k
else
ze1（k2）=exp（-（k2-1）*afor）;
end
end
%ze1
sizeze1 = size（ze1，2）;
z4 = ones（1，sizeze1）';
G=[ze1' z4];
X1 = x1';
au20=inv（G'*G）*G'*X1;
au2 = au20';
%z4，X1，G，au20
Aval = au2（1）;
```

```
Bval = au2（2）；
%Aval，Bval
% 输出预测的 A，B 的值
strcat（x1t1，'='，num2str（Aval），estr，leftbra，num2str（afor1），tstr，rightbra，'+'，leftbra，num2str（Bval），rightbra）
% 输出时间响应方程
nfinal = sizexd2-1 + 1;
% 决定预测的步骤数 5，这个步骤可以通过函数传入
%nfinal = sizexd2 - 1 + 1;
% 预测的步骤数 1
for k3=1：nfinal
x3fcast（k3） = constant1*exp（afor1*k3）+ua;
end
%x3fcast
% 一次拟合累加值
for k31=nfinal：-1：0
if k31>1
x31fcast（k31+1） = x3fcast（k31）-x3fcast（k31-1）；
else
if k31>0
x31fcast（k31+1） = x3fcast（k31）-x（1）；
else
x31fcast（k31+1） = x（1）；
end
end
end
x31fcast
% 一次拟合预测值
for k4=1：nfinal
x4fcast（k4）= Aval*exp（afor1*k4）+Bval;
end
%x4fcast
for k41=nfinal：-1：0
if k41>1
x41fcast（k41+1） = x4fcast（k41）-x4fcast（k41-1）；
else
if k41>0
x41fcast（k41+1） = x4fcast（k41）-x（1）；
else
x41fcast（k41+1） = x（1）；
end
end
```

```
end
x41fcast, x
% 二次拟合预测值
%*** 精度检验 ************
k5 = 0;
for y5 = x
k5 = k5 + 1;
if k5 > sizexd2
else
err1 (k5) = x (k5) - x41fcast (k5) ;
end
end
%err1
% 绝对误差
xavg = mean (x) ;
%xavg
%x 平均值
err1avg = mean (err1) ;
%err1avg
%err1 平均值
k5 = 0;
s1total = 0 ;
for y5 = x
k5 = k5 + 1;
if k5 > sizexd2
else
s1total = s1total + (x (k5) - xavg) ^2;
end
end
s1suqare = s1total ./ sizexd2;
s1sqrt = sqrt (s1suqare) ;
%s1suqare, s1sqrt
%s1suqare,残差数列 x 的方差;s1sqrt 为 x 方差的平方根 s1
k5 = 0;
s2total = 0 ;
for y5 = x
k5 = k5 + 1;
if k5 > sizexd2
else
s2total = s2total + (err1 (k5) - err1avg) ^2;
end
```

```
end
s2suqare = s2total / sizexd2;
%s2suqare，残差数列 err1 的方差 s2
Cval = sqrt（s2suqare / s1suqare）;
Cval
%nnn = 0.6745 * s1sqrt
%Cval C 检验值
k5 = 0;
pnum = 0 ;
for y5 = x
k5 = k5 + 1;
if abs（err1（k5）- err1avg）< 0.674 5 * s1sqrt
pnum = pnum + 1;
%ppp = abs（err1（k5）- err1avg）
else
end
end
pval = pnum / sizexd2;
pval
%p 检验值
%arr1 = x41fcast（1:6）
% 预测结果为区间范围，预测步长和数据长度可调整程序参数进行改进
```

四、数学建模中预测方法的教学方法

数学模型中，有许多预测问题，如 2004 年奥运临时超市网点设计及电力市场的输电阻塞管理，2005 年长江水质的评价与预测，2006 年艾滋病疗法的评价与预测，2008 年高校学费标准探讨问题，2010 年上海世博会的影响力等。预测就是根据过去和现在来估计未来、预测未来，它是使用历史数据或因素变量来建立需求的数学模型，根据已掌握的比较完备的历史统计数据，运用一定的数学方法进行科学的加工整理，借以揭示有关变量之间的规律性联系，用于预测和推测未来发展变化情况的一类预测方法。近年来，在全国大学生数学建模竞赛中出现预测问题相关的试题越来越多。在数学建模教学过程中，预测是必不可少的模块，但许多建模教材中并没有系统地介绍预测的方法和应用。教材对这类方法给的都是零碎的例子，因此，很有必要在课堂上由教师来系统地给大家讲解预测的几种方法和应用范围以及各自的优缺点。在课堂上，教师要举出不少例子来阐述预测的方法，有些模型可以采用机理分析的方法。例如，人口预测模型，采用的是微分方程的阻滞模型，用以准确地刻画了人口的增长方式。但还有许多模型是无法采用机理分析的方法预测的，这时就要采用测试分析方法对已知的数据进行实验，从而找到规律，达到预测的目的，如股票预测、财政收入预测等。

预测方法有很多种：趋势外推预测法、时间序列预测法、回归预测法、灰色模型预测法、神经网络预测法等。这些方法的选择需根据不同的情况来定。如此多的预测方法，讲授起来繁而复杂，导致学生对预测的方法很难掌握并熟练运用。采用什么样的方式方法进行教学才能让学生更容易接受，更能提高学生学习数学建模的积极性，锻炼综合运用知识的能力以及自学能力呢?

1. 教学内容与目标

教学内容是讲解并比较上述预测的 5 种方法。教学目标是让学生理解什么是预测，知道对于不同的模型，采用不同的预测方法，或者采用多种预测方法计算，来比较哪种效果更好。从日常生活出发是发现问题的源泉之一，由现实生活提出许多预测问题，启发学生的思维，然后由浅入深对预测的方法一一讲解，让学生学会预测原理的同时也学会用计算机求解。

2. 教学中存在的问题

传统的教学一般不会把这几种预测方法集中进行讲解，因为预测涉及的专业知识比较广泛，像回归分析是数理概率统计里面的内容，时间序列预测法是时间序列分析课程里面的内容。而学生在刚开始建模课程时（一般在大二），还没有学习到这些课程，许多建模教材中又没有分类详细介绍这类问题。那么，学生无法形成系统的学习，只有在解决具体的问题时才想到相关方法，这时就只有零碎的记忆，导致在竞赛过程中，遇到这类问题不知道用哪种方法求解。因此，我们有必要把这几种方法结合在一起讲授分析，而且根据不同的预测方法，采用的不同的教学方法。

3. 教学改革措施

下面介绍的几种教学方法在大二的数学课程中都没有深入了解，因此就需要教师的耐心讲授。它不同于线性规划、微分方程之类的模型，学生在学习建模之前都学过相关知识，并知道其中的方法。而预测的方法并没有哪一门课进行了详细归纳，而且这些方法学生几乎都没有接触过，所以不同于其他模型的讲解，我们对预测教学实行从实例讲解到建模再到归纳总结的过程。

（1）具体方法的讲解

以语言传递信息为主的方法主要有讲授法，即直观阐述各种预测的计算方法。传统的教学手段需要教师把大量的授课时间花费在画图、制表中，不仅效率低、课堂信息量少，而且可观性差，因此数学建模课程非常适合应用多媒体进行教学。教师在使用多媒体讲授时，可观性好，内容充实，信息量大，预测的方法与运算能轻松地用软件实现。尽管多媒体有众多优点，所表达的信息量大，但并不意味着要详细讲解各个预测方法的内容。因为预测方法涉及的面很广，每一种方法又是来自不同的课程，每一种方法都讲得面面俱到是不大可能的，而且一些方法，像时间序列分析、神经网络，都有复杂的推导公式，学生并不容易理解。而多媒体最大的软肋是涉及定理证明过程，而公式推导演算过程一概而过，没有用粉笔与黑板方便直观、节奏感强和教师边讲边显示的作用。用粉笔书写会给学生慢慢理解消化的时间，并提高注意力。因此，在使用多媒体时，应避免讲解复杂的理论和定理。

在授课过程中讲清楚算法的构造思想的前提下，对于冗长复杂的理论证明我们可以适当删减，以免打击学生学习的积极性。例如，BP 神经网络模型，只讲述神经元的概念以及如何学习、如何传播，不涉及过多的概念及推导，并且帮学生编写好程序，主要是讲解程序的每一步运算，把需要调整的一些参数和激活函数列举给学生，再举几个简单的例子，使用 MATLAB 软件运行程序，得出结果。这样，学生不仅懂得了其中的原理，而且会使用软件计算，下次遇到预测的建模问题时，可以直接套用程序，调整下参数即可得出结果。

（2）实验加操作

以直接感知为主的方法称为演示法。教师在讲解完预测的几种方法后，应该选择简单易懂的例题进行实践，并套用之前讲过的预测方法，使用软件进行现场求解，并验算预测方法的合理性。这样就能直观地给学生传递知识，让他们在懂得方法和原理的同时，又会简单使用软件求解。

（3）分析各种方法的异同

分析各种方法的异同是上课内容的关键部分，只有搞清楚各种方法的异同和适用范围，才能用对方法。我们要着重进行各种方法的分析比较，以及适用范围的讲解，剖析其异同，有助于学生更好地理解概念，加深印象。例如，灰色预测是一种不严格的系统方法，是灰色系统理论为基础的灰色预测技术，可在数据不多的情况下找出在该时期内作用的规律，建立负荷预测模型，而建立灰色模型首先将负荷数据累加生成为近似有指数规律增长的数列，构造近似的不完全确定的微分方程。这里教师要强调指出模型使用的不是原始数据序列，而是生成的数据序列，优点是不需要很多的数据，一般只需要四个数据足以，能解决历史数据少、序列的完整性及可靠性低的问题。趋势外推法的一个重要假设前提是预测对象的发展变化具有稳定性和渐进性，这也是使用此方法的前提。否则，历史时期发展规律就不能够外推到预测期，且稳定性和非突变性是所有预测方法的必然要求，因为在突变情况下，所有预测结果都是失败的。这样，把各种方法的优缺点、适用范围进行分析比较，从而能让学生加强理解和记忆，在今后碰到类似的问题时找出最合适的方法。

（4）加强学生的动手实践能力

在讲述归纳完预测的几种方法之后，就要让学生自己动手实践。教师可以给出些实验数据或者提出些实际问题，让学生提出解决方案，并且动手建模、编写试验程序、计算出数据，从而验证方法的正确性。

4. 积极开展研究型教学改革

我们在教学中布置涉及各种类型的预测模型、应用和仿真等综合性题目让学生练习。

如果不讲预测模型，其他模型也同样需要给学生布置各种题目，让学生自己动手参与，让学生查阅文献、收集资料，训练学生获取信息、处理信息的方法，加强学生阅读能力的训练，养成科学的阅读方法，深入钻研，写出小论文，记入课程总评成绩；在实验环节，设定各种层次和不同要求的实验，鼓励学生自己动手编写程序实验。在研究性教学中，除了巩固和验证学生所学的理论知识外，更重要的是培养学生的科学探索精神，从而学生在生活中遇到问题时，可以自己动脑动手建立数学模型，研究其中的规律，以问题启发学习兴趣，由兴趣带动研究。

由于预测在数学建模中占有比较重要的位置，预测的几种方法涉及几种不同的数学学科，这些课程，许多学生在学数学建模之前未必学过。因此，有必要抽几节课就这类问题给学生进行讲解。方式方法之多，令学生学习起来有点困难，加上有些方法有较强的理论背景，在有限的时间里讲授课程时，如何才能让学生更容易接受，本书就此类问题进行了一个教学研究。通过本书对教学的分析，能够使学生在学习预测时，不至于迷茫和混乱。使得数学教学变得更轻松自如，让学生对数学学习产生更加浓厚的兴趣，也逐步训练学生用数学知识解决实际问题的能力。通过教学改革不仅要让学生掌握常用的算法，而且提高了他们分析与解决问题的能力以及程序设计能力。

参考文献

[1] 齐欢 . 数学模型方法 [M]. 武汉：华中理工大学出版社，1996.

[2] 夏红霞，宋华珠，钟珞. 算法分析与设计 [M]. 武汉：武汉大学出版社，2007.

[3] 李大潜. 中国大学生数学建模竞赛 [M]. 2 版 . 北京：高等教育出版社，2001.

[4] 尚佰晓，吕子楠，李杰年，等. 基于模糊综合评价法与单因子指数评价法的水质评价 [J]. 中国环境管理干部学院学报，2013，23(5)：1-4.

[5] 肖建明，陈国华，张瑞华. 高斯烟羽模型扩散面积的算法研究 [J]. 计算机与应用化学，2006，23(6)：559-564.

[6] 李羚，李德光，王琳邦. 大小海坝水库水质模糊综合评价 [J]. 保山师专学报，2007，26(5)：7-10.

[7] 方金武 . 污染物源强核算方法的比较分析——二期化工石化医药类环境影响评价登记培训论文 [J]. 科技信息，2007(28)：463-465.

[8] 韩旭明，左万利，王丽敏，等. 免疫算法优化的大气质量评价模型及其应用 [J]. 计算机研究与发展，2011，48(7)：1307-1313.

[9] 孙冬瑶，朱建雯，黄韶华，等. 基于模糊综合评价法的煤矿矿井水水质现状评价 [J]. 环境保护科学，2012，38(6)：60-63.

[10] 李利，陈圆. 防城港湾海域水质模糊评价与分析 [J]. 南方国土资源，2011(5)：43-45.

[11] 林珍铭，徐超平，夏斌，等. 东营市土地生态安全评价 [J]. 安徽农业科学，2011，39(18)：11195-11197，11212.

[12] 胡二艳. 基于熵权法的水质模糊综合评价 [J]. 科技信息，2011(16)：769-770.

[13] 孙靖南，邹志红，任广平. 模糊综合评价在天然水体水质评价中的应用研究 [J]. 环境污染治理技术与设备，2005，6(2)：45-48.

[14] 王志和，凌云. Dijkstra 最短路径算法的优化及其实现 [J]. 微计算机信息，2007，23(33)：275-277.

[15] 吴庆丰，刘兵兵. 利用动态规划求解资源分配的问题 [J]. 安庆师范学院学报（自然科学版），2008，14(2)：74-75.

[16] 梁修锋. 动态规划在设备更新中的应用 [J]. 中国地质经济，1992(10)：35-37，41.

[17] 刘凤鸣. 动态规划的应用 [J]. 科技视界，2013（7）：40-41.

[18] 刘家保，陆一南，陈中华．数学建模竞赛与大学生创新能力提高的研究与实践 [J]．湖北广播电视大学学报，2012，32（8）：139-140．

[19] 王荣德．新建地方本科院校工科应用型人才培养研究 [J]．教育探索，2008（11）：40-41．

[20] 徐权，段红红．技术应用型人才培养开放式一体化教学模式的构建 [J]．黑龙江高教研究，2013，31（3）：163-166．

[21] 刘琼．新建地方本科院校数学创新应用型人才的培养——以钦州学院为例 [J]．吉林省教育学院学报（下旬），2013，29（10）：1-3．

[22] 吕兰兰，刘忠．MATLAB 软件的功能特点 [J]．中国电化教育，2003（2）：86-87．

[23] 杨建强，罗先香．MATLAB 软件工具箱简介 [J]．水科学进展，2001，12（2）：237-242．

[24] 姜启源，谢金星．一项成功的高等教育改革实践——数学建模教学与竞赛活动的探索与实践 [J]．中国高教研究，2011（12）：79-83．

[25] 镇方雄，陈将宏．常微分方程 CAI 教学课件的研制及其在教学中的应用研究 [J]．咸宁学院学报，2011，31（6）：45-46．

[26] 王玉文，王金凤，刘萍．多媒体教学在常微分方程教学中的应用 [J]．继续教育研究，2010（2）：174-175．

[27] 李浩荣，窦霁虹，童训华，等．“常微分方程”课件设计与教学实践 [J]．高等理科教育，2004（4）：106-109．

[28] 闫金亮．Matlab 在常微分方程教学中的应用 [J]．武夷学院学报，2012，31（2）：95-99．

[29] 程春蕊，朱军辉．Mathematica 软件在常微分方程教学中的应用 [J]．高等函授学报（自然科学版），2012，25（1）：21-23．

[30] 朱春蓉，郑群珍．Maple 在常微分方程教学中的应用 [J]．河南教育学院学报（自然科学版），2009，18（3）：63-64．

Contents

目 录

第一章　跨文化交际概述

第1节　文化、交际与语言的关系

一、文化、交际与语言的概念

（一）文化的概念

关于文化定义，各位学者、专家的观点可谓是见仁见智。据统计，现已存在的关于文化的定义已经有200多种，这里先就其中较有代表性的定义进行分析。

culture一词来源于拉丁文cultura，是“耕种、居住、保护和崇拜”的意思。它曾经的意思是“犁”，指的是过程、动作，后来引申为培养人的技能、品质。然后到了18世纪，该词又进一步转义，表示“整个社会里知识发展的普遍状态”“心灵的普遍状态和习惯”“各种艺术的普遍状态”。

英国人类学家爱德华·泰勒对文化所下的定义可以算作是文化定义的起源，是一种经典性的定义，被学术界普遍接受和认同。19世纪70年代，他出版了《原始文化》一书。他在该书中指出，从广泛的民族学意义来讲，文化是一个复合整体，包括了知识、信仰、艺术、道德、法律、习俗以及作为一个社会成员的人所习得的其他一切能力和习惯。

萨姆瓦等人是研究有关交际问题的学者，他们对文化下的定义概括起来就是：文化是经过前人的努力而积累、流传下来的知识、经验、信念、宗教以及物质财富等的总体。文化暗含在语言、交际行为和日常行为中。

莫兰认为文化是人类群体不断演变的生活方式，包含一套共有的生活实践体系，这一体系基于一套共有的世界观念，关系到一系列共有的文化产品，并置于特定的社会情境之中。其中，文化产品是文化的物理层面，是由文化社群以及文化个体创造或采纳的文化实体；文化个体的所有文化实践行为都是在特定的文化社群中发生的；文化社群包括社会环境和群体。

美国社会学家伊恩·罗伯逊从社会学角度对文化做了界定，他认为文化包括大家享有的物质的和非物质的全部人类社会产品。

张岱年和程宜山指出，文化是人类在处理其与客观现实的关系时所采取的行为和思维方式及其所创造出来的一切成果，是活动方式与活动成果的辩证统一。

金惠康指出，文化是生产方式、生活方式、价值观念以及社会准则等构成的复合体。

总的来讲，文化可以分为广义和狭义两种类型，具体含义如下。

（1）广义的文化是人类从事物质生产活动和精神生产活动时所创造的一切成果。从这个意义上讲，文化实际是人类通过改造自然和社会而逐步实现自身价值观念的过程。

（2）狭义的文化是指精神创造活动及其结果。美国《哥伦比亚百科全书》指出，文化是在社会中习得的一整套价值观、信念和行为规则。

（二）交际的定义

《辞海》中“交际”词条下的释义：“敢问交际，何心也？”朱熹注：“际，接也”。“交际”谓人以礼仪仪币帛相交接也。据此意义，该词后来泛指社会各阶层成员交往中人与人的往来应酬。《现代汉语词典》将“交际”定义为“人与人之间的往来接触”，这些都是传统意义对该词汇的解释。

同文化一样，作为学术上的专业术语，“交际”的定义也是多种多样的，关世杰将跨文化交际中的交流定义为“信息发送者与信息接受者共享信息的过程”。贾玉新把交际看成是交际符号过程，一个动态多变的编译码过程，当交际者把意义赋予言语或非言语符号时，就产生了交际。《在跨文化交际学》中，他认为，交际受制于文化、心理等多种因素。但交际不一定以主观意识为转移，可能是无意识的和无意的活动，它是人们运用符号创造共享意义的过程、因此，我们说交际是一种运用符号传送和解释信息，从而获取共享意义的过程。

汉语“交际”一词指的是人与人的往来接触。英语 communication 来源于拉丁语 communicare，意为“分享”，可供分享的无非是信息，这些信息包括思想、消息、情绪、观点、态度等，分享的方式既可以借助语言，也可以是文字、器物、视觉符号、肢体动作等。国内外学者对于交际的认识众说纷纭，不一而足。迄今为止，关于交际的定义有两百多种，在这些定义中，有的侧重交际的内容，有的关注交际的方式，还有的着眼于交际的符号特征。在此我们仅选取两个有代表性的观点加以简单介绍。

丹斯从三个维度对交际进行了论述，分别是：观察的层次、意向性以及规范性评价。观察的层次，又称抽象化程度，指的是交际具有较高的抽象性和概括性。意向性指交际行为是有意为之还是无心之举。在实际交往过程中，交际双方在信息的传递和接收上并不总是处于一种完美状态，一方主动地、有意地传递某种信息，另一方却可能视而不见或无法理解，导致交际的失败。又或者，一方做出某个动作，该动作在本民族文化语境下表现为一种积极的态度，但在另一方的文化背景下却可能被解释为冒犯和侮辱，从而引发交际危机。规范性评价是对交际成功与否的判定。交际的成功，可以表述为，一个完整的交际过程其终点的表现形式。有人主张信息接受者对信息的准确理解是判定交际是否成功的标准，然而现实的交际过程中却处处存在误解或困惑，这两种情形都是未能对信息进行正确的理解所致，因此我们主张，只要有信息的传递，无论接收者理解与否都是交际的达成。

综上，交际的发生首先是自身的需要，同时又需要他人的参与。交际的实现不仅需要信息的编码和解码，同时也表明了信息双方之间的关系。例如，在信息内容不变的情况下，使用不同的语气揭示了对话双方之间的关系。“麻烦您关一下窗户。”“小张，关一下窗户！”第一个情景很可能是两个陌生人之间的对话，第二个情景则可能是上级对下级、长辈对晚辈所说的话。交际不是简单的信息传递，而是一个极其复杂的概念，它涉及信息传递的方式、交际双方的关系、性格、言谈举止等。

因此，交际是一种行为，它是人们相互之间有意或下意识的一种信息交换。比如一句话，一个眼神，举手投足之间都能够传递某种信息，这种信息包括需求、愿望、感觉或态度等，其他学者称之为关系。交际的构成要素有：信息、信息发出者、信息接收者。在交际过程中，信息接收者既可以是信息的主动接收者，也可以是被动接收者。尽管交际能够突破时空的限制，比如网络的普及使得信息的传递在时间上没有延迟，也突破了距离的约束，但是成功的交际仍然需要交际双方共享一定的文化背景，否则就会导致交际的失败。简而言之，交际这个概念的复杂性丝毫不亚于文化，随着时间的推移，对于交际的认识必将获得进一步的深化。

（三）语言的本质

1.《韦氏新世纪词典》的解释

语言的定义是什么？这一问题很难回答。《韦氏新世纪词典》（*Webster's New World Dictionary*）列出了“语言”一词最常用的几个定义，具体如下。

（1）①人类语言（human speech）；②通过这一手段进行交际的能力（the ability to communicate by this means）；③一种语言和语义相结合的系统，用来表达和交流思想感情（a system of vocal sounds and combinations of such sounds to which meaning is attributed, used for the expression or communication of thoughts' and feelings.）；④系统的书写形式（the written representation of such a system）。

（2）①任何一种表达或交流的手段，如手势、标牌或动物的声音（any means of expressing or communicating, as gestures, signs, or animal sounds）；②由符号、数字及规则等组合成的一套特殊体系，用来传递信息，类似计算机信息传递（a special set of symbols, letters, numerals, rules etc. Used for the transmission of information, as in a computer）。

2. 学者的观点

不同的学者站在不同的角度，对语言的本质问题给予了不同的回答。

（1）从语言与人类精神活动关系的角度

施坦塔尔提出，语言是对意识到的内部的、心理的和精神的运动、状态和关系的有声表达。

洪堡特认为，语言是构成思想的工具。

（2）从语言结构的角度

叶姆斯列夫认为，语言是纯关系的结构，是不依赖于实际表现的形式或公式。

（3）从语言功能的角度

萨皮尔认为，语言是人类特有的，非本能地利用任意产生的符号体系来表达思想感情和愿望的方法。

舒哈特（Shughart）认为，语言的本质就在于交际。

（4）从语言的心理和认知基础的角度

索绪尔认为，语言是表达思想的符号体系。

乔姆斯基认为，语言是一种能力，是人脑中的一种特有的机制。

因此，语言学界还没有给语言下一个统一的定义。语言最简明、最直接的定义就是“语言是一种交际方式”。

二、文化、交际与语言的关系

文化、语言与交际处于三位一体的关系中，三者互相联系，共同作用于跨文化交际的过程。从总体上说，三者之间的关系如下所述。

第一，语言带有文化属性。人类创造了语言，从而对历史与文化进行传承。通过语言的记录与传播功能能够体现出不同语言的文化属性。语言是依托文化存在的，是语言发展的重要前提。语言与文化相互促进，共同发展。

同时，文化的发展也促进语言的发展。在新的价值观、思维方式的形成过程中，不同的语言表达也会应运而生，反过来促进了语言的发展。

第二，文化影响语言与交际。文化是交际的大环境，语言是交际的重要载体，交际是信息传播的过程。在具体交际过程中，人们利用语言进行思想的传播、信息的交流，整个语言与交际的过程都会受到具体文化环境的影响。

第三，交际是语言与文化传播的重要媒介。语言与文化的传播离不开交际的作用。在人类的互相交往过程中，会形成一定的语言使用能力与文化感悟能力。但是当个体没有具体的交际活动时，这些语言能力和文化感悟能力便是纸上谈兵，没有了用武之地。只有在具体的交际过程中，才能体现出文化的媒介与纽带的功能。

总而言之，信息传播的过程离不开文化的环境与交际的渠道。交际既对语言和文化有着一定的依赖作用，同时又促进了语言与文化的传播与发展，三者处于三位一体的关系之中。下面具体对语言与文化、交际与文化、语言与交际的关系进行总结。

（一）语言与文化

语言与文化之间的关系十分复杂，从单一的角度对二者的关系进行理解未免有失偏颇。下面主要从辩证的角度出发，对二者的关系进行总结与分析。

1. 交叉关系

社会语言学家哈德森认为语言和文化是一种交叉关系，哈德森曾指出，语言是人们通过观察他人行为或直接学习的方式得来的知识。在这一观点的基础上，哈德森还将文化分为以下三类。

（1）通过观察学习到的知识。

（2）通过直接学习和体验获得的知识。

（3）人类共享的普遍认同的知识，不需要互相学习即可获得。

哈德森认为，语言并不都是从文化中获取的，一些语言形式是个体通过自身经验或直接习得的。因此，哈德森指出的语言与文化的交叉部分指的是个体从他人那里习得的语言形式。

2. 语言决定论

萨丕尔—沃尔夫假说认为语言决定思维，在不同的语言结果下，人们形成了不同的世界观与思维方式。虽然随着研究的不断推进，这一假说的真实性被人所推翻。但是，从一定意义上看，这一假说也带有自身的合理性。

3. 互促互进关系

语言与文化的关系十分密切，从整体上说二者处于互促互进的关系中。

（1）语言能够促进文化的发展。任何文化的记载与传承都需要语言作为载体，不同文化之间的沟通也是以语言为媒介的，因此可以说语言能够促进文化的发展。

（2）文化推动语言的革新。社会文化的发展同样也会对语言的革新有着重要的推动作用。在文化发展的前提下，语言体系才能不断进行完善与丰富，如果没有文化的发展作为前提，语言则会成为无水之鱼，无法进行革新。例如，社会新词的出现就是文化发展在语言上的集中体现。

（二）交际与文化

交际与文化也有着重要的相互作用关系。其中交际的进行需要交际者考量交际对方的文化背景，从而选择合适的语言形式，这一点不言自明，下面主要从文化对交际的影响进行总结。

1. 文化对交谈模式的影响

文化对交际的影响首先体现在对交谈模式的影响方面。因文化的不同，交谈模式也会有所不同。交际者只有掌握了一定的文化交谈模式，才能促进交际的顺利进行。

（1）何时讲话

在不同文化背景的作用下，对于何时讲话也有着一定的规定。例如，英国人十分重视个人隐私，因此在公共场合，他们不会通过与陌生人交谈来打发时间。而我国在集体主义的影响下，对个体隐私并不是十分重视，人们愿意与陌生人进行交谈。

（2）话题的选择

交际的话题对交际的顺利进行有着重要的影响作用，不同的文化对话题的选择也有着不同的理解。例如，我国习惯在交际中谈论各自的家庭、薪金、教育等情况，而这些在西方国家都属于隐私范畴，在交际中是不会拿来分享的。因此，在具体交际过程中，交际者需要谨慎选择话题，考量对方的文化背景。

（3）话轮转换

话轮转换指的是在交际中交际双方不断转换交际角色，即在说话者和受话者之间的转换。具体来说，话轮转换的规则包括以下三种情况。

①当前说话人指定下一位说话人。

②在当前说话人未指定说话人时，会话者可以自选，但自选并不是必须的方式。

③当前说话者未指定说话人，同时会话者没有自选时，当前说话者可继续交际，但并不是必须的。

上述三种话轮转换方式带有递归性，可以按照顺序进行。

在具体交际过程中，由于文化的不同，话轮转换也带有差异性。例如，日本人在交际中，话轮的转换需要交际者等待适当的时机；美国人则喜欢直接的话轮转换。

2. 文化对交际风格的影响

在文化差异的作用下，交际风格也有所区别。

（1）直接交际风格与间接交际风格

直接的交际风格，指的是在交际过程中直接表达自身的见解。间接的交际风格指的是通过迂回的方式表达自身的观点，这种风格带有含蓄性，在交际中使用也十分广泛。

例如，我国受儒家思想的影响，在交际中力图尽量保全交际对方的面子，语言选择上尽量礼貌委婉，多用间接的表达方式。

（2）个人交际风格与语境交际风格

个人交际风格主要强调在交际中凸显交际者个人的身份，在语言选择上倾向于使用第一人称。语境交际风格指的是根据具体语境和交际对象来选择语言。

个人交际风格和语境交际风格也受到文化差异的影响。例如，在英语中无论是对长辈还是师者，都一贯使用第二人称代词 you，而汉语中则习惯使用“您”表示尊称。日语中会根据语境交际风格使用不同的敬语形式等。

（三）语言与交际

语言在一定程度上就是交际，在交际中发挥的作用不可替代。语言和交际联系紧密。

在人类使用语言进行交际时，需要综合不同因素表达具体的含义，从而完成交际行为。这一点在动物身上体现不出来。同时，这种使用语言进行表达的能力也是计算机比不了的。上文中也提到，语言能够通过排列组合创造出数量庞大的语言形式，还带有无限的理解功能。与交际相比，语言的系统化特征更加明显。语言学家认为，语言最惊人的特点是它能够并帮助编造或理解以前从未有过的句子。

正是由于句子数量无限性的特点，在进行交际过程中就提高了理解的难度。为了更好地理解句子，语言学家制定了一系列的语言使用规则，使得语言按照一定的语法程式进行运作。

语言交际的过程如图 1-1 所示。

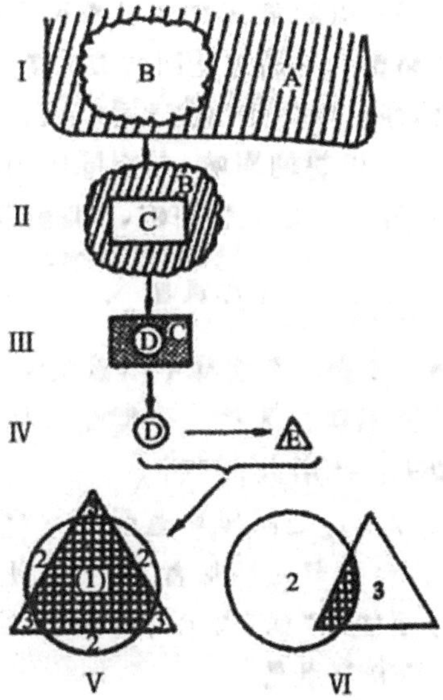

图 1–1　语言的交际过程

图 1-1-1 中的字母分别表示如下含义。

A：代表人类世界。

B：代表人运用五感所能捕捉到的世界部分。

C：代表在人类五感的作用下，说话人所注意到并将之用于交际的部分。

D：代表在 C 的范围内，说话人语言表达的部分。这种语言表达带有抽象性与局限性。

D 和 E 的重合形成了第 V 阶段。在这个阶段，数字 1 代表的是说话人传递出去的信息，2 代表的是说话人未传递出的信息，3 代表着说话人未表达，但是听话人所了解的部分。

在实际交际过程中，语言环境带有复杂性，因此对于交际无法列出其所有的交际范围，也就无法进行十分系统的设定。只有交际者了解了一定的语言规则，同时具备灵活的交际技能才能促进交际的顺利进行。

从总体上说，语言、交际、文化是互相联系的统一整体，语言和交际是在文化的范畴中展开的。人类创造了语言，在语言的完善与发展过程中，文化应运而生，语言和文化在互相作用中共同发展。语言是文化的镜子，同时也是一种重要的交际方式。交际是在具体的文化背景下发生的，是信息传递的过程。这种信息传递，是以语言为载体，同时也是文化传播的重要方式。没有交际的存在，即使个体拥有再扎实的语言知识和文化环境都无济于事。因此，交际也是人类语言文化得以共享与传输的重要纽带。

语言是人类思维方式、价值观念、生活方式的反映，表现出了特定的社会环境因素，交际是语言和文化间的桥梁。语言、文化、交际三者密切联系，是三位一体的统一关系。在教学与学习过程中，应该重视这种关系，从而提高教学的全面性与人才培养的应用性。

第2节 跨文化交际的概念

一、跨文化交际的概念界定

（一）跨文化交际与沟通能力

所谓跨文化交际，是指具有不同文化背景的人，相聚在一起，通过交流和沟通，分享各自的思想、感情和信息。跨文化交际的英语名称为 Intercultural Communication，早期也称为 Cross-cultural Communication。跨文化交际学最先在美国兴起，并形成了比较完整的学科体系，目前美国的跨文化交际学在世界上具有领先水平。美国本身是一个移民国家，来自世界不同区域的具有不同文化背景的人相聚后，文化碰撞时有发生。同时，来自世界各地的移民都竭尽全力地维护自己的文化和传统不愿意改变，从而形成了美国当代的多元文化格局或文化大熔炉的局面。在这样的情况下，跨文化交际的策略和手段的研究，引起了美国学者和各界人士的广泛关注。

近年来，跨文化交际学已发展成为一门被国际学者们充分重视的集人类学、语言学、心理学、传播学、社会学等为一体的综合性学科。学者们除了探索跨文化交际与语言的关系外，还大力探讨跨文化交际与沟通能力二者之间的关系，力图把跨文化交流能力的培养与个人沟通能力结合起来，提升学生在个人沟通能力建立中的语言文化意识或文化敏感性渗透，进而将个人沟通能力发展成为一种真正意义上的跨文化交际能力。在国际社会大变革时期，不同文化背景的人们都渴望进行思想文化的交流、交融和交锋，这样才能让不同文化族群的人们在日常交往中逐步相互理解和认同。

跨文化交际中的沟通能力，是指在交际过程中，交际者通过表达、争辩、倾听和设计（形象设计、动作设计、环境设计），实现自我意识和思想的转换和传达，从而被他者文化者接受的能力。跨文化沟通能力看起来是外在的东西，实际上是交际双方个人素质的重要体现，它反映着一个人的知识、能力和人格魅力。跨文化交际的沟通能力，特别强调沟通者双方所具备的能胜任的个人化主观和客观条件。在跨文化交际中，一个具有良好沟通能力的人，可以将自己所拥有的专业知识及专业能力充分发挥，这也是决定交际是否成功的必要条件。

总之，跨文化交际活动特别强调不同文化背景的人的沟通能力，这有利于双方通过清晰的思维有效地收集信息，并做出逻辑的分析和判断，从而让他者文化者快速接受，完成有效的交际过程。如果没有清晰的思维和准确的逻辑判断力，再好的语言技巧，也不可能实现交际环节的传达、说服和感染。跨文化交际中的沟通特别注重思维与表达，这主要是指思维的交流和语言的交流。如果只重视语言的交流，任何人都不能摸透对方心里的真实想法，也不能实时把握对方的思维方式和思维习惯，这样就无法让跨文化交际从语言层面提升到思维层面，完成交际的全过程。真正意义上的跨文化沟通者更容易与别人建立并维持广泛的人际关系，更可能在人际交往中获得成功。可见，跨文化沟通者一定要及时了解交际对方的心理活动和思维倾向，并根据解码信息来调节自己的沟通方式和环节。

跨文化沟通在向对方展示自己的心理意图时，要注意使自己被人充分理解，并辅之以直观的言语、动作，使得沟通信息充分而不冗余，这是最佳的信息沟通和行之有效的交际方式。比如：聆听式沟通让人从一个专心听讲的人的角度，捕捉说话人的信息并进行信息加工，通过聆听产生沟通欲望和完成沟通过程。同时，注意不要陷入沟通辩论中。跨文化交际一定要让他者文化背景的人接受你的想法，才能让对方向你打开心扉，对方心扉没有打开前，真正的沟通是不可能发生的。心理学家研究发现，一个人跟别人交流过程完成以后，所留给人的印象和感觉，只有百分之二十与谈话的内容有关，或者是只有五分之一的部分留在别人的记忆中。其余百分之八十，或五分之四的内容则取决于别人对这个人的总体感觉和外在印象。若一个人强词夺理，即使有理，到最后也只会给别人留下一个咄咄逼人的印象。与其得理不饶人，不如采取得饶人处且饶人的方式妥善处理，接纳对方，换位思考，获得交际的成功。

（二）跨文化交际与人际关系

在跨文化交际中，人际关系需要处理好人情、人伦和人缘这三位一体的关系，换句话说，处理好这个关系意味着跨文化交际的成功。人情是媒介，促使跨文化交际的感情认同和接受，如中国人常说“买个人情”“送个人情”或“讨个人情”“求个人情”，这说明人与人之间的交往是建立在情感创设基础之上的。人情到了，隔阂没有了，感情也变得融洽了。人伦体现的是人际关系，根据《说文》中说“伦，辈也”，后又引申为“类”“道圣”“文理”和“人与人的关系”。这说明人伦在跨文化交际中，要求交际主体具有规范的人伦道德典范和人格魅力，充分展示合理化的人际秩序。在《现代汉语词典》中，人缘或缘分，指的是人与人之间本身具有的天然联系，或者是自然而然的人与人或与事物之间的关联性。

跨文化交际中的人际关系，是指具有不同文化背景的人与人之间的互相认知、互识和认同。这表明不同文化背景的人与人之间，在互相交往过程中，完全能够通过思想、感情、行为表现的互相交流，产生源于本能的互动关系，这有利于建立多元文化的幸福人生、和谐组织和稳定世界之格局。尤其是人和环境相互连接与驱动，环境带动人际关系向好的方向发展，人在环境中认定自己的身份和角色，为跨文化交际搭建友好的人际桥梁。处理好跨文化交际的人际关系最好的方法就是，交际双方彼此之间尽量传递真实的情感、态度、信念和想法，让自身的思想深度被他者认识及接纳，以诚恳的态度、谦卑温柔的心、适度的自我表达去打动和感染对方，以此寻求共同之人生观、价值观之趋同和认同，消除不同文化背景的人际障碍。

跨文化交际中的人际关系表现的是跨文化交际中人与人之间合理的分际与职分，《论语·颜渊篇》曰："齐景公问政于孔子。孔子对曰：'君君，臣臣；父父，子子。'"强调君臣父子各司其职，各行其道，各守分际，各尽职分。这种人际关系模式让每个组成分子履行各自职能，均能按其角色、职责、位置而有适当之思想、言语、行为模式及价值观，从而形成良好的交往和谐气氛。

跨文化交往中的人际关系，还特别注重具有不同文化背景的人们彼此间的情感融洽和交往。相互间感情的传递使彼此接近和相互吸引，形成共鸣，即使是观点互相排斥分离，也会获得感情的认可。彼此间的相互重视与心理支持是跨文化人际关系的基础，每个人都有相互厚爱和受人尊敬的需要，这是跨文化交际的人际交往中的心理相容，即指具有不同文化背景的人与人之间的融洽相容关系，尤其是指人与人相处时的容纳、包涵、宽容及忍让。即使有时候存在观点的分歧，也会不遗余力地寻找共同的意趣，相互间营造谦虚和宽容的良好氛围，做到心胸开阔、宽以待人、不计前嫌、宽宏大量。信用也是跨文化交际的基本准则，指的是待人诚实、不欺骗、遵守诺言、以诚相待和不卑不亢，在自信中表现谦逊和不矫揉造作、故弄玄虚。自信心可以让人快速获得别人的信赖，同时，容易激发别人乐于与之交往。

（三）跨文化交际的表现形态

跨文化交际可表现为跨文化的语言行为交际和非语言行为交际两种。人类学家爱德华·萨丕尔认为，非语言行为交际是"一种不见诸文字，没有人知道，但大家都理解的精心设计的代码"。这表明，非语言跨文化交际行为无需用语言表达，是在无语言观照之下进行的交际行为，通过交际双方的感知进行，类似于心有灵犀一点通。非语言交际行为不再注重语言的内部结构本身的交际价值所在，而更多地转向了语言所生存的社会背景和语言之外的外部系统。跨文化交际的语言行为和非语言行为两大交际系统，也是相辅相成的关系，二者相互弥补和相互贯通，互相映衬和相得益彰，组成了比较完整和丰富的跨文化交际系统。在跨文化交际过程中，交际者双方有时通过语言行为，有时通过非语言行为，互相沟通和敞开心扉，更多的时候也交替使用两种跨文化交际手段传递各种有效信息，进而表达丰富而细腻的思想感情。以往的跨文化交际行为偏重于语言本身结构的跨文化交际功能，不重视非语言行为的交际功能的应用。

1. 语言行为交际

语言是一门艺术，语言行为交际是利用语言完成的交际行为，也就是利用所说的话或写出的文字来达到交际的效果。语言行为交际的实质是交际主体根据对自己角色和语境的定位和选择，去组织有效的话语，以实现自己交际的全过程。比如利用话语因素，如语音和话语节奏来达到言语交际的最佳效果；充分利用语言的抑扬顿挫、轻重缓急来进行双方思想感情的沟通。如果语言表达得单调呆板，很难吸引听者的注意力或激发听者兴趣。要成为真正的跨文化交际高手，首先要成为善于运用语言技巧的艺术家。因为语言交际本身是一个说与听的互动过程，交际是否成功取决于是否理解对方的语义。

语言行为交际是一个依赖交际主体语言行为的双向互动过程，包括说话者的话语选择和听话者对话语的理解。语言行为交际话语选择和理解是一个动态的过程，它会通过语言行为来表达人的内心想法。交际时要注意用词上的简短性。美国语言学家齐夫说：“在言语交谈中，说话者只用一个词来表达一个概念最省力，听话者也是对每一个概念用一个词来理解最为省力。”此外，在语言行为交际过程中，还应当根据不同交际对象的具体特征进行交流，如在大学里，我们都说普通话，因为周围的同学来自四面八方，每个人都有自己的方言，如果都用方言交谈，就难免会出现误解语义甚至无法沟通的问题。但是当我们回到家乡，周围都是朴实的家乡亲人们，用普通话则会让交谈双方感到尴尬，甚至会让对方觉得自己是在显摆或炫耀自己的身份或学识，从而使交谈无法进行。

最后，语言行为交际还要注意文化习俗的附加功能。文化习俗是指在一个社会群体中世代传承、相沿成习的生活习俗。文化习俗对语言行为交际的影响很大，例如有人打了个喷嚏，打喷嚏的如果是孩子，中国人会说“长命百岁”，是大人则通常开玩笑地说“有人想你了”“有人说起你了”或“有人骂你了”，英国人和美国人则会说“上帝保佑你”。又如，美国人常用的“喝可口可乐！”这种祈使语气的广告，在日本人那里就会引起反感，认为是对消费者的不尊重。再比如，不同的文化对“死”有“老了”“圆寂”“走了”等多种替代说法。可见，文化习俗对语言行为交际起着极大的制约作用。

2.非语言行为交际

随着人们对语言和人类社会关系实质性探讨的深入，跨文化非语言行为交际迅速发展，出现了跨文化副语言学、跨文化身势学、跨文化近体学等新兴学科。这表明跨文化的非语言行为交际可以作为非语言信息情感交流的有效载体，使其在跨文化开放系统（如目光、手势等）的启发当中，展示跨文化沟通的不同意义及感情色彩。

非语言行为交际注重个人感情的表露和展示，不同的表情和动作在不同的文化背景中可以表达多种意思。例如，在汉语和英语文化中，点头表示赞同、首肯，而在印度、希腊等地，意思则恰好相反，表示不赞同、不首肯。英美人常用耸肩、摊开双手表示“无可奈何”“不知所云”，而在中国，这种姿势没有什么特别的含义。非语言行为交际中目光的交际也是如此，东西方文化圈的差异尤为突出。在美国，如果敢于正视和凝视对方的眼神，是表达正直、诚实和尊重的态度。而在中国，正视和凝视对方的眼神会被认为是没有教养或不得体，交际时需要回避直接的目光接触。可见，跨文化的非语言交际行为具有民族性和地域性特征，正如毕德维斯泰尔所说：“据我们所知，没有一种身体动作或姿势具有普遍代表性，也就是说，我们无法发现一种在所有社会中具有同一意义的面部表情、姿态或身体姿势。”

非语言交际不仅注重语言结构如语音、语法和词汇的运用效果，更注重社会文化、生活习俗知识等在交际中的运用。跨文化交际中的非语言行为能力和语言行为能力之间存在着极为显著的差异，非语言交际主要表现在社会心理学中，指人使用语言、文字以外的媒介传达信息，来表现人的思想或者意旨，例如脸部表情、肢体语言或音调等。交际者在潜意识中把一个人的语言或文字，通过外显特征表现出来，让对方会意或理解，也通过对方的情绪、态度、个人特质，理解对方内心真正的意图。非语言交际通常是在无意识的状态中加以接受，在不知不觉中传达信息，一个眼神、一个表情和一个动作都有可能获得交际的成功。可见，“眼神”和“肢体动作”是人们常用的非语言沟通方式。在跨文化交际传递信息时，双方眼神的接触、凝视或不凝视，可以传递和透露出这个人的内在思想情绪。肢体动作有时也会传递出人的各种情绪、性格特质和态度。内向的人和外向的人在肢体动作上的差异尤其明显，外向的人动作较大，音调和语气也会比较洪亮。

第 3 节　跨文化交际与外语教学

跨文化交际与语言教学不同，它的起源不是正式的教育环境，而是来自政府的特殊需要和教育交流，以及随后的国际商务和跨国公司的实际需要。因此参与跨文化培训的学员一般都正在或即将到国外去学习、工作和生活，他们的需求和目的往往非常明确，动机很强，这一点非常有利于培训的进行。但是，令人遗憾的是，很多跨文化交际学家忽略了外语教学对于跨文化体验和培训的重要性，他们认为不学外语，用自己的母语（尤其是英语作为母语）同样能进行跨文化交流和学习。殊不知，缺少外语学习和外语交际体验的人在跨文化交际中往往处于不利地位，没有经历过第二语言学习的人，就不可能通过与异族文化的人进行交际来获取深刻的认识和益处。只说一种语言的人，纵然对异族文化有很多了解，如果不经过直接亲身的体验，那么他们关于这些语言文化的知识就只限于认知层面的努力。如果不具备多种形式交际的能力，他们就只能从单一角度来感知、理解、形成和表达思想。尽管他们能够用自己的语言讨论跨文化的概念，他们的理解仍然是间接的，这种单一视角会导致狭隘的自满和自满的狭隘。

一、语言、文化与外语教学

与跨文化交际学家“自以为是的狭隘思想”相比，外语教学工作者的优势非常明显，他们不仅已经具备相当的外语水平和文化能力，而且早已认识到文化教学对外语教学的重要性。由于语言学的发展历史远远长于跨文化交际学，语言学的研究成果，特别是关于语言、思维、文化和交际之间关系的研究，为跨文化交际学的理论和实践提供了很大的启示，成为跨文化交际学的基础理论之一。

外语教学的意义不仅在于帮助学习者获取一个表达思想的新的工具，更重要的是通过学习一门不同于自己母语的外语，学习者可以开拓视野，学会从不同角度、立体地去感知和理解社会现象和事物，并在各种跨文化交际情况下，能够调整自己的语言和非语言行为，做到恰当有效地进行交际。外语教学的这一优势是由语言与世界观和思维语言与文化和交际的关系决定的。

（一）语言—世界观—思维

语言反映并影响人们的世界观这一思想已得到很多语言学家和哲学家的论证。德裔美国文化人类学家弗朗茨•博阿斯在研究因纽特人和印地安人文化时，对语言和文化的关系产生了极大的兴趣，他认为如果不直接接触相应的语言我们就不可能理解这个文化，语言学研究是文化研究的基础。他根据自己对因纽特人和印地安人语言和文化的研究，提出了著名的文化相对论和语言相对论的观点。每个文化都是其社会生活发展的产物，满足该文化群体的生活和精神需要，因此不能用好坏的标准来加以评判。同样，每一种语言都有其独特的划分世界、区别体验的词汇和方法，一方面这种语言特点的形成是由其地理、历史、社会等客观因素决定的；另一方面这个语言体系又反过来影响该语言群体的人们对世界的感知和理解。弗朗茨 · 博阿斯对于爱斯基摩语言中“雪”的词汇的论述成为理解语言、文化和思维关系的经典和标准的参考。他的学生克罗伯和萨丕尔发展了他的理论，尤其是萨丕尔和沃尔夫共同建立的萨丕尔 - 沃尔夫假设引起了广泛的关注和争议。

他们着重研究语言与世界观的关系，强调语言对思维和文化的作用。在他们看来，“真实的世界”在很大程度上建立在语言习惯的基础上，即我们的语言习惯决定或影响我们对世界的感知。每种语言反映不同的社会现实，他们的语言相对论的思想其实在 18、19 世纪的欧洲已经有所论述了。德国外交部长兼语言学家冯 · 洪堡在 1836 年就撰文揭示语言对世界观的影响。他认为语言通过代代相传，为我们提供思维范畴，成为我们理解世界的强有力的工具。他的思想影响了语言学家索绪尔和哲学家恩斯特 · 卡西尔，从而促进了这两门学科的发展。

由此看来，语言相对论的思想是经过几代学者的共同努力得以发展和完善的。目前，对于语言和思维及文化之间关系的一个共识就是，语言是理解世界的向导，但并不是唯一的决定因素。

（二）语言—文化，语境—交际

语言和文化关系的研究在 20 世纪 60、70 年代得以继续发展。格尔茨的《文化的解释》一书进一步阐明，只有通过对语言使用的分析，文化学家才能够深入了解文化结构，才能理解该文化群体所感知的世界。这一著作成为又一部论述文化及其与语言关系的经典之作。此外，海姆斯、冈佩兹等人的研究成果都大大促进了社会语言学的发展。他们都认为语言使用和分析离不开对社会因素的分析，具体的社会情景、说话者的社会背景和身份以及语言本身所包含的社会意义都会影响语言的使用。言语群体、言语活动以及交际能力等概念的提出不仅丰富了社会语言学的研究，而且为外语教学改革提供了理论基础。

综合各家学说，我们可以对语言和文化的关系进行更加全面深入的分析。首先，语言和文化具有很多相同的特点。它们都是个民族或群体区别其他民族或群体的主要标志，是社会的主要组成部分。它们都是后天通过社会交际习得的，通常是同时进行的，因此两者之间有着紧密的联系。其次，语言是一个符号意义系统，是反映和传播文化的主要途径，同时也是文化的重要组成部分。它帮助人们联系自己的环境，对自然和文化的物品进行辨别、归类，并组织、协调人们的社会活动。再次，文化是指“人们为了与其文化群体成员和平友好相处所应该知道和相信的一切”。它涉及社会生活的各个层面，是团结社会成员的纽带，为他们的行为举止提供参考框架是他们信仰和评价的基础。文化有两个方面的作用：从群体文化角度来看，它是语言反映的内容，文化的发展变化是语言形成和发展的原动力。就个人而言，文化因素决定语言的具体使用，语音、词汇、句法等的选用都会受文化因素的影响。总之，语言和文化的关系密不可分，它们相互依赖，相互影响。“没有语言的人类文化不可思议。”同样，我们可以说，离开了文化，语言也不可能存在。

语言和文化的密切关系在人类交际活动中体现得淋漓尽致，实际上，文化—语言交际组成一个庞大的人类活动系统。语言是一种主要的交际模式，文化构成交际的环境，交际是一个信息传递的过程，它不仅传递思想内容，而且传递有关交际双方之间关系的信息。前者主要是通过语言传递，而后者往往通过非语言手段传递的。在整个交际过程中，语境起着非常重要的作用。语境包括两个方面：地理位置和周围布置等客观环境，以及场合特点和人际关系等社会文化环境。这些环境因素不仅直接影响语言的使用和非语言行为，而且对所传递信息的感知和理解也产生影响。高语境文化和低语境文化的区别充分说明环境对语言和交际行为的作用。由于环境本身蕴涵丰富的文化内容，不同文化对相同的客观和社会文化环境有着不同的理解，因此与其说是环境在影响语言和交际行为，不如说是文化在决定语言和交际。反过来，交际推动语言和文化的传播和发展。人们都是通过参加社会交际活动才习得语言和文化能力的。狼孩的故事说明缺少了必要的社交活动，即使具备语言习得机制，也不可能掌握语言知识，成为一个社会的人。另外，正是因为交际活动才使文化得以通过语言为人们共享，才使文化的纽带作用得以体现。文化和交际之间如此密切的关系可总结为“交际就是文化，文化就是交际”。

综合以上对文化语言和交际之间关系的论述，我们得出这样的结论：交际是一个动态的、以语言和非语言为途径、以文化为环境的信息传递过程。它依赖语言和文化，又促进语言和文化的习得和传播。

二、外语教学与跨文化交际学

语言与世界观、思维、文化和交际之间有着如此千丝万缕的联系，已经受到语言学家，尤其是社会语言学家和语用学家的高度重视，他们越来越多地借鉴文化学、社会学、心理学和跨文化交际学的研究方法和成果，使语言学的跨学科性和社会科学的特点愈加明显。外语教学受其影响，也取得了如交际法外语教学这样的重大突破。

培养跨文化交际能力的共同目标将外语教学工作者和跨文化交际学家结合起来。在美国，来自两个领域学者的合作已经开始，各种学术会议和研究项目都反映出这种趋势，其中，影响最大成效最显著的合作要数美国教育部下属的语言习得高级研究中心主持的外语教学中文化教学的研究。这项研究以 1991 年 5 月在明尼苏达大学举办的主题为“第二语言课程中文化学习的跨学科视角”的研讨会为基础，由一批著名的语言学家、外语教育学家和跨文化交际学家共同参与完成，并于 1998 和 1999 年出版了两本题为 Culture as the core：Integrating Culture into the language Curriculum 的文集，为外语教学开展文化教学和跨文化培训提供了理论支撑和实践指导。

尽管如此，两个领域的相互合作仍然停留在理论认可阶段，合作范围和深度还相当有限，不能满足跨文化交际能力的培养需要。在中国，一部分外语教师意识到跨文化交际研究对外语教学的重要意义，尝试在自己的教学实践中应用一些跨文化交际理论。但由于缺少跨文化交际专业人士的参与和指导，这种尝试往往比较盲目，外语和文化教学的关系难以弄清，效果可想而知。缺少必要的合作限制了外语教学中文化教学和跨文化交际培训的具体实施，所以，当务之急是厘清两者的关系，探讨合作的领域。

三、跨文化交际对大学英语教学的启示

美国跨文化学家布兰特 · 罗本在 20 世纪 70 年代末提出，实现有效交际的跨文化交际能力理应包括七个因素，它们分别是：向对方表示尊敬和对其持积极态度的能力；采取描述性、非评价性和非判断性态度；最大限度了解对方个性的能力；移情能力；应付不同情境的灵活机动能力；轮流交谈的相互交往能力；能容忍新的和含糊不清的情景，并能从容不迫对其做出反应的能力。以上七个因素对有效的跨文化交际行为进行了描述和界定，涉及跨文化交际的方方面面，这些方面也给大学英语的教学提供了启示。

（一）了解英语国家的文化和社会风俗习惯有助于英语学习者的表达和交际能力

不同的国家有不同的文化氛围，人们的思维模式和表达方式自然也就有所不同。因此我们在英语教学中的文化传授应当是包罗万象的，当然也必须是系统的、有目的性。教师在教学过程中要向他们传授英语国家的民族价值观、时间观、思维方式、解决问题的方式以及问候、致歉、道谢、委婉语等交际习惯等这些文化差异较大的部分。

（二）了解文化背景有利于提高跨文化交际能力

由于文化背景不同，文化象征也各异。交际双方对对方语族的文化象征不了解而发生碰撞的情况屡见不鲜。比如：英美等国称自己是上帝的儿女，中国人称自己是炎黄子孙，是龙的传人。外国人对于龙的传人一说却十分不解。在中国，作为文化象征，龙代表帝王，它象征着强大、向上。而在西方人眼里，龙象征着邪恶。跨文化交际的双方只有正确地了解隐含在语言系统中反映对方民族的文化背景、价值观念、社会习俗、言语行为、交际形式等因素，才能在交际中产生共鸣，消除和逾越跨文化交际的障碍。

（三）了解价值观念有利于更好地跨文化交流

英美人崇拜个人英雄主义，终生追求成功，整个社会提倡平等竞争、推崇强者，认为他们在社会上的地位是个人状况的象征，肯定自己的才能是自信的表现。所以对他人的夸奖和恭维，他们总是报以热烈的“Thanks”。而在中国，人们对个人取得成就的夸奖，总是以自谦或自贬作答，这是与几千年来中国人“克己复礼”的儒家传统文化有关。

（四）两种语言的语用功能的区别有利于正确地表达想法

话语是形式、概念和功能三种知识体系的集中体现，它们之间有着千变万化的关系。在交际中，人们在阐述自己的看法、思想，表明自己的观点和态度时，只有相互领悟对方的意图时，才能进行有效的交际。例如：英美人说“Have you had your dinner？”是想邀请对方一起就餐，而这句话在中国人看来，纯属一种问候。交际中必须注意所用语言的得体性，这种得体性表现在两个方面：一是所用语言是否适合该语言所属的文化，另一方面是所用语言是否适合该语言使用的场合。

第二章　大学英语文化教学的基础理论

第 1 节　大学英语文化教学的内涵与现状

在我国，“文化教学”的正式提法最早见于 20 世纪 90 年代初语言与文化研究的相关文献中。在此前的 20 世纪 80 年代，我们通常称其为“文化知识课程”，专指为英语专业学生开设的诸如所学语言国概况课、国情知识课、文化知识课等教学科目及其教学方法。20 世纪 90 年代起其内涵才有了新的扩充，指在英语教学中将语言教学与所学语言国的国情文化知识及语言所包含的文化背景知识融为一体的教学形式及方法。本节所说的文化教学，主要为后一种，指与英语教学中“语言教学”相对应的传授或移入所学语言文化背景知识及其民族思维方式的教学形式和方法。文化教学并不是历来就受到人们重视的。尽管近 20 年来学术界和教育界对其在英语教学中的地位和作用有了新的共识，但无论是理论上还是实践中，都还与英语教育目的的客观要求有一定差距。因此，我们认为有必要就此问题展开讨论，尤其是一些理论问题，如文化教学的实质，文化教学的重要性、必要性和文化教学的功能、作用等。

一、大学英语文化教学的内涵

（一）文化教学概念的内涵

文化教学概念的提出，理论上源于人们对语言功能的新认识和语言与文化关系研究的新成果，实践上是积极引进和借鉴了外国，尤其是美国、英国、德国等新的教学理念和方法的结果。

从我国英语教学发展的进程及背景看，它无疑是 20 世纪 80 年代起在我国英语教育领域发生的教学思想、教学观念及教学内容和教学方法上的一次新的飞跃。甚至可以毫不为过地说，该理念的诞生及其在英语教学实践中的应用标志着我国英语教学真正进入了由传统走向现代的新阶段，这是对传统的一种“反拨”，更是本质的回归。

回顾和总结过去几十年我国英语教学的理论与实践，由此不难看出，它基本上是围绕语言知识教学——词语分析、语法讲解、句型操练这样一条主线进行的，侧重语言“内功”，而对语言或非语言的“外功”即交际文化因素却不予重视或重视不够。这恐怕是长期以来人们对语言的认识受到“语言工具论”思想的影响所致，认为语言只是个“工具”，人们利用它来进行相互交际。这种狭隘的工具观容易把人们导向工具主义，使人们只注意工具本身，即语言系统，而忽视语言外的种种制约因素及言语和言语交际的生成机制。久而久之人们就习惯了把语言仅作为一种符号来进行传授的教学模式和教学方法，习惯了做语言内部结构的文章，而很少跳出语言本身的范畴，深入语言外部去探究语言与文化之间的必然联系。自 20 世纪 80 年代中期起，受国际上文化研究浪潮的推动，同时受社会语言学、认知语言学、英语跨文化交际学、汉语文化语言学等一批新兴交叉学科理论的启迪，语言与文化、语言教学与文化教学的关系等问题，日益成为人们关注的热点，同时也使人们渐渐认清了这样一个真理：英语教学只传授语言知识是不够的，甚至是有害的；语言教学必须与相应的文化教学结合起来，才能最大限度地达成现代教育的既定目标。

那么，文化教学的内涵究竟指什么呢？对此，不同时期和不同学科有其不同的解释。

从时间上看，上文已经提到，20 世纪 90 年代以前所谓的文化教学，是指英语教学中为扩大学生知识面而专门开设的所学语言国的国情知识和文化知识课程，20 世纪 90 年代起又有了新的内涵，同时还指结合语言教学而进行的移入相关语言文化背景知识的教学。

从不同学科的界说和具体实践看，汉语文化语言学将文化教学定位在两个方面：一是专设的中国文化课程，如中国文学、中国哲学、中国文明史、中国概况等；二是指与汉语教学同步进行的相关中国文化尤其是汉语言文化的教学内容及教学过程和方法。英语跨文化交际学所指的文化教学，据胡文仲先生归纳主要涵盖以下四个方面的内容：在教语言（语音、语法、词汇、篇章、文体）的同时结合语境和文化背景、文化内涵；分析学生由于文化因素干扰造成的语言错误，从而提高学生对文化的敏感性，使他们认识到交际绝不只是掌握语言形式所能解决；开设所学语言国家的历史、文学、概况等课程，系统地传授知识文化；开设语言学、语言国情学、语言与文化、跨文化交际学等课程，从理论上提高学生的跨文化交际意识的能力。

可见，跨文化交际学对文化教学概念及内涵的界说，与汉语文化语言学基本相同，只不过将文化教学的内容由两个方面扩展到了四个层面：语言本身的文化知识的传授，交际领域言语行为文化背景知识的讲解，专门的文化知识课程体系，语言与文化相关学科的专业课程。

由以上可以看出，所谓文化教学，其概念和内涵实际上有广义和狭义之分。从英语教学的实际和需要看，我们认为将文化教学的概念和内涵严格限定在英语教学本身即狭义的范畴内更加妥当，原因如下。

（1）我们所谈论的文化教学，实际上是针对传统的只注重语言本身的语言教学弊端或危害而言的，它们应该是同一整体中的两个不同的方面。

（2）文化教学不应该被看成是与语言教学对立的单独系统，其只是语言教学过程中的辅助形式，它们的语言材料相同，教学方法也相同；英语教学脱离开语言教学的本体，就谈不上还有什么文化教学，更谈不上有单独系统的文化教学。

（3）我们理解的文化教学是：在英语教学过程中移入所学语言国相关文化知识和文化背景知识、该民族的思维方式、中西文化对比等的教学过程、教学形式和教学方法，同时也包括开设与语言教学有关的语言文化学专业课程。

（二）文化教学在英语教学中的地位

通过对我国英语教学历史的简要回顾和文化教学概念内涵的分析，我们已经清楚地看到了英语教学引入文化因素以更新传统教学内容和教学方法的必要性，以及把文化教学作为英语教学组成部分的可能性。那么，从理论与实践的结合看，文化教学在英语教学中究竟应占有什么样的地位呢？这是我们必须认清而又应当做出明确回答的问题。

1. 文化教学可作为英语教学的基本原则

在过去相当长的一段时期，我国的英语教学严格地说都没有突破单纯语言知识、技能、熟练训练的框框，教学主要是围绕词语结构或句型进行和展开的，所以学生学到的更多的是语言表面的、孤立的知识或单纯的词语指称意义，这与英语教学的培养目标是不相适应的。成功的英语教学应当把培养学生实际运用语言的能力放在首位，这种能力就是我们所说的跨文化交际能力，但跨文化交际能力的培养没有社会文化能力或文化理解能力作为基本内容是不可能达成的。文化教学就是旨在给学生注入“社会文化能力”或“文化理解能力”。它既强调学习语言知识的广度，即语言与文化、语言与国情的横向关系，同时又强调学习语言的深度，即向学生传授语言本身所包含的丰富的民族文化信息。实践证明，在英语教学中向学生讲授语言中蕴藏的文化背景知识，不仅是一个重要的教学方法问题，而且是一项重要的教学原则。贯彻这一原则，可以有效克服传统外语教学内容的缺陷，从而进一步提高学生运用和掌握语言的能力。

2. 文化教学可作为英语教学的有效手段

英语教学的目的是既要向学生传授基础语言知识，培养学生的语言能力；又要对其进行文化移入，以使其更好地掌握语言，获得跨文化交际能力；还要实现一般英语教学都必须完成的教育教学任务。文化教学与语言教学相结合，可以成为实现这一目的的有效手段。传统的英语教学常常把语言作为与母语不同的一种符号体系来进行传授，学生除了获得一些单纯语言知识和语言运用方面的技能外，文化适应能力普遍较低，所受的教育与教学目的也不明显。而文化教学强化语言的社会文化功能，着力于开发语言的民族文化信息。它不单单为语言而去教语言，或把语言仅仅作为一种符号和工具去传授，而是把语言教学与获得文化知识、文化习俗和言语行为能力及掌握使用该语言的民族所创造的文化财富等有机地结合在一起。这样，学生在语言学得与习得过程中，也同时获得了对目的语文化的学得和习得，从而使英语教学的教育目的得以实现。

3. 文化教学可作为英语教学的重要内容

传统的英语教学把教学内容基本上分为听、说、读、写四个大的方面。当然，这是学习语言要掌握的四大技能，是学习任何一种语言都离不开的，这对着力于打好语言基本功的英语教学来说，是教学的中心任务。但是，仅有这些是否就够了呢？回答应该是否定的。上面已经谈到，这四大要素只不过是语言学得和习得的几大部分而不是整体，文化知识也应作为英语学得与习得过程中的重要内容。当然，英语教学是否需要把语言中包含的文化知识作为一门单独的学科进行教学还值得研究。但我们认为，至少可以作为教学中的一项重要内容给学生进行传授。因为我国几十年的英语教学实践已经证明，语言离不开一定的文化，语言教学不讲授文化知识是不全面的。

4. 文化教学可作为英语教学最主要的方法

我们曾把英语教学的实质界说为“交际”或“文化适应”，那么毫无疑问，施行以“交际”为实质的英语教学，行之有效的方法应该是采用跨文化交际教学法。该交际法的核心特征是“信息转换”，即体现为“语言”“使用”“文化”三个过程。开展文化教学就是实现该三个过程的最主要的方法之一。因为我们知道，英语教学中的文化教学区别于其他语言学科的一个显著标志，就是它同时兼有语言学、文化学和教育学的性质。从这点上讲，我们可以对文化教学作如下简要结论。

（1）英语教学，不但要使学生掌握英语语言知识，还要使其懂得用英语进行交际所需的各种文化背景知识。

（2）英语教学，不但要使学生学会英语的语言规范和言语行为准则，还要使其学会交际所需要的非言语规范和非言语准则。

（3）英语教学，不但要进行语言教学，还要进行相应的文化移入，后者为前者服务，以保障学生跨文化交际的正确理解和表达。

（4）英语教学，不但有母语的干扰作用，且有母语文化的干扰作用，只注意前者而忽视后者，便会造成跨文化交际中的文化负迁移。

（5）英语教学中，母语文化的干扰作用是可以通过问话比较的方法加以预防和克服的。

（6）从事英语教学的教师应当同时具有较高的母语与所教英语的文化素养，教学过程中的文化意识及文化比较意识也是施行文化教学的必要条件。

（7）文化教学要结合所教授语言知识的内容进行，并用所教英语作为教授工具。

（三）文化教学在英语教学中的作用

以上我们分析了文化教学在英语教学中应有的地位问题，如果我们能在教学中积极主动地进行文化教学，那么通过教学双方共同的努力，就可以对学习主体的学生和教学效果产生双重效应。这是文化教学在英语教学中发挥应有作用的前提。

1. 文化教学可以激发学生的学习兴趣

学习英语必须具有一定的学习动机，而动机又来自学习兴趣。对于这个问题，古今中外的教育家都有过不少精辟的论述。但是，我国传统的英语教学对此似乎还缺乏深度的认识和实践。这种现象不仅表现在教学中，也表现在教材中。心理语言学的基础理论告诉我们，兴趣是最好的老师，是学生学习活动的内驱力。西方文化的异域风情能唤起学生的好奇心、激发学生的学习热情。值得一提的是，文化教学不仅有利于培养学生内在的学习兴趣，激发学生的学习热情，而且也有助于调动教师授课的兴趣和积极性。由于教学活动不再仅仅停留在词形变化、遣词造句、语法结构等纯语言知识范畴，而是与教授语言中的文化背景知识同步进行，这就使教学内容和形式由原来的枯燥、单调转向生动和丰富，从而激发起教师教书的积极性和创造性。

2. 文化教学可以优化学生的知识结构

我们知道，文化教学通常是通过所学语言本身向学生传授文化知识的，学生可以通过语言获取所学语言国的人文、地理、历史、政治、经济、教育、文化、社会制度、生活方式、风土人情、社会传统、民族习俗、言语礼节及民族心理、伦理道德、行为规范、传统观念等一系列知识，从而使学生的知识结构发生“优化”。因此，我们说，文化教学是对所教英语综合的、整体的、多层次的分析和观察，能起到优化学生知识结构的作用。

3. 文化教学可以优化学生的能力结构

从我们建构的跨文化交际能力结构图中可以看出，文化教学致力于英语教学交际文化各因素的揭示，给英语教学移入诸如语构、认知、语用等交际文化知识，以及社交礼仪、交际环境、交际方法、交际态度等方面的非语言文化知识，这无疑能有效促进学生跨文化交际能力的生成。尤其是语用文化因素的移入，使学生在解决说什么的问题后进一步提升其语言的实际运用能力。防止和克服“社交语用失误”，即“因不了解谈话双方文化背景差异而影响语言形式选择的失误”，有效解决怎么说、怎样说更得体的问题。此外，文化教学还可以解决话语行为的准确度问题，并对交际模式的选择、话语结构的优化、个人言语行为能力的提高等，也都有直接的影响作用。这方面的例子不胜枚举，如英语中最常用的 Please 一词的使用场合问题就是一例。人们往往认为 Please 的意思就是相对于汉语里的“请”。但英语中让别人先进门或先上车时，就不说 Please，一般说 After you；在餐桌上请人吃饭、吃菜、喝酒或请人吸烟时一般也不用 Please，而用 Help yourself to something。

4. 文化教学可以提高学生的社会文化能力

社会文化能力是知识背景的深层次结构，也是透过语言的外表进而对语言所反映的内容的综合理解能力，因此，它属于背景知识的范畴。我们在英语教学实践中经常听到学生这样说：我的听力不好，我的阅读能力差，我记不住单词等。实际上，一个人能否听懂一段话，读懂一篇文章和有效地记住所学的英语单词，并不完全取决于学生的听、读及记忆的能力和技巧。在这些能力和技巧之外，有一个重要和十分关键的因素——社会文化能力或文化理解能力问题。显然，文化教学的性质恰恰是以培养文化理解力为出发点和归结点的。从另一个角度讲，英语教学的目的是培养学生的跨文化交际能力，而文化理解能力本身就是一种交际能力。所以，培养文化理解能力亦即培养跨文化交际能力，前者是后者必备的基础和条件。

二、大学英语文化教学现状

当前，大学英语教学的过程中存在着文化缺失的现状，在教学目标上，重视语言而轻视文化；在教学内容上，忽视文化和语言密不可分，语言是文化的载体，文化渗透在语言当中。其中，大学英语教学中文化教学主要存在以下问题。

（一）教师主观重视程度不足

由于教师对文化教学的认识不足，在教学过程中没有对语言的文化背景加以重视，导致大学生英语文化学习的意识有待进一步提升，使得学生不能全面认识英语文化。

（二）没有制定合理目标

教学的主要目的在于提升学生的应用能力，把知识应用于生活。然而，在大学英语文化教学中，教学目标并不明确，教师更加注重于学生英语基本能力的培养，而忽略了学生学习英语的目的。

（三）英语教材涉及内容不全面

在大学英语教学教材中，偏重培养学生的阅读能力、翻译能力和应试技巧，而对文化差异重视不足，涉及英语文化方面的内容较少，导致在教学过程中不能很好地融合各国文化，学生所学到的文化知识零散，不能形成系统。教师过于注重对语法和词汇的讲解，对英语文化背景知识讲解少之又少。背景知识不仅指文化背景，还指人们掌握的各种知识，包括语言知识本身及已有的各种生活经验、经历。缺乏必要的背景知识是造成阅读困难的主要原因之一。丰富的英语社会文化知识，对提高英语综合运用能力有极大的促进作用；反之，背景知识的缺乏会造成理解障碍或误解。在知识习得过程中，学生应该学着运用上下文及背景知识来理解相关的语言信息。例如，在理解“The eagle always flew on Friday.”这样一句话时，就必须利用相关的背景知识，如果单从字面上去理解，就是“老鹰通常周五都飞来”。联系上下文，发现这样的翻译在文中没有任何意义。对这句话进行分析之后就会发现，“eagle”是美国的国家象征，因为美国钱币上大都印有“鹰”的图案，由此可推断“eagle”喻指美国钱币，进而该句是“Payments were always given on Friday.”，从而达到正确理解。因此，教师要鼓励学生通过多种渠道和手段获取文化背景知识，如进行广泛阅读，并提供多种适合学生阅读水平和兴趣的英语阅读材料，增加阅读量，让学生多了解英语国家的背景知识。

（四）学习语境的缺失

语言的使用离不开语境。但在实际教学过程中，与英语相关的历史文化和风俗人情讲解得少，导致语境缺失。而这样一来，将会导致学生在英语学习中带入很多汉语的思维和表达方式，在语言运用过程中引起很多不必要的误会。因此，在大学英语教学时，语境缺失是一个重要问题。

第 2 节　大学英语文化教学的内容与目标

一、外国外语文化教学的目标和内容

1. 国外外语文化教学的目标

美国学者拉多指出，不同的文化教学有着不同的目的：可能是作为整体素质教育的一部分，可能是为了阅读文学著作，可能是服务于国际交流，可能是为了采纳一种民族共同语，也可能是为了阅读科技文献。可见，拉多认为文化教学有利于提高学生的整体素质。美国教授诺斯特朗等人建立了一个理论框架，希望可以借此帮助学生从仅仅学习文化事实过渡到能分析、比较、综合不同的文化。在他们看来，学生在经文化教学后应具有以下几个能力。

（1）在社交场合行为得体。

（2）能描述文化行为或对文化社会行为进行归纳。

（3）能辨认被举例说明的行为方式。

（4）能解释某一行为方式。

（5）在特定情形下，能预测某一格式如何被运用。

（6）能描述或展示被目的语文化接受所需的重要态度。

之后，西利修正了诺斯特朗的观点，提出了文化教学的“超目标”，即要培养全体学生的文化理解力、态度和技巧，使学生能在目的语社会中出现文化障碍时语言表达得体。为了更深入地阐述自己的观点，西利提出了旨在提高学生跨越翻译障碍的几种方法。

托马林认为，外语教学大纲中的一个重要部分就是学习目的语文化，并且他们认为人类的文化尽管存在差异，但也有共同之处。因此，他们又对西利的教学目标进行补充，认为文化教学的目标应包括下面几点。

（1）使学生渐渐意识到人们的行为常常受文化的影响。

（2）使学生渐渐意识到人们的言行受诸如年龄、性别、社会阶层和居住环境等因素的影响。

（3）使学生对目的语文化在通常情况下的常规行为有进一步的了解。

（4）增强学生对目的语中的词及词组在文化内涵上的理解。

（5）提高学生用实例评价目的语文化的能力，必要时能对评价的结果加以完善。

（6）使学生掌握一定的查获及整理有关目的语文化信息的技巧。

（7）激发学生对目的语文化的求知欲，鼓励学生与目的语文化的人们产生共鸣。

需要指出的是，托马林不仅对文化教学目标进行了界定，而且针对教师缺少合适的教材这一问题，为教师提供了生动、有趣、能调动学生积极性的教学材料。与上述学者相比，莫兰更注重文化教学的语言基础和发展变化。莫兰认为，只有文化教学中才包括对外国文化学习的教学目标，而外语文化教学的目标应只是引导学生理解外国文化。学生只有具备一定的语言水平，才能更深刻地理解和体会外国文化。所以，外语教学中文化教学的基础是语言教学。并且，综合教学的社会取向和个人取向，将个人的文化学习与社会变迁都规定为文化教学的结果。从他的分析可以看出，外语教学中的文化教学不仅是外语课堂上的事，还是整个社会发展的事。

通过对发展中的文化教学目标的分析，我们可将其最终目标总结为：增强学生对外语文化和母语文化差异的认识，丰富学生外语学习的经历，帮助学生突破母语特定文化交际的模式和范围，从而培养学生对外语文化规约的认同和尊重的态度，帮助学生在交际中实现从适应过渡到跨越，进而实现超越的跨文化交际过程。

2. 国外外语文化教学的内容

20 世纪 40 年代以来，弗里斯及其学生拉多等人对文化在语言教学中的作用做过很多论述。其观点主要集中在以下几个方面。

弗里斯认为，对有关民族文化和生活情况的讲述绝不只是实用语言课的附加成分，不是与教学总目的毫无关系的事情，它是语言学习的各个阶段都不可缺少的部分。

拉多认为，不懂得文化的模式和准则，就不能真正掌握一门语言。拉多根据文化教学的目的，将文化教学的内容分为下面三个部分。

（1）初级意义单位。这些单位因文化和语言的不同而不同，教师在这部分应该重点讲解文化内容以及所选词汇和成语的隐含意义。

（2）虚假定式。即关于目的语文化的刻板印象，如果本族人对目的语文化的形象是虚假定式，教师就要用正确的信息替代它们。

（3）伟大成就。当学生用自己的眼睛看到目的语文化成员心目中的英雄时，他们才能真正学好一门语言。

之后，随着交际法的兴起，海姆斯在乔姆斯基提出的“语言能力”的基础上，提出了“交际能力”这一概念。根据海姆斯的观点，交际能力不仅包括语言形式规则，还包括社会文化规则。交际法教学主张依照语言的内容来安排教学，这就使社会文化因素自然而然地融入教学活动中。学生在交际练习过程中，往往能自行领悟交际文化。由于跨文化交际学的兴起，使得越来越多的专家意识到外语教学的主要目标是培养学生的跨文化交际能力。外语教学使学生了解所学语言国家的文化。专家对交际中的语言错误和文化错误进行了区分，并认为后者更可怕，因为文化错误往往使双方产生误解甚至敌意。随着文化教学研究的日益深入，克拉姆契认为文化学习应注重多面性和多元化，文化学习的主要价值之一在于能使学习者对母语文化有深入的理解。

莫兰继承了克拉姆契的观点，认为文化教学的内容应该是“全语言”的一部分，焦点应是学生。与上述观点相比，卢安·杜斯特伯格既深入探讨了母语文化的重要性，又指出教师应帮助学生判断自己在文化形成中的作用。可以说，文化内容从只关注目的语文化转变成了重视母语文化，又变成了关注文化学习者本人及学习者本人在文化形成中的作用，这既是内容上的回归，又是对学习者的回归。教师在进行文化教学时，既要让学生认识文化差异，学会对目的语文化进行宽容，又要教会学生处理好文化上的差异。只有这样，才能成功地表达交际双方真实的意图，实现真正意义上的交际，具备真正的文化能力。

二、我国大学英语文化教学的目标和内容

1. 我国大学英语文化教学的目标

在我国，胡文仲、高一虹将外语教学目标分为微观、中观和宏观三个层面。从微观层面上看，外语教学的目的是交际能力；从宏观层面上看，外语教育的目标是社会文化能力，即运用已有的知识及技能对社会文化信息进行有效加工，使人格更加完整，潜能发挥更充分，其具体又由语言能力、语用能力和扬弃贯通能力构成。为了进一步阐述文化教学与学生人格的关系，高一虹在其著作《语言文化差异的认识与超越》中指出，跨文化交际能力的培养，应以人的建设为根本，以人格的基本取向为目标。她还主张，文化教学重要的是将跨文化能力与人的素质培养这一整体教育目标有机结合起来。

此外，学者们还提出文化教学要培养学生在真实的交际中，在理解和运用的基础上的创新能力。陈申在其著作《外语教育中的文化教学》中提出，文化创造力是文化教学的目的。他认为，从长远利益考虑，文化教学不仅是语言教学的目标，也是帮助学生获取文化创造力的重要手段。

纵观上述对文化教学的界定，学者们达成了一个共识：外语文化教学不是除了听、说、读、写、译等技巧以外可有可无的另一种技巧。另外，学者们还认为文化教学的目的绝不仅仅在于帮助学生掌握一门外语，更重要的是帮助他们形成正确的世界观、人生观和价值观，以适应社会的发展。

2. 我国大学英语文化教学的内容

我国英语文化教学的内容主要有单一型和综合型两种。

（1）单一型

持这种观点的学者认为文化教学的内容应该以目的语文化为主，因为外语教学的最终目的是培养学生的交际能力。交际能力主要包括语言能力和社交能力。不了解目的语国家的文化就不可能具有真正的社交能力。持单一型观点的代表人物有胡文仲、浦小君、束定芳和刘爱真等。

胡文仲认为，不了解英美文化，就学不好英语。相反，越深刻细致地了解目的语国家的文化，就越能准确地理解和使用这一语言。

浦小君指出，文化教学的重点应该放在目的语文化中的大众文化和深层文化上，以培养学习者的跨文化交际技能。

束定芳将文化导入项目分为两类：词语文化和话语文化。词语文化就是词语所负载的文化信息。而话语文化则表现在话题选择、语码选择和话语的组织等几个方面。

刘爱真提出，英语教师应该从宏观和微观两个角度，对学生的文化认知进行启发，以帮助学生构建目的语文化的认知图式。宏观角度是指从价值观、交往规则和思维方式等方面对目的语文化进行理论性介绍。而微观角度则是指结合理论，对于影响交际的词语、句子及篇章的文化内涵进行分析。

（2）综合型

持这种观点的学者主张文化教学的内容除了包括目的语文化，还应包括母语文化。产生这一主张的原因主要有两个方面：首先，我国的英语教学不是一般的外语教学，而是一种国际语言教学，因为英语学生不仅要与以英语为媒介同英语为母语的人进行交流，还要同英语为非母语的人交流；其次，随着我国经济的蓬勃发展，我国与其他国家的交流日趋频繁，英语的应用日益突出，保留和传播本民族文化也将成为国际交往中的重要组成部分。持综合型观点的主要代表人物有许国璋、曹文、张伊娜和刘长江等。

许国璋认为，英语教学不仅要注意英语国家的文化，还要注意我国的文化。在他提出的英语教学方案中，既涵盖了英语语言文化的内容，又涉及了母语文化的内容，母语文化的内容是发展学生智力的必要组成部分。

曹文将我国英语教学中的文化教学分成了两个层次，即文化知识层和文化理解层。曹文提出，我国高校专业英语教学中的文化教学要以文化理解为目标。为了达到这一目标，文化教学的内容除了包括目的语文化，还应该包括母语文化以及其他文化。

张伊娜认为，英语教学中的文化教学大于英美文化的导入，因为英语教学的最终目标是培养学生的跨文化交际能力。

刘长江进一步指出，目前我国外语教学中的文化教学应重点解决两大问题：其一，学习了解目的语文化和母语文化；其二，学会用目的语表达两种文化。

因为在当今社会，我们习得外语的目的不只是为了学习吸收目的语文化，更是为了实现“双语文化的交叉交际”。这种交际既有可能因为彼此缺乏对对方文化的了解而出现交际失误，也有可能因为不会使用外语进行文化表述而导致交际中断。之所以出现这两种不同的观点，是因为双方看待目的语的视角存在较大差别。单一型观点将英语看作是一般的外语，它以实现与英语为母语者的成功交流，并能顺利地学习和吸收目的语文化为目的。综合型观点将英语看成是一种国际语言，世界上各民族人民是其交流对象，在双向的国际交流中充当一种中性的信息媒介。

总之，无论采用哪种划分方式，只要能以一定的教学大纲为依据，其内容必然会包括语言交际、非语言交际、交际习俗与礼仪、社会结构与人际关系、价值观念五个方面；另外，通过文化教学，如果使学生正确理解、思考和对待文化上的差异，使文化意识的培养与学生的人格发展和实际应用能力发生一定的关系，并有利于文化间的沟通与个体思维能力的拓展，就可视作顺利地进行了文化教学，实现了大学英语文化教学的既定目标。

三、大学英语文化教学的原则

（一）多元互动原则

为了适应时代的发展，与多元的社会和跨文化交际的语境相配合，语言文化教学应采取多元互动的原则。我国学者苏向丽在其作品《跨文化交际中多元互动的语言文化教学》中，对世界形势和趋势以及根据多年来文化教学的经验进行了分析，并在此基础上提出："为了适应时代的发展，与多元的社会和跨文化交际的语境相配合，语言文化教学应采取多元互动的原则。"

（二）层进性原则

英语文化教学具有阶段性，层次性，在教学中应该遵循层进性的原则。这就意味着，教师在英语文化教学中应根据学生的语言水平、接受能力、领悟能力等确定文化教学的内容，由浅入深，由简单到复杂，由具体到抽象，由现象到本质地进行文化教学。

林汝昌提出，"外语教学应考虑以下三个层次：语言的结构层次，语言结构的文化层次，语言的语用文化层次"。并指出文化导入的这三个层次是不可分割的有机体，只是在实践中各有侧重，在不同阶段应该导入不同层次的文化教学，循序渐进地进行。

曹文指出，"文化教学存在两个层次，即文化知识层和文化理解层以及连接这两个层次的文化意识教育"。又进一步解释"文化知识层培养的是具有观光客型生存技能的语言学习者，而文化理解层培养的是具有参与者型跨文化交际能力的语言学习者"，最后还强调"文化教学的定位应是以文化知识为起点，文化意识为桥梁，文化理解为最终目的"。可见，曹文也认为文化教学应该是有层次地进行的。

王开玉认为，文化教育具有"阶段性"，因而把文化教育划分为"文化知识层次的教学与文化理解层次的教学"，"文化知识层的教学主要传授的是知识文化……不直接影响交际的背景知识。文化理解层次的教学主要传授的是交际文化，即直接影响交际的背景知识和文化模式"。

（三）以理解为目标原则

所谓以理解为目标原则是指英语文化教学应以文化知识为起点，文化意识为桥梁，文化理解为最终目标。文化知识导入的目的是培养学习者的文化意识，它是文化教学的第一步。文化意识是文化理解的基础，它是指学习者对文化间差异的敏感性。而文化理解则是学习者以客观、正确的态度看待、理解母语文化和目的语文化，并能以得体的行为方式与非本族语者进行跨文化交际。这一原则是受社会需要的规律所决定的。随着社会的发展，不同文化间的交往愈加频繁。文化理解是国际交往的重要桥梁，没有对自身及他国文化的正确理解，就很难实现跨文化交际。英语教学中，要遵循以理解为目标原则应做到如下两点。

（1）在进行文化教学时，不要过于强调知识的灌输和行为的简单模仿，而要通过对目的语文化的分析和解释等手段使学生认识到目的语文化与本族文化的异同以及异同的渊源和生成原因。

（2）在对教学进行评价时，要注重学生对目的语文化的共情能力，而不应强调他们对非本族文化的排斥或接受情况。例如，在讲授美国人对老年人的态度时，不要以中国人的标准去衡量美国人的行为。中国人主张尊老，敬老，并认为老年人有着丰富的人生阅历，如俗语“姜还是老的辣”和“老将出马，一个顶俩”等。而在美国，“老”意味着精力衰退，生存能力降低，是非常可怕的一个词。因而，美国人都害怕说老，避免说老，而是将老年人称作 senior citizens。

中美两国对待老年人的不同态度源自两国各自的价值观、世界观以及不同的社会现实等。因而，在涉及这一文化现象时，教师不应简单地判定哪一种方式是正确的，哪一种方式是错误的，而应从这一文化现象的渊源上了解其生成的原因，从而理解其存在的现实。

（四）有序性原则

有序性原则具有两层含义：一是指文化教学内容的编排要体现文化知识本身的逻辑结构及其系统性；二是指文化教学的活动要结合文化知识本身的逻辑结构和学生的身心发展情况，有次序、有步骤地展开，以确保学习者能够有效地掌握系统的文化知识，全面理解目的语文化。有序性原则既是文化知识本身系统性的要求，又是教学制约学生身心发展规律的反映。总之，要遵循有序性原则应做到下面两点。

（1）在选择文化内容时，既要注意各个层次文化知识内部的系统性和序列性，又要注意各个层次文化内容之间的相关性。

（2）在编排文化导入的内容时，要根据学生的认知特点和思维发展规律，科学、合理地安排不同学习阶段文化导入的内容。英语文化教学的内容安排要从简单、具体的文化事件到概括性的文化主题，最后才应是对目的语社会的全面理解。相应地，英语文化教学目标的要求也应根据不同学习阶段学生的学习特点制订。换句话说，要从以感性体验、感性认识为主逐步向以理性认识和理解为主过渡。

（五）对比性原则

对比性原则是指在英语文化教学中，教师引导学生将英语国家的文化和本土文化进行对比，从而使学生意识到中西方文化的差异。

通过对比，学生既可以加深对英语国家文化的认识，又能了解不同国家在价值观、思维模式、审美情趣等方面的巨大差异。这一方面可以避免学生形成种族中心主义，另一方面有助于提高学生的文化理解能力。

对比除了可以让我们更加深入地理解不同的文化概念，还能帮助我们避免不同的文化行为，从而避免根据自己的标准来解决他国的文化行为，也可以避免把我们自己的文化带入其他文化情境中去。实际上，学生经常犯文化类知识的错误，原因就是缺乏对文化差异的了解，只关注文化的相似性，却忽略了文化的差异性。

在英语文化教学中，教师可以引导学生进行以下方面的对比。

（1）词汇方面的文化内涵。

（2）习惯用语方面的文化背景。

（3）句法方面的语法运用。

（4）演讲方面的语言风格。

需要指出的是，教师和学生应特别重视英语教学中词汇和短语的文化内涵，因为它们反映了文化，它们也是构成语言的基本材料。例如：

Live with your head in the lion's mouth.

在中国，老虎是勇猛的动物，被称为百兽之王；而在英语国家中，狮子被称作百兽之王。如果教师此时能够将这一文化进行对比，那么学生就很容易理解此句意思了，即，你要虎口求生。

在文化教学中，教师要抛砖引玉，组织、引导学生在课后搜集资料，了解中西文化的差异，不断积累文化知识，提高学生的跨文化交际能力。

由于不同的文化产生不同的看法，不同文化背景下的生活方式，价值观念、思考方式，社会规范、文化冲击和文化冲突难以避免。但是，如果我们密切注意不同文化的差异，并时刻注意对比它们，就可以加深对其他文化的了解，消除彼此间的误会，从而减少甚至避免由于文化冲突而引起的暴力行为、武装冲突等。

（六）相关性和实用性原则

语言学界普遍认为，文化内容涉及社会生活的各个层面，但是在实际英语教学中受各种客观教学条件的限制而不能面面俱到，因此在实际英语教学中应遵循相关性和实用性原则，重点传授与学生所学内容相关、与日常交际所涉及的主要方面相关，以及与跨文化交际相关的文化内容。此外，相关的教学内容要具有代表性，应能体现目的语国家中具有代表意义的主流文化。文化内容是纷繁复杂的，并提出在英语教学中应该遵循适度原则和主流原则。尽管这种提法与大家的说法不一致，但从本质上讲，相关性原则和适度原则是相通的，实用性原则和主流原则是相通的。为了达到一致，我们将其统一成相关性和实用性的原则。

第 3 节　跨文化交际视角下开展大学英语文化教学的意义

语言和文化是密不可分的，不了解外语的文化背景，就无法正确理解和运用外语。在大学英语教学中，实施文化教学具有重要意义。

一、文化教学是大学英语发展的需要

人类语言的表达形式，必然要受到其所置身的社会文化形式的制约。中国人在进入跨文化交际的语境中时，因为文化碰撞而产生的误会、矛盾时有发生。在跨文化交际研究

中，大家都明白一个事实，那就是因为文化而产生的误会要比因语言语法错误发生的误会严重得多。由于语言语法错误的结果，最多就是词不达意，思想中想要表达的东西无法顺畅地通过语言来将其表达出来。可是，因为文化问题而导致的误会，就会上升到有关民族尊严的问题了，往往会使“本族人与异族人之间产生严重误会甚至敌意”。若想在跨文化交际中有效地避免诸如此类的文化矛盾或冲突，减少跨文化交际过程中有着不同文化背景的人之间的误会或摩擦，最为有效的方法就是交际者能够具备一定的跨文化交际能力，有着较为丰厚的文化修养与素质，对着交际对象的民族文化与传统，有着较为深入的理解与认识，只有这样，才能够达到有效交际、顺利实现跨文化交际目的。这样一来，我们的大学英语教学就不能够仅仅只局限于语言知识技能的教学了，而在教学过程中有效融入有关英语民族的文化教学的知识内容，就成为十分必要的课程。董亚芬曾经说过：“任何一种民族语言都是该民族文化的重要组成部分和载体。在语言材料中，篇章、句子甚至每个词无不包含着本民族的文化信息。”将外语教学同本国文化教学成功地结合起来，对于开阔学生的文化视野，从多个层面扩大学生们的知识层面，从而多角度地增强大学对于世界的理解与认识，在对异域民族文化的学习与借鉴过程当中培养、提升自我的文化素养，这已经是当前大学英语文化教学不容置疑的事实，已经成为当前的外语教学界的共识。

二、大学英语文化教学是当前中国社会经济发展的客观需求

毫无疑问，进入新世纪以来，伴随着我国社会各个层面改革的继续深化，经济的飞速发展，国际性的事务交流越来越频繁。我国的社会发展需要有一支庞大的、具备跨文化交际能力的人参与到国际贸易交流中来，需要这样的一支具备高素质跨文化交际能力的队伍来解决越来越多的国际性事务，以此来更好地增强国际间的交流与合作，使我们的跨文化交际得以顺畅进行。

当然，我们所需要的这种跨文化交际人才，不仅需要具备相当的语言沟通交流能力和优化知识结构组成的能力，同时，还必须是具备国际性的文化理念与思维，对于异域民族文化与传统、日常礼仪与交际原则等都有着一定的了解，也就是具备相当的跨文化交际的能力。跨文化交际能力是一种双向的沟通交流能力，不仅要对目标交际对象的民族文化有着较为深入的理解与认识，同时，对于本民族的文化知识与传统，也必须有着一定程度的理解掌握，这样，才能够在跨文化交际过程中更好地实现双向的交流与互动。在跨文化交际过程中，要想能够得体顺畅地同外国人进行交流，仅仅具备流利的语言表达能力与较为丰富的交际对象的语言词汇，这是根本不够的。若想保证跨文化交际的顺畅进行，必须还要对目标交际对象、历史文化习俗和价值观念等有着深入的理解与认识，这样，才能够很好地避免在交际过程中因为文化的差异性而产生的误会冲突。因此，为了能够培养出优秀的跨文化交际人才，使其在跨文化交际中具备强大的国际竞争力，以此来更好地跟上时代发展前进的步伐，更好地满足我国飞速发展的社会政治、经济、科技以及文化对于跨文化交际人才的需求。基于此种国情发展现状，我们的大学英语教学过程中有效地融入跨文化

交际的教学内容，将跨文化交际教学提升到大学英语教学课程内容的一定高度，逐渐将大学英语教学传统教学方法的听、说、读、写能力训练转移到对于跨文化交际能力的全面人才培养重点上来，培养出适应时代发展需求、具备跨文化交际综合素质与能力的国际性人才，是我们大学英语教学改革应该关注的重点内容。大学英语文化教学过程中，除了对目的语言民族的文化给予相当重视的同时，还必须对不同民族之间存在的文化差异性给予足够的关注，在文化教学过程中同时关注民族文化的差异性，从多个角度、多个层面来增强学生对于不同民族文化的理解与认识，从而优化学生们现有的知识结构，帮助大家在英语学习的过程中更为有效地培养起跨文化交际的能力与素养，为我国的国际化人才竞争培养打下坚实的基础。

三、大学英语文化教学是促进大学生社会性发展的需求

任何一个人，都是社会的人，具备一定的社会属性，同社会的发展紧密相关，在社会中扮演着一定的角色，并且相应地承担其应有的社会责任。因此，在个体的人与作为集体的社会之间就形成了一种彼此相互联系、相互依赖共同发展的关系。每一个人都生活在一定的社会当中，既然在社会中生存并且想谋得个人的发展，那么就得不断地去进行学习。而学习，则根本无法离开社会各个方面。基于此，我们的教师就有责任也有义务在教学过程当中引导着我们的学生通过学习来不断地认识社会各个层面的真实情况，对于那些同学生们日常生活紧密相关的社会现象，都应该适当地引导着学生进行必要的理解与认识，这是对于学生人生经验与阅历的一种极为有效的丰富途径，对于提升学生们的自身认识能力，丰富他们的情感、知识以增强其自我分析能力及对他人、对社会的认知，都有着极大的促进作用。在此基础上，教师们才能够更好地引导学生构建自己良好的行为习惯体系，从而培养起自我良好的社会道德体系、人生观与价值观。对于大学生来说，大学教学就是促成其社会性发展的有效助推力之一。对于当前的大学生来说，他们面对的社会交往关系及现象更为纷繁复杂，多元化的社会交往，决定了交往方式的多样化与复杂化。那么，通过跨文化交际教学来培养学生们面对社会不同人群与不同的语言群体时应有的交际能力，培养大家在人与人交际合作时的正确态度与意识，从学校与社会各个层面来帮助大学生们提升自我的跨文化交际能力与素养，对于他们更好地认识这个世界、跟上社会与时代发展的步伐、以及对于自我素质的发展，都有着很好的作用。由此可见，我们倡导的大学英语文化教学同当前青少年培养的社会化目标是同步的，最终的目的就是帮助我们的青少年学生树立起正确的理想与信念，培养大家追求平等、尊重差异、相互合作的思想观念与意识。我们大学英语文化教学的目的，也是为了能够培养当代大学生的文化知识素养和综合能力，将每一个学生潜在的能力与其自身所蕴含的聪明才智最大限度地挖掘并且发挥出来。无数的教学实例已经表明，在大学英语教学中实行跨文化交际教学，不是一个空泛的概念或者是仅限于理论层面的空谈。而且，社会与时代的发展，也为具有跨文化交际综合素养的人提供了越来越多的机会与平台，如国际性的交流与合作越来越频繁。在大学英

语教学中给予跨文化交际教学以更多的关注与重视，不断地从更深的层面来增强、培养学生们对于不同的民族文化的认同感、包容性，树立起他们面对异域民族文化时应有的包容意识与精神，懂得拥有不同文化背景的人与民族之间彼此相互尊重、平等交流合作。这也是大学生们面向未来发展的一项较为基本的社会生存能力。这是促进不同语言民族之间的文化交流与合作、发展，推动国际间的交流与合作的一项基本能力与素质，是当代大学生社会性发展的必备生存能力之一，是更好地适应时代与社会发展步伐的要求。

四、大学英语文化教学是实现民族自强自立的需要

中国要想更为成功地实现中华民族的伟大复兴，重现昔日的辉煌，构建起民族的自立自强精魂，大学英语教学，是一个必经之路。作为当前世界通用语的英语，任何国际性的交往，都需要通过这一有效的语言沟通工具来搭建桥梁。中华民族融入世界，离不开英语这一世界通用语来做桥梁纽带。但是，面对着西方的文化霸权，我们在学习英语的过程中不仅要有能力博古通今、融会中西，还要能够做到对西方文化的辩证吸收，内化融会，这样，才能够真正建立起自我强大的文化意识。我们在学习英语过程中，必须要对西方文化以及语言对中国文化形成的巨大冲击有一个较为清醒的认识，对其形成的垄断性地位，有着明晰的判断与鉴别。我们要清醒地认识到西方文化对我国传统文化形成的巨大冲击。这一冲击，对于中国来说，就如同一把双刃剑，对于中国的经济科技发展以及外贸等来说，具有较大的积极促进作用。可是，对于我们的意识形态领域来说，则又将其带入了一个巨大的挑战漩涡当中。

随着我国改革开放不断深化，我国的综合国力的确是在“飞速提升，因此，一些国际间的交往也就越来越频繁。在此种情态下，我们对于具有跨文化交际能力的人才的需求也就愈加强烈。我们需要能够面向世界、对于异域民族有着较为深入理解的人才来参与到我们的国际交流中。因此，我们的大学英语教学就提出了新的教学目标，培养跨文化交际人才，将跨文化交际教学的内容，提升到一定的高度，使学生在学习实践中培养起其面对多元文化的包容性。鉴于此，在我国当前的大学英语教学中实施文化教学，是一件极具深远意义的事情。

五、大学英语文化教学是顺应高等教学国际化发展趋势的需要

面对着全球一体化发展的趋势，提升高等教学国际化的主流意识，是当前世界性的高等院校办学得以进一步深化发展的新的理念基础。由此可见，在高等院校大学英语教学中实施文化教学，已经成为一个国际性高等院校发展的必然方向。文化教学在高等院校的有效实施，对于我们办学理念具备世界性的眼光、融入世界办学教学的洪流当中具有积极的推动作用，通过文化教学的实施，我们可以不断地吸纳西方先进教学理念与办学模式，站在理性的角度来对我国的高等教学以及传统文化等进行分析认识，并且能够以世界性的战略眼光来分析全球性以及民族性的综合性问题，从而在理论与实践相结合的同时，找到中国本土办学、教学同世界各国办学、教学成功经验的融会点，以此来更好地把握世界性的

主流意识发展，更好地在办学教学中进行创新，并且在创新发展过程中办出自我的个性特色，来为推动我国当前的大学教学做出努力。特别是伴随着全球一体化发展态势，办学也在全球一体化的发展过程中呈现出新的发展趋势，很多高等院校都在寻找着同国外学校共同合作办学的机会，中外合作办学正在不断进行中。在此过程中，无论是从办学的主体来说，还是参与办学作为教学接收者的客体来说，大家都共同面临着多元化的局势，办学背景存在着多元化的局面，办学对象也出现了多元化的情势，乃至于信息来源、思维方式、社会习俗，等等。在中外合作办学过程中无不呈现出多元化的特点，因此，在这样的办学理念以及办学氛围中培养出来的人才，由于多元化的作用，必然受到多元文化思维影响作用而具备多元化的意识，有利于学生形成开放、包容的文化思想。由此可以看出，对于中外合作办学这一新的办学模式中的文化教学进行深入的关注与研究，对于我们的大学英语文化教学是一件十分有意义的事情。

这是因为：第一，面对着全球一体化发展的大趋势，我国高等院校面对的，不仅仅只是国内市场带来的巨大挑战，在全球化发展过程中，已经被全球一体化潮流裹挟着融入了世界性的市场潮流中。具有跨文化交际能力的国际性的人才，已经成为全球范围内的一种需求，而不再仅只是某一个民族或者是某一个时间段的需要了。毫无疑问，这必然对全球各个国家与民族的高等教学提出了改革与发展的迫切要求。立足一个全球性的高度推动着各个国家高等院校进行发展与改革。第二，中外合作办学的教学模式，是以双向互利、文化平等、交流融合、共同发展为基础与目标的新的办学教学模式。现在，对于文化教学，已经被经济开放性国家首肯为进入国际性交流、融入国际发展态势中必要的战略性工具与手段。

面对着全球一体化发展的大的潮流与趋势，各个国家的商品、信息、服务乃至人员的跨国界开放，促使大学生成为全球一体化发展过程中增强国与国之间交流、理解、加强合作极为有效的方法。甚至可以说，现在的大学教学，已经前所未有地成为一个国家提升综合国力的代表性标志。在当前这种多元化办学模式的作用下，各大高校都在通过多种方式方法，将派出与引入结合起来融入自己的办学教学模式当中，以更好地增强学校在世界性发展态势中的竞争软实力。越来越多的高等院校已经开始意识到，面向未来的大学人才，应该是具有全球意识与国际交往以及跨文化交际能力的人才，这一人才培养目标必然促进大学英语文化教学的发展，推动文化教学在大学教学中的作用。英语作为具有世界普通话之称的全球通用语言，可以说是全球先进科技文化发展的代表性成果。纵观我国科技在世界领域的位置，令人遗憾的是，直到现在，我们依然很难问鼎诺贝尔科技方面的奖。笔者认为，这并不是因为我们国家在科技领域缺乏必要的创新意识与创新能力，而是同我们对于科技创新的思想以及研究成果的英文表达有着一定的关系。

此外，无论是谁，若想将自己的研究成果得到更多的认可，就必须进行国际性的学术交流。科学工作者如此，教育工作者也不例外。否则，就无法融入国际的学术生态之中，得到国际同行的承认。这不仅仅只是一种外在的交际形式，更是一种思想、一种学术思维的融会与交流。而英语作为国际交流的主要工具手段，顺应这一大的国际性的交流需求，在学习英语的同时，必需的文化学习也是非常必要的。英语只是一种交流的语言工具，文化作为思想的承载，才是交流的内核。因此，在大学英语教学过程中，就需要对文化教学进行强化与突出，从而使作为文化载体的英语，能够在国际性的交流与合作当中真正发挥其传播媒介的作用，能够将不同地域、不同民族的文化在语言交流中得以沟通、认识、传播，真正发挥出语言的交际功能，来推动我国文化、科技的国际性交流与合作。而且，根据跨文化交际实践的经验总结，在我国的大学英语教学过程中，应该注重多采用比较研究的方法来进行教学，以此更好地开阔学科视野，增强其交叉学科的融入性，在对学生进行大学英语语言文化知识教学的同时，有效地加入有关人文学科的相关知识内容，使我国的各所高校能够增强其彼此之间、学科专业之间的相互沟通与交流合作，彼此之间相互增补。在我们的大学英语教学过程中，将外语的语言教学同文化教学更为有效地融合成一个有机整体，使我们大学培养出来的人才朝着复合型人才的方向发展，使大学英语的文化教学能够真正地在国际交流与人才培养方面发挥其应有的作用，共同来为促进我国社会经济的飞速发展做出应有的贡献。

基于此，无论是我国的高等教学部门，还是各大高等院校，对于文化教学，都应予以足够的重视，使我们高等院校培养出来的人才，既能够充分地掌握跨文化交流中交际对象的民族文化，在交际中减少因为文化而发生的矛盾冲突，同时，还具备相当的本民族文化传统的深厚底蕴，并且能够用目的语言对本民族文化在世界范围内进行传播，使更多的国家与民族、使来自全国各地的不同语言群体都能够对我们本民族的优秀文化传统有着较为深入的理解与认识。这才是我们进行跨文化交际的真正目的。在此基础上，我国的各大高等院校还有着另一项使命，那就是在进行跨文化交际教学过程中，能够正确引导学生掌握不同民族与国家之间存在的文化差异性，在认识、尊重、接受文化差异性的同时，能够冲破差异性的障碍，认识到差异性存在的背后，其实是语言共同性规律的作用。只有更好地认识并且掌握了这种差异性背后的语言与文化存在的共同性本质规律，我们才能够真正地掌握一种语言及其背后所蕴含的文化。这样的人才，才是我们在激烈的世界综合性人才竞争中所需要的、具有创新意识与创新能力的人才，也只有这样的人才，才能够在世界新的文化格局中发挥出跨文化人才所应有的作用。

面对着正在一体化发展的世界新的格局的形成，跨文化人才的培养，是我们各高等院校极为迫切的教学任务。但是，有一个不得不公认的事实，那就是外语教学中的文化教学，首先必须承认不同语言群体之间存在着巨大的文化差异性。而且，在现实的世界范围内的跨文化交际中，因为文化差异性而导致的交际矛盾与冲突，仍然是不可避免时有发生的事实。而解决跨文化交际矛盾冲突发生最为有效的方法，就是大学英语的文化教学。通过多种行之有效的文化教学方式，使学生们能够对不同的民族文化之间存在的差异性有着一定的认识与理解，并且在文化教学过程中，培养学生们的尊重异域民族文化传统，形成包容，开放的跨文化意识，从而在进入跨文化实践中能够更好地为增进国际间的认识与理解而努力。对于这一切，每一个国家的高等院校都肩负着不可推卸的责任，这是时代赋予高等院校的使命。因此，我们的高等院校教学，应该责无旁贷地承担起为增进国家与世界其他民族之间交流与沟通而培养跨文化交际人才的责任，这是各大高等院校面向未来教学迎来的教学国际化发展的新的态势。所以，在我们的高等院校教学中，有效地融入大学英语的文化教学，并且对此给予应有的关注与重视，转变传统的教学模式与教学理念，积极采取行之有效的措施，为培养跨文化交际人才做出应有的贡献。

第 4 节　大学英语文化教学的困境分析

理论上，我国英语教学界已经普遍认识到英语教学中文化教学的重要性，而在实际教学过程中，英语教学的现状仍不容乐观。跟踪调查一部分大学生毕业后在英语运用方面的工作表现发现，能够胜任外事交流需要的学生极少，绝大多数人要么是会看不会说的“哑巴英语”，要么就是交际中随处碰壁的“流利傻瓜”。原因在于他们对异国语言文化缺乏了解和理解，不懂得目的语言的使用规则。在外国人看来说一口流利英语的人自然应该懂得语用规则，不然，怎么能把英语说得这么好？我国学生从小学、初中、高中、大学一路学着英语，到头来却不能用英语有效地进行跨文化交际，这足以表明我国的大学英语文化教学现状不容乐观。

一、深层文化教学的问题

如何使高校英语教学提高学生的跨文化交际能力，很多专家学者都提出了建议。例如，在传授语言知识和进行语言能力训练的同时培养交际能力，尽可能具体化、形象化地传授文化背景知识，重视比较中外文化的差异，组织生动活泼的活动（如表演、讲座等），以提高学生的兴趣和积极性。这些讲解和活动无疑是必要和有用的，但是此类文化教学并没有触及目的语文化的核心。

（一）深层文化的内涵

英国文化人类学家创始人爱德华·泰勒于 1871 年提出第一个文化的定义后，各门学科相继从不同侧面分别对文化进行了定义。文化是知识、经验、信仰、价值观、行为、态度、意义、层级观、宗教、时间概念、角色、空间关系、宇宙观累积的沉淀物，是一群人通过数代人的个体和群体的努力获取的物质对象和财富。

文化可分为表层文化和深层文化。表层文化指已暴露的文化，包括服装、道路、建筑物、饮食、家具、交通工具、通信手段、街道、村庄等。深层文化的范围远远超过表层文化，诸如思想、信念和评价之类属于深层文化。深层文化主要是指软文化，即精神文化，包含的主要成分是观念，包括人权观、劳动观、婚姻观、发展观、宗教观、法制观、道德观、个体与群体观，价值体系是各种观念的核心，是文化的深层内核，是民族文化的精神实质，决定着文化的特征和风范。

文化总是在不断发展的，只有深层文化不太容易改变。文化的“深层结构”是指一个不曾变动的层次，它是相对“表层结构”而言的，在一个文化的表面层次上，自然是有变动的，而且变动往往是常态。一个语言群体中的人按照他们的深层文化价值观来行动。

价值观是文化的核心，文化的其他部分像是洋葱的皮一样层层包裹着核心：外层的皮是文化的可见部分，而内层就是文化的不可见部分，层与层之间都有联结，内层可以影响外层（不可见的部分影响着可见的部分）；最外层是符号，即词汇、手势、图画等；其次是英雄，即活着或死去的人物，无论是真实的还是想象的，只要他具有在一个文化中被高度赞扬并成为行为楷模的特质；再次是仪式，指为达到理想的目标在技术上并不必要的集体行为，但在一个文化中它是必需的，因为它使得个体限制在集体的准则内；最核心的是价值观。学习文化，不仅要学习表层的文化（文学、艺术、食物、衣饰等），还要学习文化的核心（人们的价值观、信仰），这样才有助于我们更好地理解文化和与对方交际。

（二）目的语深层文化教学的问题

语言是人与人相互接触时所使用的交际工具，是人与人之间传达信息或表达思想的媒介。语言不仅是符号系统和交际工具，也是使用这种语言的民族历史文化的载体。语言就像一面镜子，反映了民族历史、文化、心理素质的深层结构，隐形地规范着一个民族看待世界的价值标准和思维方式。相对于文化的深层结构而言，语法规则只是语言的表层结构。文化的深层结构包含世界观、家庭观和历史观。

在英语教学中加强文化教学，重要的是要关注文化的深层结构、深层文化的差异，要注意高校英语教学对目的语深层文化的忽视。中国学生在跨文化交际时犯文化方面的错误，表层文化的错误是容易改正的，但是那些和价值观、信仰等有关的“深层结构”错误，需要更多的努力和时间才能改正。由不理解深层文化引起的错误比单纯的语言错误的后果更为严重，很可能使中国人和外国人在交际中导致情感上的不愉快。例如，社会学系的一名学生因故没去上外教的一节课，后来在校园里偶然碰到了外教，外教告诉他由于她生病了，所以那节课没上成。这名学生听后高兴地说：“这下太好了！我没缺课，我还担心自己错过了你的课呢！”结果他发现外教不太高兴。学生觉得不落下课程是最重要的，他这样说实际上是想向外教表达他喜欢上外教的课，是对外教的一种褒奖，同时也表明自己是一名很用功的学生。但是外教觉得人是最重要的，她生病了，学生不但不表示关心反而如此高兴，真是不可思议。学生表述时没有犯语法错误，却表现出两种文化对同一种事物理解上存在的差异。

二、文化教学缺乏内容支持

中国的英语教学领域缺乏宏观规划与指导，还未形成具有中国特色的英语教学理论体系。以引进为主的英语教学理论中的有些研究并没有与中国的英语教学实际紧密结合，无法真正指导中国的英语教学实践。在管理层面上，有关领导、教育行政管理部门、从业人员还存在轻视英语教学理论的指导作用的现象。专家的意见和建议很少得到充分的重视和肯定。有些课程标准的设计、教材的编写、评估标准的设定往往缺乏科学的理论指导。

几十年来，教育部制订和颁发了各级各类为数众多的英语教学文件和大纲，当中却没有一个文件或大纲认定文化教学与语言教学同等重要，更没有对文化教学的标准、内容、方法和测试与评价进行过系统论述。在没有大纲的约束和指导下，教师只是凭着个人兴趣在时间允许的范围内零星给学生介绍一些文化知识，距离真正的文化教学相去甚远。

跨文化意识和跨文化交际能力的培养不仅需要学习者在本族文化和目的文化之间建立起一种相互比较、相互对照的关系，而且还要求学习者对这两种文化之外的其他文化有所了解和体会。在以英语作为国际通用语进行教学的情况下，让学习者接触和了解其他文化更加必要。遗憾的是，现有英语教材中很少有涉及英国和美国之外的其他国家的文化内容，更不用说将培养跨文化意识和能力的内容和活动列入教材。没有充足、令人较为满意的文化教学材料是我国大学英语文化教学中的突出问题之一。教材是教师教学和学生学习的主要依据和向导，更是中国学生的依靠，解决现有教材存在的问题是实现跨文化英语教学目标的关键。但总体来看，教师还是认为教材中文化内容较少。目前英语教材呈现下述特点。

（1）我国目前使用的英语教材中的文化教学内容的组织编排缺乏系统性，辅助文化教学的材料如系列文化导入教材、相关的有声资料、参考资料在中国市场上也不多见。词典等参考资料中，文化释义呈现不足。

（2）教材中说明性和科技性较强的文章所占比重较大，涉及英语文化，尤其是关于英语国家精神层面的文化材料，如有关价值观、思维模式、民族心理、伦理道德等的材料较少。学生对异族文化的行为准则缺乏了解，必然会影响跨文化交际能力的培养。

（3）文化内容与语言内容有机结合的教材较少。大学英语所使用的教材大都突出语言能力的培养，相关文化背景知识通常让学生课前或课后自己阅读。以文化为基础的语言教材在中国极为少见，即使有，也因为教材所设计的教学活动以语言学习为主，而使文化教学的价值大打折扣。

虽然为了达到英语交际的目的，各种各类的英语教材都在努力以功能或情景为主线将异族文化信息加以呈现。但“这种旅游式的文化内容”在广度上和深度上的呈现都必定有限。旅游者通常只触及文化冰山的一角，没有文化冲撞的体验，就无法培养学生对其他文化的积极的态度和文化相对论的思想，是满足不了跨文化英语教学的需要的。学习者只有了解目的文化的各个方面、各个层次，并不断反思本族文化，才能实现提高跨文化交际能力这一教学目标。

三、母语文化教学的缺失

大学生学习英语的目的是和英语国家的人交际，吸取他国的先进科学、文化精华，更好地进行跨文化交际。关于大学生在用英语交际中出现的问题，不能仅表象地认为中国学生羞涩、顾及面子，或者词汇不够、语法不清，还应该考虑到在英语教学时，在文化背景知识的输入中，我们缺失了对精神文化、软文化的输入。这就要求在教学中要弥补教材的不足，引导学生建立起对目的语文化的深层次理解，如果缺失了对目的语文化深层次的理解，就很难与目的语国家的人民进行良好的沟通。

（一）大纲对母语文化的忽视

2007 年的《大学英语课程教学要求》明确了大学英语的教学内容除语言知识、语言技能之外，还应包括人文情感、人文素养和人文理想的培育，这体现了从将英语单单作为工具转变为将英语作为素质教育组成部分的思想。但是高校英语教学目标中对文化的定义默认为是目的语文化，没有提到母语文化。文化学习只关注以英语为母语的国家的文化是不够的，必须延伸到学习者的母语文化。因为语言产生自人类本质的深层，同时，语言与人的民族起源也有着真正的、实质性的联系。每当我们听到母语时，好像感觉到了我们自身的存在。强调目的语文化并不意味着成为它的奴隶，而是去尊重它。社会真正需要的是双语和双文化，甚至是多语和多文化的人。高校英语教学应该考虑中华文化教学的重要性。

要培养学生对目的语文化的洞察力，必须帮助学生了解母语文化的传统、演变和表现形式。母语文化在英语教学中可以作为与目的语文化进行对比的工具，既能深刻揭示目的语文化的主要特征，同时也可以加深学生对母语文化本质特征的理解。

（二）教学过程中母语文化和目的语文化要相辅相成

迁移说源于心理学，指早期的行为模式对学习新行为模式的强化或阻碍的影响。在心理学中迁移是一种学习行为，通过迁移，学习者以前获得的有关学习技能的知识将影响他们以后学习或训练行为的结果。从效果方面，迁移分为：积极迁移（正迁移），一种学习对另一种学习的积极影响或促进；消极迁移（负迁移），一种学习对另一种学习的消极影响和干扰。如果学习者以前的学习经历能产生积极的效果，就会促进学习者的学习；反之，如果学习者以前的学习经历阻碍了他们学习新的知识，就出现了负面效果。在语言学中，迁移指一个人的母语对目的语的语言特征的影响。当学习者使用目的语时，因为不太了解目的语的规则，因此会受到母语和母语文化的影响，从而套用母语的规则，使用母语的语音、词义、结构或文化习惯。迁移之所以分为正迁移和负迁移，是目的语和其他任何以前习得的语言之间的相同和差异产生的影响。正迁移是使学习简单的迁移，当母语和目的语有相同的形式就会产生正迁移。在这种情况下，学习者的母语会促进目的语的学习。负迁移是使用母语的模式和规则导致使用目的语时产生错误和不恰当的形式。学习者的母语文化和目的语文化之间同样存在差异和重合现象，差异会导致干扰，对学习目的语文化产生负面影响；重合现象同样会导致迁移，对学习目的语文化有辅助作用。

我国大学英语教学的注意力长期集中在语言形式教学，一直以来都是以语法翻译法、听说法的教学方法为主。大学生学习英语时，自身已经有了一套母语规则，形成了母语思维习惯。已有的母语知识会对目的语学习产生影响，当母语和目的语规则相同时，会促进目的语的学习，产生正迁移；当母语和目的语规则的表现形式不同时，就会产生负迁移，负迁移常常会产生错误。母语的负迁移会在语音、语义、句型、语法等各个方面造成干扰，使学习者在学习目的语时很难摆脱母语的影响。

大学英语教学中目的语文化的学习和学生的母语文化不应是冲突的，而应是相辅相成的。不同语言同时使用的范围越广，各种语言共同存在的趋向越明了，语言本身所能获取的收益就越大，对思维和语言技能的影响也越积极有效，甚至在各种语言长时间混合的情况下，凭借善于梳理的精神我们还能造就一种与自身相配的形式。讲英语或汉语能给学习者用“英语的或汉语的眼睛”看世界的机会，但不会让他放弃自己的判断力、理解力和个人身份，反而能让他重新面对并评估母语文化和目的语文化。学习目的语文化我们能提升对母语文化的理解，从异文化的立场观察母语文化，能察觉出作为母语文化的群内人所不能发现的东西。同时，对母语文化有良好的理解才能客观发现母语文化和目的语文化的共同点和不同点，学习目的语和目的语文化并不意味着同化，而是用一个新的视角去看待母语文化和目的语文化，学会包容和理解不同文化，可以培养学生在学习和研究中具备宽广的视野和大度的心态。

四、母语文化缺失对跨文化交际的阻碍

英语和汉语一样都不是简单的字、词、句的组合，而是一个巨大的语言体系。语言的内部因素之间相互联系、密不可分。母语文化不完全是负迁移，不应杜绝母语。在高校英语教学中，更应该强调具备母语文化和目的语文化的知识。培养大学生的跨文化交际能力，在高校英语教学中应重视母语文化的英语表述，对两种文化的互相尊重是成功跨文化交际的必要条件。

语言是民族的象征，是一个民族从事一切精神活动和维持社会联系的必要基础，记录着该民族走过的漫长的历史道路。对于民族的独立和统一，语言的作用和地位是至关重要的。热爱母语，就是热爱民族、热爱祖国，民族语言是一座思想、文化和历史的宝库。在跨文化交际中，学习者不可避免地受到母语和母语文化的影响，学习者的母语文化可以作为比较的基础，从而促进学习者对目的语的语言结构的掌握和对目的语文化的深层理解。学习者可以更好地了解文化差异和多样性。在两种文化的相互借鉴中能更好地了解自我。关注母语文化会让学习者重新思考母语文化的定位。

从英语学习成功者身上可以看到，母语文化并不会妨碍他们在英汉两种语言之间切换。成功的英语学习者，通过英语学习，能更好地掌握和理解母语文化，也能更好地领略和欣赏目的语文化。对目的语和母语的掌握是彼此互相促进的，对目的语文化更深层次的理解和欣赏与对母语文化更深层次的理解和欣赏是相辅相成的。学习一门外语，用其思维，是最恰当不过的精神操练。而更有意义的是，掌握了一门外语，就是获取了一种观察世界的新的途径。通过语言认识世界，通过比较各种语言来比较人们对世界的不同认识。

中华文化宝库里的东西太多了，保留着几千年以来的文化成果。我们现在接触的多为

白话文，如果我们完全舍弃文言文，我们将无法分享文化资源，只能处于模糊的过去与茫然的未来之间。目前大学生基本上只使用白话文，对文言文多半仅限于教科书上的几篇课文，而且主要是为了应付考试。这不仅是大学英语教学的困境之一，也是学生跨文化交际的现实障碍。实际上，在全球化的今天，只有立足于自己的历史文化传统，才能保持自己的主体性和独立性，才不至于在西方文化的话语中迷失自己。大学英语教学中母语文化学习是中国大学生跨文化交际的立身之本。

第三章　跨文化交际视角下大学英语文化教学模式构建

第 1 节　语言教学中的文化因素

外语教学应该包括对学习者语言能力、语言运用能力、社会文化能力和跨文化交际能力的培养。其中跨文化交际能力的培养首先涉及对本民族文化和目的语文化的态度转变。无论是研究者还是普通外语学习者，文化能力，即有关风俗、习惯、价值观、信仰和意义系统的知识，毋庸置疑地应该成为外语学习不可分割的一部分。我校许多教师已经开始把文化教学作为一个教学目标融入语言课程中。在过去二十年中已经受到足够重视的交际能力，强调的是“语境”的作用，认为在不同情境中交际者应该得体地运用语言。语境中蕴含着文化规则，发生在具体语境中的交际行为受文化的限制，所以实现有效、得体的交际要求交际者既了解语言的语法知识（语法能力），又能够解读语境中暗含的文化意义（文化能力）。两种能力相互补充形成交际能力。当然，我们早已对以“行为主义模式”为中心的语言学习方法进行了批判，在此模式下，语言学习就是句型模仿，语言就是用来表述事件的词和句子的简单组合。

在过去二十年中，研究语言与社会的关系成为潮流，外语教学方法与手段、教学模式发生了很明显的转变。然而，仍然有一些与语言教学的本质有关的信念深植于人们心中，决定了外语课程的内容，这种信念潜移默化地削弱了语言课程中的文化教学，阻碍了学生跨文化交际能力的培养。把语言仅仅当作一种符号，只学习语法规则无疑是一种错误的观念。在某种程度上，如果只对与语言有关的社会动态给予关注，而不能对社会和文化的结构有深远的洞察力，也可能导致跨文化交际中的误解。所以，外语学习就是外国文化的学习，在外语课堂中应该教授文化，这是毫无疑问的。值得重视的是，“文化”的含义是什么，怎样才能将文化融入语言教学中。文化之于语言学习不是可有可无的第五种技能，它附属于听、说、读、写的教学。从学习外语的第一天起，文化就一直存在于背景中，时刻准备着扰乱不设防的学习者，挑战他们认识周围世界的能力，使学习者意识到他们辛苦学得的交际能力的局限性。

缺乏了文化因素的外语教学是不准确的，也是不完整的。对于外语学习者，如果他们对于以目的语为母语的人们的生活习惯或是国家状况一无所知，那么语言学习是毫无意义的。学习目的语文化的重要性随着语言学习者与外国文化越来越频繁的接触而逐步凸显出来，因为他们在跨文化交流中碰到的最大障碍往往与语言的熟练程度无关。这种障碍就是母语文化的缺失，其直接后果就是语用失误。文化语用失误比单纯的语言错误更容易在跨文化交际过程中造成不良影响。如果说话者出现发音不准、用词不当、语法错误等语言问题，受话者一般都能谅解，甚至会对说话人敢于交谈的勇气表示钦佩。但对于说话者的语用失误，受话者就很难原谅。

例如说话者口语流利，用词丰富，语法正确，但出现文化语用失误，他很可能被受话者认为是缺礼貌、不友好。正如美国语言学家沃尔夫森所说，“在与外国人交往时，本族语者趋向于容忍发音和句法方面的错误。相反地，他们常常把违反讲话规则解释为态度不友好，因为他们不大能够意识到社会语言的相对性”。由此可见，外语学习者在学习一门语言时不应忽视目的语文化。随着文化在语言习得中的重要性逐渐被肯定，语言教学研究者和语言教学工作者开始进一步探讨如何能够有效地在外语教学过程中渗透文化知识，于是就产生了“文化教学”这一概念。外语教学的目的主要是培养学生把语言作为交际工具来掌握。寓语言教学于文化背景的目的之一是发现并排除干扰语言交际的因素。不同文化层上的语用失误贯穿于英语学习和使用的每个阶段。因此，不同阶段的语言教学应与不同层次的文化教学有机结合起来，从而建立一个相应的文化认知系统，以使学生英语水平得到全面提高。

第 2 节　文化教学与文化培训的概念解析

文化教学与文化培训是培养学生跨文化交际能力的两种模式。它们既有共性又有差别。二者都是跨文化交际学形成的土壤和研究的主要内容。通过对跨文化交际学理论的学习和实践，我们充分意识到文化教学是一个伴随着语言教学的漫长而又复杂的过程，它要求教师具有高度的文化意识与敏感性，能灵活且创造性地将语言与文化的教学方法和内容结合起来。而文化培训则是一个短期的极具针对性的教学过程，其目标是培养出国人员或移民的跨文化交际能力，帮助他们在异国他乡，与来自不同文化的人们友好相处。

一、文化教学

文化教学可采取几种不同的形式：其一，在外语教学过程中开设的文化课程；其二，将文化因素融入外语课程；其三，课外文化体验或实践活动。文化教学的对象主要是在校大学生，他们有机会参与各种形式的跨文化交流活动，如听外籍教师讲课，参加国际学术会议，短期或长期出国学习，参加国际夏令营，去跨国公司实习等。文化教学致力于提高语言学习者的跨文化意识和培养其跨文化交际能力。在外语课堂教学过程中，教师可采用专题讲座的形式传授那些直接或间接参与交际的目标语文化知识，也可把文化教学融入语言教学中，通过对两种文化的对比，使学生对文化差异有较高的敏感性，并能在两种文化间自如地进行角色转换，从而达到成功交际的目的。传统意义上的文化教学是指教师讲授目的语国家的历史、地理、政府机构、文学艺术等背景知识。

这些文化背景知识有助于跨文化交际的成功，但由于不直接参与交际，其又具有一定的局限性。自20世纪中叶以来，由于受到人类学和社会学的影响，外语教学研究者们开始认识到，了解目的语民族的风俗习惯、生活方式、思维方式、价值观念等文化因素对于学习该民族的语言十分重要。国内外学者纷纷著书立说，阐明文化与语言的关系，研究如何选择文化教学的内容，如何将文化教学与语言教学有机结合起来，等等。在文化教学研究方面，国外学者各抒己见，提出了不少有价值的见解。西利认为，文化教学应该从七个方面启发学生：第一，受文化制约的行为意识；第二，语言和社会变量的相互作用；第三,一般情况下的常规行为；第四，词和词组的文化内涵；第五，对目标语文化通性的评估；第六，对目标语文化的探究；第七，对其他社会群体的态度。

通过教学实践和社会检验，大学英语教师普遍认识到文化教学不仅仅是讲授英美国家的文化现象或介绍一些文化事实，还要培养学生的文化意识，采用有效的教学模式，寓文化于英语教学之中，方可达到培养学生跨文化交际能力之目标。如果学生只是死记硬背一些文化事实，往往会造成在跨文化交际过程中因循守旧、不擅变通的后果，因为文化不是一成不变的，只有让学生真正理解跨文化交际的原理，懂得跨文化交际的技巧，掌握英美文化和语言，才能达到得心应手进行交际的境界，这才是文化教学的真正内涵。

鉴于文化概念的复杂性和文化内容的宽泛性，文化教学不可能涵盖所有的文化因素，所以国内外学者一般认为语言教学中添加文化教学内容或者渗透文化知识应该遵循四项教学原则：①实用性原则；②阶段性原则；③适度性原则；④科学性原则。由于外语教学的最终目的是培养学生的跨文化交际能力，文化教学必须贯穿于语言教学的整个过程。文化因素的复杂程度与语言形式的难易程度并不一定成正比，即使是简单的语言形式也可能因为文化的问题而导致语用失误。例如，在打招呼、表示歉意、表示感谢等情境下使用的一些基本的日常用语，虽然在形式上非常简单，但在实际交际过程中学生对如何得体地运用这些简单语言却常常觉得没有把握。

所以在外语教学中教师要自始至终将语言与文化结合起来教学，即把语言形式置于社会语境中进行教学，让学生按照一定的语用原则操练或使用语言。这样的教学才能使语言知识富有生命力，使学生具备跨文化交际能力。那么文化到底包括什么内容呢？从宏观上看，文化包括三个方面的内容：①观念文化——宗教、历史、哲学、文学、艺术、科学技术、价值观念等；②制度文化——社会制度、政治制度、法律制度、经济制度、风俗习惯、生活方式等；③物质文化——服装、饮食、建筑物、交通工具等。由于文化内容纷繁复杂，在实际的课堂教学过程中，教师有必要对文化内容进行适当的调整、归类并与语言教学科学地结合起来。具体到英语课堂教学实践，英美文化教学的内容可以概括为五个方面。

（1）英语词语的文化内涵

任何一个民族的语言，其词语承载着该民族文化的大量信息，是外族人理解该民族文化的重要线索。英语词语的文化内涵，包括英语词语的指代范畴、感情色彩和联想意义，以及成语、典故、谚语、俗语的比喻义和引申义。由于词语在英汉两种语言之间的文化差异是英语学习的主要障碍之一，教师在进行词汇教学时要注意英语词语的文化意义在英语和汉语之间的对比。

（2）英美文化背景知识

背景知识是英语文化的重要组成部分。研究表明，在阅读过程中，理解文章的关键在于激活阅读者的知识图式，即让学生正确地使用已有背景知识去填补文中一些非连续实施空白，使文中其他信息连成统一体。英语语言国家的民族习俗、社会行为模式、历史、地理等方面的知识是学生产生合理的推测和联想的基础，有助于其更好地理解文章的含义。

（3）英语句法、篇章结构特点和英美思维方式

英语句子较长，以动词为核心，其主干旁枝结构分明，主从成分层次明晰，呈树形结构。英语句子语法结构严谨，逻辑关系明显，重分析轻意合。而汉语句子较短，无严格的语法约束，重意合。英语的动词曲折变化形式可表示时间概念，而汉语则要用时间状语表达时间概念。英语的篇章结构一般呈直线型，而汉语的篇章则呈螺旋型或曲线型。英语文章主题明确，脉络清晰，逻辑性强。而汉语文章的特点是含蓄委婉，“曲径通幽”。教师可通过对比分析，让学生掌握英语句法和篇章结构特点。英美人士在英语习得过程中，受英语文字符号特性的影响，形成了逻辑思维优先的习惯。而中国人在习得汉语的过程中，受汉字符号特性的影响，形成了突出的形象思维习惯。

（4）英语交际风格和行为方式

英美人士和中国人在交际习惯和行为方式上存在着巨大差异。例如美国人和中国人交际风格差异可概括为：直接与间接差异；线性与圆式差异；自信与谦卑差异；侃侃而谈与沉默寡言差异；详尽与简洁差异；人和任务为中心与关系和地位为中心差异。一般来说，美国人在交际时倾向于直截了当，开门见山，一步一步，直奔主题；美国人崇尚自信，相信只有通过言语，进行详尽严密的交谈，才能达到交流和解决问题的目的；美国人喜欢就事论事，不太注重社会因素和人际关系对交谈主题的影响。美中两种文化的交际风格差异很大，双方只有事先对交际风格差异有所了解，且交际时有意识地调整自己，才能取得良好的交际效果。教师还应该引导学生了解英美人士在言语行为和非言语行为方面的表现。在言语行为方面的表现主要包括称谓、打招呼、告别、问候、祝愿、致谢、表扬、禁忌、委婉语等。在非言语行为方面的表现主要包括身体动作、面部表情、衣着、服饰、音调、音量、守时、体距等。

（5）英美价值观念

与跨文化交际关系较为密切的价值观念主要包括：人与自然的关系，是天人合一还是

天人相分；人际关系，是群体取向还是个人主义取向；人对“变化”的态度，是求变还是求稳；动与静，是求动还是求静；做人与做事；人之天性观，是“性本善”取向还是“性本恶”取向；时间取向。英美文化语境中，人们采取天人相分的态度。人们崇尚个人主义，包括个人奋斗，独立自主，保护隐私，追求自由与差异。在美国文化中，人们追求的是永无停顿的变化，变化几乎是发展、进步、创新、成长的同义词。美国人的外向、进取和冒险精神源自他们“举动”和“做事”的价值取向。基督教原罪说导致了“人之初性本恶”的人性论。在对待时间的态度上美国人轻视传统经验，从不留恋过去，很少崇拜祖先，但非常欣赏己辈，更期待未来。

目前，文化教学模式纷繁复杂。陈申在《语言文化教学策略研究》一书中共总结了三种文化教学模式：①地域文化学习兼并模式；②模拟交际实践融合模式；③多元文化互动综合模式。

二、跨文化培训

跨文化培训是跨文化交际学形成的土壤，又是跨文化交际学研究的主要内容和目的之一，它是一项高度专业化的教学形式，目的是帮助人们在异国他乡，在陌生的环境中，有效地工作，愉快地生活，与来自不同文化的人们友好相处。为了满足跨文化体验对于学习者的要求，跨文化培训的专业人士在理论研究课程开发和教学方法设计上下了很大的功夫，大大丰富了跨文化交际学的内容，促进了跨文化培训的实践探索。

跨文化培训在很大程度上取决于对培训对象、文化调适过程、跨文化培训本质、跨文化交际环境和培训方法等问题的理解和研究。

（一）培训对象和目标

目前美国的跨文化培训研究和实践基本上都是以移民和旅居者为对象，如留学生、外交官和商务管理人员。这些群体由于种种原因离开自己熟悉的环境，来到一个陌生的世界，同那些持有不同价值观和世界观，遵守不同文化习俗，采用不同交际风格，使用不同语言和非语言手段的人们一起生活、学习、工作和交往。他们参加跨文化培训的目的各不相同，因此培训的目标和方法也因人而异。总体来说，有两种动机和目标：一是彻底抛弃本族文化，完全认同移入文化，这往往是移民进行文化调适、接受跨文化培训的目标。他们之所以这样做，是希望被主流文化群体接纳，真正成为他们中的一员，渴望在新的文化环境中感到舒适。对于这些移民来说，文化调适和跨文化培训的目标基本上是将自己的本族文化身份转变为目的文化身份。值得一提的是，再大的动力驱使都不可能使一个来自不同文化的移民完全被主流文化同化，很多移民有意或无意地保持一定的本族文化的身份特点，以满足内心深处的精神需要。

跨文化培训的另一目标适用于大量需要旅居国外的学生、外交官、商务管理人员和军人。他们对跨文化培训的要求具体实用，希望在保持自己本族文化身份的同时，学习目的文化，了解两种文化的异同，增强在目的文化中的交际能力，以便更快、更好地适应新环境，为自己的学习、工作和生活打好基础。对于他们来说，培训的理想结果就是成为双重文化身份的人。

除了以上两种跨文化培训需求之外，还有一个更大的培训群体有待开发，那就是广大的外语学习者。虽然他们暂时还没有与来自不同文化的人们相处的需要，但是随着经济、教育以及科学技术的日益国际化，跨文化交际能力必将成为与外语和电脑能力同样重要的新时代生存和竞争的武器。对于他们来说，掌握目的语群体的文化既是学习的目的，也是学好这门外语的手段，同时还是提高跨文化交际能力的基础，但它不是跨文化培训的最终目标。理想的跨文化培训应该充分利用外语学习的阵地，超越具体文化的学习，增强跨文化意识，使学习者成为跨文化的人。跨文化培训的这一潜力已逐渐被跨文化交际学家认可。

（二）文化调适过程

文化调适是一个漫长的过程，贯穿移民和旅居者的整个跨文化体验之中。一般来说，文化冲撞是文化调适的开始，虽然它给人们带来的往往是迷惘、紧张、挫败和痛苦，但与其说它是一种消极的生理和心理的“疾病”，不如说它是人们适应新的文化环境过程中一个正常、自然的发展阶段。文化冲撞的产生主要有三个原因：陌生的环境和太多的不确定因素；人际交往困难，孤立无援；个人文化身份受到冲击。

跨文化培训在帮助学习者正确认识文化冲撞的必然性和积极意义，了解文化冲撞产生的原因之后，就可以从文化冲撞入手，利用文化冲撞给学习者带来的情感和认知的冲击，来增强他们的跨文化意识，从而开始系统培训。文化调适一般需要经历三个阶段：紧张痛苦阶段、逐渐适应阶段和稳步提高阶段。人体内部系统需要一系列稳定因素的支撑，才能保持其正常运转，一旦我们接受的信息打破了我们现有的内部秩序，我们就会感到不平衡，并因此产生紧张和不安的情绪。在熟悉的文化环境中我们日复一日、不假思索地重复很多活动，感到自然放松。然而，对于初来乍到的陌生人来说，一切都是新奇的，每一次跨文化体验都会使他（她）或多或少地感到紧张、不安和痛苦，这就是最初的文化冲撞阶段。

人的本能决定人们不会任凭这种痛苦持续下去，只要移民和旅居者的个人交际能力和风格与移入文化的要求有差距，他们必然会采取措施，使自己适应新环境，更好地在这个社会中生活和工作。但是，在开始进行调适的时候，他们免不了会尽力维持原来的内部机制，对移入文化的价值观念、行为规范以及日常的衣食住行等持反感和敌意的态度，这种对抗心理能暂时缓解他们的紧张和焦虑，但不能促进文化调适。因此，面对移入文化的要求，他们不得不克服心理障碍，勇敢地投身于跨文化交际的环境中去。每一次的跨文化体验都能解决一些客观问题，如乘坐一次公交车，就会对这个社会的公交服务系统有所了解；参加一次周末聚会，就可能学会一些社交礼仪、餐桌文化，结识新朋友。这些都能从一定程度上减弱文化冲撞给他们带来的紧张和危机感。随着此类跨文化体验的积累，他们对移入文化的了解越来越多，这就是逐渐适应阶段。

稳步提高阶段实际上与逐渐适应阶段相辅相成，在移民和旅居者不断了解和适应移入文化的同时，他们对跨文化体验和交际的实质一定会有新的理解和认识，对移入文化和自己的本族文化也会有更深的了解，这种理性认识的提高反过来又促进文化调适的进行。

在整个文化调适过程中，交际起着至关重要的作用。文化调适过程实际上就是移民和旅居者通过跨文化交际实践，增强在移入文化中的交际能力的过程。他们在新的社会环境中，有意无意地参与一系列信息编码和解码的语言和非语言的交际活动，从中获取了关于自己和目的文化的最新信息，这些亲身体验和认知学习加快了他们的文化调适过程，提高了他们的跨文化交际能力。对文化调适起关键作用的交际活动可以分为两种：个人交际和社会交际。个人交际是指移民和旅居者内部交流系统适应移入文化需要的发展过程。经过不断调整内部交流机制，超越（或摆脱）原有的交际模式，他们的内部交流能力越来越接近主流文化群体的特点，这样他们就能恰当、有效、自如地在新的文化环境中进行交际。因此个人交际就是目的文化的交际能力，是一个个人内部交际能力提高的过程。社会交际是指移民和旅居者通过参与社会活动增强跨文化交际能力的过程。它分为人际交流和大众传播两类。人际交流是一种微观的人与人之间的交际活动，文化调适在很大程度上得益于这种来自不同文化群体人们之间的语言和非语言的交流活动。与此同时，大量的大众传媒手段，如电视、收音机、报纸、杂志、电影、博物馆，以及讲座海报、计算机网络等，对文化调适的作用也不可低估。通过这些宏观的、更加普及化和大众化的活动，移民和旅居者学会如何在更大的社会环境中生活，这也是文化调适的重要内容。总之，文化调适过程就是一个多次的紧张——适应——发展的过程，在这个过程中，增强目的文化的交际能力是主要目标，同时个人交际和由人际交流和大众传播构成的社会交际活动是文化调适成功与否的关键。

（三）跨文化培训的本质

前面对文化调适过程的论述表明，跨文化体验在很大程度上涉及人的心理和情感，因此跨文化培训有着与其他教学形式不同的本质特点。首先跨文化体验由三个要素构成：

（1）旅居者难以理解的文化差异的知识领域；

（2）文化差异的基础，尤其是关于人们对信息如何理解和评价；

（3）情感紧张。

这三个方面构成跨文化学习的主要内容。文化知识的学习相对简单，基本上是在原有的认知图式的基础上增加新的移入文化的知识，虽然会刺激学习者对本族文化和个人文化身份的反思，但一般不会导致极端的情感危机。第二个学习层面实际上是一个涉及价值观和世界观的心理层面，与感知和归因等心理活动有关，由于这一层面往往是隐性的，不容易察觉，因此学习起来更加困难。此外，世界观和价值观，感知和归因等心理因素支配着人们的社会活动和言行举止，对跨文化交际起决定性的作用，所以这一层面的学习同样至关重要。跨文化体验中感受最强烈的当属情感层面。无论对于新移民还是留学生和商务管理人员来说，原本熟悉自然的环境不复存在，陌生的环境，不同的习俗规范，众多的不定因素使他们感到茫然不知所措，精神上的紧张不安进而导致身体的不适，如此恶性循环，就是典型的文化冲撞现象。这一现象持续时间的长短、痛苦程度的强弱因人而异，但是，正如前面所说，文化冲撞本身就是跨文化调适和跨文化学习的开始和重要组成部分。文化同化和提高跨文化交际能力的培训目标都要求学习者不仅要了解文化知识，而且要从内心深处去理解、接受、欣赏所学文化，从情感上去体验和适应目的文化。虽然学习的过程是痛苦的，但是一旦超越了自己本族文化的束缚就会实现被目的文化同化，或成为一个具有跨文化能力的人的目标。

其次，跨文化培训不同于其他认知学习和知识积累，其目标和本质决定它应该以培养学习者“学习如何学”为主要任务，即采用以过程为导向的教学法，而不应简单地采用以学习知识为目的，以成果为导向的教学法。文化所包含的内容极为广泛，任何形式的跨文化培训都不可能穷尽一个文化的所有内容，因此文化同化和跨文化能力的提高没有终点，应该是一项终身事业。另外，跨文化交际能力并不局限于某个具体的跨文化环境，它应该能灵活运用于各种文化之间的交流：中国文化与美国文化，中国文化与阿拉伯文化，中国文化与拉丁美洲文化，等等，这样的能力也不可能在短期内通过某个培训实现。理想的做法是，学习者通过学习普遍的文化知识和关于目的文化的具体知识，在此基础上进行文化对比，增强跨文化意识，然后通过跨文化培训去体验和感受跨文化交际过程，学会如何适应各种跨文化环境的方法。学习者以此为基础在自己的生活和工作中不断实践提高跨文化交际能力。这种授之以渔的培训方法必将使他们受益终身。

此外，每一个文化都有其独特的内部逻辑和意义系统，跨文化交际过程中两种不同的逻辑和意义系统必然会发生冲突，谁对谁错，什么是真，什么是假，交际双方常常会纠缠不清。面对学习者可能经历的这种挑战和困惑，跨文化培训的另一主要任务就是引导学习者用文化相对论的观点来看待文化差异和冲突，有意识地抑制自己文化中心主义的思想，帮助他们认识到不应该用是非好坏的标准来评判不同文化。跨文化培训的这一本质特点进一步说明其复杂性和艰巨性。

（四）跨文化培训的方法

跨文化环境多种多样，跨文化交际的目的因人而异，跨文化调适的过程各不相同。面对如此纷繁复杂的培训需求，培训的方法和种类必然不同。主要的培训方法有以下几种。

1. 文化现实为主的培训：培训者通过讲座、录像、电影、阅读、案例分析、关键事例、文化包戏剧表演、问答和讨论等手段，向受训者传授目的文化各个侧面的知识，这是一个较为传统的培训方法。

2. 归因培训：这种培训的目的是使受训者了解并掌握目的文化的价值标准，从而根据目的文化的价值标准去对社会行为和言行举止进行归因解释，这样有助于移民和旅居者更快更好地融入目的文化中去，这种培训常常采用文化模拟的方法。

3. 文化意识培训：这一培训介绍文化的概念特点和文化差异的本质，旨在增强受训者的文化意识，树立文化相对论思想。通常借鉴文化人类学的研究结果，以目的文化和受训者的本族文化为实例，进行培训。具体方法有价值取向一览表、价值观排序表、个人意识建构、文化对比分析等。其他一些普遍文化学习的方法也都适用，如模拟游戏、感知练习、语言和非语言交际活动等。

4. 认知行为调整：这是一个利用学习理论来解决跨文化调适中一些特殊问题的方法，就一些学习者感到特别困难的目的文化的特点，培训教师让受训者列出在自己本族文化中被认为应该表扬或惩罚的活动，然后帮助他们对相同活动在目的文化中的不同反响进行分析和学习。

5. 体验式学习：与文化意识培训不同，这是一个具体文化的培训，目的是通过调动学习者的情感、行为和认知等各个层面，使他们从亲身经历中去学习。角色游戏、情景练习、实地考察、文化浸入等都是常用的体验式学习方法。

6. 互动式学习：通过将受训者与目的文化群体的人或有丰富跨文化交际经验的人结对子，开展一些互动活动，帮助受训者更多地了解目的文化。

随着人类进入 21 世纪，无论是在经济发达的欧美国家，还是在发展中国家，对跨文化培训的需求日益增加，跨文化培训方法因此层出不穷。实际上我们并不缺少方法，问题在于如何有效使用这些方法去满足各种不同的培训需求，这是我们进行跨文化培训的关键。

第 3 节　大学英语跨文化交际教学模式的构建

我国新的大学英语教学大纲《大学英语课程教学要求》对大学英语课程的性质和目标进行了定义："大学英语教学是高等教育的一个有机组成部分，大学英语课程是大学生的一门必修基础课程。大学英语是以英语语言知识与应用技能、学习策略和跨文化交际为主要内容，以外语教学理论为指导，并集多种教学模式和教学手段为一体的教学体系。大学英语的教学目标是培养学生的英语综合应用能力，特别是听说能力，使他们在今后工作和社会交往中能用英语有效地进行口头和书面的信息交流，同时增强其自主学习能力，提高文化素养，以适应我国社会发展和国际交流的要求。"

《大学英语课程教学要求》还对课程设置做出了规定："各高等学校应当根据实际情况，按照《课程要求》确定本校的大学英语教学目标，设计各自的大学英语课程体系，将综合英语类、语言技能类、语言应用类、语言文化类和专业英语类等必修课程和选修课程有机结合，以确保不同层次的学生在英语应用能力方面得到充分的训练和提高。……大学英语课程不仅是一门语言基础知识课程，也是拓宽知识面、了解世界文化的素质教育课程。因此，设计大学英语课程时也应充分考虑对学生文化素质培养和国际文化知识的传授。

面对大学英语教学的困境，社会和时代发展对于跨文化交际人才的需要和大学英语教学承担的培养具有跨文化交际能力人才的责任，构建新型的大学英语教学模式成为必然。在对这一“必然”的思考和探索中，本书基于对于跨文化交际及大学英语教学相关理论和概念的梳理，以及对大学英语教学的现状和问题的分析，尝试从跨文化交际的视角构建以培养学习者跨文化交际能力为主要目标的大学英语跨文化交际教学模式。下文将从教学目标及内容、教学原则、教学方法和教学评价等几个方面对这一教学模式进行具体阐述。

一、教学目标及内容

跨文化外语教学近 20 年来在美国和欧洲等国家发展很快，虽然术语使用上目前并不统一，但其中所体现的外语教学思路有很多共同点，例如 Bgyam（1994）等学者在调查了欧洲各国语言文化教学的现状后，以欧洲跨文化交际需要为前提，提出将语言和文化相结合的综合教学，以文化为基础的交际能力的教学，以及更为普遍的基于文化的外语教学等，在这些思想理论基础上，结合我国的大学英语教学情况，跨文化外语教学的总体目标应为：提高学习者的语言能力、交际能力和培养学习者的跨文化交际能力。

“语言能力指的是语音、词汇、语法等语言知识和听、说、读、写、译的技能。交际能力是包括语言能力和语用能力在内的正确并且适宜地进行交际活动的能力。”（胡文仲，1999）跨文化交际能力就是超越了具体的语言和文化群体，根据不同语境，灵活运用语言知识和技能进行交际的能力。

跨文化外语教学的目标包含语言能力、交际能力和跨文化交际能力，因而其内容应该包括语言教学、文化教学和跨文化交际能力培养三个方面。具体来说，语言教学包含基本语言知识和使用，文化教学包括文化知识和交流，跨文化交际能力培养则包括跨文化意识、跨文化交际能力和跨文化交际实践等。也就是说，在跨文化外语教学中，通过对目的语语言和文化的学习，学习者能够掌握目的语语言知识，并能使用该语言与目的语语言群体进行有效交流。同时，在学习中能够反思自己的母语，了解语言的普遍规律，了解文化的构成、作用和发展规律，了解语言与社会和文化之间的关系，在交流中体验目的文化，反思本族文化，将目的文化与本族文化进行比较，增强对文化差异的敏感性和培养对目的文化的移情态度，并在教师的帮助和指导下，学会调适并解决跨文化交际中可能出现的如文化冲撞、误解等问题。

教学内容的这三个方面是紧密联系、相互渗透的。语言知识和文化知识是基础，语言使用和文化交流为知识提供了实践和体验机会，跨文化意识在知识学习和实践中培养，同时又为学习者知识的学习和实践交流做好了思想准备，最终在跨文化交际的实践中培养跨文化交际能力。

这其中需要特别注意的是，在文化教学中避免出现中西文化失衡或“中国文化失语症”，即片面强调西方文化的输入，而“母语文化”缺失。“中国文化失语症”是外语教学界的从丛教授提出的，纵观我国多层次英语教学，在增大文化含量却有着一种共同的片面性，对作为主体一方的文化背景中国文化之英语表达，基本上仍处于忽视状态。由于忽视了母语文化在英语教学中的位置，在跨文化交际中作为交际主体的中国人，很多时候却不能用英语表达中国文化，尤其是对中国传统文化更显得心有余而力不足。在全球语境下的文化对话中，很遗憾地丧失了平等对话的能力，这也是跨文化交际的一大忌。学者高一虹曾提出“生产性外语学习”，它既不同于“削减性学习”（学者由于母语文化归属受到威胁而放弃母语文化，认同于目的语文化），也不同于“附加性学习”（学习者在学习目的语、接受目的语文化的同时保持母语及母语文化归属不受威胁）。它是指在目的语学习过程中，目的语与母语水平的提高相得益彰；目的语文化与母语文化的鉴赏能力相互促进；学习者自身的潜能得以充分发挥。在“生产性外语学习”中，母语和母语文化起着积极的作用，它与文化归属的替代无关，强调两种语言和文化价值系统之间的互动作用。因而在外语文化教学中“母语文化”不可缺失，文化教学不可失衡，应帮助学生形成“生产性外语学习”，发挥两种语言文化的互相促进作用，真正实现跨文化交际。正如霍尔（1991）指出的那样，“（文化）所隐藏的东西最难被其自身的参与者所认识。多年的研究已使我坚信，真正要做的……是理解本国文化；我也坚信，人们从研究外国文化所能得到的不过是表面的理解，这类研究最终是为了更加了解自己系统的活动状况”。同时霍尔也指出体验到外国文化与本土文化间的对比和差异所产生的兴趣和好奇心是学习和了解外国文化的最佳动机。

此外，还需要注意，在教学中避免割裂语言和文化的关系而导致孤立而机械地进行语言教学和文化教学，两者应有机结合。本书的前面部分对语言和文化的关系已经做了论述，语言本身蕴含着丰富的文化内容，无论语音、词汇还是句法都有其文化内涵，语言是对文化的反映，文化是语言存在和使用的环境，两者不可分割。语言的学习必然是文化的学习，文化为语言学习提供了丰富真实的环境，两者互为目的和手段。因此应将文化教学贯穿在语言教学过程中，将语言教学融入在丰富真实的文化教学内容里，让学习者学到活的语言，体味真的文化，真正享受学习的过程。

（一）教学目标

具体来说，跨文化交际视角下的大学英语教学的总体教学目标：培养学生的跨文化交际能力。因此在培训语言基本技能的英语教学过程中添加文化内容，增设文化知识的课程、跨文化交际课程、双语文化类课程等已成为必要之举。根据跨文化交际能力的构成内容、大学英语课程的教学目标以及课程体系特点，跨文化交际大学英语教学目标可细化为以下几个方面。

1. 培养学生的英语综合应用能力

就英语语言教学而言，从语言能力、语言技能和语言运用等方面对学生进行培养。根据新生入学的英语水平、摸底测试结果和专业特点、就业需求、深造需求等，除确定了适合学生的英语培养目标外，还从《大学英语课程教学要求》中选定了适合具体情况的“较高要求”列入英语教学大纲。按照“较高要求”从听、说、读、写、译、词汇六个方面确定教学内容，决定教学策略和方法，开设相应的课程，以提高学生的英语综合应用能力。

大学英语教学的具体要求如下。

（1）听力理解能力：能听懂英语谈话和讲座，能基本听懂题材熟悉、篇幅较长的英语广播和电视节目，语速为每分钟 150～180 词，能掌握其中心大意，抓住要点和相关细节。能基本听懂用英语讲授的专业课程。

（2）口语表达能力：能用英语就一般性话题进行比较流利的会话，能基本表达个人意见、情感、观点等，能基本陈述事实、理由和描述事件，表达清楚，语音、语调基本正确。

（3）阅读理解能力：能基本读懂英语国家大众性报纸杂志上一般性题材的文章，阅读速度为每分钟 70～90 个词。在快速阅读篇幅较长、难度适中的材料时，阅读速度达到每分钟 120 个词。能阅读所学专业的综述性文献，并能正确理解中心大意，抓住主要事实和有关细节。

（4）书面表达能力：能基本上就一般性的主题表达个人观点，能写所学专业论文的英文摘要，能写所学专业的英语小论文，能描述各种图表，能在半小时内写出不少于 160 个词的短文，内容完整，观点明确，条理清楚，语句通顺。

（5）翻译能力：能摘译所学专业的英语文献资料，能借助词典翻译英语国家大众性报刊上题材熟悉的文章，英汉译速度为每小时约 350 个英语单词，汉英译速度为每小时约 300 个汉字。译文通顺达意，理解和语言表达错误较少。能使用适当的翻译技巧。

（6）推荐词汇量：掌握的词汇量应达到约 6395 个单词和 1200 个词组（包括中学和一般要求应该掌握的词汇），其中约 2200 个单词（包括一般要求应该掌握的积极词汇）为积极词汇。

2. 培养学生的跨文化交际认知能力

英语综合应用能力是跨文化交际能力的一部分。大学英语教学的终极目标是培养学生的跨文化交际能力。跨文化交际能力是成功进行跨文化交际所需要的能力，即与不同文化背景的人们进行有效的、适宜的交际的能力。跨文化交际能力一般包括三个基本因素：认知因素，情感因素，行为因素。这里的认知因素是指跨文化意识，即人们在对本国文化和外国文化理解的基础上形成的对周围世界认知上的变化和对自己行为模式的调整。情感因素是指跨文化交际过程中人们的情绪、态度和文化敏感度。行为因素指的是人们进行有效的、适宜的跨文化交际行为的各种能力和技能，比如获取语言信息和运用语言信息的能力，如何开始交谈、在交谈中如何进行话轮转换以及如何结束交谈的技能和移情的能力等。

跨文化交际过程中的认知，是指人在特定交际环境中处理和加工语言和文化信息的过程。跨文化的认知能力是获得跨文化知识、跨文化交际规则以及提高跨文化交际意识的基础，包括文化认知能力和交际认知能力。在跨文化交际大学英语教学中我们应该优先培养学生的跨文化认知能力。

（1）文化认知能力

文化认知能力是指在了解母语和目的语言双方文化参照体系的前提下，所具备的跨文化思维能力和跨文化情节能力。跨文化交际要求交际者既了解自己所在文化体系的文化习俗、价值观念、思维模式和行为取向，又了解目的语文化的相关知识。

只有了解双方文化的参照体系，交际者才可以在跨文化交际语境中调整自己的行为模式，预测交际对象的行为取向，为有效交际做准备。跨文化思维能力是指交际者在了解交际对象文化思维习惯的基础上，能够进行跨文化的思维活动，是高层次的跨文化交际能力。交际过程中交际主体的认知对象主要是组成沟通环境的各种事物，即交际行为发生在一定的语境中。福格斯为情节下的定义是“某一特定文化环境中典型的交往序列定式”，跨文化情节能力是交际者在特定语境中按照交往序列定式交际的能力。

（2）交际认知能力

跨文化交际能力既包括对目的语交际模式和交际习惯的了解，也包括对目的语言体系、交际规则和交际策略的掌握。大学英语教学的主要内容是语言，掌握语言知识和应用规则是重要的教学目标之一。由于各文化体系中人们的价值取向不同，交际规则差别很大。如果不了解对方文化的交际规则，即使正确使用目的语言，也不能保证有效的交际结果。因此，外语学习者只有了解交际对象在文化方面的交际规则，学习其交际策略，才能在行为层面上表现出跨文化交际能力。

3. 培养学生跨文化情感能力

《心理学大辞典》对“情感”的定义如下：“情感是指人对客观事物是否符合自己需要而产生的态度体验”。情感反映的是具有一定需要的主体与客观事物之间的关系，是对客观世界的一种特殊的反映形式，属于心理现象中的高级层面，能够影响到认知层面的心理过程。情感、态度和动机能够影响对事物的认识和解决问题的方式。交际过程中的文化情感能力主要指交际者的移情能力和自我心理调适能力。

（1）移情能力

培养学生的移情能力是指培养学生克服民族中心主义的能力、换位思考能力以及形成得体交际动机的能力。作为文化群体的一员，交际个体都有民族中心主义倾向，以本民族文化为标准评价其他文化，对其他文化存在文化思维定式、偏见和反感情绪。培养跨文化交际能力的课程体系能够增加学生对其他文化的认识，提高跨文化交际意识和克服民族中心主义的负面影响。

（2）自我心理调适能力

在跨文化交际语境中，交际主体会因文化差异产生心理焦虑或感到心理压力，例如：文化休克。因此，培养学生的自我心理调节能力（包括遇到困惑和挫折时，自我减轻心理压力的能力）、对目的语言文化中不确定因素的接受能力和保持自信和宽容的能力是重要的文化教学目标。

4. 培养学生的跨文化行为能力

跨文化行为能力是指人们进行有效的、适宜的跨文化交际行为的各种能力，比如正确运用语言的能力，通过非言语手段交换信息的能力，灵活运用交际策略的能力，与对方建立关系的能力，控制交谈内容、方式和过程的能力等。跨文化交际的行为能力是跨文化交际能力的最终体现。跨文化行为能力的形成需要以认知能力和情感能力作为基础。在跨文化交际大学英语教学过程中，着重培养学生的三种跨文化行为能力：言语行为能力、非言语行为能力和跨文化关系能力。

（1）言语行为能力

言语行为能力的基础是语言能力和语言行为。语言能力包括词法、语音、语法、句法、语篇等语言知识，语言行为是正确使用语言的能力。因此我们应该从跨文化交际角度培养学生言语行为能力，使学生了解目的语言词汇的文化隐含意义、句法构成习惯以及篇章结构布局等。

（2）非言语行为能力

培养学生非言语交际能力，提高有效沟通能力。非语言交际行为包括肢体动作、身体姿态、面部表情、目光接触、交流体距、音调高低等。在交际中非语言交际行为所传递的信息量远远超过了言语行为所传递的信息量。

（3）跨文化关系能力

培养学生的跨文化关系能力，保证跨文化交际的顺利进行。跨文化关系能力包括与目的语言文化交际对象建立并保持关系的策略能力，在不同的交际情境中的应变能力。

语言综合应用能力、跨文化认知能力、情感能力和行为能力构成了跨文化交际能力的主体，是文化教学的重要目标。这些能力需要通过跨文化交际课程体系来实现。

（二）教学内容

综合全国大学英语教学大纲《大学英语课程教学要求》的内容和跨文化交际能力构成要素，设计一个基于跨文化交际的大学英语教学大纲，界定授课内容，同时为大学英语课程建设提供蓝本。

1. 语言基础教学内容

（1）语法结构项目。

词语层面：名词、代词、限定词、数词、时态、被动语态、短语动词、不定式、现在分词、动名词、过去分词、情态动词、虚拟语气、介词、形容词、副词，构词法等。

句子层面：句型、句子成分、名词从句、直接引语、间接引语、形容词从句、同位语、副词从句等。

超语句层面：并列结构、插入语、倒装语序、强调、省略、替代、标点符号等。

（2）功能意念项目。

寒暄：问候、告别、称呼、介绍、致谢、道歉、同情、祝贺、邀请、提议等。

态度：愿意、决心、决定、责备、抱怨、允许、同意、建议、命令、相信、怀疑、认定、预告、提醒、承诺等。

情感：高兴、担忧、焦虑、惊奇、满意、失望、恼怒、恐惧、欲望等。

时间：时刻、时段、时间关系、频度、时序等。

空间：位置、方向、距离、运动等。

计量：长度、宽度、深度、容量、速度、准确度、温度、近视、平均、比率、比例、估计、最大限度、最小限度等。

信息：定义、解释、澄清、争辩、叙述、描述、演示、概括、结论等。

关系：对比、比较、相似、差异、所属、因果、目的、让步、真实条件、非真实条件、假定、假设、部分和整体关系等。

计算：加、减、乘、除、增加、减少、百分数等。

特性：形状、颜色、材料、规格、功能和应用等。

（3）语言技能项目（听、说、读、写、译）。

①听力技能。

听力技能有 6 项，包括：辨别音素；辨别重音；辨别语调类型；理解话语的交际功能；理解语篇的主题或大意；领会说话人的观点、态度或意图。

②口语技能。

口语技能有 7 项，包括：标准语音语调；善于提问和回答；复述故事或短文；就日常生活话题进行对话；口头作文；采访；即兴简短讲演。

③阅读技能。

阅读技能有 10 项，包括：理解主题和中心思想；辨认关键细节；区分事实和看法；推论；作结论；略读以获取文章大意；快读以查找特定信息；利用上下文线索，猜测生词或短语的含义；理解句子内部关系；参阅附加信息技能。

④写作技能。

写作技能有 7 项，包括：句子写作；段落写作；篇章写作（描写文、叙述文、说明文、论说文、应用文）；写提纲；写摘要；做笔记；有提示和无提示即兴作文。

⑤翻译技能。

翻译技能有 6 项，包括：直译；意译；直意兼译；成语典故翻译；合同条文翻译；校对。

2. 文化嵌入与文化教学内容

（1）文化行为项目。

生活必需：就餐、住宿、购物、看病、乘行、穿着、节假日、搬家、医疗、保健等。

人际关系：称呼、寒暄、介绍、打电话、通信、邀请、接受、拒绝、拜访、会客共餐、聚会、帮忙、交友、送礼、祝贺、告别等。

娱乐消遣：看电影、观剧、游览、看电视、周末娱乐、别墅生活、欢度节日、听音乐会、体育等。

情感态度：兴奋、愤怒、沮丧、厌恶、惊讶、遗憾、请求、要求、怀疑、感谢、同情、赞扬、谦虚、道歉、服从、妥协等。

观点意见：讨论、评论、征求意见、建议、同意、反对等。

个人隐私：年龄、收入、婚姻状况、宗教信仰、政治立场等。

时空意义：身体触碰、人际距离、时间划定、时间观念等。

家庭生活：家庭团聚、家务分工、家庭纠纷、家庭开支、亲属往来、长幼代沟等。

婚姻习俗：恋爱、结婚、婚变、生育等。

知识教育：学校教育、社会教育、校园生活、课外活动等。

社会职责：求职、社会活动、志愿者、犯罪等。

宗教活动：宗教派别、宗教教义、宗教仪式、宗教节日、宗教禁忌等。

（2）文化心理项目。

社会价值观念：个人与集体、竞争与和谐、男女地位、权威与平等。

人生价值观念：成就、命运、金钱、友谊等。

伦理观念：公正与善良、他人与自我、礼节与面子等。

审美观念：色彩、数字、体态等。

自然观念：天人合一、天人相异、战胜自然、适应自然、星座凶吉等。

（3）跨文化交际因素。

全球化语境；文化对语言的影响；文化对交际的影响；跨文化交际障碍（心理障碍、民族中心主义、文化定式与偏见、语言障碍等）；跨文化言语交际；跨文化非言语交际；文化价值观；文化多样性。

二、教学原则

跨文化交际能力的培养必须通过一个精心设计的教学模式得以实现。为该教学模式制定教学目标，确定教学内容，选定教学材料，设计课堂活动需要遵循科学的教学原则。

（一）制定教学目标所遵循的原则

1. 既有总体目标，又有个性化目标。
2. 根据《大学英语课程教学要求》确定总体教学目标。
3. 通过需求分析确定本校个性化教学目标，满足学生需求。
4. 所有目标必须符合时代特点。
5. 培养掌握双语言文化的人才是确定总体目标和个性化目标的基础。

（二）确定语言教学内容所遵循的原则

1. 以《大学英语课程教学要求》和需求分析为依据确定教学内容。
2. 语言内容应与文化内容相辅相成。
3. 尽量选择有文化内涵的语言项目。
4. 内容典型，重点突出。不应增加学生的学习负担。
5. 语言教学内容难度参考克拉辛“i+1”原则。

（三）确定文化教学内容所遵循的原则

1. 文化内容应与语言内容相辅相成。
2. 交际文化内容优先于知识文化内容。

3. 选定典型文化差异内容，减少文化负迁移。

4. 选定两种文化相通的内容，充分利用文化正迁移。

5. 要构建一个开放式文化内容体系，鼓励学生接触不同的文化观点和价值观念。

6. 文化内容要有正确导向，帮助学生克服民族中心主义。

7. 文化教学既要包括语言技能和交际策略训练，又要包括学生人文素质的培养。

（四）使用教材所遵循的原则

1. 引进理念先进、语料真实的国外教材。

2. 采用优秀的国内教材。

3. 自行编写符合本校教学要求的教材。

（五）课堂语言教学所遵循的原则

1. 听、说、读、写、译齐头并进，全面发展。

2. 在认知语言规则的基础上进行操练，创造有意义的学习情境。

3. 课堂教学以学生为中心，教师为指导。

4. 创造活跃、轻松的课堂气氛，鼓励课堂互动。

5. 让学生了解每一次课堂活动的目的，反思参与课堂活动所获得的经验和感受。

6. 考虑学生的个体差异，采取灵活的对策引导学生积极参与活动。

7. 充分利用网络多媒体等高科技手段，使英语教学情境化和交际化。

8. 综合运用言语交际活动的八种要素：①情境；②功能；③意念；④社会、性别心理作用；⑤语体；⑥重音和语调；⑦语法和词汇；⑧语言辅助手段。

9. 使用真实语篇，培养学生交际能力。

10. 强调运用目标语训练交际。

11. 提供机会使学习者不仅重视语言而且重视学习过程自身。

12. 将课堂学习与课外语言活动紧密结合起来。

13. 适时地对学生的语言错误进行分析。

（六）课堂文化教学所遵循的原则

1. 在课堂设计中融入“合作式学习”“研讨式学习”的教学理念。

2. 设计丰富多彩的第二课堂文化实践与体验活动，增加体验式学习的机会。

3. 根据文化教学特点、学生学习风格、教学条件等因素灵活运用教学方法。

除此之外，跨文化外语教学还应遵循以下几条原则。

第一，培养学习者自主学习能力。

学习者是教学过程的真正主体，教学的开展应以学习者为中心，围绕着学习者的需要进行。在跨文化语言教学中，对学习者跨文化交流能力的培养也是基于学习者这个主体，因而，学习者语言及文化学习的需要、体验、态度、能力等都是教学设计的考虑因素。“以学习者为中心”要求因材施教。不同的学习者学习风格、学习方法、学习能力都不尽相同，教学应针对学习者的不同情况选择合适的教学方法和作合适的引导。而因材施教和培养学习者自主学习能力是相辅相成的。Holec（1981）认为，自主学习就是学习者“能够对自己的学习负责”。Littlewood（1996）认为，自主学习主要是学习者在学习过程中“独立做出选择的愿望和能力”。也就是说，学习者能为自己的学习提供机会，而不是简单地对教师所提供的各种各样的刺激做出反应；不是被动地等待学习的发生，而是主动促使学习过程的产生。自主学习能力对于跨文化外语教学来说十分重要，不仅因为教育的培养目标之一就是培养终身学习的能力，而且跨文化学习内容丰富而庞杂，仅仅依靠教师的传授是不够的，教学更重要的是培养学习的能力，这是一种可持续发展的能力，培养自主学习能力就是“授之以渔”，使学习者能够更好地达到学习目标。

第二，互动性原则。

本书提出的互动性原则既包括了语言与文化的互动性，也包括了中西文化的互动性，还包括教与学的互动性。教学应持发展的眼光看待语言与文化，两者是动态的，互相交织发展的，跨文化外语教学也应跟上时代的步伐，在互动发展中进行。中西文化之间应是平等对话、互动共存的关系，尤其是当今世界全球化趋势下，文化的互动共存更为明显，跨文化外语教学也应遵循这一规律，发挥中外文化学习的互促作用。在教与学的过程中，新型教学模式已经改变了单向传递的模式，强调的是教学传播过程中的双向传递、互动过程，教师教学影响着学生的学习，而学生又反过来影响着教师的教学传播行为。而跨文化交流本身就要求进行文化的双向交流，语言本身也是在交流中产生和发展的，因此，跨文化外语教学过程应是一个互动过程，要充分发挥学生的学习参与积极性，取得好的教学效果。

三、教学方法

我国的外语教学曾先后采用过语法翻译法（简称翻译法）、直接法、听说法、认知法和交际法等几种主要的教学法。语法翻译法源自欧洲中世纪对于希腊语、拉丁语的教学，诞生于18世纪末，它是以翻译、阅读原著和分析语法为主要的教学活动，目的是培养学生的阅读能力，训练心智。其长处在于使学生语法概念清晰，阅读能力较强，翻译能力和写作能力得到提高。但不足之处也显而易见：强调阅读忽略了语言交际能力，学生语言应用技能差，交际能力差，而且教学形式单一、枯燥，学生容易失去学习兴趣。

直接法产生于19世纪下半叶西欧资本主义蓬勃发展、国际交往日益频繁的社会背景下，语法翻译法不能满足需要，针对语法翻译法的外语教学改革运动兴起。直接法主张借鉴儿童习得母语的方法，通过目的语直接学习和应用，不使用母语中介，用动作、图画等直观手段教学。其优点在于教学直观、注重实践，在培养口语能力方面效果显著。其缺点也不可避免：它夸大了儿童习得母语和成人学习外语之间的相似性，忽略了两者间的差异；忽视了母语在外语学习中的作用；强调经验和感性认识，注重口语，忽略了文学修养，学习者知其然不知其所以然。

听说法源自美国在二战时期的美军外语培训。它强调听、说领先，通过反复模仿、强化操练形成习惯。其优点是重视句型结构的练习，并通过与母语的对比由易到难安排教学，有利于学习者掌握外语。但它过分强调机械性操练和死记硬背，忽视了对能力的培养，过分重视语言的结构形式，忽视了语言的内容与意义。

认知法是在20世纪60~70年代认知教学论的基础上产生的。它强调语言的学习要靠理解、掌握语言规则，重视智力活动在获得知识过程中的积极作用，认为语言学习是主动的心理活动而不是形成习惯的过程。认知法在鼓励积极思维、发展智力、注重培养学生语言综合运用能力等方面显现出优势。由于认知法强调认知语法规则，所以它也叫“现代语法翻译法”。而过分强调要在认知语法规则的基础上进行外语教学也是其缺陷，而且在实施过程中容易出现语法翻译法的老毛病。

交际法产生于20世纪70年代，主要由英国应用语言学家创立。它认为语言教学的目的是培养学生使用目的语进行交际，语言教学的内容不仅要包括语言结构，还要包括表达各种意念和功能。交际法重视培养学生的语言能力，主张在交际活动中学习，教学活动情境化。交际法比较之前的教学法流派，其优点体现在：重视学生的实际需要，重视交际能力的培养，体现了语言的社会功能；教学过程交际化，提高了学生的交际能力。交际法也存在一定的缺陷：功能意念项目很难确定和统计；以功能意念项目为线索组织教学大纲缺乏科学性；功能意念项目与语法、句型结构之间的关系无法协调；教学中容易放任学生的语言错误，影响交际。

许多学者认为，从20世纪90年代起在各种教学法流派纷呈近百年的“方法时代”后，外语教学进入了“后方法时代”。“后方法时代”的教学法重视学习过程，重点在于语言知识的构建、学习动机与学习策略的培养，强调教师的主导性和学习者的自主性，以培养学习者的可持续发展能力为目标。“后方法时代”教学法的代表是“任务型教学法”。它是指教师通过引导语言学习者在课堂上完成任务来进行的教学。在语言教学中，任务指为达到某一具体的学习目标而设计的活动。“任务型教学法”强调“在做中学”，认为在教学活动中，教师应当围绕特定的交际和语言项目，设计出具体的、可操作的任务，学生通过表达、沟通、交涉、解释、询问等各种语言活动形式来完成任务，以达到学习和掌握语言的目的。其优点在于以任务为中心，突显真实性，使学习者在任务驱动下学习和进行知识构建，有助于培养学生的综合语言运用能力和学习的自主化。“任务型教学法”在以往教学法的基础上形成，和其他的教学法并不排斥。

无论是“方法时代”的教学法，还是“后方法时代”的教学法，都有其产生的时代背景和适用环境，而日益发展的教学需求也促进着教学法的不断发展更新，因此我们不能拘泥、局限于某一种教学法，特别是在跨文化外语教学中，要有“教而有法教无定法”的理念，针对不同的教学内容和教学情景选择不同的教学方法，综合运用各种教学法，扬长避短，以求最佳教学效果。例如，尊重认知法的认知规律，利用语法翻译法讲解基本的语法和语言基础知识，借鉴直接法的直观教学手段和听说法的对比操练，保证语言知识的掌握和技能训练，以交际法和“任务型教学法”为主要方法，达到培养学习者的语言综合运用能力和跨文化交际能力的目标。

四、教材的选择

为了达到教学目标，开设两类课程：大学英语基础课程（必修课程）；文化与跨文化交际类课程（选修课程）。前者旨在培养学生语言综合应用能力，后者着重培养学生跨文化交际能力。两类课程选用了不同的教材。

（一）大学英语基础课程教学教材

大学英语基础教学阶段以培养学生语言应用能力为基本教学目标，教学内容以词汇、语法、篇章、语用为主。为避免语言文化脱离的语法教学，本校引进以功能意念大纲为编写原则，丰富的跨文化交际语料为内容的国内优秀的大学英语教材，包括：《新视野大学英语》系列教材（外语教学与研究出版社）；（全新版）《大学英语》系列教材（上海外语教育出版社）

这几部教材以交际教学法为指导，突出教学过程中跨文化交际能力的培养，在内容方面做到了语言材料与文化内容的融合。教材不仅包括了实用性强且生动有趣的语言材料，还提供了大量真实的图片以及英语国家丰富的文化背景，开拓了学习者的视野。《新视野大学英语》为学生和教师提供网络教学平台，可以采取自主学习模式，使学习更富有趣味性、自主性，易于实现体验式学习方式和合作式学习方式。

（二）文化与跨文化交际类课程教学教材

《新视野大学英语视听阅读》教程主要是关于地理、文化方面的知识，并配有视频。学习者不但可以避免学习时的枯燥乏味，还可以通过录像节目深入了解不同国家社会的方方面面，为学生提供体验跨文化交际的机会，从而提高文化素质。（全新版）《大学英语》覆盖了听、说、读、写、译各方面的教学内容，其知识性、趣味性和实用性极佳，经多年的教学检验不失为大学英语的经典教材。

五、课程设置

大学英语文化教学大纲规定，以培养跨文化交际能力为教学目的。根据这一教学目的，结合课程设计理论，设计合理的课程体系。该体系应由两个教学阶段的课程构成：语言基础教学阶段课程体系；跨文化交际与应用阶段课程体系。

（一）语言基础教学课程体系

大学英语基础教学课程属必修课程，共计 6 学分。在大学英语基础教学阶段，教学突出语言基本技能的培养，实施大学英语分类、分级教学动态管理机制。为了达到上述要求，需开设大学英语听说课程、读写译综合课程、视听说网络自主学习课程（包括视听口语、文化）。

1. 大学英语视听说网络自主学习课程

学生可利用课后时间上自主学习中心学习视听说网络自主学习课程。学生可以随时在自己方便的地点上网学习，在网上对英语听说技能进行交互式操练。教师通过校园网对学生的学习情况，包括学习进度、学习级别、学习效果以及学习方法等进行监管和指导；在网上布置听、说、读、写、译作业，包括口语活动的话题，解答学生提出的问题；提供教材之外的更多的学习资料。视听说采取开放的自主学习方式。

整个自主学习程序大致可以分为三个阶段。第一，上机自主学习阶段。学生通过自主学习，掌握必要的语言、文化知识和技能。第二，课堂辅导与操练阶段。在听说课堂上，教师对学生的上机学习情况进行检查，组织更多的操练及应用活动。第三，应用与实践延伸阶段。通过大学英语部组织的丰富多彩的第二课堂活动，使学生将课堂和上机所学的知识和技能得到进一步的实践和应用。

2. 大学英语第二课堂

语言学习是一个实践性很强的过程，需要课堂教学与课外活动相结合才能取得较好的效果。大学应举办英语话剧比赛、英语阅读比赛和演讲大赛，从赛制上鼓励学生开展各式各样的英语学习活动。另外还应有英语学习校园频道、英语社团等，开展英语听力、口语、写作、演讲、翻译、戏剧表演等竞赛活动，营造了浓郁的英语文化氛围，充分调动了学生学英语、讲英语、用英语的积极性，形成了良好的校园英语文化，为学生英语综合应用能力和跨文化交际能力的提高创造了极好的条件。

（二）开设选修的跨文化交际与应用课程体系

跨文化交际类课程与应用类课程包括一系列可选择的必修课程，授课对象是完成了两个学期语言基础学习任务的学生。教学方式包括教师讲授、课堂讨论、学生陈述等。第3—4学期，开设多门可供选择的必修课：大学英语基础课程（3—4）；大学英语跨文化交际类课程；英语应用类课程，每周4学时；额外开设若干门选修课，每周选修2学时。第3—4学期，必修6学分和选修课4学分。第5—6学期，开设若干门选修课，每周选修课2学时，两学期共修4学分。跨文化交际类课程以讲授英美文化和跨文化交际知识为主线，用英语授课，教学目的是提高学生跨文化交际技巧和跨文化交际能力。英语应用课程着重培养学生语言应用能力，特别是英语与专业相结合的应用能力，通过培养学生的跨文化交际能力，拓宽其国际视野，提高就业和深造竞争力。

可开设的跨文化交际类选修课程有英语演讲技巧、英语影视欣赏、英语诗歌欣赏、英国历史、圣经与希腊神话、西方文化概览、英美文学欣赏、中西文化对比、美国社会与文化、英语国家社会与文化、美国总统就职演说之文化分析、美国外交等。

可开设的英语应用类选修课程：戏剧与影视文学专业英语、哲学专业英语、法律专业英语、管理学专业英语、生化专业英语、普通医学专业英语、口腔医学专业英语、国际商业文化、国际商务英语写作、跨文化商务沟通、商学导论等。

开设以上两门跨文化交际课程和英语应用类课程的目的：（1）培养学生的跨文化交际意识及跨文化交际能力；（2）提高学生在交际环境下综合运用语言的能力；（3）培养学生在商务、医学、法律等实践活动中的跨文化交际能力；（4）让学生了解英语国家的整体概况，提高他们的文化认知能力；（5）帮助学生拓宽视野，提高他们对国际问题的敏感度。

六、外语教学策略

外语教学策略：外语教学策略涉及“如何教外语”之类的问题，它是为实现教学目标，按照一定的教学原则和思路，针对特定的教学内容，而采取的一系列教学措施、方式或方法。教学策略具有综合性、可操作性、灵活性等特征。

（一）普遍性教学策略

普遍性教学策略是指适用于各种课型的教学策略。任何课型，无论是听说课，还是读写课，甚至是练习课，都离不开教师的指导。在教学各个环节，教师需要采用一套相应的教学策略。这套教学策略包括课堂组织策略、激励策略、提问策略、评估策略。

1. 课堂组织策略

课堂组织是课堂教学的生命。课堂组织策略包括教师角色的选择、课堂活动的控制、活动的组织方式等。我校大学英语教师主要应该扮演六种角色：课堂的组织者、课堂活动的控制者、学生学习效果的检测者、学生的启发者、课堂活动的参与者和学习资源的提供者。

2. 激励策略

学习兴趣是一种内部动力，是成功的前提或先决条件。学生如果缺乏学习兴趣，那么学习和教学都将是痛苦的过程。因此，大学英语教师的一个重要任务是采用一套有效的激励策略激发学生的学习兴趣。这套激励策略包括：组织有趣的外语活动；使用生动幽默的课堂语言；鼓励和奖励学生参与外语活动；将外语考试成绩与奖学金、学位等挂钩。

3. 提问策略

提问是课堂上常见的课堂互动形式。教师通过提问了解学生的学习情况。这就要求教师严格把握提问策略，按学生的认知水平和英语语言能力，设计难易程度相当的问题。教师可提如下几类问题：开放性问题与封闭性问题；浅层问题与深层问题；聚合性问题与发散性问题；信息性问题、理解性问题与评价性问题；陈述性问题与推理性问题等。

4. 评估策略

课堂评估对教学的反拨作用很大，师生都能够从中受益。一方面，评估可以检测学生对教学内容的掌握情况和学习中仍未解决的问题，为学生调整自己的学习策略和学习方案提供反馈；另一方面，教师可以采用恰当的评估策略，发现课程设置问题、教学内容问题、教学方法问题，为教师调整教学内容、方法和手段提供依据。

评估是课堂教学的重要组成部分。由于评估是一个连续不断的过程，课堂评估应该采用形成性评估的策略，以学生问卷、学习监控表、一句话概要、应用卡等为主要手段。

（二）具体教学策略

具体教学策略指培养听、说、读、写能力和文化意识的教学行为。在语言教学方面，要求教师恰当地采用以下六种具体性教学策略：词汇教学策略、语法教学策略、阅读教学策略、写作教学策略、听说教学策略、文化教学策略。

帮助学生认知词汇的教学策略：单词网、词汇发现、词汇问题以及多媒体展示等；帮助学生应用词汇的教学策略：词汇旅行、单词冲刺、单词故事、连锁故事、交叉联想等；帮助学生测评词汇的策略：文本校对、填图、纵横字谜、自评对子和学生测验。

常用的语法教学策略：迷你情景、图片案例、旅游、虚拟情景、猜测模仿、原因探究、爱好选择以及图片故事。

常用的阅读策略：合作阅读、先行组织、互惠阅读、学习日志、同伴指导、同伴阅读、自选阅读、质疑作者以及图片故事。

常见的听力教学策略：标题探索、概述选择、排序、复式听写、听与画、远距离听写等。

常见的会话教学策略：图画排序、找伙伴、流程卡、角色卡小品、图画信息沟、补全对话、链锁复述、分组讨论、围圈发言、采访、“陪审团”以及纸条指令等。

常见的写作策略：句子重组、平行写作、故事重组、框架写作、图片序列、轮式写作、拆分信件以及创作隐含对话等。

教学活动：教师除采用传统说教式课文讲解以外，还可组织一系列的课堂活动。

口头报告：教师提前将口头报告的题目布置给学生，学生经过课前准备后，在课堂上报告。

小组讨论：以 3—5 人为单位，就课文中涉及的话题展开讨论。

对子活动：两人为单位的对话练习，巩固课堂上出现的句子结构知识。

角色扮演：依照课本上的对话，让学生做模仿练习；由教师给出活动场景，让学生自己设计对话内容，自行分配角色，经过在小组内的预演后，在班级表演。

即兴演讲：根据教师临时提供的文化场景，让学生做即兴的、简单的交际。

信息缺口：给学生分别提供部分信息，让学生进行合作获得全部信息。

采访：让学生采访班级学生对某一问题或者某一文化现象的理解。

小组辩论：将学生分为两组，双方持相反观点，就教材中出现的某一热点话题展开辩论。

词义挖掘：在学生掌握了英语词语概念意义之后，组织课堂讨论会，然后学生根据语境、词源、搭配和英汉比较，挖掘词汇的文化内涵。

习语对比：让学生将课文中出现的习语挑选出来，对比目的语言与母语在习语表达方式上的异同，然后请部分学生汇报结果。

案例分析：组织学生就课文中的某一典型语言现象或文化现象进行讨论分析，然后老师点评，以帮助学生理解和把握相关概念和文化现象。

共享信息：布置一些语言或文化题目，让学生去图书馆或上网查阅相关信息，然后将获取的信息与全班同学共享，以培养学生合作学习的习惯。

七、教学评价

文化是跨文化外语教学的主要目标和内容之一，而文化的主观性和复杂性带来了文化测试和评价的困难。传统的纸笔形式和客观量化的测试在针对强调记忆的客观语言知识掌握的标准化评价上有其优势，但却无法客观评价学习者的能力、态度和学习过程等。因此，仅仅依赖传统的客观定量测试已无法满足跨文化外语教学的评价要求，基于“真实评价”和“表现评价”的定性分析评价法应运而生。可以通过对学习者学习过程的观察，对其学习的努力程度、进步情况、学习态度和最终成就等做出综合性评价。学习者也可以通过评价过程来对自己的学习进行反思，促进和指导自主学习。

同时，形成性评价相对于传统的终结性评价更能激励学生，帮助学生发现学习中的问题并及时调整，有效调控自己的学习过程，取得更好的学习效果。学习者容易获得成就感，有利于培养学习者的自信心，避免了一张考卷定优劣，同时也避免了对学习者积极性的打击和学习热情的挫败。

因此，跨文化外语教学应该采取形成性评价和终结性评价相结合的评价机制，以更客观和积极地对学习者的情况进行反馈，并对学习者的学习起到良性的反拨作用。

综上所述，并参照《大学英语课程教学要求》中“基于计算机和课堂的英语多媒体教学模式”的设计，尝试构建的大学英语跨文化交际教学模式如图 3-1 所示：

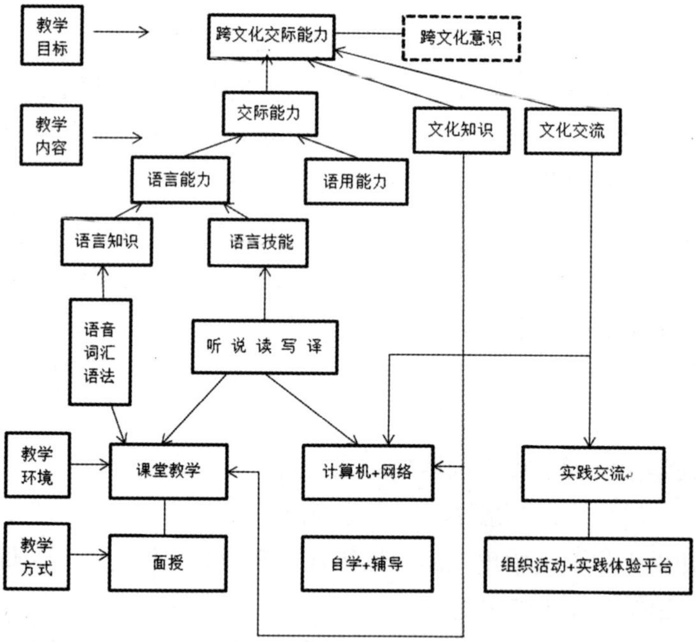

图 3–1 跨文化交际的大学英语教学模式

总体说来，大学英语文化教学模式是以培养学生的跨文化交际能力为终极目标，以培养学生的交际能力（包括语言能力和语用能力）为基础目标，以英语语言知识与语言技能、文化知识和跨文化交际等为主要内容，将语言教学和文化教学有机结合，集多种教学手段和方法为一体的教学模式。教学过程中教师是教学活动的组织者，整个模式以学生为主体，教师为主导。

在此模式中，英语语音、词汇、语法等语言知识和听、说、读、写、译等语言技能，以及文化知识和文化交流教学活动可以通过计算机来进行，也可以通过教师的课堂教学来进行（图中实线箭头表示以某种教学环境为主，虚线箭头表示以某种教学环境为辅，具体来说，“语音、词汇、语法”等语言知识和文化知识在课堂教学中进行，以便使用语法翻译法讲解基本的语法和语言基础知识，并对文化知识进行必要的介绍和解释，使学生形成基本认知。同时，利用“计算机网络”的环境和条件，鼓励和引导学生开展自主学习，就文化知识主题进行搜索、学习和思考，发挥计算机和网络对学生思维发展和知识建构的参与、帮助作用，成为课堂文化学习的补充。文化知识以课堂教学为主，“计算机网络”环境下的教学为辅。针对“听、说、读、写、译”五项语言技能的不同特点采用不同的教学环境。“听”的训练主要在“计算机网络”环境下进行，更便于多种听力素材的使用，特别是网络上丰富的原汁原味的英语听力素材，能够给学生创造近乎真实的听力环境，同时辅之以课堂教学对听力技巧和方法等的适当讲解。“说”和“读”的训练既要在“计算机网络”环境下进行，又要有课堂教学，可以借助计算机和网络进行阅读和口语及发音等的训练，课堂同时进行文章内容、体裁等的分析讲解和口语的互动。“写”和“译”的训练以课堂教学为主，以在计算机网络环境下的教学为辅，因为对于写作和翻译两种输出技能的训练，教师的面授指导最为直接和有针对性，也更有效。这里需要强调的是，文化交流是必不可少的一项内容，因为所有的学习成果最后都是在交流传播中实现，掌握的知识、技能都要在交流传播中使用，关于文化和交流传播这两个跨文化传播核心因素之间的关系在此不再赘述。更重要的是，学生在实践交流活动中能够真正体验文化差异、直观面对跨文化交流的障碍和问题，并在教师的指导下，培养文化敏感性和跨文化交流意识，对可能产生的文化休克等情况有所体验和了解，并能灵活处理和做好自我调适。文化交流的开展既可以利用“计算机网络”的环境，也可以在实践交流活动中进行。实际上，从学生的跨文化交流需求和教学培训效果来看，开展跨文化实践交流活动，如短期的对外交流互访、参与国际会议或活动的志愿服务工作甚至建立实体的跨文化实践交流体验平台或实践交流体验中心，都是值得鼓励的形式。

大学英语跨文化交际教学模式将为学生提供包括丰富的教学内容、多样的教学手段、多种教学环境、多元教学方法的较为全面的立体教学模式，以达到培养跨文化传播人才的目标，满足我国在国际交往中跨文化传播的需要。

第 4 节　大学英语文化教学与学习的策略研究

随着人们对语言和文化的进一步认识，外语教学领域已经达成普遍共识，即语言教学与文化教学密不可分，文化教学是语言教学的重要组成部分。如何在语言教学中导入文化教学，成为外语教学研究领域关注的焦点问题。掌握有效的文化教学策略成为广大外语教师提高外语教学效率的必修课程。顾名思义，文化教学策略是教师在进行文化教学过程中所采用的教学策略。

一、文化教学策略

文化教学的有效实施离不开行之有效的文化教学策略的支持。目前，我国在文化教学方面的研究成果不多，陈申的《语言文化教学策略研究》一书系统介绍了外语教学中文化教学策略。他在书中列举了以下常见的文化教学策略，这里只介绍其中的一些基本教学策略。

（一）文化讲座

文化讲座，指以班级为单位，教师为中心，以演讲的方式直接向学生传授有关目的语和目的语使用社团的文化知识策略。适用于以下几种情况。

（1）教师向学生介绍文化新领域的可叙述或描述的知识，学生可以通过讲座掌握总体概况或基本概念的知识。

（2）教师讲解一系列可通过主题来分类归纳的相关文化事实，可以以系列文化讲座的形式来完成。

（3）在教师即将给学生布置有关文化学习的研究任务，或者需要解决某个问题之前，学生需要掌握的基础知识，可通过讲座来进行。

（4）某些具体的文化资料，学生自学和阅读十分困难时，文化讲座可以解决学生因理解困难造成的误解。

（5）当教师具备和拥有特别的教材，这些本身已为文化讲座的内容和教学铺平道路，教师在教学中实现教学相长，学生也从该教师的特殊教材中获益。

文化讲座使教师对课题顺序、时间掌握等方面有极大的控制权，所以能确定在教学完成时学生有可能获得的成果。文化讲座对班级的大小没有严格控制，以专题顺序组织的文化讲座有利于充分利用教师资源。从教师的角度来看，教师的文化讲座一般都会汇集最新研究成果和最新的研究方法，以及其本人的学习心得与体会，所以能提供给学生许多宝贵的信息资源。从学生角度来看，学生在听文化讲座时，其听、写和观察能力会得到训练与提高。

（二）文化参观

文化参观是以教师为辅导，以学生为主体，在课堂时间或课外时间以某个文化专题为学习任务，以参加统一观摩活动的方式来实现预期的学习效果。适用于以下两种情况。

（1）某个文化教学单元结束以后，学生共同具备了有关专题的文化知识，就可以参观适合该专题的文化展览。

（2）当教师想要测试学生独立工作、综合分析文化知识的能力时，可安排学生参加文化展览并完成某个学习任务。

文化参观能够调动学生主观能动性，使他们能主动地观察、接触、研究、总结文化知识。文化参观一般都在比较宽松和非正式的环境中进行，娱乐性和趣味性较强。

文化参观比较适合作为一种辅助性的教学策略，而不能作为常规的教学策略使用。由于学习任务不明确，学生自主选择时间进行的文化参观会变成走过场，学习效果不明显。

（三）文化讨论

文化讨论是以班级为单位，教师为组织者，调动学生就某个专题进行面对面的讨论，以解决实际问题或解答特定课题。

文化讨论需要一定的条件才能得以顺利开展。参加讨论的人必须要积极开口，乐意与人交谈，而且乐于倾听别人的发言；参加讨论的人，作为一个集体，应当提出至少两种不同意见，这样才能激发思考，各抒己见；所有参加的人都希望通过集体智慧加深自己对主题的理解。

组织文化讨论的目的是为了使学生通过交流加深对某种主题的了解，而不是为了劝说别人或与人争辩。在讨论中，教师是讨论的组织者和主持人，不应占用太多发言时间，学生应是主体，教师只在提示和纠正偏题现象时发言。

文化讨论适用于以下情况。

（1）当教师希望学生建立自己获取新知识的信心，并对他们自己的学习建立责任感的时候。

（2）当教师希望学生能充分发挥自己的能力，对有关文化事实的不同假设和推断提出质疑和加以讨论的时候。

（3）当教师有目的地训练学生交际能力时，文化讨论提供给学生表达复杂概念的机会。

（4）当教师希望学生了解对同样的文化事实可以用不同的方法分析，或从不同的角度和立场看待会有不同的结论时。

（5）当有必要建立学生的集体信念和合作精神时。

文化讨论有利于对学生交际能力的培养，讨论的形式为学生提供锻炼语言表达能力的机会，以及倾听别人意见、尊重别人经验和学习成果的机会。文化讨论中教师提供的论题一般都是有争议的、没有定论的，所以学生必须从不同的角度考虑问题。这样，才能产生不同的意见、不同的方法和不同的结论。文化讨论有利于建立起平等的师生关系，学生间的互动性也较强。文化讨论要求学生和教师都必须做好充分准备，否则课堂上就会出现冷场现象。另外，教师必须要保证内向型学生和外向型学生都能参与讨论，并且享有同等的发言机会。教师还要控制好讨论的方向，避免在讨论过程中出现偏题现象。

（四）文化欣赏

文化欣赏是以班级为单位的教学活动，教师以主持人的身份组织学生根据预定的计划就某一文化专题或某一文化事件，代表个人或小组向全班作汇报式讲演。

文化欣赏可以采取不同的形式：可以是纳入教学大纲、按序列专题进行的演讲，例如将学生分成若干组，指定主题让其准备，然后在课堂开始或结束时由小组代表发言10分钟；也可以是随意的或即兴的文化欣赏，例如学生凭自己的兴趣选择题目，进行课堂演讲；或者是总结性的文化欣赏，即在文化专题学习之后，组织汇报演讲，以陈述为主。

文化欣赏增进了学生的主动性和教学中的灵活性，学生可以自主选择专题，在课堂上安排的时间也较灵活。学生轮流表演，可以公平分配学生表现的机会和在课堂上所占的时间。学生的表演对学生间彼此交流和互相学习很有益处，同时，教师也会从学生的表演中获得新的经验。

文化欣赏对教师和学生提出了很高的要求。教师不能事先预知学生表演的内容，这就要求他们具备灵活应对课堂上会出现的问题的能力。此外，文化欣赏需要学生的积极配合，学生必须具有很高的积极性和很强的自主学习能力才能够顺利完成学习任务。

（五）文化会话

文化会话是以小组为单位、以教师为辅导、以学生为主体、以围绕语言功能而展开的口头交际活动为主要形式的课堂教学策略。

陈申总结了影响文化会话开展的因素：

（1）学生是否明了学习的目标，即会话主题、功能等；

（2）学生是否做了充分的准备，如课前阅读、听录音等；

（3）教师是否准备了完整的指导纲领，例如有多少句式需要练习、会话的程序等；

（4）教师是否建构了合适的学习环境，例如交际情景、教室桌椅安排等；

（5）教师是否经常干预学生，是指明方向还是纠正偏题等；

（6）学生是全心全意地投入交际，还是三心二意地敷衍了事；

（7）教师是及时得到学生的反馈并采取措施，还是听之任之，置若罔闻，袖手旁观；

（8）师生是否达成默契，按时、按计划地达到目的，师生是否建立了良好的互动关系。

因此，为了保证文化会话的有效实施，教师在课前必须做好以下准备工作：一是如何分配小组。分组时要充分考虑学生的个性、能力、性格等因素，努力建立一个互相尊重、乐于助人的集体，并要选择一个合格的组长；二是如何启动对话。小组活动开始之前，教师要简要明确地交代活动的要求与目标，活动中要适时监控各小组活动的情况，并准备好冷场时的应急措施；三是，如何总结活动情况。在小组结束文化会话的活动之前，教师做全班性的总结，鼓励并评价学生的活动。

文化会话使小组成员参与教师设计好的学习任务的机会比较多，避免了大班教学中学生说话机会较少的现象。小组活动的形式使学生积极参加讨论和交际，提高了学习兴趣，提升了学习效果。小组中的交际活动也为每个成员提供了体会不同社会角色的机会，训练了学生的交际能力。文化会话教学策略可能会使一部分习惯了“填鸭式”教学方式的学生感觉难以适应，而且，该策略要求教师把握好课堂的控制尺度，既不能过多地干预学生活动，也不能失去对学生活动的控制。

（六）文化合作

文化合作指学生在小组中以合作的方式来完成某项语言文化活动，是一种以任务为本的教学策略。

陈申指出，在使用文化合作教学策略时应该注意以下几个问题：

（1）采取此种策略要有适合的教学时机，符合教学目的，而不能为了使用策略而使用策略；

（2）教师应该在活动前解释清楚活动目的、程序和预期结果，使小组成员了解自己要进行的活动，课前提供示范是有必要的；

（3）教师应该根据学习任务准备和分发必要的讲义，列出学习指导纲领和活动的要求；

（4）应该有适当的公平的评估方法来检测学生的学习成果，测验的手段和评分的标准必须既能反映出小组合作的成就，又能体现出小组成员的个人贡献。

小组合作式的学习方式有利于培养学生独立思考的能力，小组成员可以按各自能力与专长分工合作，发挥个人专长，互相学习。小组之间的合作强化了学生对自己学习的责任感和对同学的学习进展的关心，在人数较少的小组合作中学生能及时听到别人的反馈和评论。

（七）文化表演

文化表演是指学生根据教师提供的假设的交际场景，扮演不同的角色，在小组内或大班内汇报演出他们的交际行为。在外语课中让学生扮演角色进行模拟交际是一种比较常见的教学策略。

文化表演适合在小组（2—4人）中进行预演，然后在全班表演，包括三种形式：（1）依照课本上的对话，作模仿练习，练习对话；（2）即兴的、简单的、根据教师提供的文化场景临时产生的交际行为；（3）结合前两种活动的特点，教师给出活动场景，要求学生设计更为复杂的交际脚本，例如：有的学校每学期都会有英语晚会或者英语小品、故事表演等。

第一种表演形式比较容易，简短的表演脚本能为参加表演的学生提供清晰的框架，教师可以允许学生准备提示卡片以减轻他们的心理压力，但是，学生的交际活动过于简单化和公式化，不利于真正了解目的语国家文化。第二种表演形式适于新课或完成一个单元教学之后，培养学生即兴表演的能力。第三种表演方式更适于在综合复习阶段使用。

文化表演教学策略为学生提供了积极参与的机会，学生的表演活动是主动参加交际，而不是被动接受知识。文化表演还为学生提供了一个没有威胁、没有教师过多干预的、解决文化冲突的“安全”环境。通过文化表演可以提高学生的自信心与自尊心，锻炼他们的人际交往能力，增强在公众场合的交际能力。值得注意的是，文化表演一般需要很长时间的准备和演练，课堂教学往往受到课时的制约，因此文化表演不宜经常使用。

（八）文化交流

文化交流指与目的语国家进行师生互换，共同体会不同的教学环境，进行真实情景的文化交流体验活动。由于国内外语教学条件的限制，很难在我国大规模地推广真正意义上的文化交流，国内最常见的文化交流方式是聘请外籍教师，使中国学生有机会真实地接触目的语及目的语国家文化。

（九）文化谜语

文化谜语是指让来自不同文化背景的学生就某个文化专题展开讨论并且寻求某个教师提出的“谜语”的“谜底”。

解答文化谜语的过程是学生用已知文化与目的语国家文化进行比较分析，以讨论的方式来解决交际中的文化冲突，基本上是以学生为中心的教学活动。在准备文化谜语的过程中教师应该做好以下工作：

（1）假设跨文化交际中的某个情景，以便引导学生提出实际问题；

（2）创造协调的多元文化交际环境，以促使学生积极参与跨文化交际；

（3）及时对小组或个人给予辅导和组织全班总结，以保证学习过程的顺利进行和获取最佳学习成果。

文化谜语可以培养学生自行解决问题的能力，并使他们获得极大的满足感，加深对所学内容的理解。寻求文化谜语答案的讨论和交际互动，增强了学生学习的主动性，锻炼了学生批判性思考问题的习惯和应对能力。文化谜语兼有文化讨论、文化会话和文化合作等教学策略的部分特点，因此它也同样具有这些策略的优点，该策略可以配合其他策略一起使用。

（十）文化冲突

文化冲突是指利用外语课堂中发生的文化冲突实施文化语言教学。在多元文化课堂上的文化冲突表现在中国学生与外籍教师之间的文化冲突和来自不同文化背景的学生之间因文化价值观的差异而造成的文化冲突。教师在准备与实施文化冲突策略的过程中要注意以下几个问题：

（1）选择适合跨文化交际的教材，教材的内容必须有跨文化交际的特点；

（2）组织多种形式的教学活动和布置有挑战性的学习任务；

（3）教师本人将作为冲突创造者，用“反论”的办法与学生观点对立，激发学生与教师辩论；

（4）教师往往无法充分预计课堂跨文化交际中出现的冲突，在组织教学中随机应变很重要。

文化冲突教学策略反映了跨文化交际的特点，化解冲突即是语言文化学习的过程，它把学生的本民族文化和目的语国家文化通过语言有机地结合起来。这种策略更利于建立平等合作的师生关系。该教学策略要求教师具有很强的组织能力，对可能发生的交际问题要有充分的准备和灵活的应变能力。

（十一）文化研究

文化研究教学策略是以研究和调查形式为主的学习，包括六个步骤：

（1）提出文化研究课题；

（2）选取所需信息和资料来回答确定的研究问题；

（3）决定搜集文化信息与资料的方法；

（4）处理原始资料并将其整理归纳，以便分析解释；

（5）分析归类的信息与资料并从中找出答案；

（6）总结分析并建议一个回答研究问题的答案。

文化研究教学策略主要适用于以下情况：

（1）当学生学习的文化课题有相当的深度和难度，仅仅依靠以教师为中心的文化讲座无法达到预期目标，采用其他的策略也受到一定程度的限制时；

（2）当学生在学习过程中对某个问题产生强烈兴趣并对此产生了截然不同的假设和论点，为了澄清学生的观点，让大家全面了解这一问题时；

（3）当教师期望学生有效利用课外时间，巩固学生学习语言文化的成果，激发其学习积极性时；

（4）当教师期望学生不仅在跨文化交际技巧方面有所提高，而且在综合能力，包括研究技巧、研究方法、互相合作和探索精神等也有所提高时。

文化研究促进了学生对语言和文化关系的深刻理解，调动了学生的学习积极性。研究的过程会使学生意识到过去所学知识的重要性，同时也有利于听、说、读、写四项语言技能的全面发展。在文化研究过程中，教师要给予学生有力的指导，鼓励学生完成这项极具挑战性的学习任务。

（十二）关键事件分析

教学中可以重点关注文化的关键差异，关键事件是指在某一情景中出现的，由于交际双方的文化差异所导致的误解、问题或者冲突。关键事件只描述发生的事情，并提供交际各方的感受和反应，并不解释在此情景中交际各方的文化差异。学习者通过观察思考，自己发现文化差异。使用关键事件策略的目的是使学生经历各种各样的，在与另一文化的人们交际时或是在适应另一文化中可能遇到的困难和冲突情景。

教学中关键事件策略可以有不同的变化，可以把几个事件组合起来说明一个概念或过程。

采用关键事件分析教学策略的目的在于：

（1）使学习者意识到自己对关键事件中人物的行为、态度和反应的理解和解释是特殊的而且由母语文化决定的；

（2）分享、比较并且分析学习者们不同的解释和理解；

（3）澄清关键事件中可能导致误解、问题和冲突发生的文化差异，澄清关键事件中影响学习者和关键事件中人物的不同解释和理解的文化差异；

（4）帮助学习者了解来自不同文化的人们存在差异，不同文化之间也存在差异；

（5）帮助学习者了解在相似情景中，什么才是得体而有效的行为；

（6）使学习者意识到自己该学什么，增强他们继续学习的动机；

（7）为学习者参加培养解决跨文化冲突能力的角色扮演做好准备。

教师在设计关键事件的时候，要注意以下几个问题：

（1）确定关键事件中的主要角色；

（2）提供足够的背景知识；

（3）必要时，暗示关键事件发生的时间和地点；

（4）简要描述事件发生的顺序；

（5）描述来自关键事件中人物所在文化的人们会怎样做，他／她的感受、想法和行动；

（6）条件合适的情况下，描述一下来自其他文化的人们会怎么做。

（十三）角色扮演

角色扮演是语言技能课堂上常用的教学策略，也是重要的文化教学策略。通常由两名或两名以上学习者参加，为了完成特定的目标分别扮演不同的角色，然后在教师及其他学习者面前表演出来。没有参加角色扮演的学习者的任务是作观众，观察并发现学习目标规定的某些问题。角色扮演活动中真正的表演时间一般只有 5—7 分钟，而准备的时间通常很长，有时可以达到一小时。角色扮演的主题可以是与来自其他文化的人第一次见面、进行国际谈判、在某一个你不熟悉的文化场景中拒绝别人等。

角色扮演的脚本应该清楚简洁，具有趣味性和戏剧的张力，而且结局应该是开放式的，采用日常生活工作或社交场景中使用的语言。

角色扮演在文化教学中的优势有：

（1）使参与的学生在人际交往的场景中清楚地了解相关技能，以及有效的和无效的行为所产生的影响；

（2）教师可以通过参与表演的小组对有效和无效行为予以更多的控制；

（3）使参与表演的学生有机会在真实的场景中尝试使用和巩固新技能；

（4）参与者有机会感受另一个角色；

（5）有助于激发学习者的学习兴趣。

角色扮演的实施过程如下：

（1）向学生说明角色扮演的目的是使他们练习使用某一策略，鼓励他们尝试新的活动。

（2）向学生描述角色扮演发生的情景。

（3）确定参与表演的学生，可以由学生自愿参加或者由教师指定，给每个参与的学生提供所需的背景知识，给他们足够的时间做准备。

（4）指导参与表演的学生的准备工作。

（5）给观看角色扮演的学生分配学习任务。

（6）布置好表演的场地。

（7）开始表演之后要做笔记，记录下表演者说的要点，以便之后开展讨论。

（8）表演结束后，请观众们思考，在相似的情境中，有没有其他解决问题的方法。

（9）请学生回答一系列问题，目的在于使学生能够描述角色扮演中呈现的问题，给学生思考其他策略的机会。

（十四）案例分析法

案例分析教学法创始于美国哈佛工商管理学院，起初应用于管理教育和培训中，后来被其他学科广泛采用，外语教学中也借鉴了这一方法，把它应用于文化教学中。

案例分析通常是一段文字，描述某一个真实的情境并提供足够的细节，以便学习者能够分析其中的问题并决定可能解决问题的方法。

与关键事件不同，案例分析可能包含几个事件、几个人物而且对事件发生的情境的描述更细致。案例分析通常会留下亟待解决的问题供读者思考。

案例分析教学法可以通过以下步骤实施。

（1）把案例分析材料分发给每个学生，让他们独立思考；或者以小组为单位分发材料，让他们集体协作，可以要求他们从不同角色的角度分析问题。

（2）把小组活动的任务分配给组内不同成员，比如，有的人负责记录小组讨论内容，有的人负责做小组报告。

（3）小组报告之后，带领学生进入经验学习阶段，即让学生们回忆自己的亲身经历，总结自己从案例和小组讨论中得到的结论，并能够应用于实际的跨文化交际场景中。

文化教学中采用案例分析法的优势在于：

（1）案例分析反映了真实的跨文化交际的场景，表明这是一个复杂的过程，并不是像它看起来那样简单。它鼓励学生们向“唯一正确的”或“唯一的途径”等概念提出质疑。

（2）案例分析帮助学生分析影响跨文化交际的各个因素的地位。

（3）帮助学习者发现并解决那些由于文化的差异所导致的问题。

（4）培养解决问题的不同途径和策略。

（5）解决问题的方法是基于不同的文化视角提出的。

（6）在案例分析过程中的分析讨论以及辩论，使学生们集思广益、取长补短，扩展了知识面，获得了很大收获。

案例分析教学成功与否，取决于教师和学生的素质，以及所提供案例的质量。只有这三个方面的有机结合，才能创造和谐融洽的学习气氛，产生良好的学习效果。

（十五）文化创新

陈申还总结了近年来以胡文仲和高一虹为代表的创新的文化教学策略。胡文仲和高一虹合著的《外语教学与文化》介绍了适用于我国开展文化教学的八种方法。

（1）文化渗透

文化渗透即将文化因素渗透语言教学过程中，以文化讲解保证语言教学顺利进行。本方法与前面提到的文化讲座教学策略很相似。

（2）文化旁白

文化旁白是指上语言课或其他课程时就有关内容加以文化介绍和讨论。本方法实际上是结合了文化讲座和文化讨论两个策略。

（3）文学作品分析

即利用文学作品培养学生分析推断能力。因为一般背景知识以及对文化特殊背景知识的了解可以帮助读者作出有效判断，从而更好地理解文学作品的内容和意义。大量阅读文学作品可以丰富读者的写作知识，了解目的语的篇章布局和文体特点，熟悉目的语的思维方式，锻炼推断和分析问题的能力。该方法结合了文化合作、文化研究、文化讨论和文化欣赏等教学策略。

（4）文化片段

文化片段包括三个部分：一篇短文，描述跨文化交际中一个引起冲突或误解的具体事件，这一事件会使缺乏跨文化经验的学习者感到困惑；以多项选择的方式对这一事件做出解释；由学生选出正确答案。该方法结合了文化谜语和文化研究的策略。

（5）文化包

一段文字、一组图片或实物，介绍和解释目的文化与母语文化差异的一个具体侧面。该方法强调了学生的中心地位，结合了文化欣赏和文化表演等教学策略。

（6）文化丛

文化丛由几个同一中心主题的文化包组成。该方法结合了文化欣赏、文化表演等策略。

（7）文化多棱镜

人们对同一文化现象的看法各不相同，就像一个多棱镜，反射出同一事物的不同影像。文化多棱镜可以通过辩论、角色扮演、调查采访等方式实现。该方法综合了文化冲突、文化研究和文化表演等策略。

（8）人种学方法训练

即让学习者身临其境地观察与参与并对目标文化进行描写和概括。可以通过参与观察、访谈等方式搜集材料。该方法结合了文化交流、文化研究等策略。

以上是外语教学中常见的一些文化教学策略，它们各有优缺点和各自适用的范围。在语言教学中，教师可以采用一种或者几种策略来开展文化教学。同时，选择教学策略时要考虑学生的语言水平、个性特征、教学内容、课时安排、教学条件、教师素质等主客观因素的影响，以便收到最佳的教学效果。

总之，外语教师要综合考虑语言教学中的诸多因素，综合一种或者几种策略，以便保证文化教学的顺利实施。

二、文化学习策略

学习策略研究兴起于20世纪70年代，在此之前教学理论研究倾向于教学策略研究，因为当时以刺激—反应为核心的行为主义心理学在教学理论中占统治地位。学习者的学习效果取决于教师的输入方式，即刺激方式。20世纪60年代以后，认知心理学对人类认知过程的研究结果表明，学习是一个复杂的认知过程，学习者要有效地思维、记忆、识别、选择、分类和解释才能取得良好的学习效果，学习者是学习过程的主宰者。在现代认知心理学的指导下，研究学习者内隐的思维过程和学习过程的学习策略研究得到发展。

根据运用范围，学习策略可以分为一般学习策略和学科学习策略。一般学习策略指适用于任何课程学习的策略，如记忆策略、推理策略等。学科学习策略指与特定学科相关的学习策略，如数学学习策略、英语学习策略等。下面主要探讨文化学习策略。

（一）学习风格与学习策略选择

学习策略是多种多样的，但并不是所有的学习策略都可以帮助学习者提高学习效果，因为学习者的学习风格不同。选择适合自己的学习策略首先要了解自己的学习风格。例如：对视觉刺激敏感的学习者可以多采用视觉输入型的学习策略。

1. 学习风格调查

表3-1是学习风格调查问卷，问卷的结果会显示学习者的学习风格倾向，为学习者选择学习策略提供参考。

表3–1 学习风格量表

如何认知 注：0=从不 1=很少 2=有时 3=经常 4=总是
（1）如果写下来，我会记得更牢。
（2）上课时，详细记笔记。
（3）当听的时候，我的脑海里会出现图像、数字或文字。
（4）我喜欢从电视或录像中学习，而不愿接触别的媒体。
（5）在工作或学习时，使用彩色标记。
（6）我需要写下工作指南。
（7）我要看着说话人才能理解他的意思。
（8）老师写板书可以帮助我理解授课内容。
（9）表格、图标和地图可以帮助我理解谈话内容。
（10）我能记住别人的脸，但记不住他们的名字。
A总分
（11）如果与别人讨论，我会记得更牢。
（12）我愿意通过听课的形式学习，不愿意采取阅读的方式学习。
（13）做事时，我需要口头指南。
（14）背景声音可以帮助我思考。
（15）工作或学习时，我喜欢听音乐。
（16）即使我看不到说话人，我也能理解他所表达的意思。
（17）我记得住别人的名字，但记不住他们的长相。
（18）我很容易就能记住听到的笑话。
（19）我可以辨认出别人的声音。（例如：电话里的声音）

续表

（20）看电视时，我主要是听内容，而不太看屏幕。
B 总分
（21）我情愿直接做事，而不是先看指南再做事。
（22）工作或学习时，我需要不时休息一下。
（23）我工作和学习时，喜欢吃东西。
（24）要我选择坐着还是站着的话，我会选站着。
（25）一动不动地坐很久，会让我感到紧张。
（26）我在走动的时候，思维活跃。
（27）上课时我习惯玩或者咬钢笔。
（28）摆弄某种物件可以帮助我记住别人所说的话。
（29）说话时我挥动双手。
（30）上课时我会在笔记本上画很多图画（涂鸦之作）。
C 总分
如何选择学习环境
（1）与其他人一起学习比独自一人学习效果好。
（2）我可以通过加入别人谈话的方式认识新朋友。
（3）在教室里学习比家教辅导学习的效果更好。
（4）对我来说接近陌生人很容易。
（5）与人交流，让我感到充满活力。
（6）我喜欢先体验后理解。
A 总分
（7）我的内心世界（内心所想）让我充满活力。
（8）我喜欢一个人的或一对一的游戏和活动。
（9）我的兴趣不多，但我很专注。
（10）在一个大集体中工作，让我觉得很累。
（11）当我身处人群时，我会沉默地倾听。
（12）在做尝试之前，我想先了解我要做的事。
B 总分
如何把握可能
（1）我有丰富的想象力。
（2）我试图找出很多的可能性去解释事物发生的原因。
（3）我为未来仔细准备。
（4）喜欢自己探索，不喜欢事事都听别人的解释。
（5）在课堂讨论时，我加入自己的观点。
（6）我很乐意接受同龄人的新建议。
A 总分
（7）我专注于所处的形式，而不再想怎么会出现这样的问题。
（8）使用仪器和设备（例如电脑和录像机）之前，我会阅读说明书。
（9）我信任具体事实，不信任新的、未经检验的观点。
（10）我喜欢按部就班的介绍方式。
（11）我不喜欢同学改变我们合作作业的计划内容。
（12）我仔细按照说明做事情。
B 总分
如何处理学习任务
（1）我喜欢仔细计划语言学习的内容，及时或提早完成功课。

续表

（2）我的笔记、活页和其他学习材料都很规整。
（3）我喜欢弄清楚事物在目的语中的含义。
（4）我喜欢知道规则的使用方法和原因。
A 总分
（5）如果我在做其他的事，我会忽略上件事的期限。
（6）我通常可以容忍很多东西堆在桌子上，最后再整理。
（7）我并不想弄清楚所有事。
（8）我觉得不应该马上对一件事下结论。
B 总分
如何接受信息
（1）我喜欢简短的答案，不喜欢长长的解释。
（2）忽视看起来不相关的细节。
（3）对我来说，看宏观计划和大图片比较容易接受。
（4）明白主要意思，对我来说就足够了。
（5）当讲一个很久以前的故事时，我会忘记很多具体细节。
A 总分
（6）我需要很具体的例子才能完全理解整体意义。
（7）注意具体的事实和具体信息。
（8）擅长捕捉听到的新短语或新词。
（9）我喜欢做听力的缺词填空练习。
（10）讲笑话的时候，我记得细节但会忘记妙语部分。
B 总分
如何加工信息
（1）我很会总结信息。
（2）我能很快复述别人讲过的话。
（3）在制作大纲时，我会首先想到关键点。
（4）我喜欢集思广益的活动。
（5）通过审视全局，我很容易就能了解一个人。
A 总分
（6）只有认识每一个词我才能理解。
（7）我讲故事和解释一件事时，总是要花很长时间。
（8）我喜欢学习语法。
（9）我擅长做复杂的字谜游戏。
（10）我擅长注意那些与任务有关的哪怕是最小的细节。
B 总分
如何记忆
（1）学习时我尽量注意新资料的所有特征。
（2）当我记忆零碎的语言材料时，很容易就能回想起记忆的内容。就像我已经把他们存在大脑的不同区域一样。
（3）当学习新语言知识时，我能够很好地区分语音、语法形式词和短语。
A 总分
（4）学习新内容时，我会用去除或缩减差别专注相似点的方法集中资料。
（5）我会忽略那些让我在某种语境中增加语言准确性的细微语言差别。
（6）相似的记忆相互混淆，我会把新学的东西与原有知识混合。
B 总分

续表

如何处理多种知识输入方式
（1）知识输入方式有干扰信息存在，我也能够在已知语境中挑出相关的重要信息。
（2）无论使用目的语口头表达还是书面表达，我都要确保语法准确。
（3）我不仅注意语法，而且还会注意到语言的正式性、得体性和礼貌性。
A 总分
（4）说话或写作时，对语法的关注程度取决于信息内容。
（5）对我来说，在口头表达和书面沟通时，既注意交际性，又注意语法准确性很难。
（6）在使用长句时我会分神，从而忽视语法问题。
B 总分

以上问题是对学习者整体学习风格的调查，该调查可能不能概括学习者的所有认知习惯，但可以指导学习者了解自己的认知取向。根据各部分得分高低，学习者的学习风格可能是：

①视觉型、听觉型、触觉型／知觉型

②外向型、内向型

③随机—直觉型、具体—程序型

④封闭型、开放型

⑤整体型、细节型

⑥综合型、分析型

⑦尖锐型、齐平型

⑧场依靠型、场独立型

学习者不必因为对自己的学习风格感到不满而失去信心，每一种学习风格都有优点和缺点。此外，学习风格并非一成不变，学习风格可能会受到学习环境影响，所以学习者不必拘泥于一种学习策略。

2. 学习策略建议

学习风格诊断可以为制定学习策略提供依据，合适的学习策略能够提高学习效率和学习效果。以下是针对不同学习风格的学习策略建议。

（1）如何认知

习惯通过视觉进行认知的学习者最好采取视觉认知的学习手段，例如：通过书籍、录像、图表、图画等媒体学习。

习惯通过听觉进行认知的学习者应该多采取听觉认知的学习方法，例如：听录音、参与讨论、听讲座、参加角色扮演活动等。习惯通过触觉或知觉进行认知的学习者比较适合参与项目活动来学习，例如：参与课内或课外（科研）项目活动、玩游戏、搭建模型、做实验等。

（2）如何选择学习环境

外向型的学习者喜欢参与内容丰富的社会、交际型的学习任务，例如：游戏、谈话、讨论、辩论、角色扮演、模仿等。内向型的学习者喜欢参加独立型学习活动，例如：独自学习、阅读或通过电脑学习。

（3）如何把握可能性

随机—直觉型的学习者具有未来时间取向，喜欢思考可能性的问题，倾向于使用抽象思维，不喜欢按部就班。

具体—程序型的学习者具有现在时间取向，喜欢按部就班式的学习活动，总是想知道自己的学习程度和发展方向。

（4）如何处理学习任务

封闭型学习者倾向于认真对待所有学习任务，努力在期限之内完成任务，提前为学习任务做准备，希望得到详细的讲解。开放型的学习者喜欢自然获取信息式的发现方式，喜欢放松地享受学习过程，不太关心规则或者期限。

（5）如何接受信息

整体型的学习者学习时喜欢抓住重点，即使在不认识所有词汇的情况下也能很好地交流。细节型学习者关注细节，能够记住具体信息。

（6）如何处理信息

综合型学习者擅长总结，喜欢猜测和预测结果，能够快速找出相似之处。分析型学习者擅长逻辑分析、对比，比较关注语法规则。

（7）如何记忆

尖锐型学习者会注意记忆材料的不同之处，记忆时注意区分记忆内容；因此，当学习者回忆记忆内容时不会混淆信息。齐平型学习者会把记忆材料堆在一起记忆，忽略对象的差别，专注于对象的相似点；因此，回忆时会混淆记忆内容。

（8）如何处理多种知识输入方式

场独立型学习风格的学习者能容易地把重要细节从复杂的背景中区分出来，倾向依赖自己和自己的思想解决问题，不易受外界干扰。场依存型学习者对事物的认知倾向于以外部信息为参照依据，不擅长记住细节，感知不够灵敏，易受到他人的干扰。

学习者了解自身的学习风格，一方面可以根据学习风格的优点选择适合自己的学习策略，另一方面，也可以根据自己学习风格的缺点选择补救性学习策略。例如：综合型学习者擅长把握整体，但是忽视细节，采取适合分析型学习者的策略可以弥补其在分析方面的不足。场独立型学习者擅长辨别相似的或易混淆的具体概念，但不擅长对事物的宏观把握，因此可以采取归纳法来弥补概括性方面的不足。

（二）文化学习策略

前面介绍了跨文化交际培养中文化和语言学习的学习风格，下面将介绍一些关于文化学习策略的建议。因为学习者存在学习风格差异，本章介绍的学习策略不一定对所有学习者都有效，但是学习者可以根据自己的学习风格和学习内容选择适合自己的策略，提高跨文化交际能力。

1. 了解目的文化的策略

（1）阅读书籍

阅读目的语国家文化的书籍：小说、小故事、诗歌等，了解该文化中的主要作家代表作的名称；

阅读跨文化交际类读物：文化对比类、具体文化内容的小说或论文；

选择目的语国家的语言教材；

阅读有关目的语国家的历史、政治、地理等方面内容的读物；

阅读有关目的语国家的游记。

（2）欣赏电影

看有关目的语国家的电影；

看有关目的语国家电影的评论。

（3）浏览报纸、杂志

借阅目的语国家的主要报纸和杂志。

（4）利用互联网在线阅读

在线观看或收听目的语国家视频或音频节目；

在线查找你所感兴趣的有关目的语国家文化内容：新闻、风俗、节日、饮食等；

在线与目的语国家的人聊天。

（5）学习提示

必须了解的目的语国家知识包括：

政治领袖的名字；

政党的名称；

主要宗教信仰，及其对目的文化的影响；

时事要闻，即当前目的语国家的热门话题，如政治丑闻等；

目的语国家在当前国际政治中的地位；

政府类型，即君主立宪还是共和国；

重大节日，如国庆等；

经济情况；

文化多样性，即移民国家还是单一民族国家；

阶级结构，即贫富差别大小、等级制度严格与否；

学生在目的语国家的地位，或者本国与目的国的政治、经济关系；

基本礼节，如如何送礼物、送何种礼物等。

2.学习目的语国家社会交际的策略

（1）比较迎接与问候方式

如何问候，握手、拥抱、鞠躬还是简单寒暄？

何时表达比较得体：准时、提前几分钟还是延后几分钟？

是否在门口换鞋？如果换鞋，要自带便鞋更换、光脚还是主人提供便鞋更换？如何着装？

（2）比较送礼物的礼节

应该送什么礼物？

礼物是否要包装？如果礼物有包装，主人是否要马上打开看里面的礼物？

如何对客人赠送礼物表示感谢？

（3）比较就餐礼节

请客人到家里吃饭，客人是否该带礼物？如果带，应该带什么？

客人是否应该到厨房帮忙？

客人如何就座，自己选座位就座还是等待主人邀请？

开始就餐的信号是什么？主人宣布就餐还是进行餐前祈祷？如果祈祷你是否应该参与？

就餐时，是自助还是等待服务？

应该吃光自己盘中所有食物还是剩下一部分？

（4）比较如厕与洗浴习惯

习惯何时洗浴？

洗浴应该用多长时间？

如果主人家的浴缸家人共用的，客人是否要在使用前后冲洗？

（5）比较告别习惯

何时告别比较合适？

告别的形式或表达语是什么？

（三）影响学习策略的因素

研究表明，学习者使用学习策略的频率和种类存在明显差异。这些差异往往对学习效果产生正面或负面影响。探究造成这些使用差异的深层原因一直是学习策略研究者们关注的焦点问题之一。研究表明，影响学习策略使用的因素有很多，如智力、学习风格、学习态度和动机等。另外，教师、教学环境等外部环境也影响着学习者策略的使用。总体来说，影响学习者策略使用的因素主要有两大类：学习者因素和环境因素。

1.学习者因素

影响学习策略的因素有先天的和后天的，也有先天和后天混合的。先天因素一般包括智力、语能、性别等。后天因素一般指学习者的学习动机。先天和后天混合的因素包括学习风格、性格类型等。这三类因素都可能对学习策略的使用产生积极或消极影响。由于目前没有测试工具对智力和语能做出测量，在这里只讨论学习动机、努力程度、学习风格、年龄和个性对学习策略使用的影响。

（1）学习动机

动机是一种内驱力，是鼓励人们采取某种行为的一种冲动、内在动力或欲望。学习动机是推动学生学习的内部动力，作为一种非智力因素，间接对学习起促进作用。学习动机是外语学习的推动力，是影响学习策略使用的一个重要因素。从教育心理学角度看，学外语的原因有两类：一为表层动力，即因为表层的物质刺激，例如：出国留学、取得文凭、找到好工作、获得高工资等；一为深层动力，即因为深层的非物质刺激，例如，兴趣爱好、增长知识等。

表层动力没有深层动力持久性强，因为表层刺激有一定的时限。例如文凭拿到了，好工作找到了，原有的刺激就不起作用了。而深层的非物质刺激通常没有极限，例如：知识的增加是不可能有尽头的。因此，单纯依赖表层动力的学习者，往往以取得外部的物质条件为学习的最终目标，对学习本身没有过高的要求。他们缺少学习的主动性，往往是考试之前临时抱佛脚，考试结束后，就不再学习了。而那些具有深层动力的学习者学习主动性较高，能够在学习中探索新信息、尝试新方法。

（2）努力程度

学习动机只能激发学习的愿望，而要将愿望转化成具体的行为必须要付出努力。事实证明，优秀的学习者不仅能够选择和使用行之有效的学习策略，而且往往学习态度端正、动机明确，并且努力程度高。“努力程度”可以简单地定义为花在学习上的时间多少。研究表明，努力程度直接影响学习策略的选择。例如：很多文化学习策略都涉及信息输入，包括读书、看报、看影音资料等，学生学习的努力程度不够，花在信息输入上的时间就不够。

（3）学习风格

学习风格指个人自然的、习惯性的吸收、处理和储存新信息和技能的偏爱方式，这种偏爱方式不受教学方法和教学内容的影响。本章前面已经介绍了学习风格与学习策略的关系，这里不再重复。

（4）年龄

年龄是制约学习者选择和使用外语学习策略的重要生理因素。人在不同的年龄阶段，其认知水平、学习态度、学习动机以及在学习优势的体现上都有所不同。年纪小的学习者记忆力好，模仿力强，在记忆学习方面具有明显的优势；年纪大的学习者阅历广，认知能力和逻辑分析能力比较强，在分析学习中具有明显优势。从文化学习角度来看，对于年龄小的学习者来讲，本民族文化对其心理结构影响不够深刻，更容易接受新的文化模式，甚至改变思维模式，所以从小生活在新的文化环境中的第二代移民文化适应程度较高；年龄大的学习者文化身份已经形成，即使可以理解或接受文化差异的现实，但是文化适应程度不高。

（5）个性

年龄因素对文化学习影响很大，但并不绝对，因为学习者的个性因素也是影响学习效果的重要因素。个性是一个人性格的外在表现，涉及诸如感觉、知觉、注意、记忆、思维、情绪、意志、个人倾向性和能力等在内的个性心理特征。个性可以分为两类：外向型和内向型。不同的性格类型对外语学习策略的选择会产生不同的影响。外向型性格的学习者更重视非传统语言学习策略。外向型性格的学习者在掌握基本的人际交流技能方面具有优势，他们能获得更多的练习机会和更多的语言输入，善于通过交际习得语言。而内向型个性的学习者在发展语言认知能力方面有优势，善于通过认知过程习得语言，他们会使用传统型语言学习策略，并且愿意在读写方面花更多时间。

学习者的个性特征直接影响学习策略的形成和使用。一般来说，性格外向的学习者敢于开口讲话与他人建立关系，他们善于创造和把握学习语言和使用语言的机会，对新事物、新思维的态度比较开放，容易提高跨文化交际意识。性格内向的学习者则不善于与别人交流，他们更善于独立观察和思考，适于使用观察型的文化学习策略。

2. 环境因素

环境也是影响学习者学习策略的重要因素。不论个人因素如何，学习者总免不了受环境的影响。环境因素包括文化背景、学习条件、教师、学习任务等。这些因素，在不同程度上，影响了学习者学习策略的选择及其策略使用的成效。环境由社会环境与语言环境构成。前者指社会对语言技能的需求变化，学习资源，如目的语国家的报纸、杂志、广播等媒介的丰富程度，后者指学习发生时的场景和输入的总和。环境因素很大程度上制约了文化学习，例如：在经济发达地区的学校，有条件请来自目的语国家的人进行文化讲座，而经济文化欠发达地区则无法为学生提供类似机会。

此外，教师的教学态度、外语水平、教学策略、教学经验和教学步骤都会对学习者学习策略的形成和使用产生潜移默化的影响。有出国经验的教师对目的语国家文化有深刻的体会，教学内容选自真实交际场景，对学生很具吸引力和说服力。

需要注意的是，学习策略可以提高学习效率，但是认为只要掌握了学习策略，学习效果一定能够在短时间显现是不对的，学习需要花时间、下苦功，没有所谓的捷径可言。学习者应该明白即使掌握了学习策略，也改变不了学习要循序渐进、日积月累的本质。学习策略没有好坏之分，学习好的人学习策略就一定好、适合任何学习者的想法不对。学习策略使用得越多越好、越频繁越好也是一种错误观点。选择学习策略很大程度上取决于学习风格，有的学习者习惯于通过阅读获得知识，有的习惯于通过影音资料，有的习惯于通过互联网，有的习惯于从课堂中获取知识。文化学习策略既包括信息输入式的，又包括交际体验式的，学习者的个性、学习环境等很多因素都会影响学习策略的使用效果。

第四章　跨文化交际视角下的大学英语文化教学实践研究

第 1 节　大学英语听力教学中的文化教学

在外语教学过程中，听力有其不容忽视的地位，它常被列于四项基本技能之首。依照教学法理论，这四种技能可分为接受（听、读）和表达（说、写）两种。后者以前者为前提，而在听说两项中，听又显得更加重要。

一、听力与文化

大家或许有这样的体会：当听到一些自己熟悉的材料时，不管是新闻、报告、演讲还是有关科技、艺术等方面的，一般都能够很容易地辨别并能较好地理解，即使材料中有些生词，也能够根据上下文猜测出它们的意思。但遇到一些我们不熟悉的材料或与英美文化背景知识关系密切的材料时，听起来就感到难懂得多。

尽管有些材料比较简单，也听懂了字面意思，但由于缺乏文化背景知识而不能理解其中的真正含义。

例如，我们听到这样一句话：The path to November is uphill all the way. 这里 November 是指将在十一月举行的总统选举。如果我们不了解 November 是指“十一月举行的总统选举”这一背景，那么就很难理解这句话的真正含义。

又如我们听到：Nixon’s Odyssey to China，其中，Odyssey 原为古希腊诗人荷马的一部英雄史诗，描写 Odysseus 在古城特洛伊陷落之后的一段漫长而艰难的历程。这里用来喻指中美关系正常化的一段漫长过程，不能不说意味深长。如果不了解 Odyssey 这一故事，不知道 Odyssey 在这儿是“漫长历程”之意，就难以理解 Nixon’s Odyssey to China 的真正含义。文化差异在这里也扮演了重要角色。例如：中国文化一向视谦虚为美德，因此当一个人受到赞扬时，总是要客气一番说“哪里哪里”“不敢当，不敢当”之类的话。这不符合西方文化传统，西方人会把这种过谦视为自卑。西方国家里，夸奖别人的人总希望对方对他的赞扬做出肯定的评价和积极反应，被赞扬的应说些“谢谢”之类的话。

又如中国人在路上遇见熟人，总是很自然地问：“你到哪里去？”“吃过饭了吗？”但英美人却会认为这种提问很不礼貌，是对个人私生活的侵犯。

再如：英语国家的人接电话时，通常要先报一下自己的电话号码或单位名称，这样对方马上能知道自己是否要对了号码。而中国人之间打电话通常先问“你是谁？”“你哪里？”“你找谁”之类的话，这是语言习惯问题。

因此，仅仅学习语言是不够的，还必须学习怎样使用那种语言，即必须掌握使用那种语言进行交际的能力，必须懂得什么时候使用何种语体和语言形式，怎样用适当的方式表示客气、友好等。

文化背景知识和文化差异在外语听力学习的中高级阶段已逐渐走向了中心位置。如何实施以文化为中心的听力教学是至关重要的。在这里，有必要先阐述一下听力教学与文化的关系，以说明文化在听力教学中的重要性。

这里所说的听力并非简单地辨别声音的能力，而是理解所听内容的能力。音乐家的辨音能力可谓很强，但如果只懂得很少的英语，那么，他的英语听力也肯定不会好。同时，一个中国人虽然很好地掌握了英语的句子结构，也有较大的词汇量，但也不能据此断定他的听力就一定很好。其原因就在于决定听力的还有除听觉和语言本身以外的其他因素。

对此，心理学家也有不同看法。行为主义心理学理论认为，听的能力仅仅是通过反复刺激习得的。这一理论在某些方面和一定程度上有其道理，但如用以解释更复杂和大量的语言现象，则未免过于简单化了。

与此相对，皮亚杰提出了认知理论。他认为语言能力的习得过程又是向周围环境学习并与之相互作用的过程。在此过程中，有四种机制在起作用，其机制之一是“认知结构”或“图式”理论，它是人们向环境学习的结果，这一理论表明了背景知识的重要性。

“图式”一词用于描绘外界知识是如何在人的记忆中被组织起来并在理解语篇的过程中起作用的。它所指的是在人的记忆中有一个囊括一个人全部知识的储存库。当遇到新情况的时候，它就会从中挑选出有关信息并用以确定新情况的意义。例如，我们每个人的记忆图式中都有关于饭店的知识：桌、椅、饭菜、服务员，以及吃饭付款等。当一听到有关谈论时我们会自然地利用所有这些知识去确定和预料将要听到的话语的意义。如果人的记忆图式中没有这些知识，那么在理解过程中就会遇到困难。如当我们同一个对中国文化孤陋寡闻的美国人说“kotow”时，几乎可以肯定他不会理解其义。同样，当一个美国人对一个即使对美国文化有一定了解的中国人说“rip off”或“sucker”时，他也很可能听不懂。再如，中国人听到“hurricane”也许不太明白，但听到“typhoon”则会立即领会。由以上例子可以看出图式对听力是何等重要。正如瑞斯贝克（Riesbeck）所说：“理解语篇，从根本上讲就是一个从记忆中追溯信息并将其与听到的话语联系起来的过程。”

由此可见，人们在领会语言含义时，不能忽视目的语文化背景知识所起的作用。人们在理解语义时，必须运用其所掌握的各种知识进行思维、推理和判断。正如斯坦马克所说：“语言理解通常是几个认识子系统有机配合并同时起作用的产物，即使在社会交际高度受限的情况下，参与完成语言任务的认知机制通常所包括的也不仅仅是‘语言加工者’，同时还有感知与自动化系统”，“该系统用于思考在通常情况下我们与外界的联系，以及保存我们日常生活的经历、包罗万象的知识、对某些片断的记忆和期望等等”。这段话阐明了语言理解及其相关因素的实质。他还进一步提出对句子的有效理解取决于对来自各方面知识的有机运用，从而表明语言理解与所掌握的语言本身之外的知识有着密切的联系。

总之，如果学习者不了解所学语言的民族文化背景知识，缺乏对词的社会文化意义的足够认识，单靠扩大词汇量.延长练习时间来提高听力水平，是做不到的。这就要求教师树立新的语言观，有意识地引导学生既要关注语言形式，又要关注文化。

我们可以通过多种方式来了解一个国家或一个民族的文化，如直接在那个国家或民族中生活或阅读报纸、杂志及其他书籍。在教学过程中，尤其是在听力教学过程中向学生介绍一个国家或一个民族的文化更是十分必要的，这点我们将在下文中详述。

以上足以说明，文化背景知识对听力确有很大影响。文化背景知识和文化差异对听力理解的影响包括如下几个方面。

1. 陌生的文化内容有碍于对语音的正确辨别，从而影响对整体信息的理解。

2. 贫乏的文化背景知识妨碍了对所听内容的记忆，也影响了对完整意思的领会。

3. 文化差异对各种英语水平的人的听力均有影响。

4. 对有一定英语基础的人来说，文化差异对听力所造成的影响要比词汇和语法结构方面的影响大。

5. 所听内容的地方文化色彩越浓，理解起来难度也越大。

以上结论足以证实前面的推断，而且这些影响均可以用图式理解来解释，即，由于头脑中缺乏文化知识框架，听者得不到必要的有关信息，因而也就无法预测下文，结果可能只听懂了几个词、部分信息或是仅理解了字面意思而不理解其用法意义。有时，甚至可能从一个不相干的图式中抽出某些信息，借以理解新信息，这样就会造成误解。

二、英语听力教学中的文化教学的方法

在具体教学实践中，在大学英语听力教学中实施文化教学，即在听力课中以文化为主线，突出文化内容，增加语言信息输入量，扩大文化知识储备量，加强语言能力的下意识习得功能。由于阶段的不同，每个侧重点也不同，外语教学主要分成三个阶段，即以表层语符为中心的初级学习阶段，以语义文化为中心的中级应用阶段和以语用修辞为中心的高级创造阶段。这三个阶段中，学生从低至高要接触大量的所学语言国家的文化传统，如民族习惯、风土人情、基本言语表达方式、社会交往模式、社会团体成员之间相互作用的规律等。在此基础上形成储备的围栏，并进行过滤消化，形成自己的语言能力。由于阶段性不同，教师和学生在教学中具体选材和授课重点也应不同。在教学过程中，应包括以下几个步骤。

（一）文化背景知识的认知和输入

由于本章上文已经通过理论和具体例子阐述了文化背景知识对听力的影响，在此不再

一一详述。那么，教师在听力教学过程中应如何去做呢？在听力材料中，一些较为难懂及有些生僻的词，在播放录音前，教师应指出词义和读音。除了这些词外，还有一部分词具有一定的文化内涵，所以学生不但要了解它们的字面意义，还应当了解它们的文化内涵，这样才能准确无误地理解所听的材料，并且掌握一定的文化知识。

例如，听到这样的一句话：Sen Edward Kennedy went downhill since Chappaquiddick. 这是一个很浅显的句子，学生听起来不会有什么困难，但是如果教师不给学生讲明 Chappaquiddick 本是美国的一个地名，这里用来指 E. Kennedy 在该地发生的车祸一事，那么学生就不会充分理解这句话的用意所在。

听力材料中有很大一部分是对话。有些对话简单、易懂，但却需要学习者对文化背景知识有一定的了解。下面是美国人常讲的两个笑话：

1. A：Where are you from？

B：I' ll ask her.（Alaska）

A：What do you ask her？

B：Why do you ask her？

2. A：Where are you from？

B：How are you.（Hawaii）

这两个笑话中，在 A 看来 B 是答非所问，但如果 A 了解美国的地理概况，知道美国有两个远离大陆的州：阿拉斯加（Alaska）和夏威夷（Hawaii），那么，就不会闹出把 Alaska 听成“I' ll ask her”. 把 Hawaii 听成“How are you”的笑话了。因此，在英语听力课的教学中进行文化背景知识的传授是非常必要的。

需要补充的是，由于文化背景知识的介绍和接受是一个长期和复杂的过程，这就需要教师有较强的能力，也需要学生的积极配合和参与。作为教师，应具备扎实的语言基本功和良好的文化素养。教师作为“传播文化的专业人员”，在授课前应认真备课，查找资料。同时教师可以提出一系列问题以备学生参与和思考。虽然学生要了解的文化知识远不是教师所能逐一教得过来的，但教师应该尽量通过各种渠道向学生传授有关文化背景知识，激发学生的学习兴趣，使他们能够比较容易和愿意进一步学习有关知识，从而切实提高学生的听力理解及语言水平。作为学生，应学会摘记资料，进行过滤、消化，扩大本身的语言信息的输人量，同时也增加文化知识的储存量。

（二）合适的文化切入点的选择

前文所述文化包括了文学、艺术、宗教等，是物质财富和精神财富的总和。这就需要听力教师在学生基础阶段听力学习时，选择合适的材料，通过合适的文化点切入。通过合适的文化点切入，教师可使学生了解希腊神话、罗马神话、宗教传说等一些文化内容。同时，不能忽略的是，听力的选材还有即时性，教师在寻找传统文化的同时，必须时刻摘记一些即时新闻，国家和世界发生的大事，时刻更换自己的备课笔记，更新信息储备。譬如，美国“9 • 11”事件发生后 . 教师可马上录一些有关此方面的报道、新闻等，同时在上课时先把一些相关的英文报道用幻灯打在黑板上，通过介绍先让学生对一些关键词和关键信息有所了解，然后播放磁带或相关视听材料，这样做能激发学生的学习兴趣，也使听力材料便于理解和接受，最终提高教学质量。

（三）听力教材的编写和选择、听力水平测试

文化差异和文化背景的理论阐述对外语听力教材编写和选择、水平测试都有指导意义。

听力教材的编写已经越来越重视文化信息的介绍。笔者最近在为香港商务印书馆编写的听力教材配套练习过程中，出版社一再要求多增加文化介绍。这一点表明，在全球化的今天，语言作为文化的直接表现方式已越来越多地接受文化信息，以逐渐更新本身的言语体系。但同时，在编写听力教材的过程中，首先一定要注意文化背景的比例和难度。一方面，通过教材使学生了解外国的风土人情和文化的变异，同时也要增强教材的趣味性。另一方面，也要考虑到不同年龄和学习阶段的学生的接受能力和理解能力，从而对所涉及的外国文化知识的难度和篇幅做适当选择，否则就会影响教学效果。例如，《英语中级听力》中有一课谈的是伦敦公园的花卉，要求学生听后写出各种花的名称及相应的颜色，而其中绝大部分在中国是鲜为人知的，如 saxifrage（虎耳草）、speedwell（婆婆纳）、buttercup（毛茛属植物）等。对此学生连辨其语音都困难，更不必说达到书上的要求了。从这点上讲，该课本比起同级的其他教材就要难得多了，而且意义也不大。其次，某些听力教材尤其是一些专门类教材要不断更新。譬如，一些新闻类的外语听力材料由于存在即时性，必须经常更换。

听力教材的选择非常重要也很困难。现在没有一本听力书能包含所有文化内容，而且听力还有一个特点，就是在具体做练习时会有听力教科书中没接触到的知识出现。因此，理想的听力课应包含两种：课堂教学和业余自学。在课堂教学中，教师应以一本教材为主，以若干本教材为辅，进行多信息量的传输。更重要的是业余自学，听力课由于课时少但又很重要，平时自学就显得异常重要，学生可通过自学来弥补课堂教学的不足。

听力考试是检测学生听力能力和听力技巧的重要形式。测试题是最重要的，因为它是点点滴滴文化的整体凝结和体现，也是学生最关心的课程。当前，听力测试的题型相对较固定，有对话、文章以及单句的陈述部分，专业英语八级和四级考试还有听写和新闻理解题，这些内容都能检测出学生的听力能力。有人认为，听力考试并不能反映出学生或参加考试者的真实水平。这话未免有些武断。应该说，不能完全体现。有资料统计，当前听力考试的内容 70%~80% 上显示出了学生的真实水平。从笔者观察来看，综合能力较差的学生听力考试并不总是很差，反之亦如此，因为这其中还有听力技巧的成分。例如，北京的新东方学校为什么在托福等培训中这么出名？就是因为他们有一套独特和有效的猜题技巧，就是所谓的听力技巧。这一点在考试中占的比例也能达到 30%~40%。有一定的听力技巧再加上对所学语言的文化知识的充分掌握，听力考试就不会是一只拦路虎了。笔者认为，对听力技巧的传授和分析，也已形成了独特的听力教学文化。教师通过教授一些练

习题，传授有效的猜题技巧和猜题方法，对提高学生成绩、增强学生信心有显著作用。当然，在出测试题时，在如何处理文化差异方面的问题上也存在着一定矛盾：不出这类题，体现不出外语的特点；出得过多、过难，试题的可信度又势必受到影响。如在托福考试中，文化的比例就比较高。据雷蒙德统计，托福题中有 30% 是关于美国文化的。这就使得那些熟悉美国文化的人考试成绩和心理上都占优势。当然，这对托福试题有其道理，因为它的对象主要是赴美人员，但在我们的实际教学中则应尽量避免。

（四）听力教学中多媒体设备的充分利用

现在的听力教学已不是几年前放放磁带、看看录像这么简单，教师必须学会运用现有的多媒体设备，充分利用 VCD、幻灯、投影来提高教学质量，在有限的课堂时间内给学生灌输足量的文化知识。譬如，教师可利用 VCD、光盘或者投影等让学生上课做练习，这样既节省了纸张，又激发了学生的兴趣。播放光盘让学生做练习时，有些光盘设计巧妙，在学生点出答案正确和错误时，都会有一些趣味性图片或其他画面跳出，大大增强了教学效果。又如，在听力录像课时，现代多媒体的优势显露无遗。因为听力课和其他课型有所不同。在听力课上学生所接触的是有声资料而非文字资料，这些资料具有生动、形象、直观等特点。电影的播放恰恰体现了这些特点。一部好的电影可以说是一个国家民族的文化之所在。教师应寻找合适的电影，通过直观教学，体现听力课的优势。当然，这就要求教师在课堂之余得花大量时间备课，找出文化信息，进行文化背景介绍，了解文化内涵，准确无误地理解所听的材料。总之，听力不是一种孤立的超然的语言能力，而是一种集阅读理解、阅读速度、词汇量、语法结构、语言文化知识、听力理解在内的各种文化综合能力。语言与文化是相互依存、相互交融的，我们在实施听力教学过程中不应该丢弃一方面而单纯地研究另一方面。在大学英语听力教学中实施文化教学就是把语言和文化结合起来，突出文化内容，培养学生高层次的语言分析和运用能力，可以说，听力教学离不开文化。

第 2 节　大学英语口语教学中的文化教学

一、英语口语教学与文化

交际中语言的正确使用，不仅涉及语法规则，而且涉及语体知识、文化背景和风俗习惯，因此交际中语言使用的恰当性是十分突出的问题。语言学习不是一个孤立的学习过程，任何一种语言都是由生活在一定言语使用区域中的人们在一定的语境下通过口语或书面语形式相互交际而使用的。同时一种特定的语言总是和使用这种语言的民族或国家，以及其历史、文化、社会背景等因素息息相关。语言和文化密不可分，语言的使用离不开社会生活环境，不同国家有着不同的语言和文化。在日常交际中，语言是交际的工具，交际的成功不仅受到语言规则本身的制约，而且受到社会文化规则约束。时间、地点、场景、人物身份、性别、文化习俗、个人爱好等一些非语言因素构成语言使用的社会规则。

语言与文化密切相连，语言既是文化的载体，又是文化的反映。

有些学者在文化与语言的关系上更加激进，如美国语言学家沃尔夫认为语言不仅反映文化的形态，而且语言结构部分或全部决定人们对于世界的看法。虽然这个假说有待进一步论证，但其提示我们在文化教学中，必须看重语言的意义。英语口语表达对把英语作为第二语言的中国学生来说，是一种语言和文化的双重反馈。在口语教学中，要经历语音、朗读和表达三个阶段。在语音阶段，教师应系统讲解语音知识，让学生在无意中显现其固有的带有地域性的发音习惯，并进行系统化的纠正。在朗读阶段，关键是培养学生对语调、重音、节奏感的把握，争取形成地道的英语口语表达习惯。从文化视角来看，语音、语调以及与之相伴而行的高音、重音、语气、语速等副语言特征对语义的影响也是不可忽视的。这些发音特征显示了说话人的情感，其变化意味着传递的信息的变化。例如语音中升调、降调的变化，如同汉语表达中的反问语气一样，会表现出某种情绪。如“He hasn’t finished his homework yet.”和“He hasn’t finished his homework yet？”两句话的意思具有很大差异。前者是事实状态的陈述，不含个人评价；而后者类似于中国文化中的反问句，表达对其还没有完成作业的不满。在口语表达阶段，应首先解决口语表达的素材问题，这要求学生平时准备大量的口语表达方式。为适应跨文化交际需要，要求口语表达素材必须符合英美文化需要，并通过创设文化情境进行练习并巩固，达到口语交际的目的。在语言的文化教学中，我们应重点关注如下问题。

（一）词义与文化

一种语言的词汇可以看成是该语言群体所关注的所有的思想、兴趣和工作的总汇。由此可以看出，词汇具有丰富的文化意义。在中国和美国文化中，很多词汇本身蕴含着丰富的文化意味。例如汉语中的“松、竹、梅、菊”本身就蕴含着一种高雅文化，英语中的“thirteen”则意味着西方宗教特有的文化意义。“China”在西方词汇中指代瓷器，也代表中国，实际是因为中国盛产西方人喜爱的瓷器，因而瓷器“China”也成为中国的代名词。由于文化存在不同，很多词汇有着不同的文化意义。如中国文化中的“龙”是华夏民族的图腾，在中国它总是与美好的事物相关联，而在西方文化中，“dragon”是一只巨大的蜥蜴，长着翅膀，身上有鳞，拖着一条长长的蛇尾，能够从嘴中喷火，是一只邪恶的怪兽，在西方文化中代表罪恶。基于如此巨大的文化差异，有人把中国文化中的龙译成“Chinese dragon”。再如红色在中国文化中多意味着吉祥、兴旺，结婚穿红色喜服，过年使用红色对联、红包；而在西方结婚礼服为白色，象征纯洁。在跨文化交际中，有些很常见的日常词汇的文化含义往往要借助跨文化语言对比才能明确。拉多总结出词汇文化差异的三种情况：形式相同，意义不同；意义相同，形式不同；同型同义，分布不同。这一词汇文化差异的规律要求在词汇学习时，关键要记住这些词汇的文化意义和使用范围。例如西方人的晚餐往往是丰盛的，多带有葡萄酒；而中国人的晚餐则较为随意，正餐是午餐。在一个民族的词汇文化中，谚语和警句作为民族传统文化的沉淀，最能体现一个民族的价值观和生活方式。例如西方谚语中所说的“Don’t put all the eggs into a basket.”体现了西方文化中分散损失的价值理念。最后，在中西方文化中，有些词具有极强的文化象征意义，已成为一种文化现象的代名词。

例如：“Shylock”（夏洛克）本是莎士比亚戏剧《威尼斯商人》中的一个人物，是高利贷商人，为获得暴利在发放贷款时附加违背人性的苛刻条件，现在在英语中被用来代指心肠狠毒、唯利是图的小人，具有专属性的文化意义；同样的英语中“Waterloo”（滑铁卢）本是比利时一个小地方的名字，因拿破仑在此地战败便具有了特殊的象征意义，英语中“to meet one’s Waterloo”被认为是遭到决定性失败的意思。综上，基于词汇的文化差异性，我们应加强文化语义学研究，促进词汇教学和文化教学的有机结合。

（二）言语使用与文化

在简单的、看似随意的程式化的言语使用中，体现着不同国家的民族文化的差异。问候语与道歉语能直接反映言语使用中的文化差异。

问候语：问候通常是见面寒暄交际行为的开始，或对他人存在行为的认可。在不同的场合、针对不同的交际对象，人们使用正式程度、语音不同的问候方式。在口语表达中言语问候按照问候者关注点的不同包括祝愿式问候、关心式问候、交谈式问候、称谓式问候、称赞式问候。问候本身体现着不同的文化观念。例如在汉语交谈式问候中，打招呼通常以对方正在干的事情为话题，借助提问打招呼，例如“打球呢？”；在英语国家中这种表达方式较少，经常是以打招呼、谈天气作为切入点。例如在中国文化中，大家见面打招呼的方式通常是“吃饭了吗？”，对方只需回答“吃了”或“还没呢”就行，“干什么去？”仅是双方见面寒暄找话题的方式，没有特定的意义，而有些西方人对此不理解。同样的在西方文化中，找话题、寒暄的方式可能是“今天天气怎么样？”，回答者一般用“不错”来回答，其交流的并非天气本身，而是双方见面的问候语。这可能与文化交际中的对隐私问题的态度不同有关。在英语国家，工作、生活状况属于个人隐私话题，而天气是个中性话题，大家都可以谈。正式的问候语在不同文化中都有特定的表达方式。例如英语中“How are you？”回答“Fine，how are you？”极为常见，但一般适用于熟人之间，语气较正式。英语中的“How do you do？”对方回应“How do you do？”一般适用于正式场合熟人之间的寒暄。对于“Hello”“Hi”之类的非正式问候语，以同样的话语回答即可。问候具有相互性，对问候置之不理是不礼貌的行为。一般来说，问候语总是和人称代词及称谓语连用的。问候语的正式或随便应和称谓语前后一致。比如：

Hello，Jack. How are you doing？

（喂，杰克。你情况怎么样？）

How do you do，Professor Karl？ I am very glad to meet you.

（您好，卡尔教授！见到你很高兴。）

在英语中，问候形式受时间、地点、场合等因素的影响。“Good morning”是典型的例证，它用于早晨起床后至午饭前这段时间，在正式、非正式场合均可使用。但在文化含义上与汉语中的“早晨好”在时间上不对应，“早晨好”在汉语中多指起床后至早饭前这一短暂的时间内。英语中，“Good afternoon”（下午好）是一句较为正式的午后问候语，限定在午饭后至下午 6 点钟之前这段时间里，其在汉语中并没有相应的表达方式，可能在中国文化里“一日之计在于晨”，我们更重视清晨吧。在问候中，问候者和被问候者本身也是重要的影响因素。地位、身份或年龄的差异可能影响问候语的选择或者谁先开始问候。例如学生和老师见面通常是学生先用正式的问候语向老师问候。当然，这种问候的顺序也会因双方的需要适当改变。

道歉语：道歉是一种以保持或重新建立交际双方和谐关系为目的的言语行为，通常发生在一方做了他认为对对方产生不好影响的事情后，表示歉意、愿意承担责任的情况下。道歉语的使用与各民族的文化传统息息相关。在美国文化中，经常使用的“I am sorry”，经常被视为是自己行为给他人带来不便的一种解释，使用频率较高，“regret”才是我们中国文化中使用的道歉一词的涵义。在西方国家中，说英语的澳大利亚人对道歉情有独钟，在社交活动中会不会经常表达歉意是一个人有无礼貌和教养的重要标志。在道歉方式上，中国文化在道歉上要求直截了当，不喜欢扭扭捏捏的表达方式，要求真诚道歉，不可敷衍了事。在口头道歉中存在直接道歉和间接道歉的表达方式，直接道歉较为常见。由于中国传统文化顾及面子，有时在道歉问题上采用婉转的方式，甚至不用言语而用表情或行为表示歉意，这一点通常发生在长辈对晚辈等表达歉意上。相比较而言，英语国家的间接道歉要相对少一些。

在美国的道歉文化中，其经常强调事情起因的查明，而在真正的责任主体的承担上却很少谈及。而在日本文化中，日本人似乎更愿意抱歉，承担责任。

（三）语用规则与文化

在语言交际中，仅仅使用语音、语法、词汇是不够的，具体运用语言时，还需运用语用规则。例如在不同的文化中，人际交往的称谓语都是一个复杂的问题。在中国文化中，称谓随着社会生活的改变也在不断变动，并且存在一定的地域差异。在英语中社交的称谓较为稳定，但也区分正式场合和非正式场合。英语中的称谓大致有七类：通称、职务称谓、职业称谓、姓名称谓、亲属称谓、人称和不称，每种称谓都有其特有规则。英语中的通称，适用于社会各界人士。“Sir”（先生、阁下）和“Madam”（夫人、女士）是一组男女对应的敬称语。“Sir”和“Madam”一般不与姓氏连用，表达的人际关系不亲密。“Sir”是晚辈对长辈、下级对上级、士兵对长官、学生对老师、商店店员对男顾客的通称。“Madam”是对陌生女性的称呼，多见于商店店员对女顾客的称呼。在正式的公务信函中，对不熟悉的男士和女士的称呼也用此通称。通称中，“Mr.”（先生）和“Mrs.”（夫人）相对称，这一组称谓可以和姓氏或姓名连用，但一般不和教名连用。“Mr.”（先生）多用于对无职称者或不了解其职称者的称呼，语气正式，适用于关系不密切人群间。“Mrs.”主要用于已婚女性的称谓，一般和其丈夫的姓氏连用。在英语国家中，伴随着女权运动，出现了“Ms.”（女士）这个词和男士“Mr.”相对应，回避了女性的婚姻状况，常用于社交和公务活动中。在英语表达中，如果对方有职称时，一般用职称和姓氏称呼对方。称呼学术界人士，用“先生”而不用职称称呼别人，意味着对学术地位的蔑视，在学术交流中很容易引起误解。在英语国家姓名称谓中用得最普遍的是首名或教名。以名相称是彼此熟悉、关系密切的体现。英语中的亲属称谓最能体现其与中国家庭文化的差异。英语中的亲属称谓主要用来称呼家庭或家族中亲属成员，用于非亲属成员间的情形较少。从文化差异角度看，中国文化中家庭居于核心地位，是一种大家庭或家族观念，亲属关系复杂，而在西方文化中，孩子成年后即独立生活，并建立以自己为核心的家庭。所以英语表达中“uncle”“aunt”涵义较为简单，是对中国“叔叔 \ 大伯”“婶婶 \ 大姨 \ 小姨”等的概括体现。

（四）交际风格与文化

在人们表达思想时，不仅词汇在反映文化背景，表达方式、思维方式也在表现特定文化的特点。中国人的文化中经常说的“言不由衷，行动胜于言语”，都在隐晦表达言语的缺陷；相比较中国人，美国人更重视言语的表达，美国人解决纠纷常用的谈判途径便体现了美国文化的这一特点。在说话风格上，美国人强调敢于表达自己意见，如果出现谈话冷场局面，美国人会改变讲话风格，而中国人注重倾听别人意见，保持适当的沉默状态，喋喋不休在汉语文化中是贬义词，而美国人认为沉默是紧张、尴尬或有敌意，是表达不满。中国文化中打断别人讲话、帮别人接话是非常不礼貌的行为，而在美国文化中认为这是表达自己在认真听别人讲话，是对别人讲话的积极回应。中国人很少咄咄逼人、直来直去，认为这是无礼的表现，主张委婉表达，而美国文化中认为在表达意见时应直言不讳，含蓄被视为是虚伪、思路不清、逻辑混乱的表现。美国在交流时更多地利用言语表达，中国人说话的表情、姿态是语言表达时经常需要特别关注的辅助手段。由于文化差异，西方人在跟我们言语交流时，由于不习惯我们的交际风格，经常弄不清某些言语的意思。中西方在思维逻辑上也有很大的差异性。一般来说，我们中国文化习惯归纳思维，由个别到一般，因而在我们表达某种意见时文化的习惯思路是摆事实、讲道理，经常是先摆明事实显示自己以理服人。而西方文化多习惯演绎思维，由一般到个别，经常是直截了当地表明某种主张，然后用事实论证，而我们认为这样会造成一种对抗的氛围，实质上这仅是文化差异而已。

二、英语口语教学中导入文化因素的内容

英语口语教学中的文化教学应注意习俗文化、思维文化和心态文化等内容。首先，我们应重视习俗文化教学。语言在很大程度上可以理解为一个民族的习俗文化的一面镜子。作为交际工具，语言的使用无不受到这些习俗的约束。如称呼、问候、询问、道谢、告别等场合，不同的语言群体都会有自己不同的专门用语和习惯表达方式。这些都是交际文化的外在表现，也叫表层文化。它包括行为规范与交际准则方面的内容，以礼貌用语和礼貌

行为为主，比较适合引入大学英语课堂的口语教学中去。其次，语言是思维的工具，我们在文化教学中应重视思维文化教学。语言是一种广泛的心理现象，除交际之外，它的另一个主要功能就是思维。作为思维工具，语言的运用受到交际者思维文化的制约。思维文化的差异广泛反映在语言结构上。汉语表现的是一种综合归纳的思维方式，而英语表现的是一种分析演绎的思维方式。语言结构中隐含着一个民族的思维方式，而思维方式对语言的词语、句子结构也有着内在的支配作用。习得一门外语的同时必须学习其思维文化。最后，我们应重视文化教学中的心态文化，包括宗教文化和社会意识文化内容。

三、英语口语教学中文化教学的思路

我们以英语口语课堂学生为研究对象，拟在课堂教学中运用如下策略。

（1）语言输入和文化导入并行，其中需要解决的主要问题之一是学生的语法恐慌，其二是学生的跨文化知识匮乏。

（2）语言及文化输出及反馈，其中需要解决的主要问题之一是学生的语言输出心理障碍，二是学生的语用失误现象。

（3）交际能力形成及应用。

在实际的英语口语教学中应重点着手解决如下问题。

（一）采取固定教材与补充资料相结合的办法，克服教材单一的弊端。统一的口语固定教材在编排时较多强调传统的文化交际内容，在口语交际文化的变化上显示出一定的不协调性。口语教学任务要求学习任务和活动个人化，这意味着教材内容应与求学者的文化体验具有关联性，从而激发求学者的表达意愿。因材施教，口语表达材料的个性化需要教师辅助教学补充材料的帮助。

（二）更多关注交际规则的讲授。跨文化交际要求教师讲授两种规则，即语言规则（指语音规则、词汇规则和语法规则）和交际规则（指指导人们相互交往的行为准则），同时促进学生对两种规则进行灵活转化的能力。语言规则的转化对于学生提高语言能力至关重要，对其讲授的重视有目共睹。但跨文化交际能力的培养很大程度上依赖文化交际能力。而文化交际知识的获得借助文化体验，在很大程度上与求学者的个人意愿分不开。这要求在教学中应树立学习者为中心意识，引导学习者通过教学反思等手段增强自主学习意识。运用人本主义教学理论，从各方面挖掘学习者的学习潜能。

（三）解决文化差异的敏感性问题是跨文化交际能力培养的关键。要提高文化差异的敏感性，需要接触多样化的文化种类，从而逐渐减少文化成见的消极影响。这要求教师在教学中应搜集大量的典型信息，借助语境化的教学材料，将抽象文化与具体文化学习相结合，运用对比的方法，提高学生对文化差异认识的敏感性。

（四）频繁的口语演练增强学生在口语交际中对文化差异的适应和处理能力。对文化交际在口语教学中敏感度的把握需要频繁的文化体验。这些都要求学习活动和练习的多样化，多样化的练习能刺激求学者对文化差异的把握。当然为增强求学者的自我效能感，在练习的难度上要遵循由易到难、从具体到抽象的原则。在英语口语练习中不断改变虚拟场景，组织学生进行双人或小组对话，在对话练习中观察体验学生的应急反应，并及时做出纠正。如假定初次见面场景让学生相互打招呼，学生如果缺乏对文化差异的敏感度，很容易把谈话主题切入年龄、职业、婚否、收人等隐私话题，这时应及时对学生的表现做出总结，第一时间告知学生西方国家特别重视隐私权的保护，而宗教信仰吏是敏感话题，从而提高对学生文化差异敏感度的认识。

（五）鼓励学生利用多种渠道、多种手段，吸收、体验并积极地发现文化差异。影视欣赏是研究文化差异的有效手段。影视作为直观的有效的信息载体，可以给学生带来震撼的感受。例如让学生欣赏电影《刮痧》，其讲述的故事能让学生深刻认识到文化差异的深层次影响，强化学生掌握跨文化交际的动机，以减少文化误解。

（六）在口语训练中，利用听说结合的方法。在语言交际中，听说是相辅相成的，不存在只有孤立的说却没有听的场合。在口语实践中，若对对方的口语表达感觉听不懂，完全可以通过对方的解释而弄清楚。在语言教学中，听懂的内容稍加练习就会口头表达了。因此鼓励听力教学拓展为听说课，“说什么、怎么说”需要教师的引导，需要与听力材料有关，与学生的生活相关，从而增强参与性。

四、英语口语教学中文化教学的方法与教学内容的拓展研究

在英语口语文化教学中，培养学生的跨文化意识和对语言现象的敏感度，运用元认知理论培养学生对异域文化的元认知认识。鼓励学生对口语教学中遇到的文化现象进行教学反思，体会文化特点与差异性，从而逐步培养口语表达的文化交际风格的敏感度。

在英语口语听说教学中，注重与文化教学的结合。口语交际中跨文化交际能力的提升，离不开文化交际教学的重视。在文化教学中，要保证教学内容和过程的情景化。只有真实的内容才能起到良好的导向作用，因此在听说材料的选择上，首先要保障选材的客观真实，真实反映英美文化或本土文化的侧面，反映真实的风土人情与人的思维方式。由于时间限制，可能在英语口语教学中选取片断，这要求片断的编辑者必须择取代表性内容，同时通过课外扩展学习展示全面的文化，避免以点概面、一叶障目不见泰山的情形，产生文化认同的成见。同时，在文化交际内容的学习上，不仅要考虑学习者语言学习的需要，更要注重文化交际内容本身的系统性，不要片面迎合学习者需要。这要求在文化交际内容的系统学习上，应侧重文化教学的方方面面，涉及宗教、道德、法律等各方面内容。最后，英语口语交际中文化交际内容的学习涉及繁杂内容，需要运用现代多媒体教学手段，形成情景化的教学氛围，给求学者以身临其境的感觉，从情感上影响文化交际内容的学习。

在具体的英语口语教学中，为更好地把握文化差异，在教学内容上应注意以下教学内容的总结：针对英语口语教学，涉及目的语国家的价值观和道德规范、历史、地理、传统习俗、生活方式等。因此，教学中应注意以下几个方面。

（一）禁忌语的文化差异

不同语言中的禁忌语常常可以反映不同民族鲜明的文化特征。在一种文化中被列为禁忌的，在另一种中却不一定，反之亦然。英语和汉语的禁忌语反映在社会生活的方方面面。宗教和宗教信仰是禁忌语存在的一个重要领域。在信仰基督教的西方国家，上帝的名字“耶和华”便是最大的禁忌语，各种宗教词God（上帝）、heaven（天堂）、hell（地狱）等词语只有在严肃的讲话场合使用才合适。违反用语的规定将受到人们的谴责或回避。除宗教用语外，种族歧视语也是语言禁忌的重要组成部分。在美国文化中，过去用来咒骂黑人或少数民族的种族歧视语在民族平等背景下成为完全禁忌语或半禁忌语。比如，nigger，niggard或niggruh（黑鬼）是侮辱性色彩强烈的完全禁忌语，Negro（黑人）则带有轻蔑性。如性别歧视语也是西方文化中的敏感词汇，对女性的蔑视语包括一些带有轻蔑色彩，专指中老年妇女的词汇，如hen（爱管闲事的中年妇女）。英语文化中，咒骂语和猥亵语也是语言禁忌的一种，一般场合绝对不能滥用。这些词在英语中多称为四字母词，因为其多由四个字母构成，如shit（狗屎），hell（混蛋），damn（该死的）等。

（二）英汉词汇、习语的文化差异

在文化对语言的影响中，文化对词汇的影响最大。来自不同文化背景的人，带有不同的参考系统，在理解特定的词语时，往往以头脑中固有的参考系统为参照，因而在跨文化交际中，虽然使用同一词语，心里联想到的含义却不尽一致，因此使得词汇的文化内涵产生差异。

（三）价值观念与思维方式差异

这一问题在中西思维差异中已详细阐述。

（四）节日文化差异

每一个民族都有自己的节日，中西方节日的风俗习惯明显不同。如西方文化中重视圣诞节，我国则是春节。

（五）委婉语比较

委婉语指说话时迂回曲折，含蓄隐晦，不直陈某人某物，也能起到较好的语言交际效果。其出现和语言禁忌有着直接关系。委婉语一方面可以维持语言禁忌的功能，另一方面又可以用来保持良好的人际关系，促进言语交际的正常进行。例如西方文化中对死亡的委婉表达。“To go to another world”（到另一个世界去），“to pay one’s debt to nature”（向大自然还债了）等等。死亡既然是禁忌，可以用比喻的手段委婉陈述，表达良好的愿望，例如“go to the heaven（要去天堂）”等。英语交际中，对于某些生理行为如大小便、怀孕等行为普遍有委婉语表达。如“厕所”在英语中经常有“powder room（化妆室）、toilet、gentleman、ladies”等之类的表达。对于“怀孕”经常有“to be expecting a baby, to be a mother to-be”等表达。英语表达中，对于身材、长相也有委婉语表达。例如描述瘦人，一般用表达身材苗条的slim或slender而不用skinny（瘦骨嶙峋）。描述某人长相丑陋，除非在文学语言中表达某种情绪，很少用 ugly，而使用 plain-looking（长相一般）表达。

五、体验学习法对学生跨文化知识能力的提升

无论身处目的语文化的环境中，还是在本民族文化的环境中，只要有来自目的语文化的群体，就可以利用参与观察式的文化学习方法，进行文化探索和跨文化实践。现在的高校，既有来自欧美国家的留学生，又有来自英美国家的外教。他们乐于与中国学生进行文化交流，这为学生利用参与观察式的文化学习方法提供了广阔的空间。基于文化差异的不同，为取得研究方法实施的积极效果，需要对学生进行适当的文化体验法的培训。

培训的重点在于教会学生如何与来自其他文化的群体交流，如何利用自由式采访技巧，了解目的语文化，反思本国文化特性，在文化异同比较中增强跨文化意识的培养。达门总结了外语教学法应用参与观察法的七个步骤：（1）确定研究对象：可以是一个外国文化，也可以是自己的本族文化；（2）选择采访对象：愿意而且能够为研究者或学习者提供相关文化信息的人；（3）初步了解文化：通过相关书籍、杂志和手册等第二手资料，掌握一些文化的普遍知识和有关目的语文化的具体知识；（4）采访：以访谈的形式，引导研究对象对研究者或学习者所关心的文化问题作详尽描述；（5）分析资料，形成文化假设：对前面获得的第一手和第二手资料进行分析、综合，概括出关于不同文化主题的假设和描述；（6）对镜自照：反思自己的文化参考框架，比较目的语文化和本族文化；（7）将理论与知识应用到工作中去：建议语言教师把以上文化学习的成果（具体文化知识和文化研究方法）纳入教材编写、教学计划和课堂活动中去。对于外语学习者而言，则是将这种认知和体验式学习相结合的产物应用到今后的文化学习和跨文化实践中去。

为培养高校学生的英语跨文化交际能力，教师应该尝试在英语口语教学中推广参与式观察法。首先在口语学习中为学习者布置文化学习任务，即让学习者选择自己感兴趣的文化学习内容。然后让学习者通过书籍、杂志、网络和手册等第二手资料，掌握一些有关文化的普遍知识和有关目的语文化的具体知识，并与自己所选择的文化学习主题内容相结合，进行总结归纳。接着在自己搜集整理资料的基础上，与本族文化中的相同元素进行对比，找出文化之间的异同，这样更能促进跨文化交际能力的提升。最后把这些文化差异分析结果运用于英语口语学习，从而促进英语口语交际能力的根本性提升。

第 3 节　大学英语阅读教学中的文化教学

一、文化知识对英语阅读理解的影响

（一）文化背景知识对阅读理解的重要性

语言是文化的载体和折射，是文化的一个组成部分。大量的语言试验表明，英语阅

读的障碍不仅仅存在于词汇和语法方面，语言所承载的背景知识和文化信息也是阅读理解的主要障碍之一，因为不同语言中某些词语的概念虽然基本相同，但其表达意义和社会文化含义却往往独具浓郁的民族特色，被深深地烙上民族历史、文化、习俗、政治的印痕。“它不仅包含着民族的历史和文化背景，而且还蕴藏着该民族对人生的看法、生活方式和思维方式。”奥苏贝尔认为，文化背景知识同语言知识相辅相成，是阅读理解过程不可分割的两个方面。只有当学生将文化背景知识与语言负载的语言文字联系起来以后，意义才产生，理解才产生，阅读的交际功能才得以完成。英语阅读理解要做到理解透彻，就必须要有足够的英语国家文化背景知识。

关于文化的定义各种各样，其中被认为最经典的是英国人类学家泰勒在 1871 年所提出的：“文化是一个复合整体，其中包括知识、信仰、艺术、法律、道德、风俗以及人作为社会成员而获得的其他的能力和习惯。”尔后，美国著名文化学家克鲁伯和卡拉克洪在《文化：概念和定义的批判性回顾》中对泰勒所做的定义进行了较为深入的阐释：“文化包括各种外显和内隐的行为模式，它通过符号的运用使人们习得或被传授，并构成人类群体的出色成就，包括体现于人工制品中的成就。文化的基本核心包括传统观念，尤其是价值观念。”一般认为文化包括社会系统、思想意识系统、技术—经济系统和语言系统四大部分。社会系统主要包括社会制度、行政体系、教育体制、历史、风俗等方面；思想意识系统包括宗教、哲学、信仰、价值观等方面；技术—经济系统包括科学技术和经济诸领域的理论、运行模式等；语言系统则指语言、文字、语法、词汇、修辞规范等方面。

东西方社会是在不同文化的基础上形成和发展的，所以人们的思想、信仰、习俗等都有不同程度的差异。语言是一种特殊的社会文化现象，它是人们在长期的社会生活实践中约定俗成的。而思维方式是沟通文化和语言的桥梁，它既是文化心理特征的体现，又是语言生成和发展的深层机制。英语教学中的文化背景主要指英语国家的地理、历史、风土人情、传统习俗、社会生活、文学艺术、行为规范和价值观等。每个民族都有自己独特的风俗习惯和文化背景，人们总是根据自己的文化背景及语言习惯，用自己固有的思维方式去理解别人所说的话，所以如果不熟悉英美国家的文化背景知识，不懂得用西方思维方式去理解英语语言，就会产生误会，造成交际障碍。下面仅从几个方面来分析文化背景知识对阅读理解的影响。

（二）文化背景知识对阅读理解影响的几个方面

1. 西方国家的传统风俗

以《大学英语》（上外版）课文 A Miserable，Merry Christmas 为例，在课文的开始部分有这样两句话：“There ought to be something to fill your stocking with，and Santa Claus can’t put a pony into a stocking. That was true，and he couldn’t lead a pony down the chimney either.”若不了解西方过圣诞的传统，学生会搞不懂圣诞老人怎么会牵着一匹小马沿着烟囱来，因此教师们在讲解这一课时，要向学生介绍相关圣诞节的传统，告诉他们圣诞老人是通过烟囱把礼物送到小孩的长袜里去的。学生们了解了这一文化背景知识，理解上面两句话的意思就容易了很多。

2. 西方人的社会生活

以《大学英语》（上外版）课文 The Professor and the Yo-yo 为例，“Although he corresponded with many of the world’s most important people, his stationery carried only a watermark for Woolworth’s.” 这句话的意思是：虽然他（爱因斯坦）与世界上的许多要人通信，他用的却是有 W 水印字母的信笺，水印字母 W 是五分钱商店伍尔沃思的缩写。Woolworth’s 是美国一家由 F. W. Woolworth 在 1879 年就已创立的迄今已有一百多年历史的只出售五美分商品的廉价连锁商店。如果不了解美国有 Woolworth’s 这样的特殊连锁店，怎么能正确理解这句话的意思呢？这句话隐含的意思是，尽管爱因斯坦是一个举世闻名的科学家，但他生活非常节俭，从而形象地刻画出了爱因斯坦的人物性格。有一类词，它们具有鲜明的文化内涵，只表达某种语言所独具的事物和现象，如“the United States has set up a loneliness industry”，此句中的“loneliness industry”指的是美国的一种福利事业。由于美国越来越多的子女不愿与老年父母居住在一起去照顾他们的生活，美国政府便下决心建立了“loneliness industry”，一种专门为孤寡老人服务的社会项目。

3. 西方文化中的典故

几乎所有人在说话写作时都引用历史、传说、文学或宗教中的人物或事件。这些人物或事件就是典故。许多英语典故涉及的人物和事件来自英国文学宝库，如希腊罗马神话和莎士比亚作品。比如，It was a Herculean task, but he managed to do it. 那是非常艰巨的任务，但他终于完成了。a Herculean task 指需要巨大的体力或智力才能完成的任务。海格力斯是希腊神话中的身材魁梧、力大无穷的英雄。他曾被罚去完成 12 项极为艰巨的任务，成功后，被封为神。再如，有的学生顾名思义将 John can be relied on. He eats no fish and plays the game. 翻译成：约翰能够被信赖，因为他既不吃鱼又喜欢玩游戏。其实，“to eat no fish”出自一个典故，在英国伊丽莎白女王时代，基督徒为了表示对政府忠诚，拒绝遵守反政府的罗马天主教徒在星期五只吃鱼的习惯。因此，“to eat no fish”表示“忠诚”的意思。“to play the game”和“to play fair”同义，可以理解为“为人正直”。这句话的真正意思是：约翰既忠诚又为人正直，是个能够信赖的人。又如：The congress which assembled Monday for its last session is full of what they call “lame ducks”.（国会于星期一开最后一次会议时，有很多所谓的“跛鸭子”议员。）如果读者不知道“跛鸭子”的典故，就无法正确理解其含义。在美国总统选出之后，当选总统及官员春风得意，总统所在的党派扬眉吐气，趾高气扬，而前总统及其政府官员，他们即将卸任，心情沮丧。美国人称那些竞选失败、即将离任的官员为“跛鸭子”（lame ducks），指走路一瘸一拐的鸭子，再也飞不起来了。同样，英语中含有大量丰富的特定历史文化背景下产生或由历史典故形成的习语，这些习语在阅读中起着至关重要的作用。如：meet one’s Waterloo（一败涂地），Watergate scandal（水门事件），a Pandora’s box（潘多拉之盒），达摩克利斯之剑 sword of Damocles（随时可能发生的危险），特洛伊木马 the wooden horse of Troy（潜伏在内部的敌人），酸葡萄 sour grapes

（得不到的东西便说成不好的）。

文化差异所导致的对词汇的意象和联想不同在阅读理解过程中也可能造成理解偏差。以龙为例，在中国，龙是吉祥物，我们都是龙的传人，皇帝的身体称为龙体，老百姓都望子成龙；而在西方，龙却是凶险邪恶的象征，是吐火伤人的怪物。由此可见，语言和文化是密不可分的，不了解英语的文化背景，就无法正确理解和运用英语。

因此，作为英语阅读教师，要有意识、有目的，并尽可能多地介绍和传授英语国家的文化背景知识以及比较中西文化之间的差异，努力提高学生对语言和文化差异的敏感性，使他们了解生活在不同社会背景中的人们的语言特征和文化习惯。在教授语言时，不应只局限于语言形式的讲解传授，还应该向学生传播英语国家的文化背景知识，要使学生通过课堂学习了解并熟悉与东方文化不同的一种西方文化，体会东西方文化的差异，避免由于缺乏文化背景知识而无法理解或误解一些典故和熟语，造成文化休克，最终影响对于课文中所传递的信息的准确理解。

二、英语阅读教学中文化教学的原则与方法

基于上述对文化背景与英语阅读中的一些关系的论述，结合自身教学实际，就英语阅读教学中文化教学的原则和方法进行讨论。

（一）文化知识、语言知识和语言中的文化因素三者并重

由于多种原因，传统的阅读教学常常把重点放在语言知识学习上，结果培养出的学生往往知其然而不知其所以然，在实际交往中，常令对方尴尬不已。尽管如今英语专业学生中类似“where are you going”式的路上问候，“I want to go”式的道别，“where，where”式的谦辞等经典笑话已很少出现，但这并不说明这种现象已不存在。鉴于传统教学的偏颇，如今必须同步教授语言中的文化因素已成定理，因为大家都已认识到：如果学生不了解一个词的文化涵义，他就不能理解该词的意义（尽管他也能说出或译出这一词），有时这种无知会造成严重的后果。因此，只教给学生怎样说一个词是不够的，必须同时教给他们该词可以在何种情况下使用，在何种情况下应避免使用。语言表达不得体主要是由于缺乏语境或文化因素知识造成的，但别人往往会与说话者的道德修养连在一起，认为是缺乏修养所致。此外，如果一个人说话流利、语音标准、表达得体，但言之无物，缺乏思想深度，这种情况则与说话者的知识结构、文化水平连在一起，认为是没有文化所致。这两种情况都有悖于高等教育培养德才兼备人才的初衷。因此，在强调文化因素导入的重要性的同时，不能忽视文化知识对提升学生总体素质的作用。虽然语言是使人类得以进行交际的工具，但它同时又具有非工具性质。

萨特曾说：“我就是语言。”此话有两层意思：（1）我作为语言而存在着，我的语言所达之处就是我的存在之所在；（2）我是我所说的话语，语言的内容就是我的本质。就是说，一方面，什么人说什么话；另一方面，语言的运用、表达和创新是说话人的独立思想和人格的反映。因此，一个人说什么，怎样说，为什么这么说体现的是一个人的全部知识

以及才华，而要成为有知识、有文化、有创新、高素质的社会有用之才，唯有博览群书、兼收并蓄、集思广益，方能提高自身素质，符合时代发展的要求。

然而，文化知识浩如烟海，语言中的文化因素又遍及语言的各个角落，怎样在有限的教学时间内最大程度地使学生获取最多的知识？对此，我国学者就英语学习中文化的导入原则与方法提出了各自的观点。束定芳先生提出了“实用性、阶段性和适合性”三大原则；鲍志坤先生提出了“层进、适度、主流、系统”的原则。这些对我们的英语阅读教学都有很强的指导和借鉴意义。只是鲍先生的“主流”原则笔者认为还有待商榷。在当今文化多元化或文化全球化的语境中，文化交流的出发点是了解不同文化以及亚文化之间的差异，在对比中找出共性。如果我们只强调目的语国家的主流文化，忽视其中的亚文化，势必会将他国文化概念化、俗套化、成规化，得出类似美国人都很富有，不拘礼节，讲究实利，而且过于友善；意大利人都易动感情，情绪外露；英国人都含蓄、礼貌，并爱喝茶；德国人都很固执、勤劳、井并有条，且爱喝啤酒；东方人都含蓄、礼貌、机敏、诡诈，并不可思议之类的套话来，造成因缺乏了解带来盲目误读，结果将自己套上遭人解构的枷锁。例如，像美国这样一个“大熔炉”，如果不了解其非主流文化中的族裔文化，如：非裔、亚裔、犹太裔文化，很难说能真正了解美国社会，因为这些族裔文化本身就构成了与美国主流文化的强烈反差。就拿美国人权来说，如果不了解诸如“李文和事件”“辛辛那提白人警察暴行”“中美撞机事件”等背后的实质性因素，就无法了解美国人权的双重性。我们中国有句老话：兼听则明，偏听则暗，在当今“从边缘走向中心”“解构中心”的话语潮流中，只有“兼听”才能明辨是非。

由于文化同样也是一种建构，体现在读者与文本的互相作用中，因此，教学中还应从读者参与文本建设的角度，提供本族读者对文本的解读，以及作为外国读者对文本的反映，使学生在对不同文化的对比中培养自己独特的思维能力。

（二）知识和能力并重

知识和能力并重在阅读中体现为三个方面：语言知识与语言能力、阅读知识与阅读能力、文化知识与文化能力。语言知识指的是包括语音、词汇、语法的知识；语言能力指的是对该语言的运用能力。阅读知识指的是在阅读中获取的文本知识；阅读能力指的是包括阅读速度、阅读策略、阅读效率在内以及获取文本隐含意义的综合能力。文化知识包括学生的文化知识面；文化能力指的是总体分析问题、解决问题的能力，即我们所说的文化创造力。我们主张三者中知识与能力并重，因为：一方面，知识是能力发展的基础，是前提。没有知识，能力的发展如无本之木、无源之水，不久就会枯萎、干涸；另一方面，能力的发展离不开知识这个基础。能力是获取知识的基础，如果不以发展能力作为目的，知识就像一堆枯木、一潭死水，无用武之地。因此，阅读教育中对这三个能力的培养构成了跨文化交际能力的三大重要组成部分。语言运用能力是衡量学生语言有没有学到家的主要标准，体现在跨文化交际中语言运用的得体性、规范性、准确性。阅读能力是反映学生能不能掌握阅读方法、阅读技巧、辨认作者态度、挖掘文本“复调”的关键，体现在跨文化交际中对他者话语的认识判断能力上。文化能力是在语言能力和阅读能力的基础上发展起来的高层次的体现个体整体素质的综合能力。如果语言能力和阅读能力强调的是认知的话，那么文化能力则侧重行为，具体体现在跨文化交际中建构自身独特意义的创造力中，即我们前面所说的“入乎其内，出乎其外”的能力。

（三）加强母文化教育

如果没有本国文化，学生往往无法对本国文化和异国文化做出对比，也就难辨优缺伪劣，结果导致照搬照抄、全盘吸收他者文化，背上“假洋鬼子”的恶名。我们常听人说英语专业的学生没有专业，除了能基本应付日常生活中的语言交流之外，其他的大多概莫能为，心有余而力不足。尽管此话有些偏执，但令人深思。我们是否想过：像我国这样一个历史悠久、文化深厚的泱泱大国，为何没多出几个诺贝尔奖？撇去奖项后的政治因素不谈，我们还曾想过：有多少外国人真正了解中国文化？读过《红楼梦》《三国演义》《西游记》？又有多少人知道上到老子、庄子，下到鲁迅、老舍、沈从文？难道是由于我国文化思想匮乏？非也。可如果我们对自己的文化都知之甚少或一知半解。谈什么向外国展示？我们常有这样或那样的尴尬：学中文的人不通英文，而学英文的人又不通中文。像林语堂、冯友兰那样自幼熟读四书五经，通晓古今，学贯中西的文化学者毕竟太少。因此，祖国优秀文化的承继、传播需要靠大家共同努力，而英语专业的学生应首先做到。然而使我们深感遗憾的是英语阅读中全是清一色的外国文化，这不能不说是我们英语教学的漏洞。

三、大学英语阅读教学中文化教学模式构建

回顾我国阅读教学所走过的路程，它已经走过了从 20 世纪 70 年代前以教师输入为主，强调词义辨认、结构分析、难句翻译，到七八十年代以预习—讲解—练习为主，再到 90 年代至今运用多种灵活方法，强调学生认知活动的重大转变。这种转变深受西方认知理论和阅读理论的影响，是语文学到认知学的一个飞跃。众多理论表明，阅读过程中，教师的作用是辅助性的，学生才是主体、中心。有外国学者指出：“教师的职责是选择学生感兴趣的、语言程度适宜的教材，提供具体的指导，并计划辅助活动以鼓励学生阅读。”这也就是我们所说的选材、上课、辅导这三个教学环节。三个环节互动互联，缺一不可，哪个环节做不好，教学就会面临失败。

（一）选材：包括课上阅读材料和课外阅读材料。由于阅读是读者与文本之间的互相作用，所以，选择什么样的教材既要考虑到学习者的因素，如现有的语言能力、阅读能力、阅读水平、阅读兴趣、阅读目的、知识结构、认知结构等，又要考虑到文本的因素，如语言的难易程度、词汇的覆盖面、文字表述、句子篇章结构、文化内涵、思想内涵、时代特色、文本类型等。尽管目前各种阅读教材很多，但是可以说，没有也不可能有哪本是万能的，能满足所有不同层次学生的需求。有些学校仍在使用了十几年乃至几十年的老教材，这些教材的某些篇章在内容、语言、练习上已显陈旧，既不能体现时代特色，语言与文化又脱节。这不符合培养学生跨文化交际能力的教育目标，当然也激不起学生的学习兴

趣。如今修订或新编的精读、泛读教材在原来的基础上已有很大改进，由原来比较单一的文学作品转向多学科、多题材、多体裁、短小精悍、时代感强、交际性强的精品美文，基本上能体现大纲教材的要求。

鉴于阅读教材的某些不足，普遍的做法是：课上不足课外补。因而，课外阅读的选材显得极为重要。当然，由于教学本来就是一个灵活多样的过程，会受学生水平、学生兴趣、教学侧重、教学目的等多方面的影响，选材的角度、标准也会因人、因材而异。一般来说，我们可以围绕课本课文的某一方面，如思想内涵、文本题材、词汇典型、写作方法等提供类似的课外阅读材料，这样既可以帮助学生巩固所学的语言文化知识，又可以激发学生的学习兴趣，扩大知识面，培养文化创造力。我们还可以扩展文章的思路，以文化间的交流、冲突为主题，给学生介绍、推荐阅读观看当今流行的小说、影视作品，之后组织讨论。有条件的话，我们还可以就课文内容邀请各国学生参与有关“他者眼光与阅读”的讨论，了解异文化间产生理解以及误解的机制与根源，以加深对他者以及对自身的了解，培养文化创造力。

（二）提供具体指导，主要指课上指导。由于教师的职责是帮助学生进行阅读，因此，课堂教学中的师生关系不是教与学、输入与接受的过程，而是调动学生一系列思维、认识、判断、理解等活动，使学生的“认知结构”充分参与阅读过程以及文本意义的建设，引导学生朝高层次的鉴赏性和批评性阅读方向发展。由于教师个体的差异、课型的不同、文本类型的不同以及学生总体水平的高低，阅读教学见仁见智，没有千篇一律的方法，许多老师提出的文化导入方法值得我们借鉴。

（三）有计划地辅导以鼓励学生阅读。计划辅导主要是指围绕阅读教学展开的一系列激发学生学习兴趣、培养学生良好的学习习惯、鼓励学生扩大知识面、提高自身素质、正确了解社会人生的课外辅助教学活动。它是阅读教学中不可或缺的一个重要组成部分，分两个方面：一是针对课堂教学，具体体现在检查作业、了解学习情况、询问学习效果、回答学生疑问等方面。其作用在于对教师它是一种教学效果的信息反馈，是日后调整教学、改进教学的一个途径；对学生它是一种及时了解自己的学习情况、认识自我的必要补充。二是针对学生的整体素质，目的是培养学生个体能力，挖掘学生各自潜力，让德智体全面发展，形成积极向上的世界观、人生观。具体体现在辅助学生课后阅读、与学生交流谈心、参与学生活动、帮助学生处理个人问题、引导学生健康成长等方面。通俗地说，就是既教书又育人。

不难看出，在提出上述“以学习者为中心，加强母文化教育，知识与能力并重，文化知识、语言知识和语言中的文化因素三者兼顾”教学原则的同时，其实也在向英语阅读教师提出要求。信息爆炸时代文化知识变化发展的多样性、广泛性首先会对信息量很大的英语阅读课教师提出挑战：既要精通各英语国家的语言与文化，又要熟悉自己的本国文化；既是恰当的文化内容的传授者和获取文化背景知识的促进者，又是挖掘和发展学生跨文化交际能力的组织者和执行者。当然，一位优秀教师还应具备多种能力，如不凡的语言能力、教学经验、人格魅力、表演才能、洞察力、敬业精神等。看来，英语阅读教师除了“传道、授业、解惑”以外，还得不断丰富、更新自己的知识结构，不断地追求，“上下求索”，方能使学生打心眼里感到“听君一席话，胜读十年书”。

第 4 节　大学英语写作教学中的文化教学

一、英语写作教学中的跨文化交际

（一）语言层面的跨文化交际

1. 从汉语的同义反复到英语的言简意赅

汉语在表述同一事物时，往往会采用意义重复的词语来表达，以求加强语气或避免歧义。或者因为汉语讲究音律和对仗，很多时候操汉语者会为了追求音律和谐、形式工整而不惜使用重复的辞藻。然而，英语在这方面是截然不同的。英语强调语言的逻辑性，讲究用词清晰明确、言简意赅，忌讳同义反复。美国语言学家威尔逊·福莱特曾经把英语的这一行文特点定义为反冗赘原则，即在英语的同一句子或同一语篇中同一意思是不能重复出现的。在这一点上，英国作家格雷夫斯和霍奇也曾表达过对重复冗赘信息的强烈反对，他们认为除非为了起修辞上的强调作用或者回顾要点，在同一篇章中任何思想都不应重复，重复被认为是言语匮乏、思维迟钝的表现。

由此可见，汉语用词上同义重复的习惯是有悖英语措辞简明扼要的原则的，是为英美人士所不容的。对于英语的这一特点，中国学生使用英语时应给予足够的关注，比如在翻译下面这些中文意思时，就应该避免写出括号中那样同义并列的英文词语，而只要在两个同义词中选择一个来表达就足够了。例如，“观点和意见（views and opinions）”“煽动和怂恿（stir and incite）”“谨慎小心（prudent and cautious）”“坚定不移（firm and resolute）”，还有像“不切实际的幻想（impractical illusion）”，“每个人都一致认为……（Everyone thinks unanimously …）”诸如此类的汉语表述在译成英语时，也该有意识地简化为“illusion”和“Everyone thinks …”。

2. 从汉语的突出主题到英语的突出主语

赵元任先生曾说：“在汉语中主语和谓语间的语法关系与其说是施事与动作关系，不如说是话题和说明的关系。”正因为如此，汉语省略主语成没有主语的句子很常见，因为汉语是重主题的语言，任何句子都会突出主题，在有的句子里是否交代动作的发出者并非关键所在，如“今天不想去看戏”，“在学校没看见他”等。与之相反的是，英语是形式上很严谨的语言，陈述句都必须交代谓语动作的发出者（主语），在结构上是不允许省略主语的，即便在主语不明的情况下，也要补上形式主语“it”，如“It’s raining（下雨了）”。

因此，中国学生在进行英语写作时必须重视汉语与英语在构句上的这一差别，不要让汉语的主题式构句思维影响英语句子的主谓完整性。比如下面这些使用状语做主题式主语的汉语句子就不能直译成括号中那样的中式英语，而要在英语中为原句补充恰当的动作施事（主语）。例如，“今年将生产更多的钢材。(This year will produce more steel than last year.)”和“下课后进行了一场讨论 (After the class had held a discussion.)”的英语翻译中都应补入主语“we”或使用英文的被动句。而像“他的英语说得很好。(His English speaks well.)”这样的汉语句子在转换成英语时，也该把原句这个实为实语的主题式主语“他的英语”替换成真正的动作施事“他”，译为“He speaks English well.”

3. 从汉语的人称句到英语的物称句

受中国文化“天人合一”哲学思想影响，汉族的思维讲究主、客体相互融合，习惯以“人”为中心，认为只有人才能做出有意识的动作。因此汉族一般对思维意识的主体和客体不加区分。汉族的这种主体意识思维在语言上表现为：汉语习惯于人称化的表达，主语常常是能施行动作的有生命的物体，且多采用主动语态。而受西方“神凡二元”“主客二元”的哲学思想影响，英语民族的思维注重客观事物对人的作用和影响，对主体和客体有着严格的区分。在语言使用上，英语重物称，常常选择不能施行动作或无生命名词做主语，多采用被动语态。正式的英语书面语总是惯用非生命名词做主语的被动语态，也常用“it”这样的形式主语，尤其不会用“I”“you”“we”等来直接指称作者和读者。

基于英语的这一思维方式，大学生在英语写作中应该特别注意由汉语的人称句到英语物称句的转换，比如“大家都知道……”和“大火几乎使这家有名的旅馆全部烧毁。”这样的汉语句子转换成英语就更适合用物称句来表达，译作“It is generally known that …”和“The famous hotel had been completely destroyed by the big fire。”另外，比较一下下面两个中文句子的两种英语翻译，也不难发现使用翻译 2 的物称句要比翻译 1 的人称句更为地道。

例 1：不同的人对退休持不同的态度。

翻译 1：Different people have different attitudes towards retirement.

翻译 2：Attitudes towards retirement vary from person to person.

例 2：我永远不会忘记这个教训。

翻译 1：I will never forget this lesson.

翻译 2：This lesson will never be forgotten in my mind.

4. 从汉语的偏爱动词到英语的偏爱动词

汉语讲究形象思维，英语讲究抽象思维。这种思维差异在语言上的表现是：汉语句子多量现动态，即好用动词。而英语句子多量现静态，即偏爱名词，特别是抽象名词。根据这一差异，我们不难发现许多汉语里常用动词表达的意思在英语里用名词表达就显得更地道。比如，学生在英语写作时如果要表达类似下面例句中的中文动词意义时，就不妨采用名词概念来表达，更能体现英语抽象思维的特点。

一看到那条河，我便想起了我的童年。

The sight of the river always reminds me of my childhood.

他从事故中生还，大家都很惊讶。

His survival of the accident surprised everyone.

那些移民到西部去淘金。

The emigrants went to the West in search/quest of gold.

你仔细检查一下，就会发现屋顶的漏隙。

A careful look/inspection will show you the leak in the roof.

5. 从汉语的谓语动词到英语的非谓语动词

在动词的使用上，汉语和英语有着显著的差异。汉语的动词一般充当谓语，并且连续出现，形成排比铺陈之势；英语中如果多个动词并存，则有的充当谓语，有的充当非谓语，所以在英语中常见到现在分词、过去分词以及动词不定式来充当句子其他成分的情形。中国学生往往容易忽视汉语与英语的这一差异，在英语写作时总是大量使用谓语动词，要么在一个单句里堆砌谓语动词，要么让多个主谓结构的短小单句排比林立，使语言显得松散拖沓。

其实，在英语写作中应该试着习惯把汉语里的谓语动词转换成英语里的非谓语动词，这样可以使意思更加连贯、紧凑，语言形式更加灵活多样。比如，用英语表述下面的中文意思时，就不必一个谓语动词对应一个英文单句，而可以把汉语句子里有的谓语动词转换成英语的非谓语动词，只用一个单句来表达原意。请看下面例句的翻译，其中 b 句巧妙地使用了非谓语动词，从而更好地体现了英语的表达习惯。

他花光了所有的钱，决定回家叫爸爸给他一份工作。

a. He had spent all his money. He decided to go home and ask his father for a job.

b. Having spent all his money，he decided to go home and ask his father for a job.

狮子发现笼子的门开着，又没看见饲养员的踪影，便走出了笼子，慢慢地朝动物园的大门走去。

a. The lion found his cage door open. He saw no sign of his keeper. He left the cage and walked slowly towards the zoo entrance.

b. Finding his cage door open and seeing no sign of his keeper，the lion left the cage and walked slowly towards the zoo entrance.

工作把他折腾得筋疲力尽，他一头栽倒在床上。

a. He was exhausted by his work. He threw himself on his bed.

b. Exhausted by his work，He threw himself on his bed.

（二）语篇层面的跨文化交际

1. 从汉语的意合到英语的形合

英语语法是硬的，没有弹性的，中国语法是软的，富有弹性的。唯其是硬的，所以英语语法有许多呆板的要求。事实上，汉语和英语的本质区别在于汉语重意合，结构松散，语句的逻辑关系是暗藏、隐晦的；英语重形合，结构紧凑，语句的逻辑关系是明显外露的。语言学家们认为英语采用的是“竹节句法”，即英语的句内成分或者各个独立的单句都是依靠各种表达特定逻辑关系的连接词衔接起来的，宛如节节相连的竹子；而汉语采用的是“流水句法”，所谓“流水”是指汉语句子内部或者句与句之间都极少乃至不用连接词来明示某种逻辑关系，但是文字在意义表达上仍是流畅自然的。例如下面这段中文其文字言简意赅，流畅自然。

“中国政府将继续坚定不移地奉行独立自主的和平外交政策，同世界各国建立和发展友好关系，反对霸权主义和强权政治，维护世界和平，促进人类进步。”

但如果按照汉语的行文特点将其直译过来便成了：The Chinese government will unswervingly pursue its independent foreign policy of peace，establish and develop friendly relations with other countries，oppose hegemonism and power policies，safeguard world peace and promote progress of mankind progress of mankind.

这样的英文读起来就显得结构松散，逻辑混乱。但如果按照英文重形合的行文特点，加入某些形式化的逻辑功能词如“by”“so as to”，将其英译过来就巧妙地把中文句里的意合变成了英文句里的形合。

如：The Chinese government will unswervingly pursue its independent foreign policy of peace by establishing and developing friendly relations with other countries and opposing hegemonism and power policies so as to safeguard world peace and promote progress of mankind.

这样的英文就充分体现了其结构紧凑、逻辑清晰的特点，读上去就地道多了。

2. 从汉语篇章的暗示主题到英语篇章的明示主题

中西方在布局谋篇上的一个显著差异是：汉语篇章重铺陈和烘托，不喜欢把主题直白明了地说出来，讲究从旁映射，完全让读者自己去体味、参悟，或者直到文章末了才含蓄点题，在汉民族看来这是一种有深度的表现；相反，英语篇章重事实和逻辑，喜欢明明白白地交代主题，让读者一目了然。

在这方面，中国学生受汉语负迁移的影响是很明显的，他们的英语作文总是表现出主题不鲜明、观点模糊不清的问题，在对包括英语专业和非英语专业在内的 200 名中国人民大学的学生进行作文测试，结果发现，59% 的作文没有主题思想。而众多外教在分析了中国学生的英语作文后也得出结论：中国人看问题往往从事物的正反两方面出发，采取不偏不倚的“中庸之道”。所以写文章时爱搞平衡，既说优点，又说缺点；既指出好的一面，也指出坏的一面。何去何从要由读者自己做出选择，而不明确提出自己的观点。其实，英语老师应该帮助学生理解汉语和英语在主题明示与暗示与否问题上的两种价值取向的差异，它们并没有优劣之分，只是为了达到跨文化交流的目的，我们应该尊重他们的价值观，试着从个人立场出发来叙事抒情，明示主题，有结构、有层次地论证主题，才不至于使外国人看得一头雾水。

3. 从汉语篇章的螺旋式结构到英语篇章的直线式结构

汉语语篇与英语语篇在阐述主题的方式上也存在差异：汉语语篇的主题往往不是通过直截了当的方式，而是通过曲折起伏、隐喻含蓄、断续离合、迂回间接的方式来阐述；英语语篇则总是以主题段或主题句的方式使篇章显得重点突出，结构紧凑，层次分明，逻辑严谨。英语思维是直线式的，汉语思维是螺旋式的，也就是说，中国人在写文章时，思路是一环扣一环、螺旋式发展的，通过在主题外围做许多铺垫来一步步接近主题，而英语语篇一般按照一条直线展开，往往开头点明主题，接着分点说明，层层深入，最后概括总结，重申强化主题。

由此可见，英语教师应该特别提醒学生在对英语作文谋篇布局时应该有意识地把汉语螺旋式的论述方式转换为英语直线式的论述方式，从而让读者更明确地把握作者的写作意图。

以上所讨论的在英语写作由汉语表达习惯转换到英语表达习惯的具体策略对大学英语写作教学具有十分重要的意义。这些策略既可以是老师向学生输入语言知识的基本指导方略，也可以是学生在英语写作中必须遵守的基本原则；还可以是英语作文的基本评改标准。大学英语教师在平时带领学生阅读英语精读课文或向学生讲解特定写作练习的英语范文时应该从跨文化视角出发，引入以上语言比较模式，着重为学生讲解汉语与英语的差别，强调英美民族的思维模式和思维特点，提醒他们在自己的英语习作里有意识地避免汉语思维，留心英美人士的行文习惯，在语言输入环节就帮助他们树立深刻的跨文化交际意识。这种意识一旦形成，学生自己对他们英语文字中不合英语表达习惯的汉语思维痕迹就会有所觉察，并且会重视它们对语言交际功能的危害，从而在下笔前就防患于未然或者在下笔后自觉修改，不给中式英语留下任何生存空间。再者，目前的大学英语写作教学面临学生多老师精力有限的困境，老师无法把每位同学的作文都批改得细致入微，只能从大方向上把握评改的原则。那么，以上所探讨的中英语言间的差异就可以作为老师评改英语作文的重点。同时，有了作文评改的基本标准，同学之间也可以互评互改，共同提高跨文化交际意识。

二、大学英语写作教学中文化教学的方法

和口语一样，写作属于语言四项技能中的输出环节。它在语言交际中起着非常重要的作用，是四项基本技能里综合性最强，也是最难提高的一项技能。要提高写作水平，加强交际能力的培养，就必须增强对写作结构的认识，加大必要的语言输入。

（一）增强对写作结构的认识

1. 重视分析英汉句子结构的基本特征。一种语言中的词组组合并不同于另一种语言，一种语言中的意思黏合也不同于另一种语言。英汉两种语言组词造句的不同，源于这两种语言中句子结构的差异。英汉两种语言之间的句子差异，最大的莫过于英语造句主要采用形合法，而汉语造句则主要采用意合法。

所谓形合，指的是句中的词语或分句之间用语言形式手段连接起来，表达语法意义和逻辑关系。英语重形合，是指英语语言符号以及语法之间依靠较强的逻辑关系来连接，句子中关联词语使用较多，单句的句子成分排列紧凑，任何复杂的长句分析起来都会线索清楚，脉络清晰，犹如参天大树，枝叶横生，繁而不乱。英语句中的连接手段和形式不仅数量大，种类也多，主要有关系词、连接词、介词等，如：

When I try to understand what it is that prevents so many Americans from being as happy as one might expect，it seems to me there are two causes，of which one goes dee-per than the other.

可以看出，英语句子多使用各种关系词或连接词，将表达的各层意思有机连接起来，形成复合句。英语造句几乎离不开这些关系词和连接词，汉语则少用甚至不用这类词。

The many colors of the rainbow range from red on the outside to violet on the inside. 显示了英语里介词是最活跃的词类之一，是连接词语或从句的重要手段。英语造句离不开介词，而汉语则常常不用或省略介词。

所谓意合，指的是词语或分句之间不用语言形式连接，句中的语法意义和逻辑关系通过词语或分句的含义表达。汉语重意合，句子由字词的意义连接起来，句子简短，富于变化，较少使用关联词语，言简意赅，直接明快。在单句中，句子的基本成分和修饰成分交叉排列，因而句子结构显得较为松散。如：

（1）她不老实，我不能信任她。

（2）说是说了，没有结果。

以上两句是典型的汉语句子，它们都不直接表达句子意义的逻辑关系，事实上，例（1）表示了因果关系，而例（2）则是转折关系。如果用英语，则应表达为：

As she is not honest，I cannot trust her.

Proposals had been made，but they proved futile.

英汉句子的形合、意合差异，给许多学生在用英文写作时造成了困难。他们用汉语思维来写英语句子，不懂得在句子中的各个成分之间使用一定的关联词，而是靠意思把词语和分句简单地连接起来。

英汉句子的另一重大差异表现在人称与物称上的区别。一般而言，按西方传统的思维方式，人们在使用英语来表达思想时往往比较强调客观性，注重物对人的思维和行为的影响。因此，常常突出主语。主语以“物称”形式出现，以客观事物或抽象名词的形式加以表达。正因为如此，英语常用物称做主语，着重强调物对人的作用，对人的思维和行为的影响及其产生的结果。

毫无疑问，英语用非人称作主语，注重客观如实地反映一个句子的意思，明显地使句子的表达更生动、亲切、形象和逼真，也使叙述更正式、客观和公正。与西方传统思维方式不同，汉语则根据中国人的传统思维方式，在语言使用中较注重主题。这种思维模式往往从自我出发来叙述客观事实，着重强调人对事、对物或对人本身的作用和影响，认为所有的行为或事情都是由人这个行为主体来完成的。所以，汉语的句子表达常常以人称词做主语。很明显，句子在用汉语表达时，是根据中国人的习惯性思维表达方式，注重思维的主体性，首先强调的是人——“我”对事物的影响，因此，常常用人称词做主语。

受此差异的影响，学生们在写作中常常习惯用人称代词做主语，I，We 等人称代词出现频率颇高，爱用 I think 等句式。同时，由于主语的物称化与人称化的差异，导致英汉句子在语态使用上差异显著。英文句式在语态上多采用被动形式，尤其是经常使用“it”做主语的非人称被动式；如 it is believed，it is felt，it is thought 等。而汉语由于主语的人称化，多采用主动式。因此，学生在写英语作文时，常常采用汉语的人称表达法，无法说出确定的人称，也会采用泛指人称。以上表明，在教学中引导学生写作时注意英汉句子间的差异，尤其是形合与意合，物称与人称，被动与主动等的使用差异，对避免中式英语，使文章的语句表达更符合英文习惯是非常有益的。

2. 注重英汉语篇的对比。语言学研究领域中的语篇这个术语，对于不同的语言学家，其含义会各不相同。但一般认为语篇是指一段有意义、传达一个完整信息、逻辑连贯、语言衔接、具有一定交际目的和功能的语言单位或交际事件。在同一主题下，英语和汉语的语篇及其语篇模式有许多相似之处。比如说，大多数语篇都由单词短语、句子、段落等构成；要求内容一致、意义连贯、语句衔接；要求具备完整的语义信息和交际功能；要求遵循一定的组合规律等。但两者也存在着巨大差异。大体说来，与英语思维模式相对应的语篇的组织和扩展，呈“直线型”结构；也就是说，英语语篇的展开模式常是以一个主题句开头，直截了当地点明这一段落的中心思想，然后分类陈述。分类陈述的目的是对主题句的展开，并为中心思想在以后句子中的发展做好准备。所以整个过程往往以明晰的如同路标似的连接手段衔接起来（如表示因果、对比、附加、强调、让步、举例和对照等手段），这些路标会把你直接引向作者的意图。与此不同的是，汉语句子成分之间、句际之间则没有使用像英语里那么多的黏合剂，或缺乏如同路标似的衔接手段。汉语的语篇是以反复而又发展的螺旋型形式对一种意思加以展开，即语篇的主题往往不是通过直截了当的方式，而是采用汉语里常用的种种方式来加以阐述。

（二）加大语言输入，培养和增强语感

母语对二语写作造成干扰是二语习得过程中正常的现象，这种现象通常会随着对二语的掌握程度加深而消失。在教学中可以发现学生在英语写作时由于受汉语干扰而所常犯低层次错误，这种情况一旦持续到高年级阶段，就会导致学生在英语作文中总是无法消除汉语干扰的痕迹。究其原因还是语言输入量严重不足所致。而背诵则是保证足够的语言输入的一条重要途径。因为：

1. 背诵有利于强化语言输入，克服汉语负迁移，对语言输出起监控作用。中国学生英语学习过程中普遍存在着母语负迁移的现象，其根源在于目的语输入不足。学生大脑中所储备的语言信息极为有限，惯用词汇、句型及表达积累太少，以至于不得不用汉语思维、英语词汇、依靠语法编造句子。学生在没有足够的语言输入情况下，必然产生大量不规范的语言输入，从而严重影响了语言输出质量。而背诵有利于积累语言知识，可为比较地道

的英语语言输出——写作打下坚实的基础。

根据克拉申的监控假说，语言习得者有意识学到的语言知识，能起到监控和编辑的作用，它能被用来检查和修正习得的输出。背诵是一种有意识的语言输入活动。通过背诵输入，学生可以逐步积累交际中所必需的语言知识和篇章构建技巧，在此基础上可加强对其英语使用过程中的母语负迁移进行监控和修正，从而排除母语干扰，更好地运用英语进行写作。

2. 背诵可以培养和增强语感，促进语言习得，从而提高学生的英语写作能力。加拿大语言学家比亚韦斯托克在第二语言学习的理论模式中，将外语习得者的语言知识分为显性语言知识和隐性语言知识两种。显性语言知识指学习者意识层中的所有目标语的语言知识，包括语音、语法、词汇等知识。这些知识存在于学习者的意识层中，隐性语言知识指那些内化了的语言知识，它们存在于学习者的潜意识层中，学习者不一定能清晰地表达出来，但能不假思索、流利地使用语言，这便是人们常说的语感。比亚韦斯托克的语言学习模式给了我们启示：一个人的隐性语言知识越多，他熟练使用目标语的程度就越高。为此，教师在平时教学中应设法将学生已有的显性语言知识转化为隐性语言知识，并尽可能增加学生的隐性语言知识。

背诵输入由于加强了对学生语言知识的积累和巩固，因而能将原本是显性的语言知识转化为隐性的语言知识，学生的语感也因此形成，这势必能促进其语言习得。随着背诵输入的不断增加，学生目标语语言现象的敏感度会不断增强，隐性语言知识将不断得到扩展，语感也将不断增强。学生的隐性语言知识不断得到扩展、语感不断增强，标志着他们已具有许多目标语的语言形式和规则的知识，这将有助于学生摆脱母语干扰，克服母语对目标语写作的负迁移，促进学生写作水平的提高。

第 5 节　大学英语翻译教学中的文化教学

一、文化作用于大学英语翻译

翻译是两种语言、文化的转换。文化因素影响翻译的过程，影响翻译的形式，更影响翻译的基本要求，以下就进行概括性说明。

（一）文化作用于翻译过程

美国语言学家爱德华·霍尔指出：“翻译过程不仅仅由语言因素所决定，而且还由社会因素和心理因素所决定。”由此可见，翻译在转换语言的过程中要考虑交际语境，交际语境就是文化因素。翻译的基础在于文化的共通性，任何文化之间都会有一定的重叠；翻译的难点在于文化的多样性，不同文化之间存有差异。

理解与表达充满了整个翻译过程，其中，理解是前提条件，对原文的理解是表达的前提，但翻译最终以表达呈现给读者。一篇文章将语言知识再现出来是必需的，另外还要再现特定社会条件下所形成的独特的文化信息，如风俗习惯、宗教信仰、价值观。因此，仅仅流于文字表面所传递的知识和信息，就无法获得原文的内在灵魂，译文也难以再现原文的神韵。但是，译者本身也是一个文化个体，他无意识地受到自身文化的影响，在翻译中仍会携带自身所处的文化，这种文化影响整个翻译过程。

（二）文化作用于翻译形式

文化在地位上也有着等级的区别，也就是有强势文化与弱势文化的区别。它会影响翻译进行的形式。毋庸置疑，文化背景影响着翻译什么样的作品、如何翻译。不得不提的是，强势文化也对此有着一定的作用。翻译是有目的的，强势和弱势文化在选材上就有差别，表现出显著的不平衡现象。例如，在历史上，罗马人征服希腊后，带着一种“胜利者”的心态，把希腊作品视为一种可以由他们任意宰割的“文学战利品”而对其进行随意翻译。又如，在我国晚清西学东渐背景下，《圣经》的汉译也是以外来译者即西方来华的传教士为主体。面对晚清社会的落后，他们比先前的外来佛经译者表现出更强的使命感，认为拯救中国是历史赋予他们的使命。事实上，这既是传播基督教思想，也是对我国民族进行的政治与文化上的渗透。

（三）文化翻译的基本要求

奈达把文化看作一个符号系统，指出文化在翻译中的地位与语言相当。从跨文化交际角度来说，文化翻译的基本要求是再现源语文化特色和再现源语文化信息。

1. 再现源语文化特色

为了弘扬民族文化特色，增强人类文化的魅力和生命力，译者必须忠实地将源语文化展现在译语读者面前，使源语文化完整和统一。例如，百合花 lily 在西方人心目中象征着贞洁和高贵，而 paint the lily 这句短语字面意思为“为百合花上色”，其内涵意义为“做吃力不讨好的事情”。在“While it may seem to be painting the lily, I should like to add somewhat to Mr. Alistair Cooks excellent article.”这句话中，如果只对词进行字面翻译，其意思为“阿利斯太尔 · 库克先生的作品很好，但我还是要稍加几笔，而这似乎是给百合花上色”。这样的表达与原文中所要表达的内在含义相去甚远，译文意思不明确，没有将源语的内涵意义真正译出，翻译时应充分考虑其文化内涵，可以将其译为“阿利斯太尔库克先生的作品很好，尽管是吃力不讨好的事情，但我还是要稍加几笔。”就可以彰显其原意了。

2. 再现源语文化信息

翻译的过程实质上就是信息传递的过程。只有译者在翻译中深刻理解语言的文化内涵，并将其完整地呈现出来，才能使人们通过译文同样感受到与原文相同的内涵。因此，在文化翻译中不可只拘泥于原文中的字面意思。例如：

It was Friday and soon they 'd go out and get drunk.

对于上述句子的翻译，如果按其字面意思则为“星期五到了，他们马上就会出去喝得酩酊大醉”。这样的翻译虽然忠实原文且通顺，但目的语读者不明白为什么星期五到了人们就会出去买醉。很显然，这句话与目的语之间存在信息差，这导致了目的语读者看到该翻译后感到困惑。在英国，Friday 是发薪水的固定日期，所以到了这一天，人们领完工资之后就会出去大喝一场。译者在翻译时不妨将 Friday 具体化，加上其含有的文化信息，把这句话译为：“星期五发薪日子到了，他们马上就会出去喝得酩酊大醉。”如此一来，Friday 一词在特定的语境中所承载的文化信息被完整地传递出来。

二、大学英语翻译教学现状

翻译是一种跨文化交际活动，随着跨文化交流的日益频繁，社会对翻译人才的需求也越来越旺盛。翻译教学是培养翻译人才的主要途径，所以翻译教学也备受重视。当前大学英语翻译教学现状表现在以下几个方面。

（一）对翻译教学投入不够

高校和教师还没有足够重视翻译，因此对翻译教学的投入也不够。大学英语教学的翻译课程几乎无一例外地被设置为公共选修课，甚至有些院校根本就没有设置面向全校大学英语教学的翻译理论和实践课程。翻译教学的处境日益艰难。

首先，翻译课程选修课时限短，授课课时严重不足，很难完成既定教学任务。很多院校对于选修课的学习期限给出了极为严格的规定，通常为一学期，每周 2 课时。在一周的 2 课时内，教师只能完成翻译理论的传授。教师也会在课堂上布置翻译练习，只是随后就将参考译文直接呈现给学生，偶尔会讲解其中的语言知识，而对具体的翻译技巧只是进行口头陈述，并没有设计相关的巩固、强化练习，技巧的学习也只是流于形式，学生没有真正内化这些翻译技巧。有的教师甚至将翻译练习当作家庭作业布置给学生，由他们课后完成，然后在下一堂课再评讲练习。

其次，鉴于对翻译理论与实践的重要性之认识，选修翻译课程的学生数量众多，班级数量可达 200～300 人。如此庞大的学生数量，使翻译教学实践难以展开，授课质量也就无法得到保证。

最后，学生的双语水平参差不齐，而且部分学生学习翻译的目的是修学分，翻译教学缺乏互动。

（二）师资的专业性不够强

目前在学校里承担英语翻译教学任务的教师，大部分是毕业于高校的英语专业而不是翻译专业，因为中国只有少数几所高校开设了英语翻译专业。这些翻译教师没有从事翻译实践的经历，他们存在翻译理论和翻译实践相脱节的情况，这就导致了翻译教师的专业性不强。他们在英语翻译教学中比较擅长讲解空洞的翻译理论和技巧，而对学生的翻译实践则没有做充分的指导。所以，这种师资对学生翻译能力的培养也有着不良影响。

（三）学生的翻译学习态度不佳

学习态度成为影响学生翻译学习效果的关键因素。有些学生意识到翻译是英语综合技能的体现，所以出于提高英语能力的目的，对待翻译学习就会采取认真、积极的态度，不断发现自己的知识漏洞并进行改正，这些学生的翻译能力最终可以得到提高。与此相反的是，有的学生认为翻译使用的机会和场合不多，因而对待翻译练习抱着应付的心态，做完以后不经思考就直接对答案，有的学生不思考，就去寻求他人的帮助。还有的学生任凭母语干扰，在英译汉的翻译实践中使用一些方言、口语词汇等，这也影响了翻译质量。不管教师如何强调，很多学生总是无法摆脱逐字逐句翻译的错误做法。

三、大学英语翻译教学中开展文化教学的方法

（一）提升学生英语文化知识水平

从当前的英语翻译教学现状来看，很多学生仅注重对专业课的学习，全面照搬课本上的知识，对英美国家的文化知识了解甚少。因而，在翻译过程中一旦遇到文化问题，学生就会手足无措，出现误译的情况。然而，翻译涉及众多学科与领域，若不具备该领域一定的基础知识，将很难理解文本，也就很难翻译得准确。有限的词汇量、狭窄的知识面、匮乏的文化背景知识均是阻碍学生翻译水平提升的因素。

基于以上问题，很多院校纷纷开设了涉及西方文化以及文学方面的选修课，旨在扩大学生的知识面，激发学生对外国文化的兴趣，培养学生的文化差异意识。在具体翻译教学中，教师还应将英美文化知识和教学内容有机结合起来，增强学生对英语中所包含的文化现象的认识和理解，从而提高他们在翻译中处理文化问题的能力。

此外，教师还应有意识地选用一些包含文化知识、涉及文化差异的教材，并利用一切策略、资源来帮助学生置身跨文化交际的真实情景中，体会英语的具体使用，以便使学生能更加忠实、准确地再现原文的思想意图。

（二）夯实学生的语言功底

由于翻译是一种语言转换为另一种语言的活动，所以要想译出好的作品，就必须在两种语言之间寻找最佳的信息匹配方式。如果没有强大的双语基本功作支撑，那么学生既无法深刻体会源语言的信息，又无策略将其有效地通过目的语表达出来，翻译的质量就会大打折扣。例如：

He identified himself with the masses.

Enjoy the luxury of doing good.

It is two years come Christmas.

要理解以上三个句子并不难，难的是如何用符合汉语表达习惯的话语将其内涵传达出来。下面是以上三个句子对应的译文。

他和群众打成一片。

以行善为乐。

到今年圣诞时就是两年了。

在先进的英语翻译教学中，教师通常只关注提高学生的英语水平，而忽视了学生的汉

语水平。著名翻译家陈廷佑曾指出，能不能译出来取决于译者的英文功底，而译得好不好则取决于译者的汉语功底。因此，夯实学生的汉语语言功底具有十分重要的意义，要让学生熟悉汉语行文特征，了解汉语的表达习惯，这样才能在翻译过程中体现、发扬汉语语言传统，译出更加完美的译文。

（三）积极开展网络教学与第二课堂教学

从目前来看，我国的英语翻译教学仍沿用传统的教学策略和教学工具。在科技、经济、生活发生巨大改变的今天，传统的教学策略与工具已经无法更好地提升学生的翻译能力。基于此，教师应积极主动地探索新的翻译教学策略，利用教学工具并身体力行。

互联网是一种信息技术，是IT，是信息传播、整理、分析、搜寻的一种技术，其主要任务是传递信息。互联网中存储海量的信息，且这些信息、资源的更新也非常及时。因此，在翻译教学中教师应充分发挥互联网的优势，将网络作为翻译课堂教学的补充，“既可以实现由教师现场指导的实时同步学习，也可以实现在教学计划指导下的非实时自学，还可以实现通过使用电子邮件、网上讨论区、网络通话等手段的小组合作型学习等”。

另外，由于翻译课堂时间十分有限，因而教师还应在课下开展一些有益于学生增加文化知识、提高翻译水平的活动，如要求学生阅读英文原版书籍、杂志等；观看英文电影、电视，听英文广播等。

（四）注重对学生文化差异意识的培养

培养学生的文化差异意识，对其更好地处理翻译中的文化差异问题，提高翻译能力，改善翻译教学的质量有重要意义。具体来说，教师可从以下几个方面着手。

1. 自然因素引起的文化差异教学

自然环境对人类生产生活有着较大的影响，这些影响也必然反映在其语言中。而中国和英美国家所处的自然环境不同，因而各自语言中有关自然环境的语言表达所具有的文化含义也有所区别，其主要体现在自然、植物、动物、数字、颜色等客观文化现象的差异上，这个我们会在随后的章节中详细介绍。例如：

Shall I compare thee to a summer’s day？ Thou art more lovely and temperate.

本句出自莎士比亚的十四行诗，诗人将恋人比作 a summer’s day。中国的夏天常常令人炙日难耐，心情烦闷，因此中国读者在理解这句话时常感到困惑。实际上，英国四周环海，纬度较高，夏天时太阳早上 4 点升起，晚上 10 点落下，平均温度约 20 度。因此，英国的夏季景色秀丽、凉爽宜人，这也就难怪诗人将恋人比作夏日了。翻译时若缺乏这方面的知识就很容易出错。再如：

spend money like water 挥金如土。

中国位于亚洲大陆，土地面积辽阔，“土”是人们生活中最依赖、最常见的事物，所以汉语中形容花钱大手大脚的词语是“挥金如土”。而英国是个岛国，其航海一度领先世界，人们对于海洋、海水的意识更加深刻，因此在表达相同意思是使用了 spend money like water。

所以，教师只有让学生了解产生差异的文化因素，学生才能更准确地理解原文，并将原本的真实含义传递给目的语读者。

2. 历史、宗教因素引起的文化差异教学

历史、宗教上的重要人物、事件等往往会反映在其本民族的语言中，从而产生了不同民族的文化差异。这一因素带来的差异主要体现在修辞文化和习语文化等语言文化方面，这些会在以后章节中详细说明。在翻译过程中，学生只有对各自不同的文化积淀有所了解，才能准确辨别翻译中的文化问题，进而采取有效对策，实现忠实、通顺地翻译。

中国深受佛教影响，因此汉语中有很多和佛有关的习语。例如：半路出家，借花献佛，临时抱佛脚，不看僧面看佛面，苦海无涯，回头是岸，跑得了和尚跑不了庙，人争一口气，佛争一炷香、救人一命胜造七级浮屠、泥菩萨过河——自身难保。

在英美国家，人们大多信仰基督教，因而英语中和 God（上帝）有关或和《圣经》有关的表达也很多。例如：a doubting Thomas 多疑的托马斯、a wolf in sheep’s clothing 披着羊皮的狼／貌善心恶的人、beat the air 击打空气、Judas’s kiss 犹大之吻、Paradise lost 失乐园、the elect of God 上帝的选民、the Judgment Day 最后审判日、the lost sheep 迷途的羔羊。

在翻译教学中，教师应有意识地教授一些相关历史、宗教背景知识，以帮助学生准确译出原文。

3. 风俗不同引起的文化差异教学

英汉民族有各自特别的习俗和对事物的认识。这种差异在语言中的一个重要表现就是那些包含动物的词语褒贬含义不同。

例如，“龙”是中国神话中的动物，大约是从秦始皇开始，就有把帝王称之为龙的说法。汉朝以后，龙就成了帝王的象征。汉语中有许多含有“龙”的成语都是褒义的成语，如“真龙天子”“蛟龙得水”“龙凤呈祥”等。经历了上千年的演变和发展，龙的形象已经成为中华民族的象征，海内外的炎黄子孙仍骄傲地自称为“龙的传人”。但是，英语中的 dragon 是一种形体巨大、长着翅膀、有鳞有爪、口中喷火的、替魔鬼看守财宝的凶悍怪物，因而是邪恶的代表和恶魔的化身。由此可见，龙与 dragon 虽然都是神话中的动物，但它们的文化内涵却相去甚远。风俗不同引起的文化差异主要体现在人们日常需求方面的服饰、居住文化方面。

总之，教师要重视这些由不同民族的生活习俗引起的文化差异，以使学生能够妥善处理词语所具有的不同文化内涵，做出正确翻译，实现跨文化交际的目的。

4. 思维方式不同引起的文化差异教学

英汉民族往往因为对同一事物的看法、理解不同而在各自的语言中有着不同的表达方式。思维方式的差异可以说是文化差异的根源。它几乎可以包罗或解释中西文化差异的各个方面。例如：It is impossible to overrate the significance of the invention.

不了解英语表达习惯和思维方式的学生很可能将其译为“过高评价这项发明的意义是

不可能的”，但这和原文的含义相去甚远。原文含义的重点不是过高地评价不可能，而是这个事物本身就不值得如此好评，因此正确译文应为“这项发明的意义再怎么评价也不会太高”。

可见，在翻译教学中，英汉思维方式引起的文化差异教学同样重要。学生只有了解并把握了英汉不同的思维方式才能译出地道的文字。

（五）使用交际教学法

基于翻译的跨文化交际性质，交际教学法在翻译教学界开始流行起来。该方法指出，要想达到交际的目的，在向学生传授语言知识的同时，也传授相关的社会文化知识。交际教学法认为翻译教学活动要以学生为中心，注重学生的主体性。这不是说教师变成了可有可无的人，教师的作用在于帮助学生流畅地表达观点。交际教学法的具体步骤如下。首先，教师精心选择内容一致的源语和目标语文本材料，让学生对它们进行对比，并分析两种材料的语言差异和文化差异。其次，教师给学生布置有针对性的涉及文化的翻译练习，让学生在做练习的过程中培养文化意识和翻译能力。最后，在学生完成练习之后，教师要对学生的翻译作品给予认真点评并讲授相关文化知识。

第五章　大学英语文化教学与学生跨文化交际能力的培养

第1节　英语学习中的学生研究

近些年来，英语教学研究的重点从教学的客体转向主体，学生在外语学习过程中的作用得到充分的重视和体现。本节就对英语学习中学生的角色定位、与文化的关系进行研究。

一、英语学习中的学生角色定位

（一）英语学习的主体

在英语教学过程中，教师和学生都是参与者，两者都是重要的主体，但是两者的主体所处的环境是不同的，教师是英语教学中起主导作用的主体，其主要职责在于“教”，而学生则主要为了“学”，因此，在英语学习中，学生是主体。

（二）英语教师的合作者

在英语教学中，教师和学生是直接参与的两个主体，同时，英语教学中有些项目是需要英语教师和学生共同来完成的，因此只靠教师的教是无法达到教学目的的，需要学生的配合，才能使教学活动顺利进行并保证教学效果。

（三）文化的继承者和创造者

学生在英语学习过程中的一个重要学习任务就是不断汲取英语的相关知识，如英语文化知识，这样才能对英语的理解和感悟不断更新升华，形成创新性的英语文化。与此同时，学生在英语文化方面也要具有一定的创造力，通过不断创造，使所学的英语文化得到较好的传承和发展。

（四）课堂系统的主体者

课堂系统的构建是彼此相互促进、相互依存的结果。学校里面的课堂系统一方面是要实现学生能力与知识的发展，促进学生在学校这一环境中能够自由全面健康的发展；另一方面，学校的课堂系统也是要实现教师的专业化发展。当然，促进学生的发展是主要方面。因此，学生应该被视作课堂系统的主体，应该以学生的可持续发展作为中心，通过促进学生的健康成长来实现整个课堂系统的和谐发展。

（五）成为学习的开拓者

当前，教师占据主导地位，学生占据主体地位已经被大多数人认可。教师从成人的立场出发，通过较为成熟的世界观与人生观，对每一位学生的行为加以关注与了解，分析他们的具体需求。但是，对于学生而言，没有比自己对自己更了解的了，因此学生需要不断挖掘自身的需要，明确自己的发展方向。在高校英语混合式教学过程中，学生应该成为自己学习的开拓者，选择自己的学习方向与目标，然后有规律、有计划地进行的学习，这样才能更好地掌握知识。

二、学生作为文化的主体

（一）学生与文化的关系

文化对于个体发展的重要性，犹如水对于鱼的重要性。文化既为个体发展提供了背景与可能，也是对个体发展的限制。如果一个人想要摆脱某种文化对自己的限制，就必须深刻了解这种文化。可以说，只有站在某种文化的顶点，个体才有可能摆脱该文化对自己的局限。这意味着，要想从某种文化中摆脱出来，个体首先必须充分吸收该文化。当我们对一种文化不了解时，注定会成为它的囚徒。自由来自真正的掌握。

我国社会就种族和文化背景的构成而言，虽然不像美国社会那样差异巨大，但其实内部也存在一些不同的种族或文化传统，如藏族、朝鲜族、维吾尔族。针对这一现实，我们必须为这些来自不同种族和文化背景的学生考虑与其相适应的文化教学模式。随着我国社会的发展，地区流动和社会互动日益频繁，来自不同种族和亚文化背景的学生同处一所学校或课堂共同学习也日渐成为可能。而且，随着我国对外开放不断向纵深推进，国际合作办学已经越来越多，这些国际学校招收具有不同国籍、种族或文化背景的学生，必然对教师的多元文化素养提出相应的甚至更高的要求。

教师如果不了解不同文化模式在言语交流、社会互动、学习与思维、行为反应等方面的差异与特点，就很难驾驭多元文化的课堂教学。再者，即便教师面对的不是多元文化的课堂，只是由单一种族或文化模式构成的课堂，也非常有必要深入了解他自己所处的文化背景与教学的内在关系，并思考文化传统如何以隐蔽的方式影响着教师的教与学生的学。只有对这一问题加强深入研究，才能改变目前令人感到不满意的外语课堂生活，也才能超越传统文化教学给我们带来的束缚与局限，使文化教学成为合乎目的、合乎规律性的活动。

（二）外语对学生的文化影响

长期以来，外语对学生的文化影响一直未能得到应有的重视。由于在外语教学中只把语言当成一套孤立的符号系统来传授，其结果是许多学生运用语言的准确性和流利程度有所提高，但在真实的语言交际中却常常犯语用错误。学生缺乏所学语言的相关文化背景知识，相关的风土人情、社会价值观、生活方式等的了解。在英语教学中，应树立文化意识，应在传授语言的同时传授文化知识，这样做可以加深学生对语言文化知识的了解。除了语言本身所承载的文化含义外，西方国家的风俗习惯，人们的生活方式、思维方式等都有着深厚的文化背景和底蕴。注意语言教学，还需要注意文化意识的培养。外语教学要重视语言文化差异及其对语言的影响，以提高学生对文化的敏感度，培养其文化意识，使他们能主动地、自觉地吸收并融入新的文化环境中。只有这样，才能提高学生的跨文化意识，走出学习外语就是学习语言、语法、词汇的误区。

（三）外语教育中学生的自我概念

自我概念的意义，对学生来说，不仅表现在适应行为与个性的健康发展上，而且直接影响他们的学业成绩，即对学生的人格发展和学业成绩都有着不同程度的影响，正确、积极的自我概念不但是取得好的结果的保证，同时更值得注意的是，它也是教育的培养目标。

在人类意识对象中，自我是一个极其重要的方面。个体的自我是“主我”与“客我”的统一体。随着认知理论的兴起，自我概念研究逐步引起人们的重视，在教育领域内的应用研究也日趋重要。但不同的研究者由于研究取向、侧重点不同，对自我概念的界定也存在分歧。自我概念是关于自己的特长、能力、外表和社会接触性方面的态度、情感和知识的自我知觉，这种自我认识，不仅能为个体提供自我认同感和连续感，使个体的存在和发展富有意义和价值，而且在个体面临重要任务时，能够调节、维持有意义的行为。现象学取向和个人的现象场表明，自我概念是个人现象场中与个人自身有关的内容，是个人自我知觉的组织系统和看待自身的方式。自我概念是个体对自我客体思想和情感的总和，包括对自己许多方面的态度。因而不同学派的心理学者都认为，自我概念是一个人对自我各方面的知觉，分别从不同侧面反映了自我概念的内涵。

国内外的研究者对自我概念与学业成绩的关系进行过许多研究，达成了以下几个方面的共识：学业自我概念与学业成绩的相关度大于非学业自我概念与学业成绩之间的相关度；学科自我概念与相应的学科成绩之间存在着较高的相关度；总体自我概念与学业成绩之间只存在中等程度甚至更小程度的相关度。

在我国，关于自我概念与外语学习成绩的研究方面，王初明教授做出了重要贡献，他从自我概念的角度探讨英语语音对英语学习的影响。研究结果表明，英语语音自我概念和英语学习成绩之间存在显著相关，语音自我概念对英语学习自我概念有很好的预测效果。从初中学生英语的语音自我概念与实际英语语音水平之间的关系调查发现，两者之间也显著相关，并且语音自我概念与英语整体自我概念的相关度较高，而英语整体自我概念与英语成绩的相关度相对最高。王初明通过外语发音和外语学习成绩的表象研究，得出其深层次的结论，那就是自我概念和与之相关的情感因素在发生作用，促进或阻碍外语学习。

第 2 节　影响学生英语文化学习的主要因素

一、文化差异

文化具有普遍性特征，不管什么文化都包括主观文化和客观文化，其代表了人类共同的物质和精神需要。但它们的具体表现会根据群体和环境的不同而有所差异，这就是文化差异。《三字经》写道："性相近，习相远。"西方文化学界也有这样的感叹：文化的共性将我们聚到一起，文化的差异性使我们彼此分开，致使国家、民族、群体等概念形成的重要因素也是文化差异。正是这个原因，文化学习和文化交流才有了动因和基础。假如所有人共享统一的文化系统，就无须进行文化学习了。

文化上的差异对于文化学习的影响主要体现在差异的大小上。实践证明，文化差异越大，文化学习的难度就越大；相反，文化差异越小，就越容易学习。比如，对于中国学生而言，要学习美国文化显然比欧洲学生困难，因为东方文化与美国文化的差异要远远大于欧洲文化与美国文化的差异。

二、文化体验

学习者的文化体验对文化学习的影响主要体现在如下三个方面。

第一，学习者已有的文化体验决定了他们对某些文化概念较为熟悉，对另一些文化概念则较为陌生。教育心理学研究表明，学习者对所学内容的熟悉程度对学习这种东西的感知有着直接影响。对于外语教学来说，教师通常会选择一些学生较为熟悉的主题，将所教授的语言知识点放在学生熟悉的材料中，以激发学生的兴趣，从而更好地吸收知识。文化是人们组织和解释经历的内部机制，所以学生先前的文化体验是其学习新概念的基础。在教学过程中，教师要想引入一些新的概念，既不可以根据学习者的本族文化进行外语教学，也不可以脱离本族文化，将目的文化环境照搬到外语教学中。最恰当的做法是：在新旧文化之间搭起一座桥梁，从学习者比较熟悉的文化概念入手，适当引入一些新的、陌生的文化概念。

第二，一般情况下，人们会根据自己的文化体验理解和组织新的文化经历。心理学家经过研究得出这样一个结论：有的文化倾向于场依赖（field dependence）的感知模式，有的则倾向于场独立（field independence）的感知模式。倾向于场依赖的感知模式会将文化看成一个综合、概化的内容，注重合作与和谐；倾向于场独立的感知模式通常对具体、独立的项目进行感知，不依赖他人或周围环境的帮助，注重具体细节，喜欢使用标准的图表。比如，中国偏向场依赖或称"场敏感"（field sensitivity）的感知模式，归纳、综合是常见的方法，注重合作与和谐。美国偏向于场独立的感知模式，注重独立思维和批判及分析的能力。可见，生活在不同文化中的学习者在理解和组织新的文化知识和经历时会表现出不同的特征，所以就会有不同的文化学习方式。罗宾逊（Robinson）在列举了几个心理学实验的基础上得出结论："在没有外界干预的情况下，人们通常是根据他们自己以前的经历和期望来筛选和阐释刺激的。"由该结论我们可以得到这样的启示：当学习者学习一种与本族文化差异较大的文化时，可能还没有形成对这种文化的敏感性，无法感知这种文化的内容，所以教师不应勉强他们立即感知并理解所学文化材料，而应尽可能地吸引他们了解这些文化，帮助其理解和感知所学文化。

需要注意的是，根据文化来划分场依赖和场独立不是绝对的，同一文化中包含不同个体，他们的感知模式可能与主流文化的感知模式不同，甚至可能相反，所以我们只能说学习者的文化体验对他们的感知模式起一定的作用。文化教学应考虑学习者的感知模式，一方面迎合他们学习方式和特点的需要；另一方面，通过让他们接触不同的感知模式，扩大他们思维和学习的灵活性，接受多种不同方式的教学，这本身就是文化教学的一部分。对此，拉米雷斯和卡斯塔内达做出了如下评论："文化民主教育的目的是帮助孩子们成为双认知的人，即让他们能够用场敏感和场独立两种认知风格，轻松、有效地学习和工作。"

第三，对于不同的文化，在呈现或输入信息以及在对信息做出反应或输出信息时，应采用不同模式，形成不同的倾向，并且不同的文化体验会对人们输入和输出信息的方式产生影响。通常，接受过正规教育的学习者习惯语言表达，可以以图片等视觉刺激为辅；而没有接受过正规教育的学习者，用具体直观的方式介绍新知识或许更有效。通过对比不同文化可以发现，处在低语境文化（如美国）中的人们，语言表达直截了当、具体明了，有话直说，不用对方猜测自己的意思，对方可以根据话语理解其含义，所以在这种文化中，语言是一个主要的信息输入和输出渠道，其他非语言交际手段为辅助手段。处在高语境文化（如中国、日本等）中的人们，对于语言表达总有些复杂，因为他们的话语含义往往与说话的场合、对象及说话人的话外音有很大的关系。所以，两种文化相互对比，在同一场合中，高语境文化的人们语言表达少于低语境文化的人们，而高语境文化的人们比低语境文化的人们对环境更敏感，更善于通过语言之外的其他信息输入与输出渠道捕捉信息。

可见，文化教学应该在分析学习者对信息输入和输出特点的基础上，设计一些切实可行的方法，运用多种信息输入和输出模式呈现教学内容，鼓励他们用多种手段做出反应，一方面能满足不同学习者学习的需要；另一方面可以引导他们了解和接受多种信息输入和输出模式，从而增强文化学习的灵活性。

总之，学习者的文化体验通过影响学习者的感知和认知模式对文化学习起作用。文化教学必须充分考虑学习者的这些特点，以文化多样性为原则，设计教学活动，这样做有如下三个好处。

（1）它使不同风格的学习者享受均等的教育机会。

（2）它促进外语教学，因为语言学习与其他学习一样都是从已知出发去发现未知。

（3）它有利于实现外语教学促进文化理解的目标，因为文化理解的一个方面就是培养学习者感知模式的多样性和灵活性。

从另一个层面说，我们还能得出这样的结论：学习者文化体验（包括本族文化和外国文化的经历）越丰富，他们接触的感知和认知模式就越多，文化学习就越顺利，效果就越显著。当然，这不是一个绝对的理论，因为文化体验也会给文化学习带来负面影响。其具体体现在如下两个方面。

（1）学习者长期生活在本族文化环境中，自然会沾染民族中心主义思想，这对外国文化的学习非常不利。

（2）一些不愉快的跨文化交际体验会在学习者的心理上蒙上阴影，使他们对外国文化的学习产生畏惧、厌烦等消极情绪，对外国文化表现出敌视的态度。

三、学习环境

学习者学习文化的环境既可以指其所处的社会大环境，又可以指其接受教育的学校和课堂小环境，两种文化有着密切的联系。这里重点对学校和课堂小环境文化进行说明。

英语教学具体涉及第二语言教学和以英语作为外语的教学，二者的区别是社会文化环境的不同。第二语言教学就是在目的语言、社会和文化环境中学习英语，学习者一方面可以在课堂上学习英语，另一方面能接触目的语言和文化，是一种浸入式的语言和文化学习模式，这种现象在美国、加拿大和澳大利亚等多移民国家极为普遍。相对来说，在英语作为外语的教学中，课堂是学习者学习语言的主要渠道，并且能接触目的语言和文化的机会要少很多。两种社会环境对文化学习有如下几点影响。

（1）语言与文化的输入量会对学习者的文化学习有直接影响。文化学习不仅需要学习者学习文化知识，还需要他们在情感上习惯并接受文化差异，愿意从目的文化价值观的角度理解目的文化。

（2）在两种不同的社会环境中学习外国文化，学习者的动机和动力也有着很大的差别。一般来说，第二语言学习者的动力很足，面对目的文化，他们往往有一种迫切感。为了更快、更好地适应主流文化，更好地在这个文化中生活、工作和与人相处，他们利用各种机会学习目的文化，所以效果显著。在英语作为外语的教学环境中，学习者由于缺乏紧迫感，缺少机会，所以学习的动力明显不足。

（3）在两种不同的环境中学习外国文化，学习者感受到的文化冲撞程度不同。第二语言学习者由于与目的文化接触的机会更多，与目的文化中的人交流的内容更广、更深，因此文化冲撞的频率和程度必然比英语作为外语教学学习者要更高、更强。强烈的文化冲撞可能导致两种结果：大部分第二语言学习者能够通过文化冲撞的经历切实感受到文化之间的差异和冲突，并从中获取很多经验和教训，最终成功完成从文化中心思想向文化相对思想的转变，要么被目的文化同化，要么成为一名具有跨文化交际能力的文化边缘人。另外，有一部分第二语言学习者由于受文化过度冲撞而退缩，将自己封闭起来，成为封闭型文化边缘人，或干脆保持原来的文化身份和行为特点。在英语作为外语教学中，学习者虽然不会经受如此巨大的文化冲撞，但正因为缺少文化冲撞的经历，这种不痛不痒的特点使他们的文化学习片面、肤浅，很难达到一定的高度。

（4）文化学习的环境会对文化学习和教学的方法产生较大影响。外语教学中的文化教学往往受环境的限制，所以教师在设计教学活动时既要考虑符合文化学习对学习者认知、心理和行为各个层面的要求，又要做到因地制宜，保证所设计的任务和活动可行。

四、学习时间

通常，学习者的年龄会在一定程度上影响文化学习的内容和方法。对于任何学习者而言，对本族文化的学习都是从出生那一刻开始的，直到青春期才基本结束（并非完全结束），所以这一阶段对本族文化和母语的学习是非常关键的时期，一经错失，再想学就会异常艰难。这是因为，对于人类而言，认知发展的关键时期就是儿童阶段，人们的整体智力水平、基本的感知和认知结构以及性格等都是在这一时期形成的，并在以后的生活中得到巩固和发展。

心理学理论对于第二文化或外国文化的学习也有很大的启发性。如果儿童时代是感知模式和认知图式形成的关键阶段，那么外国文化教学就应该在这个时期向学习者灌输多种感知和认知模式，扩大他们的视野，增强他们理解事物的灵活性和多维性。当人们进入少年时代，生理上正向成年过渡时期，是身份感、归属感形成和加强的重要时期，而且是人们对他人或他群态度变化最大的时候，因此这一时期的文化教学应该以培养学习者对目的文化积极、肯定的态度，弱化民族中心主义思想，增强文化相对论思想为中心任务。

尽管学习者的年龄对文化学习和教学的内容和方法有一定的作用，但年龄与学习的关系始终是一个有争议的、极为复杂的问题，没有绝对化的结论，所以不能成为文化教学设计的主要依据。

此外，还有很多因素会影响人们对文化知识的学习和掌握，如学习者的性格因素、所接触的两种文化之间的关系等。总之，文化教学应将各种因素都尽可能考虑在内，以便合理地设计文化学习的框架和步骤，使设计的活动满足学习者的需要、符合当前的社会环境。

第 3 节　学生跨文化交际能力的培养策略

一、跨文化交际能力的含义

跨文化交际能力指的是在一个多元文化和国际化的环境中生存和发展，能够成功进行跨文化交际的能力。关于跨文化交际能力的定义，不同的学者有着不同的看法，但通常都会用“有效性”和“适当性”来定义跨文化交际能力。

有学者认为："跨文化交际能力指的是交际者在特定语境下所表现出来的适当和有效的行为。"该定义表明了跨文化交际能力的适当性和有效性同具体的语境有关，跨文化交往中的得体性要由交际双方根据具体语境去协调和构建。

高一虹认为："跨文化交际能力指的是进行成功的跨文化交际所需要的能力或素质。"毕继万指出："跨文化交际能力是语言能力、非语言能力、跨文化理解能力和跨文化交际适应能力等方面的综合能力。"陈俊森、樊葳葳、钟华提出："跨文化交际能力强调与不同文化背景的人们进行有效的、适宜的交际的能力。"交际是为达到某一明确目标所进行的活动，跨文化交际能力是由交际的有效结果或目标实现的"功效"来定义的。

学者们从不同角度对跨文化交际能力所做的界定各有不同，但共性依然存在，即交际场景的跨文化性、交际行为的得体有效性。来自不同文化背景的交际者对行为模式、行为规范、社会角色有着不同的认识，其对交际对象在特定场景中的交际行为得体性的判断和行为表现期待均有不同。如果对方交际行为与自身行为规范不相符合，就会产生厌恶、不满的情绪，而交际知识与技能的缺乏和负面情绪的影响就会导致跨文化交际的失败。

跨文化交际能力要求学习者超越本族语和目的语及其相应的具体文化的束缚，深入了解和理解不同文化所具有的思维方式和生活方式方面的异同，努力拓宽视野，尽力培养灵活的、能够适应多种不同社会文化环境的交际能力。跨文化交际能力的很多内容与外语教学密切相关，可以而且必须在外语教学中得以培养和发展。

二、跨文化交际能力的构成要素

跨文化交际是一个多学科交叉、跨越性很强的新兴学科，这种跨越性决定了跨文化交际能力的立体性。跨文化交际能力是20世纪90年代针对跨文化交际人才培养提出的一种能力范式，它强调交际者跨文化敏觉力、跨文化意识和处理文化差异的技巧和灵活性。这三个部分不是孤立存在的，它们之间有着紧密的联系和层级关系，即跨文化敏感性处于最底层，处理文化差异灵活性处于最高层，跨文化意识则处于两者之间。换句话说，只有当交际者对各类文化差异树立了敏锐的意识，才可能产生宽容的文化态度和交际的兴趣，面对不同的跨文化情景进行积极的自我调适，跨文化意识也渐次增强，进而采取灵活自如的处理方式，由此达到很高的跨文化交际效能，据此我们可以看出跨文化能力的培养是由低到高、循序渐进的过程。

（一）跨文化敏觉力

跨文化敏觉力是跨文化交际能力基本要素的第一个要素。有学者指出，跨文化敏觉力代表跨文化沟通能力的情感面向，它代表一个人在某种特殊的情境或与不同文化的人们互动时情绪或情感的变化。跨文化沟通的情感面向特别指出，具有跨文化沟通能力的人，能够在互动之前、之中和之后，投射与接收正面的情感反应。这种正面的情感反应，最终会把当事人带到认可与接受文化差异的境界。这个过程正是发展跨文化敏觉力的过程。贝内特认为跨文化敏觉力是个发展的过程。一个人能够在认知、情感以及行为层次，把自己从我族中心的阶段转化到我族相对的阶段。这个转化的过程包括六个阶段：（1）否认文化差异的存在。（2）对抗认知到的威胁以试着保护自己世界观的核心。（3）试图把差异藏匿在文化相似性的伞下，以保护自己的世界观。（4）开始接受文化与行为上的差异。（5）开始发展对文化差异的移情能力并成为双重或多重文化人。（6）能够把我族相对主义用到自己认同之上，而且体验到差异其实是人生很重要与值得愉悦的一部分。

文化差异的敏感性，不仅是对文化表层，更是强调对文化深层差异的识别能力。文化表层的差异显而易见，不需要特别的训练就可以识别，而文化深层的差异通常隐含在人们的行为和思想中，不易直接观察到。如西方人习惯的低情景交际和东方人采用的高情景交际是不易直观看到的，因此有意识地培养对文化深层差异的敏感性就显得尤为重要，这必须依赖于对不同文化的比较及对文化差异相关知识和经验的积累。

跨文化敏觉力是一个内涵丰富的能力概念，它包含了交际者的自信心、自适力、开明度、中立的态度以及社交的从容等相互联系的几个层面。

作为一个面对全新异文化的交际者，首先对自己的文化和自身素养要有很强的自信心，这种自信心使交际者在面临各种交际情景时采取乐观积极的态度，从而更易于接受他人和他文化，也较易于被对方交际者理解和接受。同时，自信心让交际者在跨文化交际中遇到挫折、误解或疏离时，能够相对自如地应对这些交际逆境，更快走出交际困境。

跨文化交际的开明度意味着交际者要有多元文化心态，对异质文化应采取宽容理解并尽量去接纳的态度，而不是以自我文化为中心，以自己的文化价值观去衡量和评价对方交际者的言行。同时，开明度还包含交际者愿意适当解释对方不易理解和接受的自己的语言和行为，也乐于倾听对方在交际过程中的解释。其实，跨文化交际的开明度即是阿德勒在 1977 年提出的“多重文化人”。多重文化人能够接受不同于他们自己的生活形态，更能在心理和社交方面掌握实体的多重性。换言之，跨文化敏觉力强的人，不仅能够了解一种观念，可以用多种不同的形式来加以表达，并且对世界具有一个内化与广阔的概念。这些都是开放心灵的表征，促使一个人愿意认可、感激，甚至接受不同的观点。这种处处为他人设想与承受别人需求的特性，在跨文化交流中，就是相互确认与认可彼此文化认同的发挥。

自适力是指在跨文化交际中，交际者根据交际情景和交际时间不断地进行自我调节适应并进行有效交际的能力。研究表明，自适力强的交际者对周遭的环境和对方交际者的行动更敏感，能够迅速捕捉到交际中的可用信息以及交际中适时的变化并调整自己的言行，以尽可能完成交际任务，达到交际目标。

中立的态度主要指交际者在真诚倾听对方交际者的言语时，能够主动摆脱自己文化带来的思维定式，积极倾听对方的语言，理解对方语言中的文化密码和交际意图。在对话过程中，尽量采用描述性而非评价性和判断性语言和态度，不以自己的文化价值为标准和依据去评论别人的行为，否则会产生文化偏见而导致民族中心主义。在倾听过程中，尽量不打断对方，必要时以点头或者眼神等身体语言与对话者示意，最后让对方感到心理愉悦和满足。

社交的从容是指在跨文化交际中不显露焦虑情绪的能力。在跨文化交际中，难免会遇到各种各样的交际困境和交际压力，交际者应具有良好的心理素质，不慌乱、不焦躁，能够摆脱交际困境带来的各种焦虑症状，如流汗、颤抖以及言语不畅等，以比较泰然的心态面对各种交际难题。交际的从容也利于交际者利用以往的交际经验和生活经验，在困境中发挥潜力而急中生智，战胜交际障碍，达成交际共融。

跨文化敏觉力较强的人在与来自不同文化背景的人交流时能更快地适应陌生环境，更有自信心，更能够以客观的态度看待文化冲突，并认真专注地倾听交际对象的交际意图，从而更快速地调整自己去处理交际中出现的挫折，更从容地应对跨文化交际过程中出现的各种障碍，确保交际的顺利进行。

（二）跨文化认知能力

国内知名学者戴晓东在其论著《跨文化交际理论》中，把跨文化交际的第二个层面概括为认知过程，即跨文化意识。他认为跨文化能力的认知过程主要涵盖自我意识和文化意识两个方面。自我意识是指交际者自我监控或对自己作为特定文化成员即文化身份的感悟，文化意识是指对影响人如何思考与交际的文化规约的理解。所谓“跨文化意识”，是指对不同民族国家之间的文化现象、文化规约和文化模式等的洞察和理解，对文化之间关系的领悟，并根据所领悟的对方文化特点来调整自己的语言和思维，以及据此产生的跨文化自觉性。跨文化意识的基础和前提是跨语言能力，而跨文化意识是跨语言能力的深度体现和非言语呈示。交际者跨文化意识的形成意味着交际者完成从单一文化认同身份到多重文化认同身份的转变，交际者站在第三文化的高处观照世界各种文化，这样才能在千变万化的文化现象和千差万别的文化语境中应对自如而立于不败之地。

跨文化交际中的认知能力主要涵盖两个方面的内容，即语言能力和文化能力。其实用另外一种表述就是，言语交际能力和非言语交际能力。这是因为在跨文化交际中，运用的交际方式包括言语和非言语两种，其中言语交际正是语言能力的体现，非言语交际能力的高低则建立在交际者对双方文化背景的深刻洞察和理解上，非言语交际中的体态语、环境语、客体语以及副语言等无不包含着丰富的文化信息，交际者只有具备良好的跨文化背景知识，才能很好地处理这些非言语信息，从而进行有效交际。另外，言语交际中的盲区和误解常常存在，这些正是不同文化背景和文化内部系统迥异所致，非言语交际恰好补充了言语交际的这种有限性和不足，两者相辅相成，使跨文化交际得以顺利进行，最后达到双方需要的交际效能。

（三）跨文化行为能力

跨文化交际能力的第三个基本要素是跨文化行为能力，即跨文化交际的灵巧性，是强调交际者进行有效交际的技巧和能力。根据戴晓东的论述，跨文化交际的灵巧性是指交际者实施交际行为、完成交际目标的能力。跨文化交际的灵巧性涉及言语和非言语信息，它包括信息的传达、自我表露、行为的灵活性、互动的管理以及社交技巧等方面。交际灵巧性是交际能力的一种体现，它反映出交际者怎样调动有限的语言知识进行交际的水平。在跨文化交际中，如果交际者能够灵活有效地运用交际技巧，就会克服语言水平和文化水平的限制，从而达到交际目的。

传递信息的技巧是指交际者根据自己掌握的语言和文化知识，运用合适的交际策略和技巧，熟练地传达交际对方可理解的信息的能力。它要求交际者不仅具有熟练的语言功底和深厚的双文化底蕴，还要求在以往的交际经验中练就良好的信息传达技巧，这样才能尽量避免产生由信息误读和文化误解而导致的交际障碍，保证交际的顺利进行。信息传递的效率与自我表露技巧的高低有着紧密的关系。自我表露就是交际者在面对交际对象时，以恰当的方式向对方袒露自我心意和自我情态。这种表露在特殊的跨文化交际场合流露和表达出来，具有很强的导向性，而非普通好友或亲人之间的随意表露，因此要谨慎表露、恰当示意。表露方式要显得贴切自然、不做作，要考虑到对方的文化背景和语言水平，否则容易引起对方交际者的漠视或反感，甚至形成对交际者不利的刻板印象。同时，自我表露和信息传达的准确与否直接影响交际的有效性。得体的自我表露和准确恰当的信息传达也体现了交际者行为的灵活性。

交际行为的灵活性体现了交际者在各种交际场合中根据交际对象和交际时间不同而随机应对交际事务的能力，也体现了交际者交际策略选择的准确与迅速，同时交际灵活性也是交际敏觉力在行动上的体现和延展。有学者指出，高超的交际者能够运用灵活的言语提示，敏锐地捕捉对方的身份，并且适时做出调整，较快与对话者建立起良好的互动关系。

互动的管理是指交际者在交际中对互动局面的把握和控制，即在交际过程中，交际者适当控制交际节奏、说话顺序和交谈主题，适时地启动和结束对话。具有良好互动管理能力的交际者，能够调动交际场景中的各个交际对象，把握好会话结构，根据自己和其他交际者的交际需求粗略设计和转换会话主题，不轻易打断别人，并认真倾听他者，最后实现交际者的交际意图，达到交际目标。

社交技巧包含移情和身份维护两个层面。“移情”作为美学概念，是德国学者罗伯特·费肖尔 1873 年在《视觉形象感》中首先提出的。日本语言学家库诺第一个把移情从美学领域借用到语言学领域，随后，移情这一概念逐渐被用到跨文化交际学领域。

跨文化交际中的移情是指交际主体自觉地转换文化立场，在交际中有意识地超越本土文化的俗套和思维模式，摆脱自身文化带来的束缚，转换身份到另一种文化模式中，切身感悟和理解另一种文化。移情在跨文化交际中是连接交际者之间的情感和文化的桥梁，是进行有效沟通的重要能力。据陈国明（2009）所言，移情就是把自己投射到互动对方的位置，暂时地想对方所想，感对方所感的过程，它把我们带入了别人的心灵世界。

跨文化交际中的移情主要表现在两个方面，一个方面是指听话人从说话人的角度准确领会话语的交际意图；另一个方面是指交际双方要设身处地地尊重对方的文化背景、风俗习惯和价值取向。整个过程包括：承认差异—认识自我—调适自我—准备移情—体验对方，进而克服民族中心主义，增强对别人的需求和跨文化敏觉力。文化移情要求交际者与时俱进地不断学习并具有开明的文化价值观。文化移情能力决定了交际者能否摆脱自身文化积淀所形成的思维定式的影响，从而自觉地避免因文化取向、价值观念、宗教信仰、伦理规范、思维方式、生活方式等差异引起的文化冲突，保证跨文化交际的顺利进行。在跨文化交际中，移情是为了有效沟通，但在移情的同时，也不能忘了对身份的维护。身份的维护应该包括对交际者自己个人和民族身份的维护以及对交际中他者身份的维护。交际行为的灵活性不能离开身份的维护，没有尊严的交际不是平等的交际，也不是我们追求的理想交际状态。因此，在交际中，优秀的跨文化交际者既能够根据对方传达的信息快速有效地判断对方的身份，并对之进行有效维护，又能够准确定位自己在交际场景中的身份和代表的民族身份，以维护它为交际的原则之一。

三、跨文化交际能力培养策略

根据我们前面对跨文化交际能力基本要素的区别和分析，可以看出跨文化交际能力的培养分为三个层面。第一个层面是在接触和了解他国语言和文化时，不断加强交际者的语言功夫，增加其文化积累，克服交际过程中易出现的两大障碍，培养交际者的文化敏感性，以提高跨文化交际敏觉力。第二个层面强调对语言和文化的深层认知，增强对他国语言以及背后的隐性文化和价值观的理解，如西方文化价值观中的个性自由和独立竞争等，这些方面的理解和感悟有助于交际者在交际中策略的选择，针对对方文化的异质性以及个人特性，做到有的放矢。第三个层面是培养交际者灵活运用所学语言、文化知识应对和处理跨文化交际中出现的各种交际情景以及突发事件等，这是跨文化交际能力培养的最高层面和最终目标。要达到这一目标，必须培养交际者学以致用的能力，培养他们根据过去对外国相关文化的认知，积极参与跨文化交际实践，锻炼他们处理文化冲突的灵活性。由此可见，从跨文化敏觉力的培养到对语言和文化的深层认知，再到跨文化交际实践行为的训练，这三个层面既有一定的递进关系，又相互融会贯通，相辅相成。

（一）培养跨文化敏觉力

关于交际者跨文化敏觉力的培养，首先要做的就是克服两大障碍。因为在跨文化交际的初期总是存在一些交际障碍。主要障碍之一是刻板印象。这些印象和看法可能是正面的，也可能是负面的。尽管大家都知道刻板印象不可取，但要做到完全避免却不容易。刻板印象忽视个体区别，一旦形成便不易改变。它僵化了交际者的头脑，使得交际者不能客观对待另一种文化，失去交际应有的敏觉力。在观察他国文化时只注意与自己的刻板印象相符合的现象，而忽略其他更重要的差异信息。它妨碍交际者与不同文化背景的人相处，不利于顺利开展跨文化交际。因此，必须尽量克服由于刻板印象带来的负能量。对教师来说，在文化课上应尽量避免用带有刻板印象的话语，并提醒学生注意普遍文化概念下的个性差别。因为在跨文化交际中交际者首先面对的是交际个体，然后才是其背后的民族文化。不能因为对整个民族的刻板印象而影响了交际者对具体交际对象的判断和决策。跨文化交际中的障碍之二是民族中心主义，即习惯以自己民族的价值观衡量其他文化，从自己的文化角度出发，以自己的评判标准评价对方交际者。一旦发现与自己的预期不同，就会对对方产生敌对情绪而引起文化冲突。有学者认为，所谓民族中心主义，就是按照本民族文化的观念和标准去理解和衡量他民族文化中的一切，包括人们的行为举止、交际方式、社会习俗、管理模式以及价值观念等。

社会中的每个人都无法避开民族中心主义，尽管我们努力克服隐藏在内心深处的民族中心主义，但是，我们都成长在一定的文化环境中，文化早已融入我们的心灵，指导着我们的行动，造成人们在观察别种文化时会不自觉地以自己的是非标准为依据，对于异质文化事物常会做出有失客观的判断。胡文仲认为，各个国家的地图都是把本国放在中心。美国人看中国出版的世界地图感到生疏，因为他们习惯看到的是把美国放在中心的地图。我们看美国的世界地图也觉得奇怪，因为突然发现中国在地图的一侧。这都是把自己国家作为中心的最好证明。在历史课上，往往也是这种情形。谈到对世界文明的贡献，一般总是突出自己国家的成就，而对于其他国家的成就估计不足。这些正是民族中心主义在作祟，要完全摆脱我们在社会化过程中获得的观念和看法是一个长期艰巨的任务，也是培养跨文化交际敏觉力的重要方向。

文化对比教学法是课堂上克服刻板印象和民族中心主义的主要手段，通过对比了解自己和他者各自的特性。文化对比教学法的实施要求交际者摆脱自身文化的约束，避免简单化的定式思维，将自己置于他文化模式中，在理性、平等的立场中感受、领悟和理解另一种文化。当然，对比教学法首先要求教师理解他国文化并选取典型文本解释其中的文化元素，帮助学生更充分地理解文本的语言信息和渗透其中的非语言信息，并与自己本土文化中的相应文化元素进行对照讲解，引导学生在解读过程中有意识地去寻找文化差异。比如教师讲解关于狗的文本资料时，由于狗在中西方文化中所代表的意义相差很大，如果不明白这一文化密码，交际中很容易产生误会。教师可以举例子：一个英国人对自己才接触不久的中国朋友说“you are a lucky dog”。中国朋友很可能会认为这位英国人在侮辱他。因为“狗”在汉语里是一种卑微的动物，狗的贬义形象在中国人心中已生根，人们常常用狗来形容不好的事物，如“狼心狗肺”等。但是在英国，狗却有很高的地位，英国人认为狗是忠实的朋友。英国人常常用狗来比喻人。如 Every dog has his day（凡人皆有得意日），You are a lucky dog（你是一个幸运狗）等。这样的教学既形象又生动，还能增强学生的跨文化敏觉力。

交际参与度是跨文化敏感度的最佳指示变量，意味着要想通过跨文化敏感度来提高跨文化交际能力，最有效的是加强交际参与度，从而对跨文化交际能力产生影响。（白雪，2010）因此，除了课堂上的对比教学法以外，教师还要鼓励学生积极参与具体的跨文化交际训练和实践，并努力为他们创造跨文化交际的机会，这是培养他们克服刻板印象和民族中心主义的最好途径。因为在具体的训练和实践中，他们能真切地感受到文化的多样性和同一文化不同个体的差异，逐渐形成多元文化观和开明的交际态度，从而尽量主动克服因刻板印象和民族中心主义而导致的交际障碍，形成良好的跨文化敏觉力。比如可以设计多个与中国人的思想和性格迥异的文化模式，由不同的人扮演，让他们分别与中国人交往。从这个活动中，受训者会体会到自身文化的某些特点和他国文化的一些特性，从而提高自己的文化敏觉力。在条件允许的情况下，带领学生或鼓励他们多参加各种小型国际会议、国际论坛以及跨文化聚会是一种更为直接的训练和培养他们跨文化敏觉力的高效方式。一位西班牙的女学生，来中国留学前是空姐，来中国几个月后她说她好几个朋友也准备来中国学习了。在她没来中国学习以前，她和她的朋友们都以为中国还没有通电，没有电话、电视机，甚至住的还是古旧的土房子，更别说电脑这样的高科技了，所以他们觉得来了会非常不方便。这些都是由于刻板印象造成的，阻碍了他们来中国学习和交流的机会，但是由于那位西班牙空姐学生亲身体验了中国的现代化以及中国文化带来的乐趣，所以扭转了她和朋友们对中国的刻板印象。

综上所述，无论是为了克服刻板印象和民族中心主义带来的两大交际障碍，还是旨在培养交际者对语言背后文化的解读和参悟，形成较强的跨文化交际敏觉力，都需要课堂上教师有意识地进行文化对比教学和其他形式的文化拓展讲解法，更需要尽量给学生创造跨文化交际训练和实践的机会，这样才能让他们树立良好的自信心，能够在具体的交际情境中调适自我，从容地应对交际中出现的各种复杂状况，最后顺利实现交际目标。

（二）培养跨文化认知能力

跨文化认知是指交际者对他国具有独特风格和内涵的文化要素及文化特质等方面的认识和了解，其本质就是学习与把握异国文化。文化认知过程随年龄的增长会不断变化。培养跨文化认知能力不但包括培养交际者跨语言交际能力，还包括培养交际者的跨文化交际能力。语言交际与文化交际是不可分割的，语言交际是文化交际的一部分，它为文化交际服务并反映着文化交际。跨语言功夫和跨文化功夫也是相辅相成的。跨语言功夫除了包括对目的国语言的巧妙选择和熟练运用外，更重要的是对语言背后文化的解读和参悟，也就是在语言教学中渗透文化分析，培养学生逐渐深谙他国语言背后与自身语言不同的文化密码，以利于交际语言的选择和交际的顺畅。培养跨文化认知能力首先要加强交际者的语言功夫，在教学中要使语言教学与文化教学齐头并进，在输入语言基础知识的同时，也不忘相关文化知识的输入，从而加强学生对文化差异的熟识、理解和评判，以提高学生对文化差异的敏感性和跨文化意识。语言功夫主要体现在用词、句子陈述与主题选择的适当性上。

在跨文化交际语言能力的培养上，首先应该重视的是词汇层面。词汇是语言的基石，也是很多学生学习语言的难点。每种语言的词汇中都蕴含着丰富的文化信息，是该语言中最活跃的成分，也是文化最精密的汇聚点。词汇本身的新陈代谢映射了相关文化的发展信息。因此，教师在单词讲授的过程中，穿插一些跨文化交际知识，既利于培养学生的跨文化交际意识，又让枯燥的词汇学习变得生动有趣。讲解词汇时利用相关的谚语、典故、名句等融入课堂就不失为一种有效的方法。比如在高级班汉语课上讨论“朋友”主题时，可以引入“有难同当，有福同享”“患难之中见真情”以及“在家靠父母，出门靠朋友”等中国谚语和名句，也可以顺势讲解《三国演义》中桃园三结义的故事。这些谚语、名句和历史典故反映了中国“义”文化，既能够增加学生对汉语的兴趣，又可以延伸词汇后面的文化知识，同时也能够促进留学生反观自己文化中“朋友”的含义及其与汉语的差异，这样的词汇教学自然会提高学生的跨文化意识。

除了词汇教学以外，句子陈述的跨文化培养也很值得重视，老师在课堂上讲解句子的时候，不但要讲解此种句子的语体风格适合在什么场合下使用，还要分析这种句子适合用在什么身份的交际对象上。句子的语气也是举足轻重的，比如请求语气的句子适合于与长辈说话或者请教别人帮忙时，而命令语气的句子则是用在命令下属或者孩子，如果没有掌握两种句子的区别而把语气用反了，在跨文化交际中很容易引起不必要的文化冲突。

另外，句子通顺与否、语法是否正确等也是教学中需要注意和训练学生的部分。在语法学习中领悟他国文化。在语法学习过程中，要注意比较外语语法与汉语语法的异同点，不要受汉语思维特点的制约，同时，在学习语法结构时，要强调其文化和交际功能。如“Lovely day，isn’t it？”只是英美人发起话题的常见语句，实无疑问。“Would you please turn off the light？”不表问而是表请求。西方人提出的请求常用问句，以示礼貌，但若长辈对晚辈或熟人之间可用祈使句。最后，谈话中主题选择的适当性同样不容忽视，这也是对语言应用能力的一个综合性考验。在拥有了词汇层面和句子陈述等方面的跨文化交际基本能力后，交际中的谈话主题是否得当，是否符合交际双方共同的交际需求，是否能引起交际双方的共鸣，是否需要继续深入谈下去还是转换为更有价值的主题，这些都需要学习。应在教学中通过具体的教学情景的设置、相关教学视频的播放，教师适时训练、引导和鼓励学生在跨文化对话中对谈话主题进行恰当选择和适时转换。

培养跨文化认知能力除了要培养交际者的跨语言认知能力外，还要培养其跨文化认知能力，即跨文化意识。培养跨文化意识第一步就是要让交际者从观念上消除偏见和歧视，认识到文化没有优劣之分，以平等的心态对待各个民族的文化和人。培养跨文化意识的第二步就是拓展交际者跨文化知识和眼界，树立多元文化心态和宽容的文化态度。培养跨文化意识可以通过以下途径来实现：（1）在语言学习的听说读写各种技能训练中。首先通过阅读外文资料感悟外国文化，在阅读中，多了解他国的科技、地理、历史和风俗等，熟悉他们的表达方式和风格，消除因文化知识不足而导致的理解障碍。其次，在外语听力中领悟他国文化。听力材料一般都是模拟的真实对话情景，因而听力训练过程就是一个跨文化意识培养的过程。要让学生知道交际中哪些话题应该避免，比如年龄、婚姻、薪水以及家庭住址等私人话题不应该作为话题。再次，在听的基础上要积极发言，主动参与到跨文化交际活动中，以提高自己在跨文化交际中的表达能力。最后，通过写作提升外国文化知识的内化和运用。在写作中，要充分意识到中外文化的差异，让人体会到流畅、地道、连贯的外语文章，从根本上提升跨文化交际的综合能力。（2）在外语活动中体验外国文化，主动结交各国朋友。例如，组织外语角、学唱外文歌、看影视材料以及编演外语剧等。在这些活动中，学生身临其境地体验真实的外国文化，了解他们的风俗文化和民族禁忌。同时，教师应帮助学生分析自己文化中哪些方面对自己有利，哪些不利，然后再分析目的语文化，分析其中哪些方面我族容易适应，哪些不易适应却易引起文化冲突，从而有意识地改变自己的行为模式，以利于跨文化交际目标的实现。（3）在各种旅行活动中，主动积极地寻找跨文化交际的机会。总之，我们对文化差异了解越多，体验越多，越容易对他国文化采取接受和宽容的态度；同时，移情也有利于培养对文化差异的宽容性，我们一旦能从对方的角度考虑问题，就已经具有很强的跨文化意识了。

（三）培养跨文化行为能力

其实，无论对跨文化敏觉力的培养，还是对跨文化认知能力的培养，最终都是为了使交际者在跨文化交际中能够进行灵活交际，也即是跨文化行为的灵活性，这三者不是彼此截然分开的，而是互相依存的关系。跨文化敏觉力的培养包含跨文化认知能力和跨文化行为能力，而跨文化认知能力的培养中也融入了跨文化行为能力，而跨文化行为能力的培养势必以跨文化敏觉力和认知能力的培养为基础，并且是对这两种能力的一种巩固和融合。

跨文化行为能力即跨文化行为的灵活性，是跨文化交际能力的核心要素。它首先包括交际者能够根据交际双方的文化背景和个性特点，灵活调整自己的交际策略和行为，尽量向对方的交际规则靠近（以不违反自己交际原则为前提），缩小差距，营造和谐交际氛围，同时，灵活处理因文化差异而引起的文化冲突。在处理冲突时，交际者要善于运用恰当的语言阐明自己的文化困惑，介绍本族文化行为规范，弄清对方的文化习俗，找出冲突的解决途径，达成共识，完成交际任务。根据美国学者陈国明在《跨文化交际学》中所述，跨文化行为能力包括信息传达技巧、自我表露技巧、行为的灵活性、互动管理以及认同维护技巧等五个方面。当学生学习了跨文化行为能力的五个要素之后，教师分阶段、有层次地组织跨文化实践是培养学生跨文化交际行为能力最有效的途径。

1. 跨文化交际角色扮演

首先，角色扮演是教师在条件有限的情况下采取的一种跨文化虚拟实践，角色扮演可以分成两人组角色扮演及多人组角色扮演。两人组角色扮演要求两人分别扮演不同文化国的两个具有一定职业身份（或者学生身份）的交际者，模拟一个实际生活或工作场景，基本设定交际流程主线，留出适度自由发挥的空间，完成一定的交际任务。多人组角色扮演除了在交际者人数上有所增加外，还可以分为两个文化国或多个文化国之间的跨文化交际。多个文化国交际背景相对复杂些，因此多人组角色扮演应该在两人组角色扮演训练到一定程度的时候开展，学生能阶段性地增强跨文化行为能力。角色扮演的目的，在于让学生经由模拟的过程，面对并尝试解决跨文化交际中可能碰上的问题和障碍，通过信息传递、自我表露、互动管理以及移情等行为的训练，提高跨文化交际行为的技巧，增强跨文化行为能力。这个方法的优点在于把学生从旁观者变成参与者，使他们能够在模拟的跨文化环境里，亲身体验另一种或多种跨文化交际。

2. 跨文化交际互动实践

组织本校留学生和被训中国学生进行实际的跨文化交流，布置一定的交际任务，根据交际任务需求提供交际场所，并提醒中国学生注意跨文化交际能力五个方面的技巧，通过见面、认识、交流过程，老师观察学生在交际中的困惑、问题、冲突以及解决问题时学生表现出的焦虑或灵活行为。同时可以在学生不知晓的情况下把他们的交际行为摄录下来，在课堂上回放，有些交际失误学生会在观看中意识到，有些需要老师点出后给学生讲解，这样一个学期组织几次交际实习，每次针对不同的重点交际问题进行现场交际，学生的实际交际行为能力自然会得到提升，交际行为更加灵活，交际效能更高。在互动过程中尽量使用描述性、支持性的信息。描述性的信息指使用不妄加判断的态度，给对方明确、具体的回馈，支持性的信息指沟通时同意或支持对方的看法并以点头、注视等动作技巧奖赏对方论点的能力。互动实践的优点是来自异国的交际者比本国角色扮演者能够带来更真实完整的异国文化信息和行为形态。

中国与世界的跨文化交际日益频繁，除了和本校留学生进行一定的跨文化交际实践外，教师和学校还应该多鼓励学生积极参加国际会议或跨国活动，尽可能提供学生相关方面的信息和机会，以增加学生跨文化交际实践的机会，让学生在实践中去体验和认知文化差异，进一步有效提高自身处理文化差异的灵活性。这些建议的实施必然能促成学生的跨文化交际能力和综合文化素质的实质性提升。跨文化交际能力的形成有其阶段性、层次性，因此跨文化交际能力的培养也不是一蹴而就的，而是由表及里，由浅入深，不断发展、深化的过程。教师要针对不同层次设计不同的教学方法和侧重点。

总之，我们应当使学生意识到不同文化背景的人们惯用的言行交际方式，增强学生对不同文化背景的人们通常行为的了解，并把它们与受自身文化影响的行为联系起来，加深学生对自身文化的意识以及对不同文化、不同道德标准的人们的理解，深入了解不同文化背景的人们的日常生活模式、言语及非言语行为方式以及具体情境的行为原则。具体而言，我们要着重培养外语专业跨世纪人才的外语能力来应对 21 世纪的挑战。

（1）大学外语教育重点体现文化素质教育。

语言是人类文化和知识的载体，因而外语教学是实施文化素质教育的一个重要途径。语言知识和语言技能的教学是需要通过学生的实践才能完成的，学习的效果在很大程度上取决于学生的主观能动性和参与性，因此，大学的外语教学更强调了教师的指导作用。作为课堂教学活动的组织者和实施者，教师应该最大程度地调动学生的主观能动性和参与性，目的是使学生成为课堂教学的真正参与者和合作者。在外语教学实践中，效能兼顾的教学方法可以提供大量的语言知识点和文化着眼点的有效输入，同时营造轻松愉悦的学习氛围和课堂文化环境，在这个基础上，充分调动学生主动学习的积极性，从而引导学生在培养有效的学习方法的同时，同步提高自身所习得语言的相关文化知识储备。

必须注意的是，所习得的外语可以用来获取信息，也可以用来了解世界各个国家和各民族的历史文化、社会习俗、政治环境、风土人情等多方面的知识。更重要的是，在文化素质教育中，绝不能忽视母语的学习，良好的母语能力是学好外语、提高文化素质、培养跨文化交际能力的基础。

（2）教学中正常发挥教材的作用

外语学习的教材选择同样是一个不能忽视的方面。一部好的教材指的是既包含所学习外语的语言知识，又包含其语言的运用知识和文化背景知识，对此，我国外语界人士都已经充分认识到文化在跨文化交际语言使用中的重要性，各大高校的外语专业都相继开设了英美概况、英美文学、哲学等课程，在提高学生学习外语能力的同时，扩大学生的事业。但略有缺陷的是，上述所提到的文化教学大多是关于英语国家政治、历史、文学、经济等方面的知识，即“成就文化”，而对于在外语实际性的交际活动中受文化影响最大的“行为文化”涉及的是少之又少，甚至是根本没有，导致的结果是学生在跨文化交际能力的课程改革已经迫在眉睫，箭在弦上，必须马上进行相关的课程安排，并将改变付诸课堂的实践教学中，如此培养的外语专业的毕业生才是跨世纪的人才，才能顺应时代和社会发展的需要。

在课堂教学实践教学活动中，授课教师在关注教材内容的同时，也要采用切实可行的教学方法，使书本上静态的语言素材活泼起来，通过事实例句，引导学生自己来发现母语和所习得外语的相同和不同点，认识两种不同语言中所隐含的不同文化和价值观念。在这个基础上，让学生自己总结并且真正认识到语言深层的交际是使用得体的语言形式进行交际，而不只是语言形式的交流。授课教师要时刻牢记教材是课堂教与学的基础，它是为教学服务的。通过教材提供的语言素材，师生采用教、学互动的方式，提高课堂知识输入量，在有效的时间内吸收国外优秀文化的精华。

（3）课堂上培养学生的自我完善意识

交际能力主要是由语言能力和文化能力组成。在潜心培养学生文化能力的同时，并不意味着放弃或是放松语言能力的学习，语言知识是语言技能的基础，没有扎实的语言知识就不可能获得较强的语言技能；而语言技能的提高也会促进语言知识的加深、理解和巩固，在掌握语言技能的过程中，应正确处理准确与流利的关系、阅读与其他技能之间的关系。在进行听、说、读、写、译的技能训练时，应用语言知识的准确性和应用语言技能的流利性往往会产生一定的冲突；但准确和流利不应处于对立状态，他们其实是一枚硬币的两面，互相依赖。准确是流利的基础，流利则是准确的提高，若没有流利，准确只是空中楼阁，根本谈不上能进行有效的口、笔译交际。从语言学习规律来看，语言技能的娴熟性直接表现在语者交际能力上。听、说能力的提高是获得语言交际能力的基础，大量的语言输入是直接建立在听和读的基础之上的，同时，说、写、译是对语言素材深层次的应用和消化，语言知识也一步步地得到巩固。

在语言教授过程中，教师应积极引导学生自己归纳、总结知识，培养学生主动学习的能力，耐心地指导学生怎样在学习过程中通过上下文来记忆和巩固学过的单词，总之，教师应该随时注意培养学生的语言意识、语言学习意识、跨文化交际意识以及主动通过实践获取知识的意识，这样一来，学生在学习英语的时候，并不仅仅是学习语言，他们同时也在学习如何学习。英语的学习过程也成为一个人获取语言能力、交际能力、文化能力和跨文化交际能力的过程。

外语教学的主要目的是培养学生的交际能力，而不了解所习得语言的国家文化不可能真正具备跨文化交际能力。因此，在培养学生跨文化交际能力的过程中，应该让学生尽可能多涉猎一些文化交际方面的书籍，鼓励他们与不同文化背景的人们进行交际。不断培养和提高他们的跨文化意识和对不同文化的敏感性及理解性，这样就能既学习语言又学习文化，从而成功地实现跨文化交际活动。

第六章　跨文化交际视角下大学英语文化教学中的教师发展研究

第1节　大学英语文化教学中教师的角色定位

相较于在传统大学英语教学中，教师在大学英语文化教学中扮演着新的角色，不仅是传统知识模块的搬运工，也是西方文化的传授者，更是中国传统文化的传播者。在新的时代背景下，大学英语教师要树立国际视野，用发展的眼光定位自己的角色，从而更好地服务于教学。

一、大学英语文化教学中教师的角色定位

（一）学生学习上的导航者

教师的主要任务就是传道授业，指导学生学习和掌握知识，所以教师是学生学习上的导航者。教师要想做好学生学习上的导航者，就要扮演好与之相关的角色。具体包含以下几个方面。

1. 教学资源的选择者

当今世界已步入信息时代，互联网高度发展，这对大学英语教学产生了很大影响，也提供了很大便利。学生知识的来源不再仅限于学校和教师，也不单纯依赖教材书本，学生可以通过网络查找和选择相应的学习资料。网络资源浩如烟海，教师必须对学生的学习资料加以筛选，并指导学生选择精华去除糟粕。只有选择了优质的教学资源，才能充分发挥网络的作用，提高教学和学习的效果。就大学英语文化教学而言，教师在教学资源的选择上要做有心之师，有意识地选择一些西方典型的文化知识传授给学生，同时与中国文化相对比，将学生对语言知识、外来文化和中国文化的学习融为一体。

2. 语言知识的诠释者

在大学英语文化教学中，语言知识的讲解是必不可少的，所以英语教师要扮演好语言知识的诠释者这一角色。教师要具备渊博的知识，对英语专业知识进行系统的、全面的把握，并能够从这些知识中分析出语言现象。一般来说，英语教师需要掌握的专业知识包括

理论知识、语境知识、实践知识等，这些知识中囊括了语音、词汇、语法、语篇、文化等知识。教师只有掌握了这些知识，才能有效开展教学，才能帮助学生提升自我，实现学习目标。

3. 语言技能的传授者

在大学英语文化教学中，英语教师不仅要向学生传授语言知识，还要向学生传授语言技能。语言技能包含听、说、读、写、译五项。就语言的发展规律而言，听说居于重要地位，读写译其次，但就外语教育的角度而言，读写译居于重要地位，听说其次。这就说明英语教学的目标是让学生具备一定的读写译能力，而听说能力是实现读写译能力的前提与基础。作为学生学习的导航者，教师要想培养学生的语言综合能力，提高教学质量，就要熟练掌握和驾驭英语语言技能，并且使英语语言的几项基本技能有机融合起来。

4. 教学活动的组织者

在大学英语文化教学中，英语教师首先要扮演好教学活动组织者的角色。一直以来，英语教师都占据课堂的主导地位，唱独角戏，导致学生的知识输入与输出之间存在巨大的鸿沟，教学效果达不到预期的目标。在新的教学形势下，教师作为教学组织者的地位越来越重要。在教师所组织的教学活动中，学生处于中心地位，是教学活动的主要参与者。如何根据教学目标选取教学资源，如何根据学生的学习情况和教学资源设计课堂、管理课堂、引导学生积极学习，如何将中西方文化元素恰当地融入课堂，都是作为教学活动组织者的教师需要考虑的问题。

5. 教学活动的参与者

在传统的大学英语教学中，教师很少参与教学活动，通常是将大部分时间用在向学生灌输知识上。随着教学的改革与发展，在现在的大学英语文化教学中，英语教师已经从居高临下的知识传授者成为学生学习的参与者，与学生处于平等的地位。具体而言，教师应成为与学生共同构建学习的参与者，与学生一起探求知识，当自己出现错误和过失时，要勇于承认。教师应营造平等、民主的教学氛围，与学生一起积极参与各种教学活动，同时不能占据学生的主角位置，应成为学生的观察者、倾听者和交流者。实际上，教师与学生共同参与教学活动的过程，也是教师与学生相互合作的过程，此时教师所扮演的角色就是合作者。在合作过程中，学生能感觉到教师不再是教学的权威，而是学生中的一员，其紧张情绪就会消除，学习的积极性会不断提高。对此，教师在参与课堂活动时，应抓住所有机会为学生创造轻松的语言实践活动，并积极参与其中，同时教师要注意在参与过程中对学生起到一种示范作用。

6. 学生课后学习的辅导者

英语教师除了要组织好和管理好课堂教学，还要能够善于引导学生进行课后学习。随着社会和个体发展的需要，终身学习理念开始得到普及并深入人心。在大学英语文化教学中，学生普遍存在的一个问题就是自主学习能力较弱。对此，英语教师要有意识地培养学生的自主学习能力，尤其是自主学习文化知识的能力和用英语进行跨文化交际的能力。一方面，教师要依据教学目标为学生布置任务，提出要求，检查学习效果，同时对学生的学习情况提出建议，让学生把对语言和文化知识的学习当作一种自主行为。另一方面，教师要做好学生课后学习的辅导者，在课后帮助学生解决学习和生活中的问题，同时要进行自身知识的学习和更新，成为学生学习的榜样。

（二）学生价值观的引导者

教育本身并不只是向学生灌输知识和传授技能，实际上，在教育过程中，知识和技能都是人格的载体。真正的教育是指向人的灵魂的，意味着对人精神的提升、人格的引导、情感的熏陶和价值观的引领。这说明，在教育过程中教师扮演着学生价值观引导者的角色。英语教师要做好学生价值观的引导者，就要充分发挥大学英语课程的人文性。“大学英语作为一门文科类公共课程，其人文性应体现在教学内容可以潜移默化地传输正能量，促进人的健康、全面发展。”

具体而言，教师要为人师表，要做学生的道德表率，学生的思想道德教育是每一位教师的本职工作。一方面，教师自身要具备正确的价值观；另一方面，教师要善于用言行举止对学生进行潜移默化的教育，同时在教学中还要有意识地引导学生关注国家相关政策和战略部署。教师的一言一行对学生的世界观、人生观和价值观有直接影响，大学英语教师面对外来价值观的冲击要有自身的价值判断和价值选择。教师要积极主动践行社会主义核心价值观，用高尚的道德行为感染学生。课堂上，要将中国优秀传统美德以及社会主义核心价值观融入教学活动，课堂外也要关注学生的思想行为动向，把对学生价值取向的引导作为自身的重要职责，引领学生健康发展。

（三）教学方法的探求者

教无定法，但教师需要有方法意识。在教学中，教师要做到学生学习的导航者和价值观的引导者，必须根据时代特征以及学生情况调整教学方法，做教学方法的探究者。教师在英语教学中不能仅使用一种教学方法，应该承担起教学方法开发者与设计者的角色，创新教学方法，使教学课堂更加多样有趣。与其他学科相比，英语教学具有极强的实践性，因此其与教学方法的关系更为密切，甚至教师对语言知识的分析、学生语言技能的掌握、教师课堂活动的组织等都需要考虑相应的教学方法。

具体来讲，首先，教师应根据教学的发展趋势，把握时代特征，探索线上线下的混合教学模式的具体实践，充分发挥混合教学模式在突破时空限制、促进学生积极主动学习方面的优势，提高教学的质量和效率。其次，教师要积极采用交际法、任务法、情境法等教学方法，引导学生学习语言和文化知识。最后，教师要灵活运用考核方式，采取过程性评估和终结性评估相结合的方式，将学生课堂内外的学习情况纳入考核结果，把学生对英语知识与文化的学习，学生的价值取向情况以及对待中外文化的态度作为评价的参考，并在期末适量增加相应的考核内容，以激发学生学习的积极性，促进学生全面发展。

（四）语言教学的研究者

英语教师不仅是教学活动的组织者和学生学习的导航者，还是语言教学的研究者，承担着对语言教学进行科学研究的任务。他们在掌握语言教学理论与性质规律的基础上，逐渐更新自己的教学理念，并运用这一理念去指导实践活动，达到良好的教学效果。因此，英语教师在英语语言教学实践中，必须进行英语语言教学的理论研究，将教学研究与课堂教学实践相结合，从而实现理论到实践的转变，再到理论的升华。

（五）文化的传播者

1. 多元文化的驾驭者

随着大学英语教学的改革与发展，文化教学成为大学英语教学的重要组成部分，而且现在文化全球化的发展在逐步加深，所以大学英语教师要向学生讲授相应的文化知识，提高学生的文化素养和跨文化交际能力，这就要求教师具备丰富的文化知识，能够驾驭多元文化，成为多元文化的驾驭者。在大学英语文化教学中，英语教师要明确多元文化教育观。正如班克斯所说，教师应该对教材进行谨慎的选择，去除各种存在文化偏见、文化歧视等内容的教材；选择一些视听材料、课外书籍，对教材加以补足，增进学生对其他族群的认知与了解；选择一些观点上保持一致的教材，避免出现使用一些本身存在认知冲突的教材；选择的教材要避免在概念、教学活动中掺加偏见成分。

2. 中国文化的传播者

大学英语教师除了要了解、掌握和介绍其他族群的文化，还要了解和把握中国文化，并成为中国文化的传播者。教师是知识的引导者，也是文化传承者，教师应该以一个真诚的面孔展现在学生的面前，将本土文化知识融入自己的课堂之中，与学生展开平等的交流，这可以为英语课堂教学提供更为广阔的空间，同时有助于构建和谐的师生关系。

王守仁教授曾指出："我们要从提升中国文化软实力、建设社会主义文化强国的国家战略高度来认识大学英语课程的人文性，以更好地应对中外文化交流、交融、交锋的挑战。"这对大学英语教师具有极大的启发性。文化并无优劣之分，对待外来文化，不全盘否定，应本着尊重的态度，善于吸取其优秀成分，使之成为中国文化长河中的一部分。但文化有国界，不能盲目崇拜。大学英语教师要善于发现学生的问题，及时给予梳理和引导。教学中除了要引导学生关注外来文化，还要启发学生善于将其与优秀的中国文化做比较，增强学生的民族文化自豪感和文化自信心，更要以相应的任务形式让学生学会用英语讲述中国文化，传播和弘扬中国文化。

（六）现代技术的应用者

随着现代科学技术的快速发展，网络、多媒体等先进技术开始广泛用于人们的生活中，并在英语教学中发挥着巨大的作用。在网络、多媒体辅助教学的模式下，英语教师的职责并没有削弱，反而面临着更大的挑战，因为这一全新的教育形式对英语教师提出了更高层次的要求，英语教师必须学会运用先进的教学手段和教学模式，改变传统的教学理念和模式，使自己成为现代技术的应用者，这样才能适合当前教育的需求，有效地开展教学。

二、跨文化视角下英语教师的角色完善

跨文化视角下，英语教师角色发生了变化。如何完善教师角色转换是跨文化教育的重要任务。这不仅是政府的职责，还需要学校的努力，更要求教师个人不懈的追求。

（一）政府的职责

政府作为主流文化的倡导者、文化建设的主导力量，加强文化建设，推动文化事业发展成为政府的不二职责。面对文化发展趋势，政府应该发挥主导作用，制定相应政策，在发展主流文化的同时承认文化的差异性，不歧视异域文化，构建理解和信任的文化氛围，采取宽容、平等和对话的方式促进文化事业发展。通过政策的推动，方能培养出具有跨文化视野的肩负着传承、研究和创造文化使命的教师。教师也只有在政策的保障下提升素质，提高专业化水平，切实履行职责。为此，世界各国非常重视文化建设，各自依据国情制定出相应的文化政策。

推动文化发展历来是我国政府矢志不渝的追求，我们“始终把文化建设放在党和国家全局工作重要战略地位”，我们的目标之一是“以民族文化为主体、吸收外来有益文化、推动中华文化走向世界的文化开放格局进一步完善”，同时要“积极吸收借鉴国外优秀文化成果”，而且要求“全面贯彻‘双百’方针”。充分承认文化差异的存在和意义，并通过平等开放的心态鼓励“百家争鸣”，志在融入世界多样文化之中。追求“高素质文化人才队伍发展壮大，文化繁荣发展的人才保障更加有力的”目标，强调“推动社会主义文化人发展人繁荣，队伍是基础，人才是关键”，而且要“造就高层次领军人物和高素质文化人才队伍”和“加强基层文化人才队伍建设”，足见政府对文化队伍建设的重视。这为教师在跨文化教育中的角色完善提供了政策和制度保障，为其履行角色职责创造了有利空间，为其发挥角色职能搭建了强有力的平台。

（二）学校的努力

学校教育是由专职人员、专门机构承担的有目的、有计划、有组织、系统的，以促进受教育者的身心发展的教育活动。教师是学校教育的第一资源，离开教师或者缺乏优秀教师的学校难以肩负起培养人才的重任。为了培养高素质的教师，更新观念、营造氛围、完善制度是学校应当承担的职责。

学校要不断更新观念，树立教师是第一资源的理念。虽则教师历来被认为是学校教育基本三要素之一，但是长期以来许多学校决策者深受工具理性主义思想的影响，把教师当成实现教育目的的工具，功利性地一味追求教育效率和成果，不理会教师的情感和自我实现的需要，漠视教师的精神追求。如此便导致教师陷入盲目竞争之中，疲于应付各项指标任务，淡化了教师应有的角色职责，最终消弭了教育应有之义。改变功力观念，树立以人为本的理念，把教师当作学校发展的第一资源，关心教师成长，满足其精神需求，是促进教师角色完善的第一步。学校文化氛围于无形间影响教师意识，潜移默化成教师的行为，其力量虽难以量化描述，却极其强大。但是，部分学校忽视校园文化建设，以应试为导

向，让学校成为一个偏执的竞争场所，教师职责难以有效履行，致使教育失去其本真。为改变此种状况，学校重视文化建设，积极营造平等、和谐、民主的文化氛围，让日日身处其间的教师得到平等的对待，受到应有的尊重，享有自由表达的权利，促其逐步完善其应有之角色。

制度是要求学校内部人员必须共同遵守的规章或准则。制度具有指导性、程序性、规范性、约束性，同时具有鞭策性和激励性。学校制度规定教师的权利和义务，指导教师履行职责，规范和约束教师行为，激励教师发展。可见，制度建设是完善角色的重要保障。学校必须完善各项制度，特别是教师培训制度、评价制度、奖励制度。而且要加大制度的执行力度，让教师有章可循，有法可依，权益得到保护。

（三）教师的追求

教师角色的完善最终落脚点在教师个体身上。作为个体，每位教师要追求卓越，树立角色意识，充分理解多元文化中教师角色的多样性，加强学习，主动实践，提升素质。

教师角色意识是指教师对自身角色地位、角色行为规范及角色扮演的认识、理解与体验，不仅包括动态的教师对角色进行认识、理解的过程，也包括静态的教师对角色认识、理解的结果。树立角色意识是自觉完善角色的先导，角色意识影响着教师的教育行为，对教师角色成熟具有重要价值。明白角色地位和相应的角色行为规范，可以引导教师理解多元文化中教师角色多样性的自觉，使其主动在跨文化的语境中审视自身，要求自己，规范行为，同时养成自觉学习和主动实践的习惯。

学习是教师提升专业化水平走向角色成熟的必由之路。教师学习主要指在一定人为努力或外部干预下的教师专业知识、能力的生长变化。因此，教师应该在政府、学校政策和制度的保障下，加强学科专业知识、教育教学知识、人文知识的学习。不单单向书本学习，还要向同行学习，更要在实践中学习；不但学习书本知识，更要学习实践性知识，积累经验，提升专业能力。

教学实践是教师角色实现的途径，同时又是教师成长的途径。在实践中教师的理论知识才能发挥作用，得到检验。教师的实践知识、个人知识通过教学实践才能获得，教师的教育教学能力在实践中得到发展，教师的智慧在实践中得以养成。可见，实践既是目的，也是手段。跨文化境遇中的教师要敢于实践，善于实践，勤于实践，在实践中完善角色，在实践中增长智慧。

无论政府、学校还是教师个人在完善多元文化教师角色的使命中发挥着不同的作用，三者缺一不可。政府是大政方针的制定者，是有力的保障；学校是政策的实施者，是具体制度的保障者；教师是角色完善的具体体现者。三者形成合力，承认文化差异，理解文化差异，吸纳多元文化，实施跨文化教育，才能使教师真正成为跨文化的理解者、本土文化的传承者、跨文化的研究者和教育公平的实施者。

第 2 节　大学英语文化教学中教师的素质要求

教师在教学中所扮演的角色决定了其必须具备相应的素质。所谓教师素质，是指教师能够顺利完成教学任务、培养人所必须具备的品质，且是身心相对稳定的基本品质，包括道德素质、文化素质、思想素质、能力素质、科研素质等。教师素质的高低对大学英语文化教学以及学生有着重要的影响作用，以下就对教师的素质要求进行具体说明。

一、较高师德素质

“德高为师，身正为范”，师德是英语教师必备的素养，也是英语教师从事教育活动的动力源泉，教师要遵守职业道德和伦理操守，遵守国家和院校规定的教师守则。首先，教师站在一定精神高度上，提升自己的精神境界，树立育人意识，营造良好的教学环境，热爱学生，对教学有执着的追求，忠于人民的教育事业，具有爱岗敬业的奉献精神。其次，教师应更注重通过课本主题或其他教学实践来指导学生如何学习、如何做人做事，帮助学生树立正确的价值观，努力将他们培养成为社会和国家需要的德才兼备的综合型英语人才。

二、解读多元文化的能力

在大学英语文化教学中，教师要具备解读多元文化的能力，这样才能言传身教，提高学生的文化素质。具体而言，教师需要向学生进行以下几个方面的解读。

（1）多元文化是一种历史事实，是指在一个地域、社会、区域等特定存在的、相互关联的却又具有独立文化特征的几种文化。不同的文化具有差异性和多样性，早期的古希腊文化、中国春秋战国文化、隋唐文化都具有多样性且存在差异性，这些都可以说明，历史时期不同，文化也不相同。

（2）多元文化是一种政治诉求，其源自不同族群在争取平等的经济、文化权益斗争的结果，是一种对经济、文化等平等的追求。可见，多元文化不仅是一种事实存在，还是一种价值存在，是人们在文化上所秉持观念的表现。

（3）多元文化是一种思维方式，对多元文化的理解就是对多元文化差异性、多样性的理解，并要认识到所有文化都应该是平等的，彼此之间会产生直接或者间接的影响。

在大学英语文化教学中，教师应该对多元文化进行正确的解读，从多样视角对不同文化予以尊重、学习与理解，不能毫无保留地全盘接受社会主流文化，对其他文化全盘否定，应该批判地看待不同文化。

三、以学生为中心的教学意识

在现在的大学英语教学中，学生可以说形成了一个多元文化语境，他们来自不同地区，具有不同的成长背景，有着不同的思维方式，接受能力也各不相同。如果教师对所有学生都一视同仁，那么必然会削弱学生学习的积极性与主动性，也势必导致教学效果不佳。对此，教师应该“以学生为中心”，教师自身的角色也应该发生改变，从原本对课堂的控制者转变为对学生英语学习的辅助者，同时对待每一位学生都应该持有平等、公平的姿态。教师要认识到不同学生的文化差异与多样性，并对此因材施教，使学生充分发挥自己的潜力，充分展现自己的个性，让学生成为学习的主体，促进学生积极学习，使学生成为自主学习者。

四、良好的心理素质

一个人的心理素质集中反映着其性格、情感和意志等。在大学英语文化教学中，教师不仅要讲授教材中的语言知识，还要讲授相应的文化内容，课业压力较大，而且教师要关注学生的生理和心理健康，这就对教师的心理素质提出了一定的要求。教师要不断提高自己的心理承受能力，培养自身良好的心理素质。具体而言，教师良好的心理素质体现在以下几个方面。

（一）性格

教师的性格与课堂教学有着直接的关系，它直接影响着课堂氛围、班级气氛、学生学习的积极性等。一般来讲，性格外向、充满激情的教师所组织的课堂也会更有张力，在这种气氛下学生的学习也更有热情，学习效果也会更好。因此，英语教师最好能外向、活泼，也能沉着、冷静，从而确保课堂教学生动有序地开展。

（二）情感

在情感上，教师要热爱自己的教育工作，要甘愿为学生服务。英语教师肩负着引导学生健康成长的重责，所以其必须具备强烈的责任感和责任心。教师要以真诚的态度对待每一位学生，表扬和鼓励学生的进步，指导和分析学生的问题。教师要热爱自己的学生，对所有学生一视同仁，不可以学生成绩的高低作为评判学生好坏的标准。此外，教师要关心学生的课外生活，帮助学生解决学习与生活中的问题，与学生建立良好的师生关系。

（三）意志

教师的教学过程也是遇到问题并解决问题的过程，所以要具备解决困难的勇气和信心。英语教学工作是一项持久的，不可任意中断的教学工作，所以需要教师必须有持之以恒的精神和意志。

五、灵活驾驭教材的素质

教材是教学赖以开展的依据，是教学内容的重要载体，所以英语教师应具备熟练使用教材的素质。具体而言，这一素质包含使用和评价两个方面。

（一）对教材的使用能力

1. 补充或删减教材内容

在具体教学过程中，英语教师要有根据实际教学情况对教材内容进行补充或删减的能力，以便使教学内容更加贴近学生的实际生活，满足学生的需要。这里的补充或删减并不是任意进行的，而要在保证不影响教材完整性和系统性的前提下进行。

2. 调整活动步骤

有些教材中的教学活动并不适应学生的学习水平，此时就应该根据教学实际情况和需要，对教学活动设计的难度加以调整。如果教师感觉英语教材中教学活动设计得太难，那么也可以适当扩展活动的步骤，增加一些有提示性的步骤，降低活动的难度；如果教师认为教材中教学活动设计得太容易，那么可以对活动做适当的延伸，如在阅读理解的基础上，增加词汇训练、展开讨论或辩论，甚至可以进行写作训练等。

3. 调整教学方法

在大学英语教学中，学生的英语水平各不相同，接受能力也存在差异，英语教材中推荐使用的教学方法并不适用于所有的学生和教学实践。此时，教师可以根据学生的特点和具体的教学情况，对英语教学的方法进行调整，以提高教学效果。

4. 调整教学顺序

英语教材中安排的教学顺序并非全都合理，对此教师可以结合教学实际情况进行调整。教师在调整教学顺序时，应注意教学内容之间的关系，遵循循序渐进的原则，不可随意调整。

5. 对教材使用情况进行总结

一段时间的教学之后，教师应对教材的使用情况进行总结。具体而言，教师在总结中要考虑以下几个方面：教师和学生是否满意此教材，使用此教材进行教学是否达到了设定的目标，使用此教材是否有利于提高英语教学的效果，在使用此教材时发现其中有哪些优点和不足，此教材的哪些方面需要进行调整。

（二）对教材的评价能力

教师除了要具备使用教材的能力，还要具备评价教材的能力，这样有助于教学的高效开展，也有助于学生选择合适的教学材料。英语教师对教材的评价具体体现在以下几个方面：

1. 教学的指导思想

在对教材进行评价时，教师首先要对教材中所体现的教材思想进行评价，分析教材的指导思想是否与学科的最新研究成果相吻合。教学指导思想具体涉及对语言的认识、对语言学习的认识以及对语言教学的认识。

2. 教材内容的选择与安排

教材内容的选择与安排决定着教师教学的内容和学生学习的内容。通常，教材内容的选择与安排要以英语教学的目标，即培养学生综合运用语言的能力为基准。此外，在评价教材内容时，要看教材内容是否符合语言学习的基本过程的规律。

3. 所采用的教学方法

英语教学方法决定了教师要怎么教和学生要如何学，它可以为教材内容的选择、安排以及教学活动的设计提供具体依据和参照。因此，教师在对教材进行评价时，要看其是否体现了先进的教学方法。

4. 教材的组成部分

在评价教材时还要看教材的各个组成部分是否齐全。一套完整的英语教材应该是由教师用书、学生用书、练习册、多媒体光盘、录像带、录音带、卡片以及挂图等组成的立体化教材，这些部分各有侧重，各有特色，构成了教材有机的整体。

5. 教材语言素材的真实性、地道性

在评价教材时，要对教材的语言素材加以分析。英语教材中选择的语言要与现实中使用的语言基本一致，具备真实性、地道性。

六、较好的信息素质

在当今信息化时代，信息素质是大学英语教师不可或缺的素质，它是确保教师有效开展网络、多媒体教学的基础。教师要积极学习相应的信息技术，提升自身的信息素质。具体而言，教师应做到以下几点。

第一，正确理解信息、信息社会、教育信息化的相关内容，关心教育信息化的进程，积极投身于学校教育信息化的工作中。

第二，认识到信息资源对教育工作的重要性，为学习和教育教学工作等问题的解决，能确认自己的信息需求，灵活地通过各种渠道迅速地获取有效信息。

第三，准确高效地解读信息和批判性地评价信息，可以将信息应用于批判性思考。

第四，有效整合相关信息，创造性地使用信息解决问题，能够用尽可能多的表达方式表达，呈现自己生成的新信息。

第五，具备较强的信息道德意识和信息安全意识。

第 3 节　大学英语教师的文化教学能力发展

教师的素质与能力是决定教学质量的重要因素，是教学改革成功的关键，没有教师素质的提高，就不可能有较高的教学质量，没有教师的教学发展，就不会有学生的积极发展。有学者指出，教师培养目标与内容的制订要综合考虑教师的现状，依据教师在教学中所扮演的角色，明确教师所需要的知识、技能、态度、价值观等，以及教学所需要的专业知识和跨文化交际能力。

就我国英语教师而言，教师教学能力发展应满足跨文化交际能力培养的需要，要转变教学观念，提升跨文化交际能力和文化教学能力。转变教师观念，增强教师跨文化交际能力培养的信念，是教师发展和培训的重要内容之一。在知识方面，教师应丰富跨文化知识和理论，增强对文化差异的敏感性。在能力方面，教师应注重跨文化交际能力和文化教学能力的提升。

一、为教师提供扩大对外交流的机会

在当今社会，英语教师与外部学者之间的交流和合作是一个重要的趋势。教育相关部门应尽可能为教师提供更多对外交流的机会，如与外国院校合作进行交换生的学习教育，或聘请英美外籍教师和专家对中国的英语教师进行培训。当然，如果条件允许，还可以组织一些由在校英语教师与外籍专家参与的座谈会，为中国的英语教师提供更多的学习和用英语交流的机会。此外，也可以选派一些优秀的英语教师出国参加一些培训，让他们真正身临其境，增加自身的阅历，并亲身体会和感受英语国家的文化。

二、借助多媒体技术，获取文化背景知识

英语教师要提高自身的思想素质，树立牢固的敬业精神与奉献精神，就要不断增强自身的文化素养，扩大知识的广度与深度。在提高自身专业素质的过程中，在考虑自身已具备一定的外国语言文学与历史知识的基础上，在听力教学方面选取多种听力材料，通过不同形式增进自身对听力材料和文化背景知识的深刻理解。英语教师在利用英汉媒介扩大视野的同时，要加强自身的文化视野，在学习中可以选用现代化的教学设备。这种教学方式可以更加生动具体、真实直观地向教师呈现英语国家的文化背景。对英、美等国的文化背景，生活习惯、价值观念等了解的过程，可以增强对文化的认识，从而提升自身的文化素质。

三、提高教师的专业引领能力

随着英语教学改革如火如荼地进行，很多先进的教育理念只有通过教育研究者与骨干教师等高层次人员的协作与带领，才可能促使教师专业和素质的发展。一般来说，具有专业引领作用的主要是教育研究的专家、行家、专业研究者以及资深教师等。通过向这些人的学习，英语教师能接触到英语教学领域中诸多先进的经验、技术和思想，从而提升自身的专业化素质。

（一）专业引领的基本要求

1. 发挥专家、英语教师双方的积极性和能动性

引领人员不同，其侧重点也不同。科研专家注重教育的理论，所以其引领的是科研理论与实践的紧密结合。英语骨干教师注重教学实践，所以其引领的是教育教学活动的具体实践操作。但是不论是科研专家还是骨干教师，均应具有较高的专业引领能力，既能在理论上给予专门的指导，又能在具体的教学活动中给予帮助，且可以给予适当的指导，以行

之有效的方式帮助教师开展具体的教学活动。对被引领的教师而言，他们应积极主动地配合科研专家、骨干教师的工作，对他们给予的意见与建议要认真听取，进而对自己的教学活动进行总结与分析，反思自己之前的教学活动，从而不断提升综合素质。

2. 目标明确，内容正确，方法恰当

英语教师专业发展的总体目标是使其可以掌握新知识、新信息，且可以运用这些新知识、新信息提高专业素质。但是，因为英语教师存在个体上的差异，所以其在水平上与专业发展方向上有很大不同。因此，在进行专业引领时，应该从不同教师的实际情况出发，制订科学合理的目标，选择具有很强针对性的内容和方法来引领，从而实现引领的有效性和合理性。

（二）专业引领的主要形式

1. 阐释教育教学理念

从某种程度上说，大学英语教育的教学行为会受教学理念的影响和制约。在专业引领过程中，可以引导教师对先进的教育思想加以掌握，如采用学术报告、知识讲座等形式。

2. 共同拟订教育教学方案

英语教师掌握了先进的教育理念后，就应有意识地培养自身的认知与教育理念。在此基础上，专业引领人员应与英语教师进行研讨，与教师共同探讨先进的英语教育方案。在此过程中，专业引领人员不仅应起到引领的作用，而且要对教师的教学设计进行恰当指导，从而使教师的教学设计更具有合理性，使教学活动更具独特性。英语教师在专业引领人员的指导下，顺利地制订出与大学英语教育理念相符的教学方案，并且能在具体的教学活动中加以实施。

3. 指导教育教学实践

当教学方案制订好以后，就应对其加以实施，即将具体的教学方案应用到实际的教学活动中，从而验证教学设计与方法。在验证过程中，专业引领人员应参与到教师的教学活动中，对教师的教学行为进行关注和记录，根据记录对教学方案和具体的实施加以对比，从而找出二者之间的差距。当教师的课堂教学结束之后，英语教师与专业引领人员一起进行分析和探讨，对教学方案进行进一步的修订，从而使教学行为与教学设计都能够得到更好的改进。

四、注重教学实践

在提升英语教师专业能力的过程中，实践是不可或缺的环节。教师实践就是将教师的教学能力提升与平时的授课联系起来。英语教师的教学能力主要在日常课堂中体现出来，而教师教学能力提升的动力也在于日常教学实践中。

只有通过日常实践，教师和学生才能得到共同发展。在教学实践过程中，要注意如下几点。

（1）在英语课堂上，教师一般会对课堂起着直接的影响作用，这不是外在因素能够减弱的，他们决定着学生学业表现的提高。

（2）在英语课堂上，学生是学习者的角色，而教师也是学习者的角色，所以应对二者的共同提高予以关注。

（3）通过课堂教育与发展这一理念，教师应该将课堂场景与社会紧密联系起来，实现英语教育、社会、个人有效结合。

（一）提高跨文化意识

在跨文化交际英语教学中，需要对学生的跨文化意识进行培养和提高。因此，教师在学生跨文化交际能力的培养中有着非常重大的影响。

1.跨文化意识培养的意义

跨文化意识是指在跨文化交际中自觉或不自觉形成的一种调节方法和认知标准。可见，跨文化意识主要是指对文化差异的意识。

跨文化交际涉及“信息源—编码—信息传递—解码—反馈”等多个环节，是一种双向信息交换的动态过程。在这一过程中，教师在信息传递中起着桥梁作用（胡文仲，1988）。

可见，培养跨文化意识影响着教师的教学效果。否则一旦碰到有文化内涵的词语就可能犯错误，造成交际语言不得体或交际失误。

此外，教师还应积极扩充教学中语言表达失误的内容，从而让学生了解语言失误现象，认识到跨文化交际意识对交际的影响，最终提升学生的跨文化交际能力。

2.跨文化意识培养在教学中的体现

（1）母语文化与文化教学的关系

教师在教学过程中应该让学生了解并掌握具体的英美文化，并提升学生的英语文化思维。同时，教师需要科学衡量母语文化和文化教学之间的关系，不能让学生盲目崇拜与模仿他国文化，从而抛弃本国文化。文化并没有高低之分，中西方文化是带有差异性的文化。教师需要注意以下几个方面的问题，从而提升教学的有效性。

在教授西方文化的过程中，教师应引导学生加强本民族文化的学习。在教授西方文化的过程中，教师也可以适当增加中国文化的语言材料，从而让西方文化和汉语文化进行融合。

教师应该提升语言材料的筛选质量，提升教学材料中文化的多样性与多元性。

（2）语言教学与文化教学的关系

在进行文化教学时，不可盲目地引入文化知识，要具有针对性和系统性，同时要遵循实践性和交际性的原则，不然就达不到文化教学促进语言教学的目的。

英语教学必须在基础语言教学中融入文化教学，即在开展语言知识教学与语言技能教学的同时引入文化因素的教学。

上述跨文化意识培养能够提高学生的专业素质，对于提升整体英语教学效果，增加教学的实用性和应用性也大有裨益。

（二）更新教学理念

1. 调整教学目标

当今社会需要让学习者更加深刻地认识本族文化，同时要提升人才的国际竞争力，扩大人才的国际视野。

从这个角度出发，英语教学目标应注重培养学生的跨文化意识与能力，具体涉及以下四个方面。

（1）能力目标。能力目标是指听、说、读、写的能力以及运用英语进行交际的能力。

（2）知识目标。知识目标主要包括语音、词汇、语法等方面的知识。

（3）情感目标。情感目标是指培养学生尊重英语文化，并引导学生感受中国文化的独特性。

（4）文化目标。文化目标是指提高学生的跨文化意识，更好地理解中西方文化的差异。

2. 转变教学主体

传统英语教学中的教师是课堂的主宰，学生在学习过程中不能自主进行思考与分析。这种教学方式挫伤了学生的学习积极性，同时使学生所掌握的英语知识并不牢固。长此以往，学生的语言应用能力便得不到提升。因此，教师要真正以学生为主体安排教学活动，让学生居于文化教学和英语教学的中心地位。教师也要认识到自身角色的转变，更好地为学生的英语学习服务，做好教学的指导者。在这种转变下，学生会认识到自身的重要性，从而转变学习态度，以更加积极的姿态进行英语学习。

（三）平衡教学关系

英语教学的过程包括教与学两个方面，教师应该平衡二者的关系，使二者相互促进、相互配合。

1. 能动关系

所谓能动关系，是指为了取得最优的教学效果，使教学关系默契配合，应充分调动学生学习文化知识的主动性和教师教学的积极性。

2. 教练关系

英语课程具有较强的实践性、知识性与应用性，这就要求教师采取各种方式方法，使学生在听、说、读、写等方面进行大量训练。因此，教师首先需要对教材进行了解和研究，并以此为基础组织和设计教学内容。

从教学实践角度来看，学生学习的课堂时间是有限的。此外，英美文化具有复杂与广泛的特征，因此安排学生借助课外时间进行自学就显得十分必要。为增加学生的知识，教师可以利用课外时间组织学生开展多种形式的活动。例如，教师可以鼓励学生上网浏览查询有关英美文化知识，在课外有目的地阅读一些英文报纸、杂志。

作为文化一部分的不同语言之间具有一定的共性，正因为如此，不同的文化信息得以进行等值传递。所以，教师也应使文化教学服务于语言教学。值得注意的是，文化共性并不能代表没有异性，教师要向学生讲解英汉文化之间的差异，并逐步培养学生对英汉文化差异的意识。

五、开展校企合作

要开展校企合作，应该先了解什么是“校”与“企”。“校”是指学校，而“企”则是指企业或“行业界”“工业界”，所以校企合作就是学校与企业的合作。在教育领域，校企合作就是对教育活动、改革发展情况等规律的整合和揭示。著名学者杜威（Dewey）认为，学校就是社会，而教育就是生活经历，学校是社会生活的一个重要形式。由杜威的观点可知，校企合作模式是学校与企业为了实现各自的目标，而建立的一种合作共同体。其构建的目的是实现产品研究、技术开发、教育培训、学生培训、社会服务等。在英语教师的发展层面，校企合作模式有两个基本观念。

（1）对英语教师能力的提升应从系统的观念和全局出发，从而实现整体化的改革，这不是在学校内部就可以解决的。

（2）要确保英语教学能力真正得到提升，应先有一个开放、自然的生态环境。

在实际教学中，校企合作要求学校和企业构建符合要求的高素质的专业教师队伍。具体来说，需要从以下两点着手。

（1）英语教师应深入企业，亲自进行体验与实践。在企业中，英语教师可以深层次感受企业文化，从而树立企业观、市场观，并明确自己的教学目标，提升自己的教学技能。

（2）企业的高级员工去学校讲学，使教师队伍进一步优化，解决当前学校师资力量短缺的问题，最终实现师资共建。

六、组织同伴观摩

同伴观摩就是同行业之间互相进行课堂倾听。在开展这类活动时，听课的教师应该保持坦率、真诚的态度，加倍关注任课教师的教学行为，而不是仅对任课教师进行监督和评价，从而既推动任课教师的发展，也对自己的课堂教学有着一定的借鉴。当进行同伴观摩时，任课教师与其他观摩教师就该课堂的教学环节、教学问题展开分析和商讨，而后决定采用何种观摩形式，观摩结束之后，教师之间要对观摩的结果进行总结。通常，同伴观摩的方式对英语教师专业能力的发展有着重要作用。

（1）同伴观摩对被观摩者与观摩者都具有重要意义。同伴观摩需要任课教师与观摩教师共同参与、共同合作。对于观摩者来说，他们观摩的是同伴的教学策略、教学实践，教学效果等方面，从而找出其教学的优缺点，并将优点运用到自己教学实践中。对于被观摩者来说，他们可以通过观摩者给予的建议，对自己的教学活动加以总结，进而不断改进教学过程，获得更好的教学效果。

（2）同伴观摩可以避免评估观摩模式与监督观摩模式带来的不利影响。一般情况下，监督观摩模式带有浓厚的监督和评估色彩，且对于任课教师的评估往往存在较大的主观性与规定性，这极大地影响着任课教师的心情和教学展示效果。相比之下，同伴观摩就不会出现这一情况，因为他们的地位身份比较接近，所以进行观摩是非常容易和合理的，从而能够促进英语教师的教学发展。

总而言之，同伴观摩的方式为英语教师专业能力的提升提供了一个平台，推动着英语教师向着更高层次的水平迈进。

七、教师文化能力培训

（一）培训的目的语内容

要想成为一名合格的英语教师，必须具备较强的知识与能力以及良好的态度，而要达到这些标准，就应参与一些文化教学培训。分类标准不同，培训的类型与内容也就有所不同，如可以分为岗前培训与在岗培训，可以分为教学方法培训与教材运用方法培训，还可以分为长期培训与短期培训等。对教师开展培训，应该具有系统性，并定期进行，不可能仅通过一次或几次培训就可以了。

因此，要将文化教学作为考量因素，为教师提供一个文化教学培训的框架，且能够用于各种不同的教师培训系统中，为教师的文化教学培训提供一定的参考。

总体来说，教师的文化教学培训主要有如下两种。

1. 文化能力培训

个人文化能力包含三个层面：文化知识、文化意识、文化行为。因此，其目的可以总结为如下几点。

（1）帮助教师补充文化知识

通过对教师进行文化教学培训，让教师真正掌握如下能力。其一，对语言、文化、交际三者的关系有所理解和把握。

其二，对本土文化与目的语文化的差异性有清晰的认知。

其三，对文化、跨文化意识、跨文化交际、跨文化能力等相关概念有清晰的理解和把握。

其四，对英语在国际上的地位和作用有清晰的认知。

（2）帮助教师提高文化意识和跨文化敏感性

通过对教师进行文化教学培训，让教师真正掌握如下几方面的能力。其一，让教师认识到文化在个人、社会所起着的重要作用，尤其认识到文化对跨文化交际的作用。

其二，让教师愿意对不同文化进行了解，并愿意同不同文化背景下的人们展开交流。

其三，培养教师对文化差异的捕捉、欣赏和理解能力。

其四，让教师能够对自己的言行、跨文化交际经历等进行反思。

其五，让教师对自己的跨文化敏感性发展情况进行分析与汇总。

其六，让教师能够发挥出文化教学的功能，并有意识、有计划地开展跨文化英语教学。

（3）帮助教师调整自己的文化行为，提高跨文化交际能力通过对教师进行文化教学培训，让教师真正掌握如下几方面的能力。其一，根据不同文化，对自己的交际方式进行调整，并采用多种策略、多种手段来进行交际。

其二，让教师能够与不同文化背景的人建立平等友好关系。

其三，让教师勇于参与文化研究与学习，对新的文化群体展开分析和了解。

2. 文化教学培训

对教师开展文化教学培训，其主要目标如下所述。

（1）对文化教学的目标予以确定。

（2）对文化教学大纲进行设计。

（3）对文化教学方法进行选择，并有效使用。

（4）合理分析和利用教材，并结合教材添加一些辅助材料。

（5）布置文化学习任务。

（6）对文化学习的评价方法进行确定。

在跨文化外语教学中，文化教学与外语教学紧密结合，所以在对英语教师进行文化教学培训时，应将二者结合起来。如果用独立方式来处理，那么就与跨文化外语教学的宗旨相违背。

（二）培训的方法

1. 文化意识和文化教学意识的培训方法

文化、文化差异以及外语教学的文化教学潜力是客观存在的，最主要的是让教师意识到它们的存在，即要提高教师的文化敏感性和文化教学的意识。基于此，教师的文化知识积累和文化能力以及文化教学能力才会突飞猛进。所以，文化教学培训的一个本质特点是“使隐含的东西明确化”。

教师在参与培训时，原本都有着丰富的文化体验，并且他们的文化参考框架经过长期、不断地建构和修改，已成为个人身份和个性的一个象征。在日常工作和生活中，这些教师在与他人进行交流时，会自动地、无意识地使用其文化参考框架。为了使教师意识到文化参考框架的存在和作用，以及来自不同文化环境的人们通常使用不同的文化参考框架，最有效的方法是利用文化冲撞、关键事件和反思练习等跨文化培训的方法。

2. 文化知识的培训方法

文化人类学全面且系统地阐述了文化概念与知识的学习，不管是在文化理论研究、具体文化的描述上，还是在文化研究的方法上均形成了较为完善的体系，是外语教师获取相关文化知识的可靠来源。因此，它理应成为外语教师培训的一门必修课。外语教师学习文化人类学时，只需利用文化人类学的部分研究成果，以获取对文化相关概念更清楚的理解，对相关文化群体更全面、深入的了解，同时借鉴其中的一些文化研究和探索的方法。

应该由来自不同领域的专家，如外语教学研究者、文化学家、跨文化交际研究者、教师培训专家等，共同完成对文化人类学研究成果的筛选和选用工作，选择那些教师需要掌握的理论和信息，作为培训的内容。

另外，社会学和跨文化交际学的研究成果同样是教师培训应该关注的内容。这两门学科清晰地描述了语言、文化、社会和交际之间复杂的关系。

对于即将在师范院校毕业的准教师来说，最佳状况是在高年级开设专门的文化学、社会学和跨文化交际学课程。但对从非师范院校毕业，选择成为外语教师的准教师而言，只能依靠教师培训工作者精心挑选和准备培训内容，以系列讲座的形式传授给自己，因为无法抽出很多时间专门讲述这些科目的内容。

3. 文化能力的培训方法

文化能力的培训不仅涉及教师的认知心理，还包括教师的行为、教师的情感等。相对而言，对教师进行文化能力的培训是相对复杂的，文化能力的培训主要包含如下两种。

（1）跨文化交际能力的培训方法

跨文化交际能力培训始于文化冲撞，目的是让教师通过情感、心理层面的冲撞，对文化冲突有清晰的了解以及感性层面的认识。培训者先向教师介绍跨文化交际的困难，然后帮助教师解决这些困难。具体来说，有如下四种方法。

其一，可以给教师提供跨文化交际实践的机会，如到外国人家做客、到外企见习等。

其二，可以通过观察跨文化交际的成败案例，来汲取经验，避免进入交际误区。

其三，可以通过讲座等活动，让教师不断了解跨文化的本质，弄清文化冲撞为何会产生，进而调整自身的心态。

其四，可以让所有教师分享自身的跨文化经历。

在整个培训过程中，培训者应该反复强调反思的重要性，受训者正是通过不断学习、不断体会、不断反思，才能有效地增强自己的跨文化意识和跨文化交际能力。

（2）文化学习和探索能力的培训方法

文化学习和探索能力培养，是要帮助受训教师掌握一套文化学习的方法，使他们能够对遇到的新的文化现象和文化群体进行探索研究。

文化学习与探索能力首先是基于勇敢、敏感等情感状态的，如果对文化没有敏感性，忽视文化差异，那么将会造成文化学习上的障碍。

面对陌生的文化环境，很多人都会选择逃避和退缩，但是一些善于学习和探索的人就会勇敢地尝试和体验，积极参加各种有利于自己了解该文化群体的活动。与不同文化背景的人相处时，具备了宽容和移情这两种素质，就能有效地避免误解和冲突的发生，文化学习和探索才可能顺利完成。

第七章　跨文交际视角下大学英语文化教学的评价与测试

第1节　教学测试与评价概述

众所周知，教学评价是衡量教师的教学效果与学生的学习情况的重要指标，能够为后续教学活动的顺利进行提供指引与参考。本节就分别分析测试与评价的基础知识，并探讨教学测试与评价的基本原则。

一、测试与评价的关系

很多人将测试与评价等同，其实这二者之间有着一定的区别。简单来说，二者关系非常紧密，但是又有着明显的区别。就关系层面来说，二者体现了一种包含与层级的关系。测试充当评价的支撑信息。在有着包含与层级关系的同时，二者又存在明显的区别。下面就从三个层面来探讨具体的区别。

（一）测试与评价的目标不同

测试与评价的目标不同。从某种程度上来说，测试主要是为了满足家长、学校的需要，因为他们需要知道自己的孩子或学生的情况，且与其他学校是否存在差距。当今社会仍旧以应试为主，因此测试为家长、学校提供了很多信息，也是家长、学校关心的事情。

评价有助于行政部门制定政策，对教学进行合理配置。

可见，测试与评价的目标不同，导致开展的范围与采用的方式也有明显的不同。

（二）测试与评价所收集的数据不同

测试所收集的数据一般是学生的试卷信息，反映的也是学生的语言水平。从学生的语言运用能力来说，有些部分是无法用测试来评判的。

评价所依据的信息多为问卷、访谈、测试、教师评估等，是定量分析与定性分析的结合，是一种综合性评估。

（三）测试与评价的展示方式不同

测试的展示方式往往是考试，最终结果也通过分数排序来展现。评价往往是以鉴定描述或等级划分的方式展现出来。

二、教学测试与评价的具体内容

如前所述，测试与评价不仅有着包含与被包含的关系，二者也存在着明显的差别。因此，在内容上，二者也存在差异。下面分别来探讨测试与评价的内容。

（一）教学测试

测试并不是学习的终结，而是教学与学习中的一个站点。测试对于大学英语文化教学来说意义非凡，其可以对教与学的优劣进行分析与评判，对教与学中各个层面的表现进行综合评估，从而为下一环节的展开做准备。

1. 教学测试的意义

对于教学而言，测试是一个普遍的评价手段，但是其作用是不可磨灭的，具体表现为如下几点。

（1）帮助学生评定自身的学习成绩

在教学中，终结性评价最常见的用途在于评价学生的学习成绩。通过平时测试、期中与期末测试，教师可以了解学生是否有所进步、是否实现既定目标，从而为学生下一步的学习提供建议。

一般来说，终结性评价的总体成绩是平时测试、期中测试、期末测试的综合体。也就是说，在进行评价时，教师应该把这些成绩综合起来评定，最终获得学生的总体成绩与平均成绩。

（2）可以证明学生的能力水平

通过终结性评价，教师可以确定学生知识与技能的掌握情况，当然也可以初步了解与把握学生所具备的某些特殊能力。但是一般试题型的考试才具有这一作用。这是因为，这一类型的考试重心在于某些特定内容的特点及行为表现上，且这些试题都是精心挑选的，所展开的评定也是具体的评定。

（3）帮助学生预测成功的可能性

终结性评价可以用来预言学生能否成功。一般来说，某一门功课的终结性评价成绩较好的学生，他们在其他科目上也会取得较好的成绩。当然，这也不是绝对的，因为很多学生具有可塑性，所以成绩也很容易发生改变。另外，学生的学习能力也是会改变的，他们在各个阶段的进步程度也不是匀速不变的。因此，在进行终结性评价之后，教师应该根据结果来预测学生的学习潜能。

（4）帮助学生确定自身的学习起点

终结性评价的结果可以为学生下一阶段的学习提供依据，同时可以将学生的认知、情感等层面的学习准确程度反映出来。但是不得不说，要想能够发挥终结性评价的作用，为学生下一阶段的学习做准备，就必须将终结性评价的分数与详细的评语结合起来。当然，这些评语最好通过“内容—形式”表格形式来呈现，从而可以清晰地看出学生的知识与技能水平，否则仅仅依靠单一的分数是很难将学生的学习起点确定下来的。

（5）帮助学生明确自身的学习情况，并给予反馈

终结性评价大多在某一阶段结束之后或者某一学期结束之后展开。如果其测试的是学生某一阶段的学习情况，那么所选择的试题应该能够反映学生这一阶段的学习情况，这就是说，这一阶段的终结性评价可以为学生前一阶段的学习提供反馈，且这种反馈具有鼓励性与积极性，同时还能对前一阶段学习中出现的问题进行纠错。

如果其测试的是学生某一学期结束之后的学习情况，那么所选择的试题应该进行合理的编制，并且对学生的学习情况进行恰当评分。同时，学生可以从自己的测试结果中获取有效信息，从而改进自己的学习方法，了解自己学习中存在的问题以及成功之处。这些信息有助于为下一学期的学习确定目标。

2.教学测试的分类

教学测试是终结性评价中的一个基本方法。虽然它并不是唯一的方法，但是它的可信度是不言而喻的，因而成了终结性评价中最为常用的方法。一般来说，测试分口试与笔试。在以往的英语教学中，测试多为笔试。根据不同的标准，测试也可以划分为如下多种类别。

（1）主观性测试与客观性测试

按照评分方式的不同，测试可以划分为如下两种。

主观性测试的题型有很多，如翻译题、简述题、口试等，且设计也非常容易，学生可以自由陈述观点与想法，这是对学生语言运用能力的考查。

客观性测试的题型较为单一、固定，主要有判断正误、选择、完形填空、阅读理解等。学生只需要在相应位置做出答案即可，存在猜测的成分，因此很难测出真正的语言能力。

（2）编班测试、随堂测试、期中测试与期末测试

按照不同的学习阶段，学习测试可以划分为如下四种，这是就一个学期来说的。

编班测试主要是为分班做准备的，是学生入学时考量的。通过编班测试，教师可以对学生的语言掌握情况加以了解，从而有助于教材的选择与安排。编班测试还会从学生的不同水平出发，将程度相似的学生编排在一起，进行统一化指导，从而实现真正的因材施教。由于编班测试对于学生的差异性要求明显，因此在题型设计时应保证连贯与全面。在编班测试过程中可以采用应用语言学中的调查法和比较法，从而提高编班的科学性。

随堂测试是指学生经过一段时间学习后，对其进行的小测试。这一测试一般时间短、分量少，形式多样。一般情况下，随堂测试的形式很多，如听写、翻译、拼写等。在题目设计时，应该保证适宜的难度。通过随堂测试，教师可以了解学生每节课的学习程度和语言使用情况，为日后教学改进打下良好的基础。

期中测试除了可以将教学大纲的要求体现出来，还会基于随堂测试，形成一定的系统。在进行期中测试时，教师往往会组织学生复习或者让学生自己复习，之后让学生参加

统一考试。期中测试不仅让学生产生紧张感与阶段感，还能让他们独立思考，对知识形成一定的系统。

与以上三种相比，期末测试具有广泛的应用价值，也具有较长的时间跨度。一般来说，期末测试的目的在于对学生某一时期的学习效果进行评价，促进学生系统地巩固知识，为下一学期做准备。期末测试的题型应该从教学大纲出发，将本学期学生的学习内容反映出来，但是也不能完全照搬教科书，应该具有灵活性，从而更有效地检测学生的学习情况。

（3）根据测试的用途，可以将测试划分为潜能测试、成绩测试、诊断测试与水平测试。

潜能测试主要用于评估学生的潜能或者语言学习天赋。潜能测试不是根据教学大纲来设定的，对学生掌握知识的多少也不在意，而是测试学生的发现与鉴别能力，测试的可能是学生从未接触的东西。

成绩测试主要是对学生所学知识的考查，通常包含上面所说的随堂测试、期中测试与期末测试。这都是从教学大纲出发来设定的。一般来说，大学英语四六级考试也属于成绩测试，因为这也是从教学大纲出发设定的。大学英语四、六级考试也属于后面所说的水平测试。

诊断测试主要是对学生语言能力与教学目标之间差距的确定，从而便于从学生的需求出发来设计题型。诊断测试主要是课程展开一段时间后对学生进行的一定范围的测定。通过评估学生这段时间的表现，确定是否学到了应有的知识，进而发现教学中的问题，改进教学，力图做到因材施教。

水平测试主要是对学生语言能力的测试，即主要测试学生是否获得了语言能力、达到了语言教学的水平，决定学生是否可以胜任某项任务。水平测试与过去的教学内容和学习方式并没有直接的关联。

（二）教学评价

评价在人们的社会活动中广泛存在。有人认为，“评价是确定课程能否达到既定目标的一种手段”。也有人认为，“评价是运用不同的渠道，对学生的相关资料加以收集，并将这些收集的资料与预定的标准相比较，进而做出判断与决策的过程”。还有人认为，“评价是对相关信息进行收集、综合、分析，从而用这些信息促进课程的发展，对课程的效度、参与者的态度进行评定”。

但是，更多的人将评价等同于价值判断。就英语教与学来说，评价指的是判断学生能否拥有某项能力，学生能否实现课程目标，教师的教学与学生的学习能否帮助学生实现既定目标的一种手段。

1. 教学评价的功能

教学评价能够不断促进学生在学习过程中的成功与进步，从而使学生能够真正地认识自我，促进他们综合能力的发展。另外，教学评价能够为教师提供反馈信息，从而不断改进自己的教学情况，提升自身的教学水平。总体而言，教学评价有如下几种功能。

（1）有助于实现教学目标

教学评价应该有助于教学目标的实现。众所周知，教学评价不仅需要评价学生对知识的掌握情况，还需要评价学生的学习态度、发展潜能等，只有通过综合性评价，学生才能在学习中保证积极的态度，从而形成有效的学习策略，并且具备跨文化的意识。教学评价应该为教学目标服务，要求学生从目标出发，对自己的学习计划加以制订，并不断检验自己的学习方法与学习成果，这样才能将自身的潜力挖掘出来，提升自身的学习效率。

（2）有助于诊断教与学的情况

教学评价对教与学的情况进行了整体评判。在教学过程中，学生往往会通过评价量表等对教师的教授情况、学生的学习情况展开检测，这样便于学校、教师、学生了解具体的教与学情况，判断学生学习过程中有无偏差，从而找出出现问题的原因，加以改进与提高。

（3）有助于增强学生的自信心与成就感

教学评价会对学生的日常学习表现、学生学习中获得的成绩、学生学习的情感与态度等展开评价，通过对学生的学习的激励，帮助学生对自己的学习过程加以调度，让他们逐渐获得自信心与成就感，培养学生之间的合作精神。为了让评价与教学过程有机融合，学校与教师应该采用宽松、开放的评价方式来评价学习活动与效果，可以建立相应的档案袋等，这样对教师与学生进行鼓励，从而实现评价的多元化。

另外，教学评价对学生的学习过程是非常关注的，让学生认识到自身学习中的成功之处，不断鼓励自己，获得更大成功。当然，教师还需要适当提点学生学习中的错误，让他们产生焦虑感，从而更加积极地参与到英语学习中。这种正反鼓励方式，都会不断提升学生学习的主动性与积极性。

（4）能够为下一阶段的教与学提供反馈

师生通过问卷访谈等，发现教与学中的优点与不足，对教与学过程中的得失进行评价。通过评价，教师以科学的方式反馈给学生，促进学生建立更为全面与客观的认识，为下一阶段的教与学规划内容、制订策略，有效开展教与学活动。

2. 教学评价的内容

教学评价的内容主要有五个方面：教师教学评价、学生学习评价、课程设置评价、教学过程评价以及教学管理评价。下面就来具体分析这几种评价。

（1）评价教师的素质与能力

在教学过程中，教师处于主导地位，教师素质的高低对于教学效果、学生成长意义巨大。因此，评价教师素质与能力显得尤为重要。具体来说，对教师的评价主要包含评价教师的工作素质、政治素质、能力素质、可持续发展素质等。

（2）评价学生的学习情况

学生是教学的中心，也是教学的主体。对学生进行评价是评价的主要内容。通过评价，教师为了对学生有充分的了解与把握，为社会培养出更优秀的人才，就必然需要对教学进度不断进行调整。具体而言，学生评价涉及如下三种。

其一，学业评价。学业评价是从课程的目标与内容出发，对学生个体、群体展开的成果式评价。学业评价具有促进性、补救性与协调性。其一般以测量作为基础，对学生个体的学习进展情况加以反映，最后做出推断。

其二，学力评价。学力与发展观、人类观、学校观等有着密不可分的关系。受时代影响，教育与学校的要求越来越高，这就导致学力也在发生改变，产生不同的学力观。就整体而言，人们对学力的认知有两大方向：一是强调学力是对技能与知识的掌握而形成的能力，二是强调学力是教学的结果，是后天形成的。因此，可以将学力定义为：学生在学业上所获取的结果。而学力评价可以对学生的学习能力、个体差异进行甄别，从而使不同层次的学生完成自己的学习目标。

其三，学生的品德与人格评价。这也是非常重要的。在教学中，对学生品德与人格的评价侧重于教学内容的思想性与科学性。

（3）评价课程设置情况

合理、科学的课程设置对于提升教与学的质量非常有帮助，因此教学评价也需要对课程进行评价。课程评价主要是对课程价值、课程功能的评价，但是为了更好地开展课程评价，需要考虑和了解如下三种模式。

第一种模式为行为目标评价模式，是由学者泰勒提出的。这一模式的中心在于确定目标，从而在此基础上组织教学评价。泰勒认为，既定目标决定着教学活动的开展，而教学评价也是判定实际教学活动的标准，从而根据反馈对教学进行改进，使教学效果与既定目标相接近。

第二种模式为决策导向评价模式，又可以称为“CIPP 模式”，是由著名学者斯塔弗尔比姆提出的。这一模式的中心在于决策，是将背景知识、输入、过程、结果结合起来的一种评价模式。

第三种模式为目标游离评价模式，又可以称为“无目标模式”，是由学者斯克里文提出的。斯克里文批判了泰勒的评价模式，并指出，为了将评价中的主观因素降低，不能在设计方案时明确将活动目的告诉评价者，这样评价的结果就不会受到预定目标的制约。

（4）评价具体的教学过程

在教学中，大多数评价对于教学效果都非常关注，即关注学生的实际成绩。但是，大多数评价都忽视了教学过程。因此，一些学者开始对形成性评价进行研究，并从中衍生出了对教学过程的评价这一新的评价。

一般情况下，对教学过程的评价可以从两个角度分析：一是对教学过程进行系统性评价；二是对教学过程中各个环节进行评价。

其一，对教学过程进行系统性评价。对教学过程进行系统性评价是指以某一节课作为教学内容或目标，对课堂开始之前、课堂开始之中、课堂后练习进行系统和整体评价。

其二，对教学过程中的各个环节进行评价。对教学过程中各个环节进行评价主要是对课堂之前的学习、课堂教学、课后的练习进行观测与评价。这样做的目的是引导教师关注和把握教学的各个环节，将各个环节视作重点。

（5）评价教学管理情况

所谓教学管理，是指将教学规律、教学特点作为依据，对教学工作进行组织和安排。对教学管理进行评价是对教学过程与结果的评价。通过这一评价方式，评价者可以挖掘出教学管理中的问题，并对其进行改进。

在进行教学管理评价时，两个层面的问题需要注意。第一，对教学管理进行评价时，需要注意评价的内容不仅包含对课堂的管理，还包含对学校的管理等。第二，对教学管理进行评价时，需要注意评价指标的合理性与科学性，即需要将教学规章、教学计划、教学步骤、教学检查等囊括进去。

3.教学评价的分类

由于评价的方式、内容等存在明显的差异，因此对评价的划分也有所不同，具体而言可以划分为如下几种。

（1）形成性评价与终结性评价

所谓形成性评价，即在教与学的过程中，通过对信息进行收集和整合，进而促进教与学的发展。简单来说，形成性评价即在教学过程中，教师与学生获得反馈信息，对教与学加以改进，让学生真正掌握知识的系统评价手段。一般来说，形成性评价具有如下几个特点。

第一，往往作为教与学的一部分而在教与学过程中呈现。第二，不是将等级划分作为目标，而主要将指导、诊断、促进等作为目标。第三，学生往往充当主体参与其中。第四，评价的依据是在各个情境下学生的表现。第五，通过有效反馈，教师确定学生的水平是否达到预期。

所谓终结性评价，是一种对教师的教学与学生的学习结果的评价，是在教学结束之后，对教与学目标实现程度所进行的评价。因此，其又可以称为“总结性评价”。从定义可以看出，终结性评价往往出现在教与学结束之后，用于对目标达成情况进行评价。因此，这一评价方式有时可以等同于之后要讲述的目标达成评价。

（2）过程性评价与目标达成评价

所谓过程性评价，即在学习过程中，对学生的学习活动进行评价与判断，目的在于将学生的学习行为能否与学习目的相符解释出来，且用于评判学生能否实现学习目标。评价的内容包含学习策略、阶段性成果、学习方式等。

目标达成评价既可以是对课堂教学目标达成情况的评价，也可以是对单元学习目标达成情况的评价，还可以是对学期教与学目标达成情况的评价，其包含理解类、知识类与应用类三种目标达成评价方式。理解类目标评价方式表现为解释与转化，往往会采用阅读理解、听力理解等方式，或对阅读文本、听力文本进行选择与匹配等。知识类目标评价方式主要表现为对知识掌握情况的评价，并采用再次确认的方式，一般选择、填空都属于这类评价方式。应用类目标评价方式即采用输出表达的方法，要求学生根据阅读与听力材料，进行转述或表达。

（3）表现性评价与真实性评价

所谓表现性评价，是指让学生通过完成某一项或者某几项任务，将自身所掌握的知识与技能表现出来，从而对其获得的成就进行评价。简单来说，表现性评价就是通过对学生完成任务的表现情况及获得的成就进行的评价。表现性评价属于一种发展性评价，其核心在于通过学生完成现实的任务，将自身所掌握的知识与技能展现出来，从而促进自身学习的进一步发展。一般来说，表现性评价具有如下几点特征。

第一，属于教学过程的一部分，其要与课程教学相互整合。

第二，其关注的是学生知识与技能的发展，而不是对知识与技能的再次确认与回忆。

第三,一般情境都是真实的，往往需要学生将现实学习中遇到的问题进行解决。

第四，学生需要完成的任务一般较为复杂，往往需要学生将多个学科的知识与技能相融合。

第五，对于学生的发散性思维是非常鼓励的，也允许不同的学生给出不同的答案。

第六，其是形成性评价与终结性评价的结合。

综合来说，表现性评价有助于对学生的学习过程与学习结果展开更真实、更直接的评价，能够将学生的文字、口头等表达能力以及想象力、应变能力等很好地展示出来，因此对于教学是非常适用的。

所谓真实性评价，是指基于真实的语境，对学生的表现进行评价，是一种要求学生完成真实任务之后，对自身所学知识与技能的掌握与运用情况进行的评价。与表现性评价相比，真实性评价更加强调真实，即任务的真实，一般来说其任务都是人们现实生活中遇到的问题。

真实性评价也具有表现性评价的那些特征，是表现性评价的一大目标。由于真实性评价要求评价成为教学过程的一个重要组成部分，因此真实性评价也具有形成性评价的特征。同时，真实性评价又注重任务的整体性与情境性，对终结性测试有很大的影响，因此真实性评价又具有终结性评价的特征。可以说，真实性评价融合了多种评价手段，是多种有效评价手段的结合。

三、英语教学测试与评价的基本原则

在英语教学测试与评价中，需要坚持一定的原则，这样对于测试与评价的实践有更好的指导意义。以这些测试与评价的基本原则为基准，教师才能更好地制定出与学生实际情况相符合的测试与评价手段与方法。下面就具体对英语教学测试与评价的基本原则进行探讨。

（一）目的性原则

英语教学测试与评价不是直接目的，而是要通过英语教学测试与评价来推动和促进教学发展，达到教学目标。英语教学目标是英语教学测试与评价的出发点和依据，在英语教学测试与评价过程中，评价内容、方式、标准等都要服从教学目标，为总体的英语教育目的服务。

（二）可行性原则

英语教学测试与评价的指导思想和测评目标要切合实际，对测评方案要切实可行，不能制定脱离现实的理想目标对教学进行评价。测评指标应该明确、具体、可测量，测评指标体系不要过于烦琐，测评计算体系要简便易算，对测评结论的要求不要定得太高。在学生较多的情况下怎么进行评价，多长时间进行测评，对成绩怎样分析，学生掌握知识的真实情况等都是教师要考虑的问题。

（三）实效性原则

英语教学测试与评价强调实效性，即主要是从教育的现实意义与评价行为等层面考量的，其要求在具体的评价实践中，能够将测试与评价的实用价值体现出来。

英语教学测试与评价的实效性原则要求测试与评价的方式要具有便利性，即不要使用烦琐的程序，但是要保证英语教学测试与评价的时机与质量，因此在设计英语教学测试与评价的内容与方式时，不能与英语教学的目标相脱离，要关注英语教学测试与评价之后产生的实际效果。

（四）发展性原则

英语教学测试与评价应该为学生的发展服务，注重学生信心的树立，发现学生发展过程中所出现的问题，通过反馈对这些问题进行解决，促进他们更好地向前发展。对于发展性原则，一般包含如下几点。

其一，发展性原则要求英语教学测试与评价应该从学生主体出发，将学生的需求作为出发点与落脚点。

其二，发展性原则要求英语教学测试与评价的目的是促进学生的发展，即只要是对学生发展有利的，任何手段与技术都可以运用其中。

其三，发展性原则要求英语教学测试与评价对每一位学生的个性特点与原有基础有所把握与关注，从而为每一位学生获得最佳的发展而做出努力。

通过评价，教师才能更好地引导学生对其原有基础、认知水平等进行鉴定，认识自己在发展过程中的不足，从而有针对性地进行改进与调整，对自己的学习过程进行优化，使学生获得最佳的发展。除此之外，发展性原则还要求教师对学生的态度、情感等进行关注，以帮助学生形成正确的价值观。

第2节　大学英语文化教学中的测试与评价

一、大学英语文化教学中测试与评价的内容

测试与评价反映的是大学英语教学的目标和内容，而文化测试与评价必然反映的是大学英语文化教学的目标和内容。当前，文化测试与评价是大学英语文化教学中的薄弱环节，也是最难解决的问题，其主要原因有两点，一是缺乏一套与真实文化能力相关，同时又能被观察与分析的教学目的；二是传统的大学英语教学中的测试与评价的思想和方法过于陈旧，亟待更新。基于这些问题的存在，对大学英语文化教学中测试与评价的内容进行分析显得尤为重要。

（一）测试与评价文化意识

在大学英语教学中，培养学生的文化意识显得十分必要，因为这样有助于学生在跨文化交际实践中了解不同背景下人们的行为方式，对他国文化有所了解，并采用积极的心态对他国文化进行学习与认知。因此，大学英语教学评估的内容必然包含文化意识评估这一项。

（二）测试与评价文化知识

在跨文化交际视角下，文化知识评估也是大学英语教学评估的一项重要内容，具体表现为如下两点。

1. 交际双方的社会文化知识。

2. 交际双方在交际过程中，需要运用到对交际进程加以控制的社会文化规则等知识。

（三）测试与评价文化技能

除了文化意识与文化知识，文化技能评估也是跨文化交际视角下大学英语教学评估的一项重要内容，具体包含如下两点。

1. 对两种文化进行理解与说明的技能。

2. 对新信息进行发现并在交际中进行运用的技能。

二、文化教学测试与评价的方法

丰富的文化测试与评价的内容要求文化测试与评价的形式与方法也是多样的。文化学习在学生的不同阶段进行，因此教师也应该根据学生的不同阶段选择适合学生需要的方式。从内容层面来说，要针对文化意识、文化知识、文化技能三个层面运用具体的方法，除此之外，还有一些其他方法可供选择。

（一）测评文化意识的方法

对文化意识进行测试与评价主要可以采用以下几种方法。

1.“社会距离”量表

在跨文化交际中，文化背景不同的人，社会心理距离也必然存在差异，社会距离量表就可用于对他们进行的社会心理距离测试，如表 7-1 所示。

表 7-1　“社会距离”量表

	可以作为结婚对象	可以与他们交友	可以与他们做邻居	可以与他们做同事	可以生活在同一城市
美国人					
法国人					
日本人					
英国人					
……					

2. 问卷评价

在大学英语文化教学中，问卷评价是一种常用的测试与评价方式，主要对学生的自尊心进行检测。一般来说，问卷评价方式可以是面试的，也可以是书面的，受试者通过回答同意与不同意来进行测试。

（二）测评文化知识与技能的方法

1. 语言和社会变量的相互作用

人们的话语与行为往往会受到一些变量的影响和制约，如年龄、性别等。在跨文化交际中，交际双方需要对这些变量有所把握，这样才能使交际更加有效、顺畅。因此，在大学英语文化教学测试与评价中，对学生的语言与社会变量的评估是一个重要方法。

2. 对文化观点的评价

学生应该具备概括英语国家文化的能力，同时对已有观点加以评估与修改。对文化观点的评估，一般有如下方法。

题目：评价 10 个用英语对德国文化做出的概括，分别给出下列结论。

（1）可能正确；

（2）可能错误；

（3）我不知道其是否正确。

对于可能错误的概括，需要找出对错误进行驳斥的依据。对于不知道是否正确的概括，需要给出你所认知的附加信息，以便添加这些信息后得出结论。

要求：10 个概括应在评估时给出。答题时间为 45 分钟。

评分标准：必须答对 80% 或 80% 以上。

在跨文化交际视角下，大学英语文化教学测试与评价可以是填空形式，判断形式，选择形式，也可以是主观题形式，但是无论采用何种方式，目的都是测评学生的文化知识掌握情况，这样才能将测试与评价的效果体现出来。

三、作品集文化学习评价法

作品集文化学习评价法最早在美国等西方国家出现，最开始是用于美术专业学生的录取，但是随着研究的深入，现如今已经在各大领域应用，尤其是在大学英语文化教学中。要想实施作品集文化学习评价法，需要从如下十个步骤入手。

（一）明确内容

作品集的内容就是大学英语文化教学的内容，自然是大学英语文化教学目的的反映。在大学英语文化教学中，教学目的包含语言知识、语言技能、文化知识等层面，因此测试与评价中使用的作品集要能够反映出学生为了实现这一目标，而不断增长的知识与技能，以及任务完成的实际情况等。也就是说，作品集的内容取决于教师、学生、教学目的等多个因素。

（二）选择形式

对文化学习过程、文化学习效果确定的方式有很多，除了进行标准化评价外，还可以通过档案袋、学习日志等形式。这些形式可以是口头形式，也可以是书面形式。当然，不同的评价内容，其选择的方式也必然不同。

（三）明确标准

传统的标准化测试的最大优点在于：标准明确，容易进行评价，而其他评价手段主观性较强，很难做到可靠性。正是因为如此，随着近些年研究的深入，一些非标准化的测试手段诞生，这些测试手段主要是针对态度、能力等项目来说的。教师从学生的表现程度出发来评定，可以设定四个标准：优秀、较好、一般、差。

（四）商定计划

与传统大学英语教学评价方式不同，作品集学习评价法是从学期开始到结束，其包含很多内容与形式，因此在学期开始时，教师应该引导学生确定自身的学习计划。学生在与教师确定各个项目的形式、标准等的过程中，必然就是其中的参与者，他们不仅对自己的学习任务有清晰的把握，还因为之前参与了任务形式、标准等的确定，因此做起来会得心应手。

（五）完成任务

评价活动不仅可以出现在课内，还可以出现在课外。例如，出现在课内的评价活动有介绍、演讲等；出现在课外的评价活动有社会实践、调查研究等。但是，无论是课内的评估，还是课外的评价，都需要考虑具体的计划，按照计划逐一开展。

（六）教师引导

虽然确定了文化测试与评价的形式与内容，但是教师也不能完全不管，完全让学生自己完成。由于每一项文化测试与评价都涉及语言知识与技能，因此教师需要引导学生对每一项学习任务的目的有清楚的了解与把握，并且多次重申评价标准。在这样的引导下，学生才能把握大学英语自主学习的关键点，采用具体的方法，实现教学目标。

（七）师生面谈

当学生在开展学习任务时，教师可以与学生进行面对面交谈，清楚地了解与把握学生的学习进度，并回答学生在学习过程中的一切问题。只有这样，才能符合当前教学中的一大重要原则——因材施教。当教师与学生面对面交谈时，可以随时说出自己的所想与所做，教师也需要将自己亲身体验传达给学生。另外，通过交流，教师可以对学生的学习情况有清楚的了解，指出他们学习中的问题，为他们进一步学习做铺垫。

（八）学生自评

当学期结束，学生完成了作品集之后，教师就需要将评估表给学生，让学生根据自己情况来填写。通过评估，教师和学生都可以了解自身的文化学习情况，对比自己之前的学习情况，反思自己的学习过程，发现自己的不足，为以后的文化学习付出更多努力。

（九）同学互评

当前的大学英语文化教学对于学生间的相互学习是非常推崇的。通过学习与阅读他人作品，学生对他人的学习情况有清楚的了解，也能够明确自身与他人的差距，从而取长补短。

（十）教师终评

事实上，在整个学期，教师都在对学生的文化学习情况进行测试与评价，因为每一次学习活动、每一部作品，教师都需要进行审阅。当学期结束之后，教师还需要对学生之前的情况展开综合测试与评价，当然是在参照同学评价、自评的基础上开展的。

综上所述，作品集文化学习评价法是一个人性化、用途广泛的评价方法，符合以学生为中心的理念，适用于学生大学英语文化学习的各个阶段。

四、档案袋评价法

所谓“档案袋评价”，是通过对学习档案袋的制作过程和最终结果的分析而进行的对学生发展状况的评价，因此也可以称为“学生成长记录袋评价”。

档案袋里汇集的是能反映学生学习成就或持续进步信息的一系列表现、作品、评价结果，以及其他相关记录和资料，以展示学生在某一领域的努力、进步和成就情况。

档案袋评价是针对学生参加信息技术课的表现、体验及取得的活动成果所进行的评价，是对学生参与活动的水平和质量的检验，测评的目的不仅在于促进学生学业成绩的提高（如知识水平的提高、应用能力的增强等），更重要的是要促进学生信息素养的形成，以及思想和情感的积极变化。

当前，学习档案评价法是应用较为广泛的评价方法。所谓学习档案评价法，是指对学生个体的各种信息进行收集。一般来说，其收集的内容具有多样性与动态性。

一般来说，学习档案积累的材料代表的不仅仅是结果，而是学习过程与学习活动，其包含选择文化学习内容、比较文化学习过程、进行目标设置等。学习档案评价可以有效提高学生的自主学习能力，下面从内容、流程等层面进行分析。

（一）学习档案的内容

1. 自主设置目标

自主设置目标可以引导学生更为积极主动。目标是由学生自己设置的，这对于他们开展自主学习非常有利。目标设置是否具体，会对学生的学习动机产生影响。研究发现，设置近期文化学习目标的学生要比设置远期文化学习目标学生的自主学习动机更为强烈。这是因为，近期的学习目标一旦设定，会更加明显地体现为学生某些层面的进步，为学生下一步的文化学习指明具体的方向，也更容易让学生根据目标，检测自己的文化学习活动与文化学习过程。当然，设置的近期目标也不能太低，否则会影响学生的进步。

2. 自我评价报告

自我评价报告是学习档案的一项重要组成部分。自我评价的对象可以是学生文化学习行为的进展情况，也可以是文化学习行为的总体表现，或者是文化学习阶段的总结，这些都是自我评价的内容。学生学习档案的这一功能有助于促进自我反思，从而有助于学生进行自我评价，帮助教师对学生进行了解，这是传统评价方式无法做到的。

在进行自我评价过程中，学生可以评价自己某一方面的表现或者某一项任务的表现。教师在学生自我评价的过程中，可以为其提供评价标准。学生参与各项语言任务评价的过程也是一个学习的过程，学生可以参考一定的评价标准，对自己的语言任务与具体表现进行评价，然后通过反思，提升自身的语言技能。

3. 学习相关因素自我评价

自我评价除了对文化学习过程中知识技能掌握情况进行评价，还可以对文化学习过程中的情感因素展开评价，如文化学习态度、文化学习动机、文化学习风格等。这些方面的自我评价可以采取问卷形式。在教师的指导下，学生填写相应的问卷调查，积极主动地了解自身文化学习过程中的相关因素，对自己的学习策略展开调整，从而提升自身的学习动机与学习意识。

除上述内容外，学习档案中还可以包含每个学生需要的英语资料、语法知识资料、教师测试的成绩记录、其他学习记录或者个人自主学习资料。

（二）学习档案构建的流程

在档案建立之前，教师可以组织家长与学生阅读学习大纲，理解档案构建的必要性，并对如何构建、使用进行指导，为以后有效使用档案袋做准备。一般来说，构建的流程如图 7-1 所示。

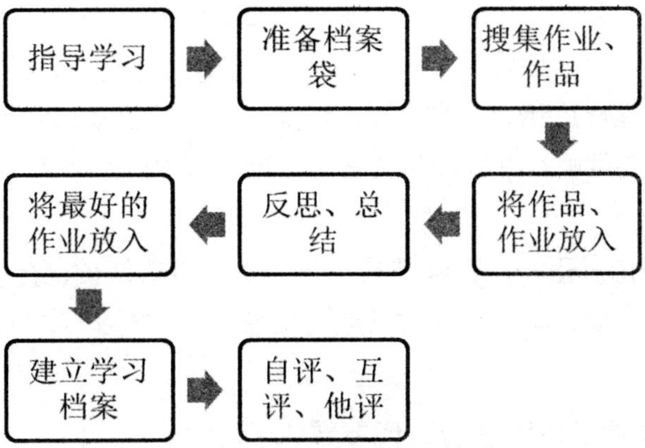

图 7-1　学习档案构建流程

第 3 节　大学英语文化教学评价的多元化发展

当今时代，英语教学改革势在必行，这就需要一套与时俱进的教学评价体系与之相契合。想要形成一套完备的评价体系，除了应用本身的传统评价方式，还需要附加多元的评价体系才能实现。简单来说，就是要考虑当前教学的实际情况，用创新的思维丰富英语教学评价的内容与手段，从而提升英语教学跨文化转型中评价的效果。

一、跨文化交际视角下英语文化教学评价多元化的必要性

（一）传统教学评价落后于前沿理论

目前，我国教育体系已经进行了多方面的改革，取得了较多的成果，这导致传统教学评价已经落后于当前的教学系统，表现在重视结果，轻视过程；重视定量，轻视定性；重视教师、轻视学生。

1. 重结果，轻过程

在传统英语教学中，教师多使用终结性评价方式来评价学生，很少使用形成性评价方式。利用终结性评价，教师往往只重视对结果的评价，无法对学生学习过程中的情况进行把握。换言之，教师只有在期中、期末考试中才能了解学生掌握知识的情况，是否达到了学习目标，而对学生学习过程中的学习情况丝毫不知情。此外，期中、期末考试题目设计有限，教师并不能把一个学期所讲授的所有内容都放在考试题目中，因而所选择的考试题目或许存在片面性、偶然性，这对于学生的整体学习而言都是极其不利的。

2. 重定量，轻定性

在传统英语教学评价中，教师往往只重视定量评价学生，完全忽视了从定性层面来评价学生。虽然定量评价具有一定的优点，如可以准确反映评价对象的学习成果，并且方便

对评价成果进行统计与分析，然而对于学生学习过程中并不能进行量化的内容，定量评价就无法进行合理评价，所以想要全方位对学生展开评价，就不能仅采用定量评价方式，而需要将定量评价与定性评价相结合来进行。然而，定性评价在大学英语教学中受到的重视程度依然不够，还需要教师在这方面为其努力改进才可以。

3. 重教师、轻学生

在传统教学与评价过程中，教师都是主体，是不可或缺的部分，教师对于学生而言，始终处于居高临下的地位，学生往往被动或者被忽略，这对于学生自主学习积极性的培养来说是十分不利的。

（二）传统教学评价难以适应时代发展

在我国英语教学发展过程中，很长一段时间采用的都是应试教育方式，教学评价的目的很明确，即选拔人才，将考试作为评价教师教学成果以及学生学习成绩的重要方式。然而，时代在发展，社会在进步，全球化格局的形成将世界上的各个国家带入一个多元化的格局中，各国文化都进行着前所未有的交流与碰撞。另外，科学技术也在飞速发展，将人类带入信息化时代。在这样的发展趋势下，我国应试教育的弊端也越来越明显。应试教育不合理的评价方式导致英语教学评价内容的不全面，仅重视学生学习中认知的发展情况而忽视智力的发展情况。事实上，兴趣、态度、情感、习惯等非智力因素对学生的英语学习产生着重大影响。如果在教学过程中仅重视对语言知识的学习，忽视对语言能力的培养，那么就会造成学生只是记住了英语知识，并不能将这些英语知识运用到具体的交际实践中。由此可以看出，对传统英语教学评价进行改革十分必要。

二、跨文化交际视角下英语文化多元化教学评价模式构建

建立多元评价体系可以丰富评价手段，充分调动教师与学生的能动性与积极性，将师生的潜能充分发挥出来，从而全面提升教学与学习质量。多元评价体系是一个范畴很广的概念，在具体实践中可以从以下几个方面来展开。

（一）内容多元化

教学评价不仅要对教师的“教”与学生的“学”进行评价，还应涉及教学过程、教学管理以及教学课程等内容，以此来使教学评价更加科学合理、富有实效。

1. 教师教的评价

（1）教学内容。教学内容的评价具体表现为：教学的重点、难点是否突出；教学内容是否准确无误；教学内容是否注重基本理论、知识、技能的传授；教学内容是否与实际相结合；是否注重知识的前沿性。

（2）教学组织。教学组织的评价具体表现为：教师的课程安排是否系统、连贯、富有启发性；教师在讲课过程中，是否重视与学生的交流，对学生的信息是否及时地进行反馈；作业布置、批改以及辅导答疑是否具有层次性、激励性。

（3）教学态度。教学态度的评价具体表现为：教师授课是否认真负责；是否虚心听取

同事以及学生的意见；是否真正地关心学生：是否刻苦钻研教材、不断地提高自身的专业素养。

（4）教学表达。教学表达的评价具体表现为：教师的讲解内容是否熟练；层次是否清晰、有条理；是否有助于学生了解和掌握教学内容。

（5）教学方法。教学方法的评价具体表现为：是否注重学生的个体差异、因材施教；是否运用和掌握现代化的教学手段并应用于教学实践中；是否注意对学生学习动机的激发和兴趣的培养；是否注重加强对学生学习方法的指导与培养。

（6）教学效果。教学效果的评价具体表现为：教学目标是否达到；课堂气氛是否活跃；学生对该学科的学习是否有强烈的学习兴趣和学生是否掌握了与本门学科相关的学习方法。

2. 学生学习的评价

（1）学力评价。所谓学力，是指学习者通过学习所达到的知识水平、能力水平、技能水平和在现实水平的基础上所具备的学习潜力。通俗地讲，学力就是学生在学业上达到的程度。对学生进行学习评价可以调查、了解学生的学习能力状况及个体差异，既可以为培养学生各方面的能力服务，又可以为完成既定教育目标提供有用的信息资料。开展学力评价时常使用实验法、观察法、评定法，其中，标准学力测验和智力测验是最常用的方法。

（2）品德与人格评价。教学评价应从多个侧面展开，包括采用多种方法对学生的品格和人格进行全面的测验与评价。需要特别说明的是，教学内容的思想性、科学性等对学生思想品德和人格形成与变化的影响的测定与评价是品格与人格评价的重点。

（3）学业评价。学业评价指的是根据学科课程标准所规定的学习目标和学习内容，对学生个体或群体的学习过程和成果进行的评价。学业评价通常以测量为基础，反映学生个体学习的进展和学习效果，由此作价值判断，通常有补救、促进和协调的功能。为了全面评价学生的学习状况与结果，学业评价往往采取一定的测量工具与评价方法。具体来说，测量工具包括成就性测验、诊断性测验、自我报告清单、预备性测验、教师自编的掌握性的测验或标准参照性测验等。评价方法则包括诊断性评价、形成性评价、安置性评价和综合性评价等。

3. 教学过程评价

鉴于教育评价常常忽视在整个教育过程中学生获得整体素质的提升，而只注重对教育结果、学生学习成绩的评价，过程评价由此产生。可见，过程评价主要是对师生双方通过教学达到目标的情况进行评价，其目的是体现对学生发展教育整体过程的关注。

4. 教学管理评价

英语教学管理以英语教学的规律和特点为基础来对英语教学工作进行计划、组织、控制和监督。而英语教学管理评价就是对这一过程及其结果进行测定，以不断加强和改进教学管理工作。教学管理评价是学校英语教学工作和英语教学评价的重要内容之一，通常包括学校和其下属单位的教务管理方面的评价、第二课堂的评价等。它使英语教学管理工作具有明确的目标和方向，对英语教学管理具有指导功能。

5. 教学课程评价

课程设置是否科学、合理关系到教与学的质量，因此，英语教学评价必然涉及对课程的评价。课程评价是对英语课程价值及功能的评价，主要有以下 3 种代表模式。

（1）泰勒的行为目标模式。在这一模式下，教学活动受到预定目标的影响，因此，教学评价的任务就是判断实际教学活动是否实现了这一目标以及实现目标的程度，并通过教学反馈调整教学活动，以便以后能顺利地实现这一目标。

（2）吉斯克里芬的目标游离模式。这一模式不考虑目标，而主要通过检验方案的结果来判定价值。可见，目标游离模式与行为目标模式存在很大不同。

（3）斯塔弗尔比姆的 CIPP 模式。这一模式以决策为中心，将背景评价、输入评价、过程评价和结果评价有机结合在一起。CIPP 模式将目标作为行为目标模式的中心和依据，因此，其本身也应该作为评价的对象。

（二）主体多元化

就目前的情况来看，仍有很多人对教学评价存在这样一个错误观点，即评价只是教师的事，由教师来实施。但是，在提倡以学生为中心的时代背景下，学生也应该积极参与到教学评价中。此外，教育决策机构、专职的评价机构、学校管理人员、学生家长等也应参与到教学评价中来，从而使教学评价从单一的教师评价模式转变为多元化评价模式。

1. 学生自我评价

学生自我评价是教学评价中的一个重要方法，是学生主体地位的有效体现。通过自我评价，学生能够自我反省学习情况，正视自己在学习中所遇到的问题以及自身需要提高的地方，从而逐步增强学习的信心。具体来说，学生的自我评价主要包括对学生的学习方法、学习态度、学习内容、学习结果和学习中的优缺点等进行的评价。需要说明的是，学生的自我评价离不开教师的有效指导。教师应根据评价的目标制订自我评价表，从而有效指导并引导学生进行自我评价。

2. 学生相互评价

学生相互评价一方面依赖于同学之间在长期的学习与磨合中形成的互相真诚与彼此信任，另一方面又需要学生具备一定的沟通技能和合作技能。因此，学生相互评价在实施过程中离不开教师的有效引导与调节。

但这并不是说学生相互评价必然需要复杂的程序，简单的活动同样可以实现同伴评价。例如，教师可以安排学生以小组的形式参与学习任务，并在活动结束后要求学生对自己和他人的贡献进行评价。当然，这种评价必须遵循一定的规则，如要求学生排除主观偏见的影响，以事实为依据来发表观点、进行学生相互评价的具体开展方式可由教师根据情况而定。

3. 教师评价

学生的自我评价和相互评价都必须与教师的评价结合起来。教师评价主要涉及学生的课堂笔记记录情况、在课堂上的参与程度、作业完成情况以及单元测验成绩等。此外，教师需要做到以下几点。

（1）教师同学生一起探讨学习的目的，定期检查学生自评与互评的情况，评价学生的进步，向学生提供反馈意见，帮助学生确立新的学习目标。

（2）教师向学生示范学习与评价的方法，管理学生学习，帮助学生进行自我评价。

（3）在学生制订和应用评价标准的过程中，教师要给予一定的指导，帮助学生对教学过程进行反思。

教师评价应当包括评价学生的优点和缺点两个方面，通常以评语的形式来体现。为方便学生获得有效的诊断性信息，评语可附在学生的作业本中。

4.师生合作评价

由于教学中的很多活动都需要教师和学生共同参与，因此，师生合作评价也是一种重要的评价方法与手段。

师生合作评价可以为师生提供许多有价值的信息，对教学有着重要的意义。对教师来说，教师可获得学生的反馈，进而逐步改进教学，提高教学效率。对学生来说，学生可从中得到个人反馈信息，进而发现自己的不足，明确努力的方向。

5.师生与家长合作评价

家长的有效配合有利于学习效率的提升。如果家长也参与到教学评价过程中，可使每位参与者的角色、地位发生一定的变化，从而更好地促进评价的实施。具体来说，在师生与家长的合作评价过程中，教师由评价的权威变成评价的组织者和参与者，学生由被动受试变成评价的主动参与者，家长则由评价的旁观者变成评价的促进者。这不仅可以丰富评价主体，还可以促进评价结果更加科学、全面。

（三）标准多元化

在过去很长一段时间内，由于受到传统教学观念的影响，我国的大学英语教学往往采取统一的标准来进行评价，而没有考虑到地区差异。此外，地区教育行政部门也采取统一的标准要求不同的学校，而学校在这种情况下也必然用统一的标准来要求不同的学生，其直接结果就是学生的个性差异被抹杀。

英语教学评价标准的科学性在很大程度上决定着整个评价结果的精确度。近年来，社会对学生个性化发展的呼声日益强烈，因此，为适应时代的要求，课程评价标准必然要趋向多元化，具体可从微观与宏观两个层面展开。

（1）在微观层面可以根据每个学生的具体情况，确定不同的评价标准。这些措施对于评价标准多元化的实施大有裨益。

（2）在宏观层面应该根据各地经济、教育发展水平制定不同的评价标准；各个地方学校应该根据自己的办学条件、培养目标等来制定和实施具体的评价标准。

参考文献

[1] 教育部高等教育司 . 大学英语课程教学要求 [M]. 北京：外语教学与研究出版社，2007.

[2] 胡文仲 . 跨文化交际教学与研究汉、英 [M]. 北京：外语教学与研究出版社，2015.07.

[3] 胡文仲，高一虹 . 外语教学与文化 [M]. 长沙：湖南教育出版社，1997.03.

[4] 王晓玲，曹佳学 . 跨文化大学英语教学理论与实践 [M]. 成都：西南交通大学出版社，2015.01.

[5] 刘荣，廖思湄 . 跨文化交际 [M]. 重庆：重庆大学出版社，2015.04.

[6] 阮桂君 . 跨文化交际 [M]. 武汉：湖北教育出版社，2011.10.

[7] 阮桂君 . 跨文化交际与实践 [M]. 武汉：武汉大学出版社，2017.03.

[8] 隋虹 . 跨文化交际理论与实践 [M]. 武汉：武汉大学出版社，2018.03.

[9] 汪玥月 . 英语教学与跨文化交际 [M]. 长春：吉林大学出版社，2016.06.

[10] 张雷，范婷婷，宋金花 . 跨文化交际与外语教学 [M]. 哈尔滨：黑龙江教育出版社，2015.05.

[11] 赵艳 . 跨文化交际与英语思维教学研究 [M]. 长春：吉林大学出版社，2017.06.

[12] 张彩霞 . 跨文化交际视角下大学英语教学的改革 [M]. 北京：中国水利水电出版社，2018.01.

[13] 汪火焰 . 跨文化交际与英语语言教学实践与展望 [M]. 武汉：武汉大学出版社，2016.05.

[14] 李庆本 . 中外文化比较与跨文化交际 [M]. 北京：北京语言大学出版社，2014.06.

[15] 姚丽，姚烨 . 英汉文化差异下的英语教学探究 [M]. 北京：中国书籍出版社，2014.

[16] 吴为善，严慧仙 . 跨文化交际概论 [M]. 北京：商务印书馆，2009.

[17] 刘艳秋著 . 跨文化交际与外语教学 [M]. 北京：中国科学技术出版社，2007.08.

[18] 毕晟，张书红，尹丽娟 . 英语跨文化交际概论 [M]. 北京：北京工业大学出版社，2018.

[19] 曾凡贵 . 大学英语教学与研究 [M]. 长沙：湖南大学出版社，2004.

[20] 陈冬纯 . 大学交际英语实训教程 [M]. 长沙：湖南师范大学出版社，2017.

[21] 陈静，高文梅，陈昕 . 跨文化交际与翻译 [M]. 成都：电子科技大学出版社，2017.

[22] 葛瑞红 . 大学英语教学中跨文化交际意识培养分析 [J]. 安徽文学，2016.

[23] 石英 . 大学英语跨文化交际教学研究 [J]. 南阳师范学院学报，2015.

[24] 张树光 . 大学英语教学和文化背景知识输入 [J]. 赤峰学院学报，2014.

[25] 马春花 . 大学英语教学中的跨文化素养培养 [J]. 英语广场，2015.

[26] 王小金 . 试析跨文化交际视野下的英语文化教学 [J]. 佳木斯职业学院学报，2018.

[27] 谭爱军 . 大学英语教学中跨文化交际能力培养研究 [J]. 海外英语，2018.

[28] 彭春菊，黄宝燕，林娜，等. 大学英语教学中跨文化交际能力培养研究 [J]. 海外英语，2015.